# 歐亞海上之主

## 群雄紛起的海上大亂鬥

# TO RULE EURASIA'S WAVES

## THE NEW GREAT POWER COMPETITION AT SEA

GEOFFREY F. GRESH

傑佛瑞・格雷許

葉文欽 譯

# 目次
Contents

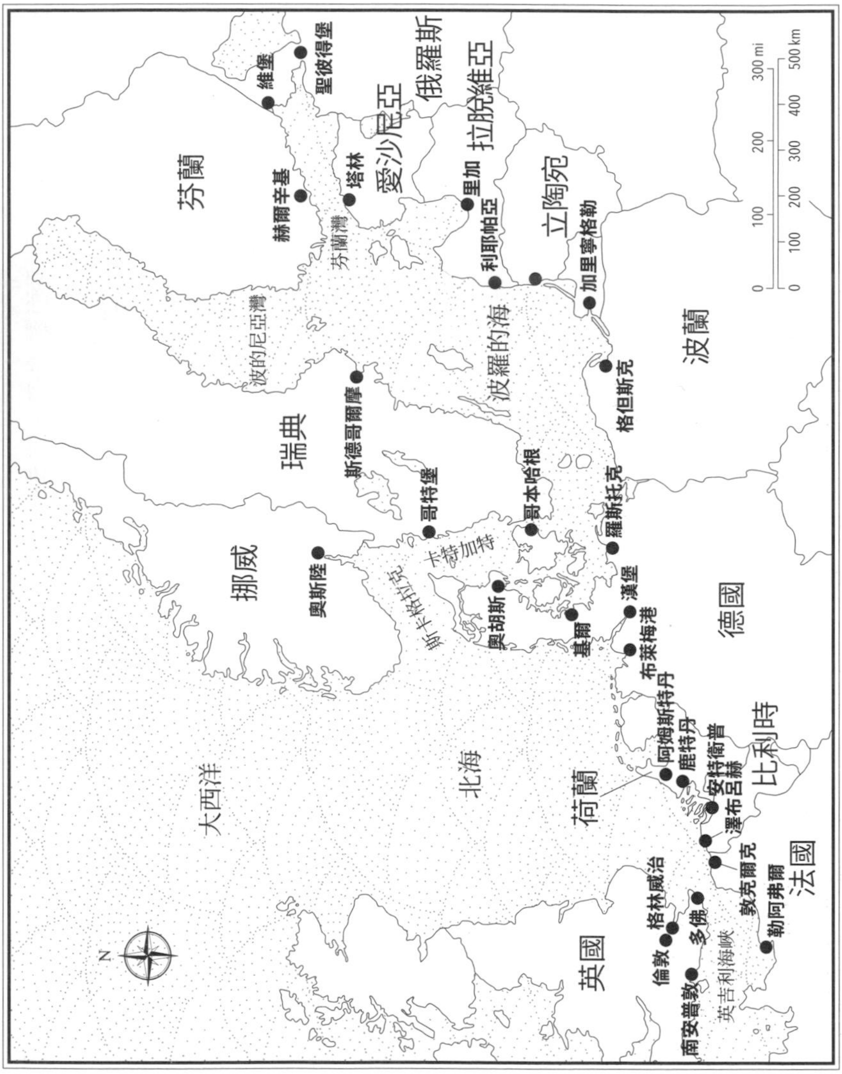
芬蘭
赫爾辛基
維堡
聖彼得堡
塔林
芬蘭灣
愛沙尼亞
俄羅斯
拉脫維亞
里加
利耶帕亞
立陶宛
加里寧格勒
波蘭
格但斯克
波的尼亞灣
瑞典
斯德哥爾摩
波羅的海
哥特堡
哥本哈根
羅斯托克
挪威
奧斯陸
卡特加特
斯卡格拉克
奧胡斯
基爾
漢堡
布萊梅港
德國
阿姆斯特丹
鹿特丹
荷蘭
安特衛普
澤布呂赫
比利時
敦克爾克
勒阿弗爾
法國
大西洋
北海
英國
倫敦
格林威治
多佛
南安普敦
英吉利海峽
N
0 100 200 300 mi
0 100 200 300 400 500 km

北海與波羅的海

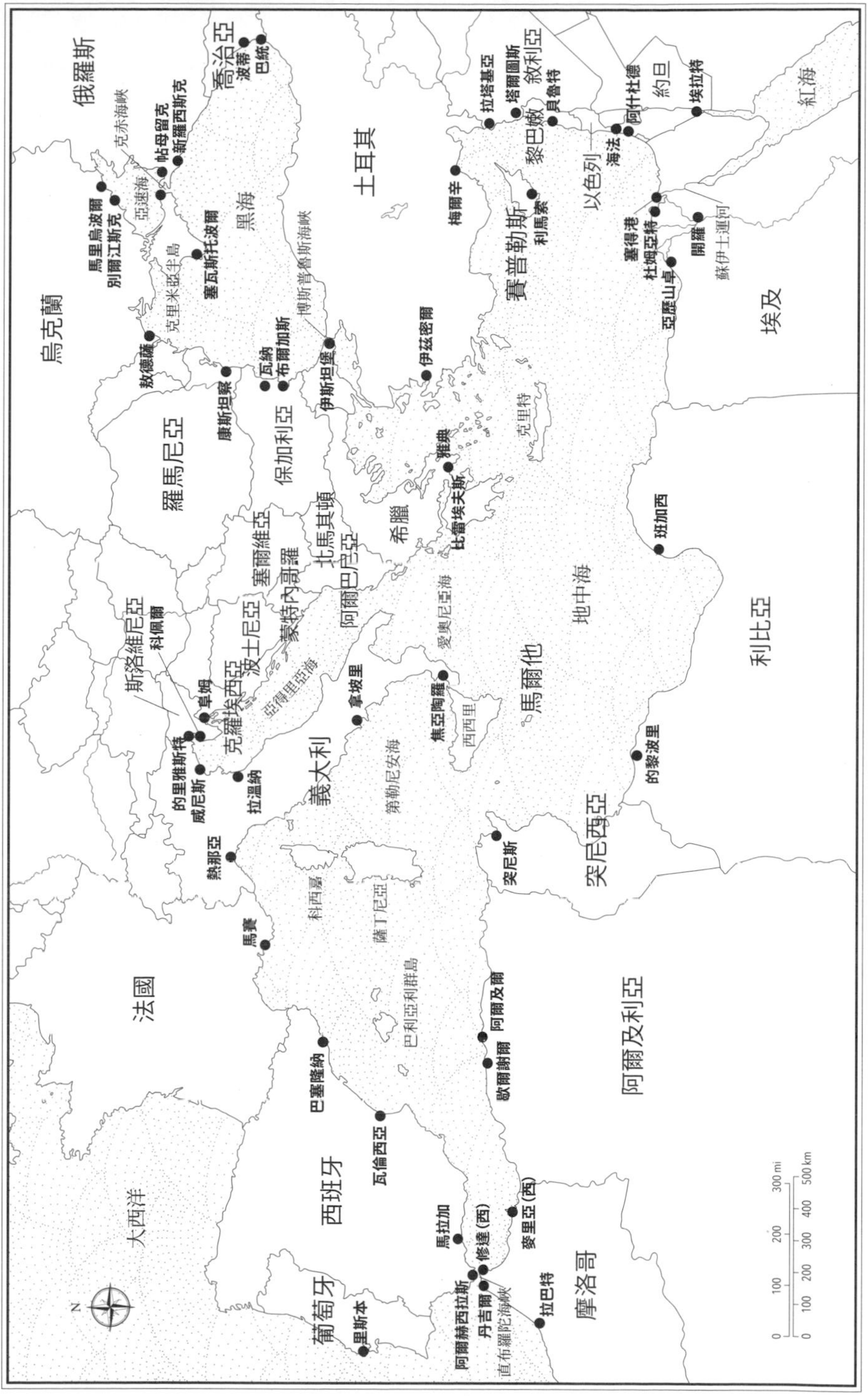
俄羅斯
烏克蘭
喬治亞
波蒂
巴統
克赤海峽
帖母留克
新羅西斯克
亞速海
馬里烏波爾
別爾江斯克
克里米亞半島
塞瓦斯托波爾
黑海
敖德薩
土耳其
博斯普魯斯海峽
康斯坦察
瓦納
布爾加斯
伊斯坦堡
伊茲密爾
梅爾辛
拉塔基亞
塔爾圖斯
敘利亞
貝魯特
黎巴嫩
利馬索
賽普勒斯
以色列
海法
阿什杜德
約旦
埃拉特
紅海
塞得港
杜姆亞特
開羅
蘇伊士運河
亞歷山卓
埃及
羅馬尼亞
保加利亞
雅典
比雷埃夫斯
希臘
克里特
北馬其頓
塞爾維亞
蒙特內哥羅
阿爾巴尼亞
愛奧尼亞海
班加西
利比亞
地中海
斯洛維尼亞
科佩爾
克羅埃西亞
波士尼亞
里耶卡
的里雅斯特
威尼斯
拉溫納
亞得里亞海
義大利
拿坡里
焦亞陶羅
西西里
馬爾他
的黎波里
突尼西亞
突尼斯
第勒尼安海
熱那亞
科西嘉
薩丁尼亞
馬賽
法國
巴利亞利群島
阿爾及爾
歐爾謝爾
阿爾及利亞
巴塞隆納
瓦倫西亞
西班牙
馬拉加
修達(西)
麥里亞(西)
阿爾赫西拉斯
丹吉爾
直布羅陀海峽
拉巴特
摩洛哥
葡萄牙
里斯本
大西洋
N
0 100 200 300 mi
0 100 200 300 400 500 km

黑海與地中海

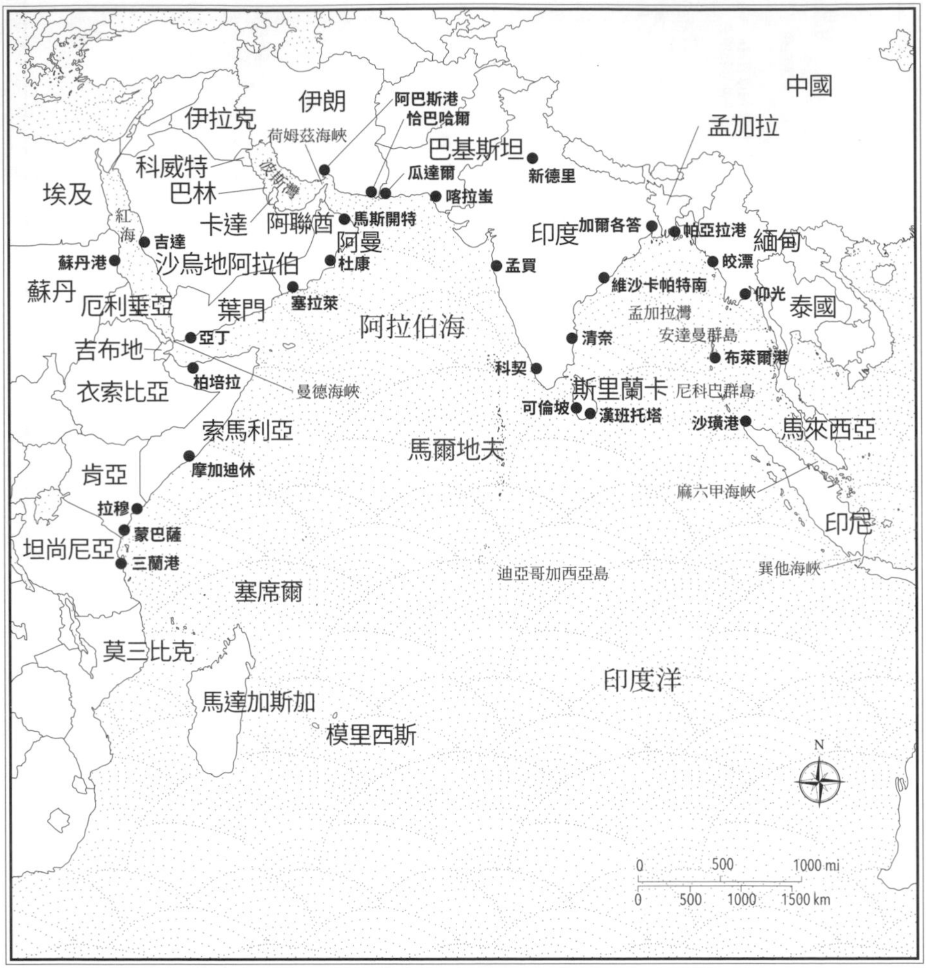
中國
孟加拉
伊朗
阿巴斯港
恰巴哈爾
伊拉克
荷姆茲海峽
巴基斯坦
新德里
科威特
波斯灣
瓜達爾
埃及
巴林
喀拉蚩
紅海
卡達
阿聯酋
馬斯開特
印度
加爾各答
帕亞拉港
緬甸
吉達
阿曼
蘇丹港
沙烏地阿拉伯
杜康
孟買
皎漂
維沙卡帕特南
蘇丹
塞拉萊
仰光
泰國
厄利垂亞
葉門
孟加拉灣
阿拉伯海
亞丁
清奈
安達曼群島
吉布地
布萊爾港
科契
柏培拉
斯里蘭卡
尼科巴群島
衣索比亞
曼德海峽
可倫坡
漢班托塔
沙璜港
馬來西亞
索馬利亞
馬爾地夫
摩加迪休
肯亞
麻六甲海峽
拉穆
印尼
蒙巴薩
坦尚尼亞
三蘭港
迪亞哥加西亞島
異他海峽
塞席爾
莫三比克
印度洋
馬達加斯加
模里西斯
N
0
500
1000 mi
0
500
1000
1500 km

印度洋

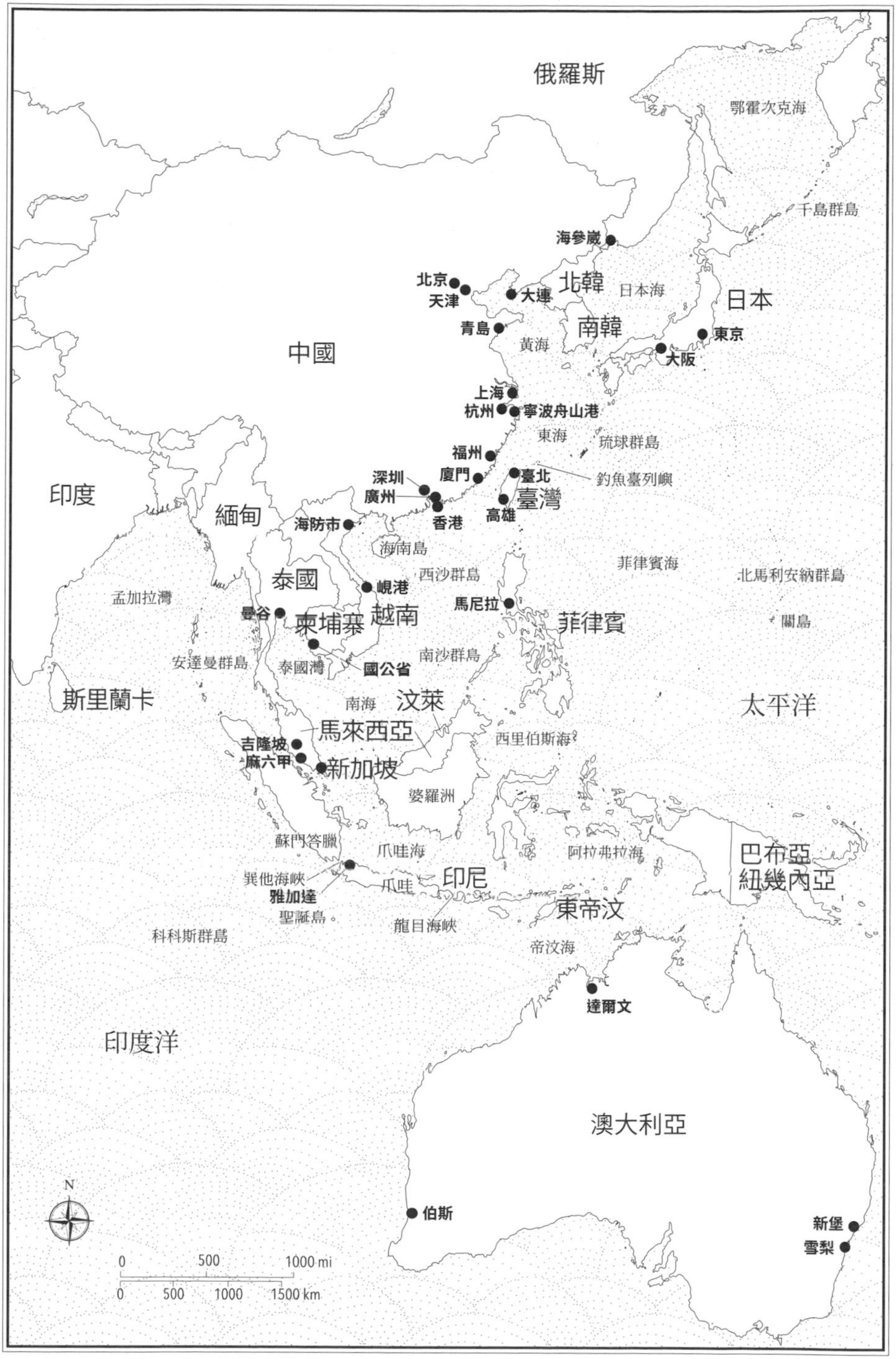
俄羅斯
鄂霍次克海
千島群島
海參崴
北京
天津
大連
北韓
日本海
日本
青島
南韓
黃海
東京
大阪
中國
上海
杭州
寧波舟山港
東海
琉球群島
福州
廈門
臺北
釣魚臺列嶼
深圳
廣州
香港
高雄
臺灣
印度
緬甸
海防市
海南島
西沙群島
菲律賓海
北馬利安納群島
泰國
峴港
孟加拉灣
曼谷
東埔寨
越南
馬尼拉
菲律賓
關島
安達曼群島
泰國灣
國公省
南沙群島
斯里蘭卡
南海
汶萊
太平洋
馬來西亞
吉隆坡
麻六甲
新加坡
西里伯斯海
婆羅洲
蘇門答臘
爪哇海
阿拉弗拉海
巴布亞
紐幾內亞
巽他海峽
雅加達
爪哇
印尼
聖誕島
龍目海峽
東帝汶
科科斯群島
帝汶海
達爾文
印度洋
澳大利亞
N
伯斯
新堡
雪梨
0
500
1000 mi
0
500
1000
1500 km

東亞洲

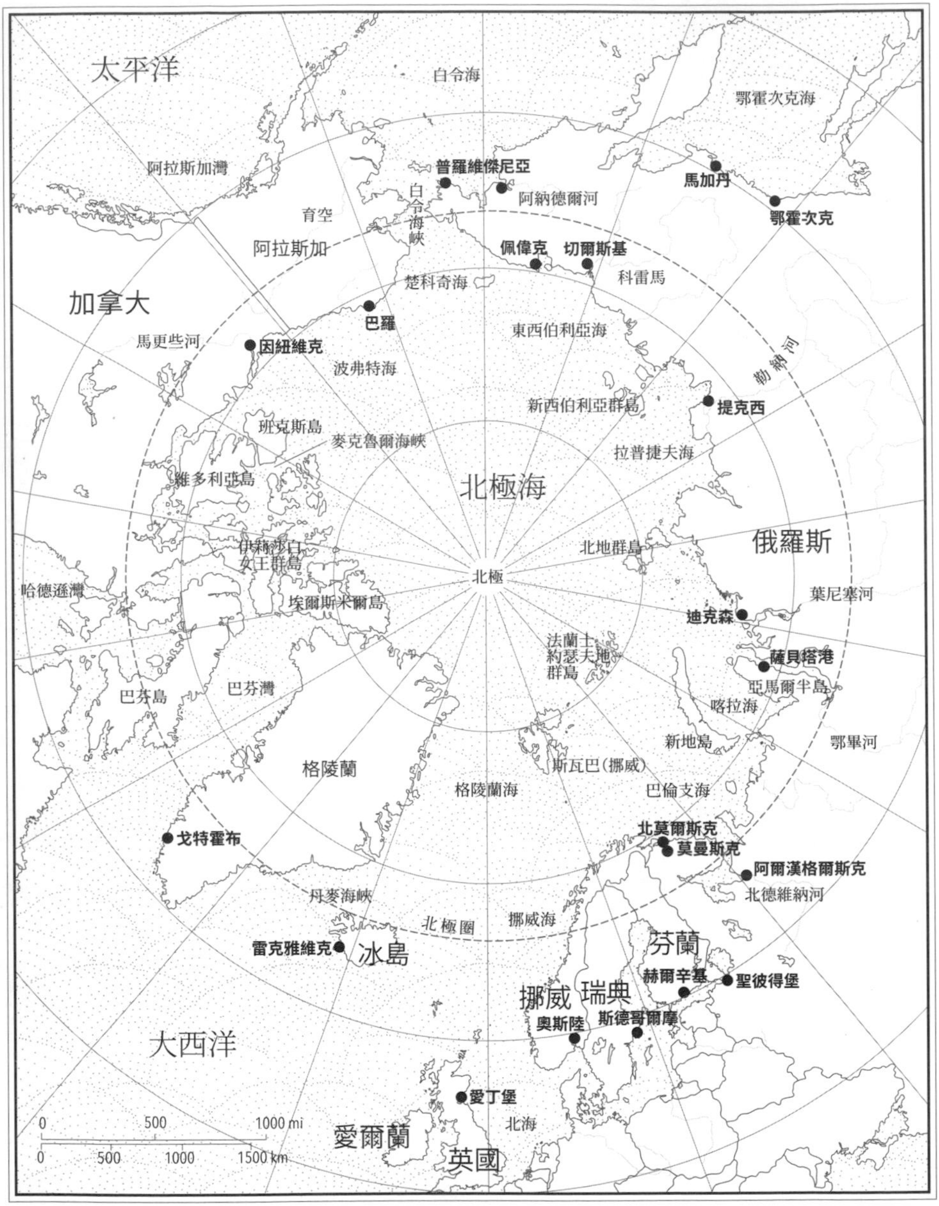
太平洋
白令海
鄂霍次克海
阿拉斯加灣
普羅維傑尼亞
白令海峽
阿納德爾河
馬加丹
鄂霍次克
育空
阿拉斯加
佩偉克
切爾斯基
科雷馬
楚科奇海
加拿大
巴羅
東西伯利亞海
馬更些河
因紐維克
波弗特海
勒納河
提克西
新西伯利亞群島
班克斯島
麥克魯爾海峽
拉普捷夫海
維多利亞島
北極海
俄羅斯
伊莉莎白女王群島
北地群島
哈德遜灣
北極
葉尼塞河
埃爾斯米爾島
迪克森
法蘭士約瑟夫地群島
薩貝塔港
亞馬爾半島
巴芬島
巴芬灣
喀拉海
新地島
鄂畢河
格陵蘭
斯瓦巴(挪威)
格陵蘭海
巴倫支海
北莫爾斯克
莫曼斯克
戈特霍布
阿爾漢格爾斯克
北德維納河
丹麥海峽
北極圈
挪威海
芬蘭
雷克雅維克
冰島
赫爾辛基
聖彼得堡
挪威
瑞典
奧斯陸
斯德哥爾摩
大西洋
愛丁堡
0
500
1000 mi
0
500
1000
1500 km
愛爾蘭
北海
英國

北極海

# 第一章

# 歐亞新強權　海上爭雄

誰掌控了邊陲，就主宰了歐亞；
誰主宰了歐亞，就掌控了世界的命運。
——尼古拉斯．斯皮克曼（Nicholas John Spykman）

從古希臘時代開始，海上爭雄的事跡一直史不絕書。[1]在公元前五世紀所著的《雅典政制》中，作者「老寡頭」（Old Oligarch）細數了確立制海權（thalassocracy），或者說「主宰海洋」對於經濟是多麼重要，其中有一段話是這樣說的：「沒有城市不需要進出口，然而想要辦成這些買賣，就得乖乖聽從海洋主宰國所開出的價碼。」[2]即使到了近代，知名的探險家華特．雷利（Walter Raleigh）爵士依然還是會發出類似的喟嘆：「不論誰控制了海洋，就控制了貿易；不論誰控制了世界的貿易，就控制了全世界的財富，最終也等於控制了世界。」[3]即使對今日的各個強國來說，透過海路貿易或其他手段來主宰海洋，莫不仍是重要之事，只不過近些年兩大洲上幾個主要競爭對手——中國、俄羅斯與印度——之間出現了海上爭雄的局面，這才讓這橫跨歐亞的比拼真正浮上檯面，這幾國爭著登上強權地位，也爭著把勢力擴張到自家的海域之外。從波羅的海、黑海、地中海，一直到印度洋、亞太地區，乃至北極圈，每個國家都在增強自己在歐亞海域上的地緣經濟、地緣政治與海軍之勢力，於是乎，在本世紀的未來，這般越演越烈的爭雄之局不但會成為頭等大事，還會改變這個時代的面貌。

長期以來，歐亞海域一直是許多戰略名家關注的焦點；而歐亞海域的過往，則同為知名的戰略家與歷史學家所關注。美國海軍戰略家馬漢（Alfred Thayer Mahan）在《亞洲問題及其對國際政治之影響》一書中，探討了中國與地中海地區之間的歐亞地緣政治大勢，他相信這裡是全世界最至關緊要的地帶之一，而且「註定要在俄國這個陸權大國及其他海權勢力之間爭奪不休。」[4]然而不論是馬漢、地理學家斯皮克曼或其他人，大家都沒想過北極會融冰，隨之讓歐亞不同區域之間逐漸整合，並讓歐亞的陸權勢力在海上展開競逐。時至今日，全球有九成以上的貨物是從海路運輸的，所以目前看起來，保持全球公域的穩定與安全還不算是緊要的議題，但隨著中國、俄羅斯與印度在歐亞海域不斷擴展自己的地緣經濟利益與投資，未來要想確保全球公域穩定、海路來往暢通，將會是愈見重要的課題。

短期來看，美國依然會是全球的超級霸權，在歐亞海域上尤為如此，然而不論是美國的領先地位，或是二戰後長期由美國與西方盟友所宰制的世界秩序，都逐漸面臨到中國、俄羅斯與印度越來越大的挑戰。當然，在歐亞海域這盤變局多端的大棋裡，除了美國以外還有許多海洋國家也都參與了其中的角力，例如日本、南韓、法國、英國與澳大利亞等，但是他們都不算是主角，因為相較於歐亞大陸上的那三個陸地強權，其他國家近年來在海洋的地緣經濟及地緣戰略上並沒有出現急速的發展。值得一提的是，日本的海上自衛隊雖然跨出了腳步，把駐紮範圍延伸到了吉布地等地區，不過就像前陣子有一位觀察家所說的那樣，「海上自衛隊終究還是以防禦為主的武力，其主要任務都是為了美日同盟而已。」[5]

以往的世界秩序大致上是由西方國家所制訂的，而今日的世界秩序似乎正在越來越快速地與過往脫節，轉而進入一種新秩序，讓歐亞地區的新興陸權諸國扮演更具重要性與影響力的角色，弔詭的是，這反而招致了更大的動盪。即便中國的國防支出仍然落後於美國，但中國目前的國防預算已經超越了其周邊主要鄰國的總和，包括日本、南韓、菲律賓，以及越南在內。中國所增加的國防支出裡，有一大部分的用途是在強化海上安全，以及強化自己在歐亞海上交通要道及其他重要海道上的戰力投射能力。在歐亞地區的海域上，有著幾個世界上最具戰略重要性的海上咽喉，例如丹尼斯海峽、英吉利海峽、直布羅陀海峽、博斯普魯斯海峽、蘇伊士運河、曼德海峽、荷姆茲海峽、麻六甲海峽，以及白令海峽，而世界上前三十大的貨櫃港之中，也有二十七個位在歐亞海域的範圍裡。近年來在亞洲、北歐、地中海區域、中東這些地方之間的海上貿易量，每年估計達到兩千七百七十萬個二十呎標準貨櫃（TEU）之譜，使得這些東西往來航路躋身於世界上最大也最繁忙的貿易路線之列。如果換個方式來說，就是「二〇〇八年東亞地區的國內生產毛額裡，海運貿易占了百分之八十七左右，而這個數字在過去二十年裡成長了將近一倍。」[6]

在諸多理由中，國家安全與地緣經濟是推動中國、俄羅斯與印度往歐亞海域上發展的主要因素，讓他們越來越看重海洋，從而導致了海上爭雄的局面。中國在不久前已經成為世界上最大的國際貿易伙伴，其貿易總額每年超過美國大約四十億美金左右，某些單位還推估，在世界前二十五大的國與國雙邊貿易關係中，中國將會獨占其中十七名。而二〇一三年推出的一帶一路，也就是「絲綢之路經濟帶」和「海上絲綢之路」，則是要與他國合組成更大的力量，利用越來越龐大的海上與全球貿易，逐漸讓中國成功把地緣經濟與國家安全這兩種利益交織為一體。舉例來說，在二〇一三到二〇一四年間，中國的國際貿易數字以驚人的倍數增長，從八千五百一十億美元成長到超過四兆一千六百億美元；另一方面，中國又把自己周邊地區與海上通路的平靜當成關乎自家安寧的要事，因而也被當成了其未來發展的要件。這也就是為什麼中國很在意外來勢力的過度影響，總想要避免或減緩其力量，對那些想要動搖或阻礙一帶一路的對象尤其如此。一帶一路其實是一項很冒險的大工程，因為就像有些評論家說的，它聚集了多方彼此相爭的利益，以致於很難統合出一個戰略上的共同目標。然而就算最後絲綢之路經濟帶與海上絲綢之路的成果差強人意，依然可以算是中國在地緣經濟與地緣戰略上的重大勝利，因為他試圖要改變的，是美國所領導的世界秩序。[7]

印度之所以迅速投入海洋的懷抱，有一部分原因跟中國相似，都是順勢而為，加入了歐亞地區更龐大的海上貿易往來，也順應了這裡對於安全上的常見做法。然而印度得要面對雙重的難解之題，首先，按數量計算，他有百分之九十五的貿易都得靠大海幫忙，換算起來相當於他百分之十的國內生產毛額；

其次，從貿易這方面來看，印度必須承認自己在整個印度洋地區的實力比不上中國。在二〇一二年，中國是孟加拉與巴基斯坦最大的貿易夥伴，也是斯里蘭卡第二大的貿易夥伴，而印度現在排名第一的貿易夥伴是自家西邊的阿拉伯聯合大公國，至於東邊這裡，估計有百分之五十五的印度貿易還得穿過中國的南海進行，隨著中國的崛起，讓這條貿易路線更加顯得脆弱。為了正面因應中國的一帶一路倡議，印度不久前和日本聯手，一起宣布了一條「自由走廊」，儘管如此，中國目前還是印度的第二大貿易對象，金額從二〇〇一年的十五億美元穩步成長為二〇一六年的六百億美元，這也導致南海上發生的爭端影響到了來往於印度的海路，讓印度的海上局勢變得更加複雜。

最後來看北方，隨著北極融冰產生的水路隙縫越來越大，俄羅斯也準備投資海上自然資源，打算靠這點跟能源出口來獲取經濟利益。利用北極地貌發生變化的機會，俄羅斯對排列於高北地區（High North）上的十二個區域型軍事基地加以強化或補強，這不但可以保護那些為數可觀而未經開發的自然資源，也能幫助俄羅斯的企業來加以開採，同時又能確保新出現的海上航道無虞。據估計，俄羅斯所擁有的天然氣，約占全世界蘊藏量的百分之三十，石油則為百分之十三左右。[8]

在歐亞的海上，中國、俄羅斯與印度除了想擴大自己在地緣經濟的投資利益，並進一步保障與自己相關的安全利益，他們也試圖要打造強國地位，獲取更多的國際威望。對俄羅斯和中國來說，這也意味著是在挑戰美國所主導的世界秩序，希望將之轉變為符合從他們角度來看的全球利益。這裡所說的「強國」或「強權」一詞，意思是一個能展現出「全球結構性權力」的國家，或者說是「能夠在經濟、軍事，以及政治外交部門中形成治理架構」[9]者，然而從歷史上來看，一個國家想要登上強權地位還有一個很重要的條件，就是要建立並部署一支遠洋海軍，如此一來不僅可以向外投放力量，對世界各個角落也比較不至於鞭長莫及，用喬治．莫德爾斯基（George Modelski）與威廉．湯普森（William R. Thompson）這兩位學者的話說，就是「如果到不了全球，又談何全球體系。在現代世界裡，只有那些擺得出超等海軍的國家，才有資格說要領導世界。」[10]是以，發展遠洋海軍就被視為是表現國力所不可或缺的手段，不僅可以藉此建立強權地位，還可以重塑世界秩序。不久前，中俄兩國才顯露了自己日益強大的遠洋海軍實力，在「海上聯合——二〇一七」軍演期間合作，首度在歐亞大陸兩端的波羅的海與鄂霍次克海展開聯合軍演，在此之前兩年，他們也曾以同樣的演習名目舉辦首次在地中海的聯合軍演。相較之下，印度才剛開始在海上施展手腳，或者至少可以這麼說，他才剛開始對中國逐漸擴張的海上力量展開戰略制衡。二〇一七年，印度聯同美國與日本在孟加拉灣舉辦了每年例行性的馬拉巴爾（Malabar）海軍演習，雖然算起來日本以固定成員的身分獲邀參與才只是第二次，但二〇一七這一屆已經是該軍演第二十一次舉辦了。[11]

中、俄、印三國增強海軍實力，並把海軍的活動範圍延伸到各自的海域之外，這件事從更廣的面向上來看還有一個要點值得注意，如果這種海軍競賽的趨勢不變，而且還逐漸跟各國發展地緣經濟時的利益結合在一起的話，這三國就很可能會跟其他與之相爭的國家產生海上衝突，而且越到後來越容易因為一個無心之失而擦槍走火。雖然目前與美國相比，中、俄、印三國的海軍在遠洋戰力上依然落後，尚無法像美國那樣在全球範圍內投放軍力與執行任務，但是這三國綜合在一起依然不可小覷，三國在歐洲與亞太地區的分量不斷在加重，而他們在此地的海上貿易與地緣經濟投資也不斷增長，海軍實力亦在進步，凡此種種，尤其又加上大家看到美國在世界舞台上的領導地位逐漸弱化，[12]自然不禁讓人想問以下的關鍵問題：海上之爭目前是如何在改變歐亞地區的大秩序，將來對這個秩序又會產生什麼影響呢？

## 漸趨激烈的公海之爭

從概念上來說，競爭一詞在光譜上介於衝突與合作之間，而且在競爭中可以一邊衝突又一邊合作，只是彼此的關係處於緊張狀態罷了。在歐亞大陸上的許多地方，競爭與衝突一直是最核心的問題，有些是自己人相爭，有些是跟外人爭，累積了多少個世紀的歷史恩怨。時至今日，當我們想要檢視中、俄、印在海上所出現的相爭之局，可以看看幾項最直白的關鍵要素，因為就是這些因素導致了這幾國發展出各自的海上發展路線，換個更直接的說法，我們要觀察的是他們是否有地緣經濟的效益考量，或是想建立全球威望或強權地位，抑或保障自己在地緣戰略上的安全利益。就像許多海洋史學者說過的，經濟繁榮、強權地位、海上霸權這三種現象之間有著緊密聯結的關係，然而有許多人認為這三個項目還可以進一步拆分與化約為三大要素，而且都跟海洋有關：首先，海上帶來的地緣經濟效益自不待言，而追求強權地位的後續因應做法就是強化海軍，然後用以確保歐亞海上交通要道無虞，尤其是沿著高北地區進行的航線，北極圈在這裡已經逐漸開通，利於行船。利用這幾項要素，我們就可以了解為什麼中、俄、印三國近些年來在歐亞大海上的動作會比以前還要大了，有了這樣的理解框架，也能讓我們看到歐亞地區政治環境變化的背景輪廓，了解那些新的勢力與各種戰略性的海洋區域聯盟會如何改變全世界的政治面貌。此外，這三大動機也連帶引出了一個更大的討論議題，也就是海權問題，以及新時代裡海權在國際上的重要性，這其中也包括了當今因馬漢著作而衍生的許多熱議。總之，歷史學者波特（E. B. Potter）說得好：「海權的要素絕對不僅限於戰鬥艇、武器，或訓練有素的兵員而已，還包括了海軍機構、基地要津、商船運輸，以及得道多助的國際結盟。」[13]

## 全球海權與戰略的關鍵要素

在展開本書的分析架構之前還有一件重要的事得先交代清楚。那些新興的海上勢力或既成的海上霸權利用大海來彼此角力，有的視之為運輸與航行的戰略通道，或以之為展現實力的舞台，並藉此獲取全球性的威望，又或者把海洋當成寶庫，用以獲取自然資源並發筆大財，對此戰略家與史學家是怎麼看的呢？歷史學者沃特．麥道戈爾（Walter McDougall）曾經寫道：「所有真正宏大而成功的戰略，本質上都算是（或者徹頭徹尾就是）海洋戰略。」[14]雖然中、俄、印三國的同時興起相對上來說是二十一世紀才出現的新現象，然而海權的興衰起落背後到底有什麼原因，這一直是許多世紀以來的學者與戰略家們在思考的問題。中、俄、印三國不僅擴大了他們地緣經濟上的投資，也更加把戰略目光聚焦在遠洋海軍的軍力上，這些海軍的移動範圍已經可以超出自家或鄰近的海域範圍了，三國在這些方面上的大力推動，才是過去這十年或十多年與以往不一樣的地方。換個說法的話，就是「但凡有強權想問鼎於或展現出領導世界的資格，必得要能把力量伸展到全球各地，而海權正是為此量身打造的手段。」[15]

對上述那三個歐亞地區的陸權國家來說，不論是跟現在的美國或十九世紀末的英國相比，其統御全球海洋的能力都還差得老遠，然而馬漢的大作《海權對歷史的影響：一六六〇～一七八三》中也細細設想過，如果強權國家具有某些特質的話，對於他在公海上獲得全球性優勢地位將大有幫助。雖然馬漢的某些想法未免已經過時了（例如他對殖民主義的論述），有些地方也有待商榷（例如絕對的「制海權」），但是如果把他的想法套用到這個時代，以及對應於我們今天看待海上爭霸的方式，其中依然有許多值得我們深思的地方。更何況，中、俄、印三國本身也莫不師法於馬漢，將其思想的主要元素應用在他們今天各自的海洋戰略之中。[16]

馬漢強調，有六個主要特性會影響到海權，也會影響強權國家們如何利用海洋、獲取強權地位，繼而改變歷史進程。這六個特性分別是：（一）地理位置、（二）自然形勢、（三）領土範圍、（四）人口多寡、（五）民族性格，以及（六）政府的特質與政策。前三項要素主要都關乎於地理條件，所以對今日的歐亞局面依然適用，尤其是俄羅斯及其解凍開封的高北地區，俄羅斯不但把握住了這個際遇的大好機會，而且北極的融冰還可能會在不久後就幫俄羅斯重新樹立起全球性海權強國的旗幟。至於人口多寡這點，指的是參與海洋貿易的人，例如商船人員，以及可以加入海軍服役的人員。最後兩點則通常是指某一群人共同的渴望或形成的文化，看他們怎麼擁抱海洋，另外就是看政府怎麼支持大家去利用海洋豐厚的資源秉賦——從貿易與就業乃至於探索與開發（也就是奪取原料與殖民地）。再者，政府也要負責供養海軍，除了承平時期保障海上交通要道順暢，也要確保在戰時海軍足以保衛國家及其資產。此外，在馬漢列出的清單上，建立前線戰略基地（以前的殖民地或供煤站）同樣也是一個很重要的項目。[17]

雖然現在中、俄、印三國一直在運用類似的現代海洋戰略思維，不過他們所採用的某些思考元素也出自於過往，包括英國的海洋戰略家朱利安・柯白（Julian Corbett）爵士，以及法國所謂的「少壯派」（Jeune Ecole）。以前者為例，至今有很多人還會引用柯白的看法，認為海運貿易一向是許多強權的軟肋之所在：「如果其他的條件相當，則口袋較深的那方就會獲勝……若想達到這個目的，對抗某個海洋國家，我們所能採取的最有效手段就是斷了他的海運貿易資源。」[18]雖然在近期這段歷史中，我們並沒有看過有誰真的發動了海洋貿易戰爭，但這並非完全不可能發生之事，所以中、俄、印三國才會越來越在意他們的海運路線、國際投資，以及戰略要衝。強調海運貿易的，並不只有柯白及他的著作，法國少壯派也相信，既然資本主義得要仰賴對外貿易（或者說是當年的殖民主義），這就讓一個國家的經濟有了弱點，特別是可以針對海洋貿易來予以打擊。這個十九世紀法國的思想學派出了許多海軍戰略家，為了挑戰大英帝國海軍的全球性超級霸權地位，他們開始思考一些不同於以往的替代戰略，因此就算到了今天，如果有小國或弱國想要把海上商業當成一種武器，用「商業攻擊戰」或者說「海上游擊戰」（guerre de course）的方法來對比自己更強大的國家或海軍予以威脅或挑戰，在這種時候就會看到當年法國少壯派的策略又重新浮現。然而對今天的世人來說，最大的恐懼卻恰好在於，中、俄、印三國都正逐漸在拋棄那種跟法國少壯派比較接近的海軍戰略路徑，轉而開始比較積極往「馬漢式路線」發展，這種路線會顯得更加具有侵略性與主動性，正如同這幾個國家現在的做法，都在發展自己的遠洋海軍戰力。[19]

除了商業攻擊戰以外，柯白的海權思維在今日的相關討論中仍不乏擁護者，因為他認為建構海權是一種相對而非絕對的概念。與馬漢的看法相反，柯白主張一個國家若要成功執行計畫，則必須兼具路上與海上的武力，他認為就算這個國家的船艦數量減少了，一樣還是有辦法保持其海洋戰略的成功，雖然可能有人覺得友軍的力量會因此變得更弱、更難集中，不過只要組織得當，他們依然可以快速集結，合併出一支更難纏的隊伍，並控制住某些咽喉要塞或海域，柯白稱此為「存在艦隊」（fleet in being）或「必要時可以快速集結成聯合艦隊的一批船艦」。[20]這一點相當重要，因為今天還有很多美國人相信，既然美國的海軍擁有主宰性的力量，則必能應付路上的一切障礙，繼而長此以往保住超級強權的地位。從船艦噸位來看，美國海軍確實是世界首屈一指的；再看看遍布全球的兩百八十八艘船艦，即便這個數字已經是第一次世界大戰之後最小的，但其戰力依然是世界首強。然而，不要說是柯白，只要是個合格的海洋史學家都知道對一個正在興起的強國來說，例如十九世紀的德國與法國，或者是今天的俄國與中國，如果要控制某些海上交通的戰略要道，或是要在公海上找你麻煩，尤其是在歐亞大陸沿海上的那幾個海路隘口，這全都是輕而易舉的事。美國還有另一個更大的挑戰，就是要怎麼看待歐亞各地俄國或中國的海軍數量不斷在成長，很多人都接受一種大背景下的視角，把俄羅斯看成國際間的鬧事者，得要好好對付或震懾才行；至於要怎麼處理或看待中國的（海軍）崛起，則尚在熱議之中。[21]這個世界很有可能再也不會出現另一次發生在公海上的大戰，或是有誰以國家身分來封鎖住某個重要的海上咽喉，可是如果美國的全球領導地位繼續像現在這樣衰弱下去，那麼中國、俄羅斯、印度以及其他國家就會趁機填補這個海上勢力缺口，而隨著全球各國在國家安全這個利益上的競爭加劇，跟著也就使得發生意外衝突的潛在機會越來越大了。

要擔心害怕的還不只一件事，由於美國縮減軍力的局勢已見明朗，我們現在所目睹的就是一段歐亞地區海軍至上主義（navalism）的成長期，這種風氣就像是一八九〇年代一樣，當時不論是工業化程度、製造業產能、海路貿易，乃至於英、法、俄國、德之間的海上競爭，全都在大舉擴張，這局面最終鋪就了第一次世界大戰的舞台。這其中有一個值得注意的因素，可以跟今天的局面類比，也是因為這個因素才讓局勢變得更加難解。當年德國與英國這兩個帝國之間雖是兩虎相爭，但雙方的經濟其實是水乳交融的，在一戰前夕，德國是英國的第二大貿易夥伴，排名甚至在英屬印度或法國之上。從德國的角度來看，英國是德國最大的出口市場，而在同一時間，德國從整個大英帝國進口的貨物也占了總量的百分之二十左右。當時有些人認為，德國對英國的海軍至上主義是感到害怕的，「也就是說，英國會利用其海軍優勢，一方面不讓全世界的國家自由利用海洋，一方面也出手干預民族獨立。」然而，柯白此時卻站出來替英國的海軍至上主義說話：「我們有實力能封鎖各處的海洋……但我們沒有這樣做，而是讓這些海洋繼續對全世界敞開大門。不僅如此，在我們多年的和平掌控之下，英國海軍奉命繪製海圖，連最偏僻幽微的地方也不放棄，還努力探索新的海路，並清除這些海路上的種種危難，讓大家可以光明正大地從阿爾及爾一路到最遙遠的東方去做生意。這一切可謂是奉送給世界的禮物，完全不求回報。」相較之下，擔任過德意志帝國海軍大臣（一八九七～一九一六）的鐵必制（Alfred von Tirpitz）元帥則曾在他的回憶錄中說道：「想要重振德意志的本質與本色，讓世人正確地看待德國，此等重任唯有海軍可以擔負。」今天，當我們面對中、印、俄、美之間的海軍競逐之勢又見抬頭，同樣的角力、同樣的爭論，也再次出現。[22]

## 海洋地緣經濟

看過了前面所敘述的幾個主要的海洋戰略思想流派，我們現在要接著看看海上的地緣經濟，把它視為中、俄、印三國大舉擁抱海洋的第一要務或主要動機，因為它，才導致海上的競爭加劇。「地緣經濟」一詞在前幾年又重新流行起來，指的是「有越來越多國家利用資本來玩弄地緣政治，試圖拿著國家的支票本等經濟手段來達成戰略目標，而以往這種事可往往得要用軍事威脅或征服才能辦到。」[23]這樣的描述方式特別適用於中、俄、印三國的例子，因為他們都在擴張自己經濟勢力的範圍，想把勢力從自家區域拓展到整個歐亞地區。換另一個方式來說的話，地緣經濟就是「地緣政治的經濟」，或者也可以稱之為大家常說的經濟國策。卜威爾（Robert Blackwill）與珍妮佛．哈里斯（Jennifer Harris）兩人對地緣經濟曾經下過一個適用性極好的定義，我在本書也是採用這個說法：「使用經濟手段來促進或捍衛國家利益，並在地緣政治上造成有利的結果；另一方面，也讓該國對於其他國家的經濟行動產生影響，使之符合該國的地緣政治目標。」不過就算這個定義下得好，談論範圍也還是太寬，如果要應用在大海這方面的話得要再經過汰選。依照卜威爾與哈里斯的說法，一般而言各國所採用的地緣經濟手段共有七個主要項目：貿易政策、投資政策、經濟制裁、網路領域、金援、貨幣政策，以及能源暨大宗商品政策，如果我們想把這些運用到本書主要的分析架構之中，那麼其中三項主要手段是最貼合於歐亞海上競爭狀況的，分別是貿易政策、投資政策與能源暨大宗商品政策。網路領域雖然尚處於發展階段，但其重要性卻在不斷增長，因為鋪設在海底的實體纜線相當脆弱，而且集中通過歐亞地區幾個狹窄的戰略節點，此外還有一些新發明的海運科技也跟網路安全密切相關，像是自動識別系統（簡稱ＡＩＳ），這套開放原始碼的系統不但可以追蹤商船，也可以追蹤軍艦。至於國外金援這個項目，雖然對於海上地緣經濟來說也算一個重要的因素，不過我們同樣也很難單單把它當成是某幾項具體的海洋事務來談，所以國外金援與網路領域我都只會附帶談到，而其他三項主要的地緣經濟工具則會細談，它們與本書所要談的海洋領域才最為相關。[24]

首先來看看前兩項的全球海上貿易與投資，在後冷戰時代，許多人認為全球貿易已經轉向，從彼此衝突改為傾向於相互合作，因為各國的經濟依存度不斷在提升，而且不論是海運業本身，或者是供應與物流鏈，本質上都相當複雜，需仰賴於國際合作。相反地，也有人認為全球貿易可能會走向一個更黑暗的時期，就像重商主義（mercantilism）興起的年代，在十七到十八世紀之間，荷屬東印度公司與英屬東印度公司總是相爭不休，當時歐洲強權們把大海當成是康莊大道，可以一路通往財富、權力，乃至於支配全世界，荷蘭詩人馮德爾（Joost van den Vondel，一五八七～一六七九）曾經為荷屬東印度公司的幹部們寫過一段頌詞，很能反映當時的情況：「利益之所向，即吾等之所趨，行遍四海、踏遍諸岸，遊歷於大千世界，來往於萬千港埠，但求富貴而已矣。」這整套貿易體系的核心要點之一，就是競爭，競爭逼得歐洲各強權去追逐國家利益，讓他們開設國營大企業，而想要保障這一套套有利可圖又複雜多變的貿易系統，最主要的做法之一就是花錢投資全球性的海上貿易，並斥資改善港口的基礎建設。[25]

時至今日，帶頭在努力擴大地緣經濟上的投資的變成是中國，其範圍橫亙整個歐亞地區，然而也不免讓許多人擔心，中國所採納的這套世界觀偏向於重商主義，就像是當年的歐洲殖民強權一樣。舉例來說，中國現在就正在利用地緣經濟手段來強迫其他國家，在某些情況下甚至是對他們威壓，迫使他們服從於中國更遠大的戰略目標與利益。從二〇一三年秋天開始，中國國家主席習近平啟動了中國的一帶一路倡議，背後伴隨的是中國經濟實力的崛起，以及用更大力度來推動勢力擴張，使中國勢力能穩穩超越自家疆域與海域的藩籬。到了該年十月，習主席在印尼的國會演說中更公開提出了他的海上絲綢之路計畫，並提議籌建亞洲基礎設施投資銀行（AIIB），雖然未曾明言，但這個新銀行已經隱隱然是要與世界銀行及國際貨幣基金組織相抗衡，而根據習主席的描述，中國的計畫是要「同東盟國家加強海上合作」，以及「建設二十一世紀海上絲綢之路」。中國能夠在亞洲崛起，其根基出自於一個簡單的事實：他的經濟量體巨大，而且大過了其他東亞與東南亞經濟體的總和，在二〇一五年時估計就已經達到了十點九兆美元之譜。從東亞一直到地中海，中國大範圍投資了一系列的港口與其他航運基礎建設，這也是他海上實力不斷在成長的部分體現，根據一項最近的報告，「從貨櫃港這方面來看，中國其實已經是四海之主了。在二〇一九年的時候，全世界的前五十大貨櫃港中，將近三分之二都或多或少有中資投入，而這個數字在二〇一〇年的時候才只不過是五分之一左右而已。」[26]

不只中國，印度與俄羅斯也開始在提升他們對海上貿易與基礎建設的投資。以印度來說，其投資的成長其實也是為了要因應中國在印度洋－太平洋海域裡不斷擴張的海上勢力。麻六甲海峽位於亞太地區通往歐洲的印度洋交界處，據估計每年全世界約有百分之三十的海上貿易都要取道於此，而且隨著這個區域的經濟不斷成長，該數字未來也同樣會繼續增加。印度的憂慮在於，中國已經開始把自己的地緣經濟投資轉化為地緣戰略資產，例如前進作戰基地。有一位印度的觀察家注意到，「中國在海外港口所建立的設施本身都有一種雙面性，表面上是作為商用，但是又可以進行快速升級，用來執行關鍵的軍事任務，真可謂是將硬實力軟投放之佳作。」這種觀察所代表的也許是許多印度人逐漸加深的憂慮，而近幾年來印度把心力放在印度洋與東南亞之間的貿易與投資上，試圖以此來與中國抗衡。自從二〇〇〇年代初期，印度就已經試圖在擴張自己的經濟影響力，想把它化為更長遠的地緣戰略，最具代表性的就是他的東望政策與隨後的東進政策。近來印度的經濟成長率超越了中國，而且未來預期還會保持同樣的趨勢，但是就算經濟成長率只有如此，中國依然是印度洋地區的霸主，而中國在地緣經濟上的表現也越來越強勢，因而跟印度之間仍會發生緊張或摩擦的關係。[27]

至於俄羅斯，他在歐亞地區南部的海洋貿易與投資上比較沒有分量，有些專家甚至認為中國經濟的崛起可以算是對俄羅斯地位的潛在威脅，就像許多分析師所指出的，俄羅斯需要中國的程度要大過於中國需要俄羅斯。在今日，這段關係被制訂為「全面戰略協作伙伴」，俄羅斯可以在海上跟中國展開軍事合作，但雙方同時又在經濟上有著非常激烈的競爭，而中國對此乃是占了上風，這部分是因為中國的貿易快速增長，加上能源價格低廉之故。短期來看，俄羅斯在自己所屬的海域裡會表現得更加積極，像是在波羅的海跟黑海，同時也會繼續在北極這塊區域裡集中投放更多資源。二〇一四年占領了烏克蘭的克里米亞，這讓俄羅斯可以更容易在黑海與地中海出入，尤其是在他越來越涉入敘利亞的內戰後更需如此。至於在俄羅斯的遠東部分，雖然普丁總統也曾試圖跟許多亞洲的鄰國們在經濟上與政治上合作，但是俄羅斯在亞太地區的貿易量依然只占了該區域總數的百分之一，這也就是為什麼普丁總是會比較重視該區域的發展情況。[28]

在這些海上貿易與投資所形成的趨勢背後，跟前述的第三項重要地緣經濟工具也有密不可分的連結，因為它所關乎的不只是能源安全，還有從海路運輸的重要自然資源，這些事的重要性都在與日俱增。由於歐亞地區的開發，加上人口不斷成長——全世界約有六成的人口住在這裡，其中中國和印度就占了四成的世界人口數——尤其是中印兩國，特別急著想找尋更多的自然資源來為自己的經濟成長提供動力，自一九九〇年代以來，全世界所增加的能源消耗量中有百分之四十二是直接由印度和中國使用的。從供給端來看，歐亞地區——主要是中東與中亞地區——擁有百分之六十六的已知石油蘊藏量，而這裡已知的天然氣蘊藏量也占了全世界的百分之七十一左右。如果再進一步細看的話，不論是直接蘊藏在印度洋地區的能源，或者是必須要取道自此來通往歐洲或亞洲的能源，總計起來全世界有百分四十的能源資源受這裡控制。在俄羅斯方面，該國有大約九成的天然氣、六成的石油蘊藏都集中在北極地區，等到十多年後，俄羅斯的北極天然氣與石油逐漸開始供應到市場上，這些資源的銷售額預計將會達到俄羅斯國內生產毛額的三成左右。對亞洲大陸上不斷成長的經濟體而言，始終得要面對的困難在於大多數的資源都必須通過海路運輸，而且還得通過某些世界上最危險的海上咽喉。全世界有超過六成的石油是經由海路運輸的，舉荷姆茲海峽為例，光這裡的石油吞吐量就占了全世界的兩成左右，也就是每天會有大概一千八百五十萬桶石油從這裡經過。同樣地，中國所進口的石油約有八成都要取道於麻六甲海峽，像是這麼重要卻又狹窄的水道，只要有任何事發生而對這裡的暢通造成威脅，屆時都可能會對全球的經濟與政治產生毀滅性的後果。[29]

雖然中國積極尋求更多的能源供應來源，然而未來中國依然有七到八成的石油可能都得從中東或北非進口，為了滿足越來越大的能源需求，過去這十年裡中國一直在積極利用經濟上或政治上的誘因，想要跟伊朗與波斯灣地區的各個君主國交好。至於北方那邊，中國也簽下了許多天然氣產業的合約，最大的那一筆是二〇一四年所簽的三十年合約，達成了四千億美元的天然氣協議，因為從一些專家的預估來看，中國到了二〇三五年時很可能有超過百分之四十六的天然氣都得要仰賴進口。最近的這些天然氣合約，可以說是大大挹注了俄羅斯的財政，因為自從接管了克里米亞之後，俄羅斯就受到美國與歐洲越來越重的經濟制裁，跟西方世界的緊張關係也大幅加劇。對一個有超過百分之三十五的政府收入來自於銷售碳氫化合物的「食租國」（rentier state）來說，把自己的地緣經濟焦點東移，這會有助於讓俄羅斯的經濟變得更多元化、更有保障，以此來面對未來經濟出現不確定性的時刻。此外，從二〇一一年起俄羅斯涉入中東事務的程度也變深了許多，這是因為俄羅斯試圖想要改造全球能源市場的局面，所以就想要先在波斯灣地區建立起更牢固的夥伴關係。再看看這邊廂，印度看著中俄兩國出頭，當然也一定要為了自己的能源安全而跟與他們出手相爭，而且其目光也一樣投向了中東，希望能從這裡獲得更多的石油與天然氣。最近有一些研究報告統計，印度所進口的石油裡有百分之八十五左右都取道白印度洋海域，而隨著中俄兩國進一步強化他們在這個區域的勢力，他們跟印度及其他國家之間為了能源安全問題而展開的競爭將會明顯加劇，未來會使得印度洋地區猶如一個大型的海上角力場，成為地緣經濟與地緣戰略衝突的核心地帶。[30]

## 躋身強國，海軍競逐隨後展開

影響到中、俄、印三國在海上相爭擴大的第二個主因，乃是這三國都想要追求強權地位。由於渴求能獲得更大的國際威望，因此就導致他們投入更多資源在國家力量的戰略工具上，也就是海軍；而這接著又導致海軍至上主義的力量更加抬頭，然後歐亞地區的海上四處都可以看見海軍的角力。一直以來，海軍至上主義（Navalism）這個概念都寫在辭典裡頭，可是現在卻很少有人會用它，就像歷史學者克雷格・西蒙茲（Craig Symonds）在其著作中所言，「海軍至上主義者心中所在意的東西通常是形象、榮譽、威信，以及外交影響力……對他們來說，海軍艦隊就是一個國家已經成熟長大的實質證明。」[31]在十九世紀晚期到二十世紀初期之間，「海軍至上主義變成了某種意識形態，裡頭包含了愛國主義、經濟考量與自身利益，只是被包裝成了正當防衛與安全顧慮罷了。」對當時在發展跨國經濟的國家來說，確實需要保護海外市場，並確保其海上交通要道能夠運送該國的商品與財貨。然而今日的海軍至上主義，有一部分的模樣已經變得跟一百多年前大不相同了，我們可以將其內容拆分到以下幾個面向，也就是要在這些地方投入更多資源：海軍的規模（船艦與人員）、海軍或海岸巡防科技（武器與網路作戰能力），以及在本地海域與外國海域的一般海軍活動（海軍外交與活動）。雖然表現方式不一樣，但究其核心精神而言，歷史上曾經出現的海軍至上主義，以及當年對於發展國家海軍的狂熱心態，在今天依然陰魂不散，世界上的各個強權莫不渴望打造並派出一支遠洋海軍，讓大家都看看自己的強大，讓大家都拜倒在自己的力量與國家英雄主義底下。爭逐強大的海軍，從更大的歷史軌跡來看，一直都跟強權地位、海軍霸權這些事情是分不開的。[32]

在國際關係裡頭，哪個國家可以有地位，或者說在弱肉強食的國際社會裡能被大家當成強者來看待，這一直都是最核心的問題。在冷戰之後，美國不論是在軍事上、經濟上或政治上都是一家獨大，而中、俄、印三國從以前就覺得自己遭到美國或西方所排擠，跟他們那套老是要支持並推廣民主及人權的規範系統格格不入，於是乎每個國家很自然就都有動力要去爭取更大的國際威望，希望用這樣的手段來改變現今的系統模式——不論是從國際組織、軍事戰力或經濟實力來加以改變都行。換句話說，求取強權地位的背後動機，就是某些社會科學家所認為的「社會競爭」。[33]

俄羅斯的對外政策，可以說是圍繞著獲取威望與強權的目的而精心織就的，而他之所以想盡辦法處處跟美國作對，有一部分也是出於他在這方面所下的努力，就像歷史學家理察．派普斯（Richard Pipes）曾經說過的，「只要克里姆林宮這邊對西方的倡議說『不』，俄羅斯人就會覺得自己真的是世界強權了。」[34]在某些俄羅斯的語境裡，想要維持強權地位，就得要透過「平衡政治與軍事的政策，以及各式各樣由國家在此地區所組織的地緣經濟計畫」[35]才能達成。至於中國想獲得強權地位，其實也同樣是為了自己在大戰略上的算計著想，已故的政治學者華安瀾（Alan Wachman）曾經寫道：「持續的經濟成長加上政治穩定，已經被（中共）視為自己將來的權力基礎，而其衡量標準所看的就是經濟繁榮、對外影響力、國家安全以及國際地位。」最後說到印度這方面，他之所以會在一些區域性的組織裡，例如像是在東南亞國家協會（簡稱東協，ASEAN）中扮演比以往更活躍的角色，有很大一部分的動力，說穿了也就是想要得到「正當的國際地位」。[36]

為了獲取更穩固的國際地位，中、俄、印的國策都開始把海軍當成必要工具，這是他們完成大計的手段之一。在如此的多方角力之間，有一處是比較讓人憂慮的地方，當每個國家都越來越重視自己的海軍，這就意味著海軍至上主義抬頭，而擦槍走火所導致的激烈衝突，雖然也許只是區域性的，但也越來越可能發生，[37]就像歷史學者保羅．甘迺迪（Paul Kennedy）所言，「世界上領頭的幾個海權大國之間爭得你死我活，很快這就會是我們當下與未來的時代標誌，差不多就像以前的愛德華時代那樣吧，而這也代表了我們身處在另一輪海軍競逐的年代，一切才剛剛開始。」[38]

任何人只要看到中、印、俄三國莫不愈發奮力在爭求強權地位，則也同樣會發現這幾國所重視的不只是海軍戰力，而且他們也一樣重視其他的海上投資，這使得他們彼此會產生摩擦的地方增加了，而區域的安全問題也增加了。就像一位著名的中國海軍至上主義者所說的，「當國家從『內向型經濟』轉向國際貿易的『外向型經濟』後，國家安全的空間便向海洋拓展，人們對國家海上力量也開始關注起來。」就以我們眼前看到的情況為例，中印兩國在印度洋上爆發了緊張的對立局勢，這要歸因於大家所說的中國的「珍珠鏈戰略」，此舉措威脅到了印度對此區域的控制權，而為了因應中國逐漸增長的海軍與海上力量，印度便向許多印太地區國家積極尋求合作關係。然而，這樣角力的局面既已成勢，連帶也影響到了其他糾紛不斷的海域，像是南海，這裡因為各國對海域的主張彼此衝突，加上各國競爭態勢拉高，因此情勢原本就很緊張，現在卻又受到印度洋的牽扯而變得更加複雜了。[39]

雖然在中國依然有不少人還在爭論中國到底主要算是陸權國家還是海權國家，不過如果看看一些中國學者所寫的時局分析，他們確實把海上議題與海軍擴張都看得很重，而且把這方面的進展看成是中國崛起的明顯指標。根據某位中國作家（譯註：此處指的是謝值軍所寫之〈二十一世紀亞洲海洋：群雄爭霸，中國怎麼辦？〉一文）所說，「二十一世紀乃是海洋的世紀，面對海洋世紀的呼喚，中華民族復興的願望從未如此強烈，與海洋的聯繫日趨密切。」而另一處對於中國時局的分析則更直截了當地表明了前述的觀點：「中國在二十一世紀所面臨的海洋戰略環境是險峻的，如果聽任這種不利的海上局勢繼續惡化，如果我們繼續在沿海遭到這種惡劣環境的包圍，我們如何談中國的崛起？……一支近海海軍怎能贏得與其他海軍力量博弈的勝利？或者又有何權力談論成為世界強國或執行亞太戰略，更不用說全球戰略？」[40]就算不看那些關於海權及全球威望的論辯，實際上中國的國防預算的成長腳步確實一直非常驚人，這自然就意味著他的海軍發展未來可期。由於缺乏財政透明性，我們的確很難精確說出中國到底在國防預算上花了多少錢，不過即便是粗估，依然可以發現中國的國防支出在過去十年間有大幅的成長，根據某些推算來看，其過去十年的國防支出成長了百分之三百三十，而同期間中國的經濟成長約達到了百分之九百五十，兩者對照的結果算是合理。在二〇〇一年，中國的軍事預算估計為五百二十億美元；到了二〇一八年，這預算數字大約已經達到了兩千億美元。[41]

從中國共產黨第十九次全國代表大會的決議來看，加大力度強化國防與國家安全，這不僅合乎於習主席勃發的雄心，也順乎於他把中國帶向世界的「舞台中央」、成為全球超級強權的大戰略，同時他也表達自己渴望看到中國能「為實現中華民族偉大復興的中國夢而努力不懈」，而這龐大的軍事開支，就是為了支持這些願景，同時也造就了半個世紀以來舉世最大幅度的軍力增長，其海軍的增長尤為顯著。在接下來幾年裡，人民中國海軍很可能會擁有超過三百三十艘軍艦，而且如果其生產率保持不變的話，到了二〇三〇年該數字就可能會變成大約四百三十艘水面艦艇、一百艘潛水艇。至於目前人民中國海軍的軍艦、潛艇，以及先進的飛彈快艇，其總數大約共達三百艘左右。[42]

然而，中國海軍的增長對於區域乃至於全球的穩定會造成何等的影響，目前大家對這方面的意見比較不一：「中國的向外突破，到底算是一個經濟巨人的當然之舉，縱使未免舉止唐突，卻可能無意傷人，只是滿心想在商業上一展鴻圖而已；又或者，他的擴張也是一把利刃，是地緣政治上的武器，就像從前許許多多的強權國家一樣？」[43]有些學者主張，看待中國海軍的崛起時，應該要多從希望達成「海上有序」的角度去看，大家可以透過一些方式來合作，例如打擊海盜或海上恐怖主義等等。[44]然而問題就難在中國似乎正逐漸偏往地緣政治的窄道上去走，尤其是他逐漸擴張海軍的部署範圍，而且還成功利用跟俄羅斯的合作關係，進一步擴大自己在整個歐亞地區的勢力範圍。中國的對外擴張與海上發展，似乎暗暗遵循著中國戰略家孫子的兵法理路，孫子所提倡的是一面富國一面強兵，直至非不得已才用兵：「所有大戰略的目標一定都在於厚養民生，『令民與上同意』，其後便可伐交，但絕不能在軍事上無備。『不戰而屈人之兵，善之善者也。』但凡可以成事，則應以伐交或伐謀為先，可以外交屈敵，或可破其策、解其盟、挫其大勢。」[45]雖然今天在中國國內對中國具體的戰略目標為何還在爭吵不休，可是對於中國在海上的舉動，大家的解讀方式都差不多：中國肯定有一套對付歐亞地區的大戰略，而海洋乃是其中不可或缺的要素。[46]

很多印度人也抱持著類似上述的看法，他們相信從更大的格局上來看，中國的目標會對印度造成嚴重的束縛，特別是在印度洋上。二〇〇三年的時候，印度啟動了發展遠洋海軍的目標計畫，其中包括了三艘航空母艦所組成的艦隊，以及一百三十艘軍艦；今日的印度海軍戰力名列世界第七，共有一百三十七艘軍艦，包括一艘現役的航母，如果跟他的主要對手，也就是巴基斯坦的海軍相比，其戰力一直保持在大約五比一的優勢。雖然印度未能如期完成原本宣稱的航母建造目標，加上在一九九〇年代時其海軍的發展速度下滑，不過近年來印度在國防預算上已見成長，例如二〇一二年就成長了百分之十七；在二〇一七年，印度的國防預算增加了百分之五點五，達到六百三十六億美元，其金額排名進入世界前五，前頭的那一名是俄羅斯；到了二〇一八年，印度的國防預算又增加到六百六十五億美元，接著在二〇一九年又增加了六點六個百分點。儘管這些年來印度編列的海軍預算有時升又有時降，不過海軍的發展與升級依然一直都是其首要之務，即使印度一向飽受官僚主義的顢頇所累，而且也缺乏清楚的海洋戰略，但多數的分析師還是相信，印度會繼續把海軍的發展與現代化當成未來的首等要務，以幫助國家取得強權地位。[47]

另一方面，俄羅斯的海軍一般被認為是排名世界第三強，可是他的艦隊裡多數都是蘇維埃時期留下來的老古董，而且有很多船艦至今依然缺錢可用。依據現今的估計來看，俄羅斯的海軍艦隊，把潛水艇和水面艦艇一起算的話大約有兩百八十艘；相較之下，在一九九〇年蘇聯解體時，蘇維埃艦隊的規模達到六百五十七艘。至今俄羅斯的艦隊大部分還是都不適合長途航行，而他的航母庫茲涅佐夫號前不久在法國與西班牙外海的比斯開灣現身，前方卻有一艘拖船在拉著它走，當時庫茲涅佐夫號為了支持阿薩德政權，剛結束一次短暫的海軍外交訪問，正要從敘利亞歸國。撇開這些慘事先不說，如果我們按照法國少壯派所設定的劇本來看，俄羅斯有可能繼續投入大筆資金在他的潛水艇艦隊上，其總數目前估計約有七十艘，即便這些潛艦過去的成績優劣參半，像是庫斯科號爆炸沉沒，艦上一百八十八名船員喪生，或是像不久前發生的另一起核潛艇事故，也導致了十四名船員死亡，然而俄羅斯的潛艇艦隊與其他海軍艦艇依然奮勇向前，越來越深入大西洋、亞太地區、北極海等水域，讓美國等一眾國家深感著惱。當俄羅斯把獲取全球威望當成目標，便意味著克里姆林宮那邊會繼續支持其海軍計畫的發展與擴張，更何況，北極依然還在融冰之中。[48]

## 守護歐亞海上交通要道

中、俄、印三國之所以會逐漸把重心從陸地轉到海上，還有最後一個關鍵要素，就是保障歐亞海上交通要道的安全變得比從前更有價值了。只要想想這條路線在歷史上對於國際海上貿易的重要性，那麼這個現象就沒什麼好奇怪的了，就像歷史學家菲立普・費南德茲－阿梅斯托（Felipe Fernandez-Armesto）所言：「以全球歷史來看，海路遠比陸路來得更加重要：海路能運送的貨品數量更大，而且速度更快、效益更高。」[49]再看看今日，海上貿易興起，加上地緣經濟的因素，這讓大家對海上交通要道的安全更加看重，因為唯有如此才能讓自家的船隻免於各種國家或非國家力量的威脅，前者指的是一些墮落腐敗的國家所造成的威脅，而後者則是像海盜或恐怖分子等組織。然而從另一方面來看，在這個海軍至上主義抬頭的時代，公海上出現了更多的海軍船艦，不免會讓歐亞各海域的安全情勢變得更加複雜，同時也更容易發生意外衝突。不論是高北地區，或者是歐亞地區南部取道曼德海峽、麻六甲海峽等咽喉要地的遠洋海上公路，都一直會是各國海洋戰略中最醒目的焦點。此外，隨著中、印、俄三國提升自己的遠洋戰力，繼而想要在歐亞海域得到更多保障，未來大家設立基地、物流設施，以及海上補給港的情況將會大大增加。

從古到今，在各個國家及帝國所形成的國際關係之中，基地政治（base politics），以及誰可以在哪裡設置軍事基地或海軍基地，可謂是最歷久不衰的利害癥結之所在。無論是叫「設施」、「基地」或「機構」，一直以來這些詞彙指的其實都是同一回事，傳統上大家會把軍事基地看做是機隊的集合點，或者是法文中所謂的支點（point d'appui），基地另外還具備兩個主要的功能，機隊在此可以獲得補給與修復。至於基地政治，現在主要在把玩個中形勢的是中國，因為他正在擴張自己在歐亞各處的遠洋勢力範圍，用學者肯特．卡爾德（Kent Calder）的話來說，設置國外軍事基地的必要性在於「阻嚇他人之侵犯、強化盟友之關係，讓對立相持的兩造有所顧忌而不敢出手，並讓全球的後勤網絡可以極其高效，確保物暢其流；從近期來看，更有助於打擊恐怖主義。」[50]

從歷史上來看，在國外乃至於全球設置軍力，對於許多強權或帝國而言都是必要的，這樣他們才能伸展國力，才能屹立不倒。像修昔底德（Thucydides）就曾經在《伯羅奔尼撒戰爭史》裡記述斯巴達與雅典如何為了設置基地而彼此相爭，而交戰中的希臘各城邦又是怎麼合縱結盟，形成了怎麼樣的大局。還有在十五世紀，著名的中國指揮官鄭和率領規模驚人的艦隊，從中國東邊的蘇州出發，跨過南海與印度洋，一直到阿拉伯半島與非洲東部，不斷尋找合適的地點來施展中國威加四海的雄心，在鄭和下西洋滿六百週年的時候，有一些中國評論員就拿當年鄭和歷史性的海洋壯舉來彰顯現在人民中國海軍的遠洋實力。在地中海這邊，公元十五和十六世紀的時候，舉凡神聖同盟、威尼斯、熱那亞，以及鄂圖曼帝國莫不爭相搶奪戰略基地，形成歷史奇觀，最終在一五七一年導致了歷史上重要的勒潘陀海戰，也有人稱之為「槳帆船對決」，在這場戰役後，再也沒有人為了贏得地中海戰事而展開軍事基地的多方布局，因為這些基地已不再能發展軍事技術、影響政治形勢，而歐洲大海上的帆船也同樣不再能對地緣政治產生什麼作用了。[51]

到了十六世紀末、十七世紀初時，葡萄牙、西班牙、英國、法國與荷蘭紛紛轉向，都改為爭取設立全球性的海上基地，以此來建造自己的殖民帝國。在《海權對歷史的影響》一書中，馬漢認為一個帝國既要能夠完全掌控海洋，也要能建立優良的海上基地，這兩者對其霸權的興衰會造成決定性的影響，後來更有學者指出，「諷刺的是，當大帆船被以蒸汽為動力的船隻取代，這反而讓船隻為了取得主要的動能而變得更仰賴基地，或者也可以稱之為加煤站。」[52]果不其然，在那之後的幾世紀裡，對於歐洲的殖民強權諸國而言，在全球各地設立基地乃是一等要事。到了二十世紀，在二戰結束之際，美國一躍而成為全球的超極強國，在全世界建立了四千四百三十三個軍事基地與設施，這樣的局面維持了一世紀之久。美國不但當上了下一任的海上強權暨軍事強國，而且在冷戰的高峰期時，美國在海外部署的軍力很快就超越了英國，成為世界第一。而當戰後重建工作開始之後，美國跟蘇聯陷入相持不下的局面，在全世界展開各種競爭，爭影響力、爭權、爭資源。有趣的是，當時美國做的那些事其實跟我們今天看到中國剛開始要做的事很相似，美國在冷戰期間發現，應該要運用自己全球性的軍事實力來保護世界各地的海上交通要道，這可以說是生死攸關的要事，尤其是經過蘇伊士運河的海上貿易，因為這些貨物要送往美國的亞太軍事基地，包括韓國、日本與菲律賓。此外，在一九六〇與一九七〇年代的越戰期間，美軍所需的石油與自然資源數目也成長至空前巨大，在越戰的高峰期，運送到菲律賓美軍基地的石油通常都會再送去越南，這是因為美國在越戰中所使用的石油有大約百分之八十五都產自波灣地區。[53]今天，美國已經不再像從前那樣仰賴中東的石油或天然氣了，這有一部分是因為過去十年裡發生的頁岩氣技術革命，結果反而是讓中國和印度都試圖想要填補這個空缺，開始爭搶中東地區的能源資源。

冷戰結束之後，美國依然保持著全球霸權的地位，根據最近的官方統計，美國在自己以外的四十五個國家中建立了大約五百一十四個海外基地。雖然目前在歐亞地區還沒有哪個國家在全球各地駐紮的兵力可以跟美國相匹敵，然而我們還是應該要注意到，整個歐亞地區地緣政治的轉變已然是箭在弦上，而第一個出手的就是中國，二〇一六年時他在吉布地設立了海軍基地及後勤中心。此外，從二〇〇九年開始，包括中印兩國在內的國際力量共同組織了第一五〇號與一五一號的聯合特遣隊（CTF），其任務是打擊海盜、確保阿拉伯海的安全，在多數人看來，CTF－150和CTF－151的成績相當亮眼，在它們的襄助之下，阿拉伯海的海盜數量降到了史上最低。不過從另一方面來看，因為參加了特遣隊，中國也得以藉助數十次執行任務的機會來部署與訓練人員，估計有超過兩萬五千名中國海軍投入其中。[54]隨著中國的海軍實力不斷增長，加上又在吉布地設立了基地，中國此時也面臨到了另一個難題：他越來越需要前線戰略基地。因為對任何一支遠洋海軍，或者是對雄心勃勃的超級強權而言，能夠建置基地並確保海上交通要道的安全都是至關緊要之事，這樣他才能穩坐強權地位，並且重建新的世界秩序。

中、俄、印三國都已經開始擴張自己的海上部隊，不再坐守自家的傳統海域，轉而想向世人展現他們的遠洋海軍戰力正日漸增強。如果三方繼續爭奪優勢資源，想著要控制歐亞地區的海上交通要道的話，就有可能從地緣經濟的競爭轉變為更激烈的軍事摩擦與國安扞格，而如果這樣的趨勢繼續下去，不久後的未來可能就是歐亞海上新紀元的開始。至於美國，看來根本就對此措手不及。

第二章

# 俄羅斯的海上歐洲大計
# 黑海、波羅的海風雲起

從文化性格來看，俄羅斯從以前就不會閉關自守，俄國人向來都是主動對外衝鋒陷陣的。按照俄裔美籍歷史學家麥克．卡爾波維奇（Michael Karpovich）的說法，這叫做「俄國人民固有的遷移本性」，而歷史學家羅伯．科納（Robert J. Kerner）在一九四二年所出版的俄羅斯歷史專著則稱之為「向大海前進」。科納回顧了俄羅斯的過去，指出原本的土地上有多麼缺乏宜居的海岸，因而一直渴望能找到溫水港，並認為如果有了溫水港，財富與現代化也隨之可得。[1]

冷戰結束後，俄羅斯掩旗息鼓了幾十年，現在似乎又開始亮出兵刃，甚至可以算是重振雄風，而其再起後聲勢最大的地方是在海上，主要是沿著俄羅斯國境南側的黑海，以及國境北側的波羅的海周邊。這情況就彷彿是俄羅斯在一九九〇年代按下了一個暫停鍵，過了很久以後，如今又再呼嘯而來，而這背後有部分得要歸功於二〇〇〇年代初期的油價飆升，讓整個國家的荷包又再次進帳不少。縱然俄羅斯之前確實日子不好過，國內問題與財政問題頻仍，不過不久前又再次當選的普丁總統依舊滿心盼望能讓俄羅斯更加富強，告別近三十年來西方所主宰的世界體系的壓制，重振這個國家的強權地位。如果用俄羅斯學者皮歐特・謝德羅維斯基（Piotr Shchedrovitsky）與艾芬・奧斯特洛夫斯基（Efim Ostrovsky）的話來說，就是要「打造俄羅斯嶄新的形象……這也意味著，面對當今世界正在發生的秩序變局，我們也不能缺席，而且還要進行一場華麗的復仇，以平復我們國家在第三次世界大戰，也就是冷戰中的失敗。」[2]

普丁的心裡很清楚，想要重振俄羅斯的國際威望，俄羅斯就要跟比他還早出現的那些強權國家一樣，其整體策略中務必要重視海洋，還得設法建立越來越多的基地及其他海上據點。為此，俄羅斯首先把目光投向了鄰近的黑海與波羅的海水域，畢竟過去這裡本來就算是位在俄羅斯固有的勢力影響範圍裡頭，而且在二〇一四年接管了克里米亞之後，俄羅斯如今更具備了新的天然優勢，可以完成更龐大的海軍規劃，實現更加遠大的海上雄心。另一方面，俄羅斯也在繼續努力，加緊進行在海軍等軍事上的現代化腳步，雖然前不久在計畫與財務上受到了一些挫折，莫斯科方面依然對俄羅斯海軍給予大力支持，就是為了要確保海軍的現代化繼續作為國家的首要之務。俄羅斯既然想要跨出固有海域，取得強權地位，那麼努力完成現代化就是至關緊要之事，因為海軍艦艇在他要伸展勢力時會扮演重要的角色。更何況，俄羅斯也試圖要在海上交通要道獲得更大的掌控力，因為那不僅是俄羅斯出口石油與天然氣的必經之路，而且也是關鍵的對外通路，讓俄羅斯得以穿越海上咽喉，從小型海域走入遼闊的大海。

然而，有心想要伸展自己的勢力，並努力在黑海與波羅的海尋找地緣經濟方面的投資對象，而且這念頭還越來越強烈的國家，並不只有俄羅斯一個，在歐洲各地的海域上，中國也逐漸成為一個舉足輕重的競爭對手。拋開冷戰期間兩國關係中的種種不快，目前中俄兩國似乎都在依照中國所說的「雙贏」策略行事，也就是在政策議題上採取一致陣線，共同支持彼此的和睦與合作關係。這兩國都想要打破那長期被美國及其盟友北大西洋公約組織所把持的世界現況，而也就是因為這個目標，所以讓這兩國目前能夠保持更一致的立場，對普丁來說，相較於美國與西方世界，中國在全球崛起所造成的外在威脅會來得更小。[3]中俄兩國擴大合作的成果之一，就是現在他們每年都會舉辦海上聯合軍演，範圍包括歐洲各地的海域與亞太地區，只是這些軍演比較算是大家象徵性地做做樣子，沒什麼實質作用。除此之外，他們之間還有一層重要的能源安全關係：俄羅斯需要中國的能源市場，以幫助自己度過被制裁的時期；而中國也極度需要俄羅斯的石油及天然氣，以支持自己不斷增長的經濟。

在地緣經濟方面，中國現在正快速變身為歐洲海域上的主要投資方，而俄羅斯將來對這點也許會有不同的態度。目前中國最看重的就是運輸航路、港口擴建等海上基礎設施計畫，藉由這些建設，中國正逐漸發展出一條獨立的全球供應鏈，以及一套獨立的物流系統，而在這個巨大的歐亞網絡裡頭，歐洲正快速地變成中國在西方世界的根據地。而且也許要不了多久，這個日漸興旺的貿易體系在規模上就會超越西方諸國，繼而打破之前的局面，不再由他們來掌控全球貿易航線與各處的海上商業入口了。

中國之所以把重心放在運輸與航線上，是因為在習近平想要達成的「中國夢」裡，海上商務與貿易將會是主要的推動力。在過去四十年裡，國際海路貿易的規模成長到了原來的四倍，而這個數字在現在的十五年後還可望再次翻倍[4]，有非常多的金錢都跟全球航運及海路貿易系統有密不可分的關係，而中國正努力想要盡可能地掌控這個系統，以此助長其快速成長的經濟。然而同樣地，中國也得要保護他自己的這些海洋戰略投資才行。雖然對歐洲的地緣經濟來說，中國仍然算是一個剛加入不久的新手，但是在跟一帶一路的倡議密切相關的波羅的海與黑海各地，他已經砸下了重金投資許多海路與運輸航線。有朝一日，尤其是當中國需要保護他的經濟投資，甚或需要保護他在烏克蘭或喬治亞的跨國投資項目時，這可能就會造成中俄兩國的直接衝突，只不過目前這兩國看起來在許多重要的面向上還是相當同心同德，有些人甚至認為他們所展開的這種合作會威脅到美國或北約的利益，繼而對於區域安全狀態造成不良的影響。

俄羅斯在歐亞地區的所作所為，有很大一部分都是出自過去在這裡深深埋下的情結，使他們想盡辦法要獲得一個能夠施展戰略的溫水港，然而如今問題更大的地方在於，俄羅斯的海軍正在步步進逼，這不但使得相關地區逐漸瀰漫著不安的氣息，同時也是在助長海軍至上主義的傳播。此外，俄羅斯也使用了一些混合戰（hybrid warfare）的戰法，利用網路工具及各種形式的操作手段，對公海海域的安全造成了威脅。當歐洲的海上出現了更多的國際或濱海軍艦——不論那是北約、美國、俄羅斯或中國的軍艦——便意味著這些原本就已經顯得侷促的海域會變得更加擁擠，因而也就更可能導致擦槍走火或爆發衝突，繼而拉高緊張態勢。不過就目前而言，這個區域在短期的發展上主要還是取決於海上地緣經濟，北歐尤其是如此，因為隨著北極逐漸融冰而航路大開，北歐這邊的海域正好就會銜接未來的運輸航道，成為出入北極的商路。

## 放眼過往的海上偉業

俄羅斯窺圖大海，意欲立身為全球海權強國，這在該國一向是國策的要旨，連帝俄時代與蘇聯時期的各個統治者也不時會提起這個宏願，只是從前俄國還是把目光放在陸地上，政策也著重於此，往海上發展的雄心大多都因此而消磨掉了。直到彼得大帝，他把眼光投向大海，認為俄國若要強大，發展海路是必行之策，他是最早能有此眼光的君主之一，在其鼎力支持之下，俄國的第一支海軍艦隊於焉建立，還幫助俄國打敗了當時的宿敵瑞典，用俄國大詩人普希金的話說，俄國在大北方戰爭（Great Northern War，一七〇〇～一七二一）中是想要「讓我們的惡鄰吃吃苦頭」。此言確實不虛，彼得大帝利用俘獲的瑞典士兵，加上其他新徵的兵員，合力興建了俄羅斯帝國的新都城聖彼得堡，這個海濱城市毗鄰波羅的海，世人視之為俄國通往歐洲的門戶。聖彼得堡象徵的是彼得大帝帶領國家西出的大業，他努力讓俄國人民走出森林，讓原本那些沿河聚居的民眾，能夠跟外頭更廣大的世界有更緊密的連接。[5]

在彼得大帝之後的幾個世紀，不論是帝俄或之後的蘇聯，莫不矢志要在海上稱雄，將之視為自己核心利益的一部分。縱然帝俄把多數的心力都放在歐亞內陸那邊，但這個國家並沒有忘記，如果想要有更大的發展，那海洋會是何等重要，畢竟在該國鼎盛之時，其領土共與三個大洋、十二片海域相接壤，海岸線共計有三萬八千公里左右。自從冷戰結束後，俄羅斯為了讓海軍戰力能夠一直橫亙這麼廣大而多樣的海域，從歐洲一直延伸到北冰洋及太平洋，可以說是在苦苦撐持，然而這個國家的諸多領導人卻依然沉湎於過往，遙想著彼得大帝等人的榮光，包括蘇聯海軍元帥戈爾什科夫（Sergei G. Gorshkov）的偉業，他擔任蘇聯的海軍總司令長達二十九年（一九五六～一九八五）。在我們仔細端詳俄羅斯今日在海軍現代化方面所進行的戰略與努力之前，還有一件要事得先完成才行，就是要看看蘇聯為後來的俄羅斯留下了些什麼，然後了解這些過往是如何繼續影響俄羅斯在海上的核心利益，對之產生了怎樣的形格勢禁，尤其是在歐洲最主要的海上角力場——也就是黑海及波羅的海上。雖然俄羅斯想要控制自家附近的海域，並且一心推動自己獲得更大的國際威望，但卻一直綁手綁腳。自從冷戰以來，俄羅斯便時時要擔心北約的勢力是否要往東擴張，以及北約是否會威脅到俄羅斯在該海域的國家利益，包括威脅到領土主權，以及能否把軍力投放到地中海甚至更遠的地區，這樣才能出兵支援自己的盟友，例如埃及與敘利亞。[6]

## 蘇聯海軍的餘暉

在蘇聯早期時，其領導人把心力大多放在建立陸權之上，於是海軍便往往遭到冷落。不過約瑟夫・史達林心裡明白，要想讓人家把你當強國來看待，一支強大且具有優勢戰力的海軍乃是國家武力中不可或缺的一部分，如此才能在世界各地展現自己的實力。在一九三六年五月二十七日，史達林下令要「打造一支龐大的海上暨大洋艦隊」，並採納了馬漢式的觀點，將海上稱雄視為建立霸權的重要條件。[7]雖然直到一九五三年過世，史達林都未能目睹自己的雄心獲得完全實現，不過在一九三〇年代初期時，蘇聯海軍確實有著手開始興建潛艦，使其實力更能夠與美國及其他歐洲國家的水上戰力相抗。到了繼任者尼基塔·赫魯雪夫掌權時，他也肯定了史達林對此的想法，相信如果有朝一日需要截斷海上交通要道的時候，潛艦將會成為戰局的關鍵。在二戰之後，蘇聯因為戰勝而備受鼓舞，繼而想要投入更具壯志的海軍計畫，以便捍衛他在全球規模日漸龐大的利益，而在二戰尾聲（一九四五年七至八月）時所舉辦的波茨坦會議中，蘇聯代表史達林便力主要在黑海建立基地，說是要保衛自己的領土。之後他眼見美國在地中海地區不斷增兵，加上有消息指出土耳其很快就會加入北大西洋公約組織，更是讓史達林越來越感到憂心。[8]

不久之後，在一九四五年秋天的另一個會議上，當時已經有更進一步的跡象可以看出蘇聯覬覦許多地區的野心正在逐漸膨脹，蘇聯外長維亞切斯拉夫·莫洛托夫（Vyacheslav M. Molotov）更是宣布，史達林支持要由蘇聯監管義大利的前殖民地，也就是利比亞地區的的黎波里塔尼亞。依照莫洛托夫的說法，「我們希望能夠利用地中海上的航路，以讓我們的船隻在那裡有個立足之地，因為和平就要到來，商機也將繁盛，而在此商路大開之際，蘇聯也想要獲得自己應得的落腳處。」雖然一直到一九五八年以前，蘇聯人在地中海地區一直沒有一支常備性的海軍，不過從一九五四年前往阿爾巴尼亞開始，他們就會以造訪己方海域港口的名義，把軍力往更南方的地中海那邊投放。[9]

從傳統的角度來看，蘇聯人會把他們的海洋方略劃分為三個主要區塊來思考：內部地帶、中間地帶及外部地帶。所謂的內部地帶必須要能完全掌控才算，而中間地帶則要能夠用來拒敵深入，至於外部地帶，便是可以牽制對方行動之處，勿使其往來自如。在蘇聯人眼中，波羅的海大部分的地方都受蘇聯的優勢武力所操縱，算是其內部地帶，同時也算是一個重要的緩衝區，可以保護某些蘇聯的產業。因為在當時，蘇聯所有用來修復與興建船艦的港埠，有百分之七十五都集中在波羅的海地區。10

## 戈爾什科夫元帥的幽靈

在整個冷戰期間，隨著蘇聯的聲望與力量不斷增長，他想達成的海軍戰略也變得更加龐大、更加全球化，而其主事者便是戈爾什科夫元帥。戈爾什科夫並沒有從其海軍生涯一開始就不斷鼓吹採用大型船艦，不過他依然相信，強國地位與強大海軍之間有著緊密的聯結關係。當一九五六年受命統御海軍時，他原本的戰略反而開始變得比較難以施展，因為頂頭上司是赫魯雪夫，而他並不想要打造大型的航空母艦，也不想要有大型的遠洋海軍，相反地，赫魯雪夫比較想要繼續建造蘇聯的潛水艇艦隊，因為這不僅比較省成本，而且也是重要的隱藏性武力。在一九五九年三月，戈爾什科夫批准讓K－3服役，這是蘇聯的第一艘核子動力潛艇，也是對蘇聯潛艇艦隊的一大革新，讓未來的潛艦不用再顧慮補充燃料的問題，只要想好怎麼繼續供應糧食等補給品就好了。實質上來看，戈爾什科夫從一開始打造海軍時用的就是法國少壯派的那一套思路，包括要採用更小、更靈活的高科技船艦，而這個策略在今天也很常可以看到，都是用在那些還處在發展階段，但是又亟欲打造出遠洋軍力的海軍身上，換句話說，就是要你在能打造出航空母艦之前，先從規模較小、用途較專的戰艦開始造起就好。[11]

一九六四年列昂尼德·布里茲涅夫（Leonid Brezhnev）接下了赫魯雪夫的位子，他支持戈爾什科夫元帥的目標，蘇聯海軍應該要志在全球，要朝著遠洋艦隊的方向去發展與轉型才對。戈爾什科夫的觀點跟馬漢的方向一致，他曾經寫道：「在整個武裝力量的成員之中，一定要具備強而有力的海軍，那才合乎強國的利益之所在。」後來他又寫道：「一個國家要想能夠躋身於強權之林，強大的海軍力量向來都是一項關鍵要素。不只如此，歷史還告訴我們，那些沒有海軍部隊可供驅策的國家，就算登上了強權地位也維持不了多久。這本來就是理所當然的，因為海軍執行任務的地方是海域與大洋，而這些地方占了我們地球表面百分之七十幾的面積。」[12]

在戈爾什科夫的名著《國家海權論》中，他不僅確立了原本的想法，主張經濟實力跟海權之間是密不可分的，這本書也進一步說服了那些手握雄兵的領袖們，讓他們更加「心向大海」。此外他還鼓吹要增加海軍戰力，這樣不只可以打擊海上，也能打擊陸上的敵人，而且還可以把戰力向外延伸，藉此來對海上貿易與其他戰略上的交通幹道造成威脅。不只如此，他也很看重核子潛艇的重要性，認為那在整個軍隊更大的「統一戰略」裡是不可或缺的一部分。[13]

戈爾什科夫的海軍戰略裡所關注的要點不只是硬實力，他也相當看重海軍的軟實力，或者說是承平時期裡的海軍外交，這對海權而言是一個關鍵的要素，也是一種讓自己的附庸國或盟國「賓服」的手段。海軍甚至還能幫忙宣傳共產主義的主張，推廣蘇聯的影響力，在以下這段《國家海權論》的文字裡，戈爾什科夫便直言海軍的影響力就是外交政策上的利器：「蘇維埃的海軍同時也是我們國家在外交政策上的工具……當看到了蘇維埃的海員們友善到訪，這就讓我們所造訪的各國人民有機會親眼目睹，原來在我們國家裡的社會主義原則這麼有創造力，原來蘇聯轄下各聯邦的子民們享有了真正的平等，而且還有這麼高的文化水準。從我們的船艦上，他們會看到蘇維埃的諸般成就，包括科學、技術與工業。」[14]

確實，後來蘇聯真的把巡訪各處海港、建造更大的基地都當成了自己海軍戰略的重要項目，連今日的俄羅斯都還試圖想要重新啟用這個指導方略。在戈爾什科夫那個時代，海軍會主動尋求機會，看看在原本的區域乃至全球海域的港口能否派上用場，而在他們的口中，這越來越多的軍事出訪也就象徵著蘇聯海軍的聲望日隆。例如在一九七五年，蘇聯的海軍船艦就造訪了五十個國家，共計有八十二個港口，登岸的總人次估計達到八萬之數。由於蘇聯控制著波羅的海南方與黑海的大部分地區，因此進出港埠並不成問題，只是蘇聯人還是擔心自己的濱海城市與工業工廠會遭到敵人海軍攻擊，而更讓蘇聯感到憂心的，則是那些不受他所掌控卻又是他必經之處的咽喉要衝，只要是他想前往大西洋或地中海，就必須要通過德國、丹麥和土耳其的海域。想要邁出自己的近海區域，持續通往遠方的港口與其他設施，這對蘇聯而言更是一件備感壓力的麻煩事。[15]

當時的人認為，想要前往非洲、亞洲及世界其他地方的話，就要能夠先通往地中海地區的諸項基地設施，因為那裡是很重要的跳板，所以像是阿爾巴尼亞、南斯拉夫、敘利亞與埃及都很快就變成了支持蘇聯執行更大規模海軍行動的連通節點。蘇聯還進一步打通了海路，可以直達阿爾沃蘭島一帶，也就是直布羅陀海峽以東約一百五十海里的地方，這個重要的海上咽喉可以從地中海西部直通大西洋，讓蘇聯人能就近緊盯著北約和美國艦隊的一舉一動。在地中海中間偏南這邊，他們也可以直達突尼西亞的哈馬馬特灣一帶，這裡就位在西西里海峽的南方；至於地中海東方這部分，他們更有多處可以安營紮寨，其中一處在克里特島東邊的基西拉島，一處在賽普勒斯島的東北方，還有一處在賽倫灣（Gulf of Sollum）的正北方。這些地中海東部的據點另有一個附加的好處，就是離愛琴海、博斯普魯斯海峽、蘇伊士運河比較近，可以從這裡通往紅海及印度洋。[16]

當然，也有人批評戈爾什科夫所率領的海軍，說它並沒有辦法在全球具有持續的影響力，而且在維修、支援或艦隊的養護方面都很沒效率，然而戈爾什科夫依舊被視為蘇聯海軍的轉型功臣，把一支近海部隊轉變成帶有核彈的強大遠洋海軍，足以正面與美國相抗。到了一九八五年戈爾什科夫退下職務（後於一九八八年過世）時，雖然蘇聯從來沒能真正掌握或控制歐洲主要的海上咽喉，但世人對蘇聯海軍的欽服程度，總算是達到了其一心所追求的境地。[17]儘管如此，隨著蘇聯在一九九一年的垮台與解體，某些人口中所稱道的戈爾什科夫時代也很快就來到了終局。蘇聯的海軍計畫開始走下坡，遭到忽視，海軍的力量也跟著衰弱，而這持續了很長的時間。

## 普丁的海軍

從蘇維埃變成了俄羅斯，這個國家在整個一九九〇年代的海軍都處於大規模失修狀態，直到新的擁護者出現才改觀，那就是總統普丁。在二〇〇〇年普丁當上總統前不久，他才剛為久見衰頹的海軍打下一劑回魂針，雖然這個國家一直深受國內經濟困局及人口減少所擾，但普丁心裡明白，如果俄羅斯想要重獲國際威望與地位，那麼海軍就是不可或缺的，這樣才能支持並捍衛更巨大的國家安全目標，並且在全球擁有更大的「行動自由」。此後俄羅斯的海上戰略目標就一直都是要把俄羅斯重新打造成「海上強權」，因此也造成海軍至上主義抬頭，且其勢還在不斷增大。依照學者卡塔齊娜·齊斯克（Katarzyna Zysk）的說法，「長期以來俄羅斯都深信，秀肌肉給別人看就跟實際動武一樣重要，在其政治與軍事的領導人心中，這一套做法對今日的海軍還是非常重要。再加上因為高油價帶動了經濟狀況的改善，俄羅斯對海權便更加地看重，而其背後的動機之一就是想重新建立俄羅斯的強勢立場，在面對國際事務時能更大聲說話。」[18]

因為連年遭遇困局，普丁所接掌的整個海軍原本都已經年久失修，然而在二〇〇〇年代中期出現的高油價現象的襄助之下，過去這十年的俄羅斯海軍也算是出現了某種復興榮景。從二〇〇八年開始，俄羅斯就想辦法重啟了以前的造船計畫，讓海軍邁向現代化。在其二〇一一至二〇二〇的國家武器計畫中，撥給海軍的預算規模大約是七百億美元，這個數字占了整個軍力現代化計畫四分之一的金額。幾年後，國防部又為海軍詳細制訂了一個「現代化路徑圖」，在二〇一三至二〇二〇的行動計畫裡，俄羅斯海軍用在裝備現代化的預算數字，從二〇一三年的四成一路增長，到了二〇二〇年就變成其所獲總預算的七成。把這個數字換算成船艦來看的話，就等於會有八艘新的戰略導彈潛艇、九艘傳統潛艇，以及最多六艘的核動力攻擊潛艇、十五艘新式巡防艦，以及最多二十艘的新式護衛艦，甚至還有些報告提到了新的航空母艦計畫。[19]然而如此的海軍擴編到底是否可行，至今仍廣泛遭到質疑，尤其是因為石油與天然氣價格在近些年都很低迷，但不管怎樣，俄羅斯確實擺明了比之前更具雄心，意欲讓海軍艦隊振衰起敝。據估計，如今其艦隊規模約有兩百七十艘船艦，不過有些報告顯示只有大約一百二十五艘還能運行，如果更嚴格來看的話，據信只有大約四十五艘的水上船艦與潛水艇的機能完全正常，可以用在遠洋之上。[20]

雖然俄羅斯推出了許多大計畫來進行海軍艦隊的升級與現代化工作，不過在造艦計畫方面卻一直深受各種問題所擾，包括成本超支、官僚無能、設計缺失、系統整合困難、無法取得最新的（外國）技術、貪腐情況猖獗、造艦技術過時，其他還有許多整體性的困境，那情況就像海軍分析師迪米崔・戈倫伯格（Dmitry Gorenburg）在不久前所說的：「有一些最受矚目的海軍採購計畫遭到了削減，而其他計畫甚至還一口氣被延後了好幾年才要進行。」[21]其實我們光從俄羅斯的戈爾什科夫海軍元帥級巡防艦（Admiral Gorshkov frigate）這個例子來看，就知道整個海軍計畫的執行上出了多大的問題。戈爾什科夫海軍元帥號從二〇〇六年開始建造，從紙上的規格來看，該船艦著實驚人，這是該國自蘇聯敗落以來所建造的最大船艦之一，無補給航程可達四千五百海里，並擁有燃氣及柴油雙渦輪引擎，使其船速可以高達二十九節，而其光滑的船體設計則可讓它較不容易在雷達螢幕上被偵測到。可是呢，這樣的船艦原本應該有四艘，而這才只是第一艘，卻至今都還在海上測試階段，未能真正服役，其他幾艘雖然進度有快有慢，也全都只是停留在建造或測試階段而已。二〇一一年時，因為進展上碰到了太多問題，結果海軍乾脆把同時間在進行的11356型巡防艦計畫稍加修改，在設計上加以改良，然後就變成了一個新的級別，也就是格里戈洛維奇海軍上將級巡防艦（Admiral Grigorovich frigate）。然而問題還不只這樣，到了二〇一四年俄羅斯入侵烏克蘭的克里米亞後，海軍計畫又出現了更多受挫的情況，因為俄羅斯海軍之前的巡防艦計畫都是靠烏克蘭來製造燃氣渦輪引擎，此後就得要靠自己來了，這免不了又要經歷一番跌跌撞撞，才能開始製造自家版本的相同引擎。[22]

雖然水上船艦遇到了不小的挫折，不過俄羅斯水下戰力的增長卻一直有實質的成績，對照過去來看，這也是俄羅斯當年麾下最強的艦隊。根據某些統計數字，在過去六年之中，俄羅斯的水下活動增加到了原本的四至五倍，這一方面是由於俄羅斯從二〇一四年以來批准了十三艘潛水艇下海，其中有新型的核子潛艇，也有傳統潛艇，而兩者似乎都沒有碰到跟巡防艦級船隻建造一樣的延遲狀況，這是因為克里姆林宮方面把潛艇計畫列為優先項目，只砍其他的軍事預算。另一方面，俄羅斯也開始在海底下從事一些非傳統，或者說「混合型」的活動，對全世界在網路與通訊上都必須仰賴的海底纜線出手，搞搞監聽或破壞，俄羅斯常常利用「海洋研究」或「搜救任務」的名義，以此隱瞞他們在海床深處所進行的不當行動。綜合以上所述的情況來看，俄羅斯想把勢力往外延伸，繼而重新成為一個更強大、更難對付的海洋強權，那麼其海底的戰力增長對此將會大有助益。俄羅斯的潛水艇確實也在地中海東部派上了用場，曾經前往敘利亞支持阿薩德政權，而且還多派了幾艘水面艦艇到裏海去，直接在那裡發射飛彈攻擊目標，這等於是在黎凡特（Levant）地區一帶，尤其是敘利亞的海岸線之外發展一種「防衛泡泡」，將來也許就能用於反介入／區域拒止（anti-access / area denial，簡稱A2／AD），而且這種手法也有可能會在黑海或波羅的海重施故技，讓北約和美國的部隊只能一起擠在同一些小地方來執行任務，讓他們對此深感苦惱。也正是出於這樣的理由，所以俄羅斯目前對於潛水艇的部署，一直都還維持在冷戰結束以來最大的程度。[23]

普丁跟海軍頗有淵源，而這似乎確實對於打造俄羅斯海軍有所幫助，以致於進度可以超前數月甚至數年。二〇一五年的七月二十六日，時值俄羅斯一年一度的海軍日，當時在波羅的海上的巴提斯克（Baltiysk）舉辦了一場盛大的紀念典禮，普丁就站在戈爾什科夫海軍元帥號的甲板上宣布了俄羅斯的海軍新指導方略。「依據該方略的說法，北約在俄羅斯邊境一帶所布下的軍力根本『師出無名』，反倒證明了俄羅斯海軍對於大西洋會特別『關注』其實是有道理的。這套新方略把目標設定在發展俄羅斯位於克里米亞的軍事基礎設施……那將會成為俄羅斯勢力重臨地中海的根據地。」[24]雖然這套新指導方略實在不太可能在每一個方面都全部實現，不過在歐洲的三個主要近海海域上，俄羅斯很可能變得更具侵略性與威脅性，最好的證據就是黑海上不久前所發生的事。二〇一八年一月時，一架俄羅斯Su－27戰鬥機飛到美國海軍的飛機旁，雙方距離僅有不到五英尺；而再更早一年黑海上也發生過類似的事件，共有四架俄羅斯戰機低空逼近波特號驅逐艦，當時該艦剛完成了與羅馬尼亞海軍的共同演習任務，正在返航途中，而其中一架裝備有武器的Su－24戰鬥機更低飛到只有九十公尺的高度，與美國船艦的距離，則只剩不到一百八十公尺。[25]

俄羅斯近年來特別看重海軍的打造，面對這個新的行事方針，包括歐洲、美國及其他比較投入國際事務的國家都必須謹慎以對。縱然俄羅斯將來還是會繼續碰到計畫受挫的麻煩，但他很可能依然會遵循「俄羅斯悠久的傳統，認為海軍與其說是造來當真和別人打上一仗的工具，其實更算是一種威懾他國的外交工具。」無論如何，俄羅斯的海軍已經不再可以等閒視之了。[26]

## 黑海

黑海在過去的歷史中曾經有過許多名字，大部分都取決於誰控制了海域周邊的土地而定，最先用類似黑海一詞來稱呼此處的其中一個地方是希臘，他們叫這裡是「Pontos Axeinos」（意思是「深色之海」或「闇然之海」）。黑海的深度超過兩千公尺，比裏海還要深，所以得此名稱可謂允當。黑海另一個知名的特點，就是它的「不友善」，因為這裡的天氣往往難以預料。在中世紀時期，黑海被稱為「大海」（the Great Sea），但到了鄂圖曼人征服安納托力亞之後，這裡便改叫做「Kara Deniz」，意思就是黑海或闇海，不過也有另一種說法，認為鄂圖曼土耳其文字中的「Kara」也有「大」或「可怕」的意思，因此這個名稱還是跟之前所稱的「大海」是一致的。[27]

在俄羅斯人眼中，黑海不但是自家周邊的重要海域，更是一個不可或缺的溫水門戶，可以通往歐洲及世界各地，在冷戰期間，黑海還被當成了「蘇維埃湖」來看待。黑海的面積大約是四十二萬三千平方公里，共有約五百條河流匯入此處，歷來沿岸諸國都把這方鹹水視為緊要之處，不但以之交通往來、運輸能源、交易商貨，也把這裡當成強權之間的角力場。除此之外，這裡也是地中海地區與亞洲西南方之間的主要交通海道。對於黑海在地緣戰略上的重要性，亞歷山大．杜金（Alexander Dugin）這位備受爭議的俄羅斯戰略專家以前是這樣評價的：「對莫斯科這邊來說，務必要完完全全、徹徹底底掌控從烏克蘭到阿布哈茲全境，這對俄羅斯在黑海的地緣政治而言是絕對至上的要旨……黑海北岸一定要杜絕歐亞以外的勢力進入，而且要在莫斯科中央的控制之下才行。」[28]而俄羅斯作家亞歷山大．普洛卡諾夫（Alexander Prokhanov）不久前也把接管克里米亞之舉比喻為「俄羅斯帝國的重生……稱之為帝國，意思是眾聲唱和，因為它是萬土歸一，萬民歸一，以及文化、信仰及語言的歸一。」[29]就算不看這些意氣昂揚的話語，俄羅斯在權衡外交政策時，確實把黑海邊的南方國境是否安全視為重中之重。話雖如此，我們也不要以為俄羅斯在這裡的地緣經濟利益會因而減少，其實反而只會增加，因為他在黑海以外的地區也在大力參與投資及貿易，不久前就有報告指出，「在二〇一三年，有一億一千七百萬噸的貨物行經新羅西斯克，這是俄羅斯的第一大商港，吞吐量遠勝聖彼得堡（五千八百萬噸），甚至也勝過普利摩斯克（七千五百萬噸）……在土耳其海峽上運送的坦克，有將近四分之三都是從俄羅斯那邊進出的。」[30]

自從二〇〇八年的俄羅斯對喬治亞之戰以來，俄羅斯對於海洋事務就採取了更加強勢的觀點，這也讓國際社會更加注意到這個地區所出現的海上地緣政治角力。有分析指出：「俄羅斯方面空軍與海軍的演習次數，以及違規犯界的次數，都達到了空前的數字，根據北約統計，在二〇一四年就發生了四百次俄羅斯軍機飛近北約成員國領空而被攔截的事件，數字是二〇一三年的兩倍之多。」因為這一類的行為，讓許多人都把俄羅斯稱作該地的「惡霸」，或說他是「仗著胳膊粗來打造一個對自己有利的環境，藉此來強取豪奪。」[31]

從普丁歷來的行事軌跡來看，很多事都顯現他亟欲打倒由美國、英國及其他歐洲國家所領導的「大西洋軸心」，做這些事的目的就是要打造俄羅斯的強權形象，而且普丁也相信應該要把俄羅斯海軍當成是重要的治國工具，要藉此來提升俄羅斯的國際威望。而說到俄羅斯越來越常動用海軍力量的例子，最具代表性的其中一件便是二〇一四年接管烏克蘭的克里米亞，只是過去十年這種例子一再發生，反而也導致了黑海的安全議題變得更加重要，讓該區域因為俄羅斯越來越肆無忌憚的海軍活動而引發安全上的顧慮。俄羅斯利用自己在克里米亞越來越穩固的海上有利地位，現正努力進行海軍現代化工程，與此同時，他所執行的海軍方略也更趨主動，試圖將勢力延伸到地中海及更遠的地方。儘管美國與北歐也把力道加到最大，試圖遏止俄羅斯在黑海的海軍競逐之風，然而俄方還是獲得了長足的進展，讓自己的海軍力量在黑海上站得更穩，繼而造成了這個區域更加不穩定的局面，有觀察家就認為，「緊張態勢高漲，軍事衝突的可能性極大」。[32]雪上加霜的是中國也開始來摻一腳，他因為自己在地緣經濟與安全上的利益逐漸提高而想涉足其中，不過就算中俄兩國的海軍合作越來越密切，目前俄羅斯依然是黑海沿岸軍事力量的大宗，而且在短期內大概不會改變，至於中國的「絲綢之路經濟帶」和「海上絲綢之路」，在這方面才算剛開始要獲得多一點地緣經濟上的成果而已。

## 俄羅斯在黑海的地緣經濟利益

俄羅斯重視黑海的理由有好幾個，不過從經濟上來看，黑海的重要性就只在於海上貿易與能源安全方面，尤其是因為這裡是進入地中海及其外界的最快路徑。至於商業捕魚方面，因為濫捕與新科技的影響，很不幸地從一九八〇年代就一直衰退至今，目前捕魚業還在捕撈的大概只有六個魚種，相較之下，二十世紀中期的捕魚高峰時有二十六個魚種之多。雖然漁業不興，俄羅斯對於海上貿易依然相當積極，還想排擠掉其他的競爭對手。自從蘇聯瓦解以後，俄羅斯的商船也跟著衰弱不振，但近年來普丁總統力圖要重振此地的商機。二〇一一年俄羅斯通過了一項法令，對於俄羅斯的商船建造與船運公司提供減稅等獎勵措施，目前俄羅斯所打造的商船大部分都是出自於國家所掌控的聯合造船公司（United Shipbuilding Corporation）之手。根據一些近期的統計資料來看，俄羅斯擁有一千七百八十七艘商船，其數量大勝其他該地區的船運對手，而俄羅斯的海上出口總量中，目前有三成左右都出自於黑海的主要港口新羅西斯克。現在既然俄羅斯控制了克里米亞和通往亞速海的克赤海峽，他在跟黑海地區的其他國家爭奪海上商路時便擁有了更大的競爭優勢。根據一些統計資料看來，全世界有四成的小麥商船是從黑海地區運送出來的，烏克蘭的小麥出口尤為知名，此外還有玉米、鋼鐵及其他自然資源貨物，可是俄羅斯現在卻仗著自己掌控了烏克蘭多數的港口、海道及海岸線，想要以此來壓榨烏克蘭的金錢。這使得烏克蘭的鄰居，包括羅馬尼亞（港口有康士坦查、米迪亞、曼加利亞）以及保加利亞（港口有布爾加斯、瓦納），都很害怕俄羅斯也會開始對他們的海港施加同樣的壓力。[33]

俄羅斯對於海洋以及海上交通要道的進犯越來越甚，其中一個跡象就是他利用海運科技容易遭受攻擊的問題來操縱數據，以往海上運輸與海防安全是不一樣的兩件事，現在卻被迫混在一起了，或者說出現了某些人所認為的海上「灰色地帶」，講清楚一點，就是俄羅斯常被抓到使用網路駭客科技去侵入自動識別系統（AIS）的相關裝置。自動識別系統對於分享天候狀況或避免船隻碰撞時特別好用，如果船隻航行在狹窄的水道上時更是如此。[34]可是如果自動識別系統或其他類型的相關系統遭人侵入然後控制的話，那就會有大麻煩了。根據一位前美國國防部官員的說法，「一旦操縱了自動識別系統裡頭的數據，就可以按照其他人的意思來重新安排或規劃船隻的行進路線，不再走原本想走的路。最嚴重的情況下，操縱自動識別系統就可以引發錯誤的警報，捏造天氣數據，或是把船隻帶到危險的水域裡——這可能就會導致船隻相撞或擱淺。」[35]除了自動識別系統以外，船隻也很需要使用全球定位系統（GPS），可是這一樣容易被駭客攻擊或操縱數據。全球定位系統有兩個主要的風險，一個是裝置遭癱瘓不能運作，另一個是「拐騙」全球定位系統來傳送錯誤的位置訊息，癱瘓的手段雖然簡單粗暴卻很有效，有些不擇手段的國家還會用這方式來對抗敵人，像是二〇一一年俄羅斯要占領克里米亞的時候，就曾用癱瘓裝置的手段來對付烏克蘭軍隊；北韓也會用這套癱瘓策略來對付南韓。拐騙裝置其實也是一樣地簡單粗暴，不久前剛好就有個例子，在一場駭客大會上，電子零售業巨頭阿里巴巴派出的中國團隊只用了不到三百塊美元就造出了一台拐騙裝置，據說俄羅斯也採用了這種拐騙手段，而且不只用於黑海上的某些船隻上，也用於北海航行的船艦上。如今，俄羅斯一方面在打造更強大的海軍，同時又想擁有更盛大的商務艦隊，若想兩者兼得，最大難處就在於他是否找到一種更強而有力的方式，以此掌控黑海的海域及海上交通要道，同時也讓北約諸國的力量及該區域的現狀秩序變得更加脆弱。[36]

黑海也是俄羅斯能源安全問題的最前線，這裡關乎的不只是天然氣輸出口，還有其他的（海底）管線計畫，而俄羅斯也同樣牢牢地掌控住了這個地方。由於還有大片尚未開發的海底礦床，使得多方勢力都躍躍欲試，想要在黑海各地展開離岸探勘，畢竟這裡現在只有大約一百口油井，不像北海已經有差不多七千口。既然已經把克里米亞納入麾下，俄羅斯索性就把新目標放到烏克蘭的海岸線上，並且把一家烏克蘭的天然氣公司收歸國有，完全不顧此事在兩國之間還相爭未解。現在，烏克蘭大部分的專屬經濟海域都落入了俄羅斯的控制之下，而且烏克蘭石油天然氣公司（Naftogaz）位於克里米亞的一家子公司也被俄羅斯給收歸國有，克里米亞天然氣公司（Chernomorneftegaz）是由烏克蘭石油天然氣公司所監管的子公司，由於能源產量與生產水平不斷提升，因此市值約達十億美元。在該公司被收歸俄羅斯國有之前，有四個黑海中的天然氣礦床是由克里米亞天然氣公司負責開採的，另外還有三處克里米亞的陸上礦床，這些區域中還包括了一個名為帕拉斯（Pallas）的油氣田，這裡鄰近亞速海出口處的克赤海峽。根據估算，帕拉斯油氣田蘊藏了大約七百五十億立方公尺的天然氣，以及大約四億九千萬公噸的石油，俄羅斯不只獲得了資源，其勢力也一併向外延伸，進駐克里米亞北方的亞速海。雖然這個油氣田日後還不一定要交由誰來繼續探勘，不過有一件事是確定的：俄羅斯從烏克蘭的黑海海棚上所奪取的資產，保守估計也有差不多四百億美元的價值。等到俄羅斯在克里米亞站穩腳步以後，他對這塊區域寶貴的海上交通要道就會取得更大的控制力，而這些要道又會通往地中海與中東地區，為俄羅斯帶來更龐大的利益。[37]

俄羅斯在之前宣布要興建一條名為土耳其溪（TurkStream）的天然氣管線，以海底管線來連通俄羅斯與土耳其（一般認為該管線也是為了要對付不乖乖合作的鄰居，像是烏克蘭，把他們排除在天然氣的供應路線以外，以令其遭受更巨大的財政損失）。二〇一七年五月，大家看到可以容納五百七十一人的「先鋒精神號」（Pioneering Spirit）拉著一個重達兩萬四千五百公噸、暫時停用的鑽油平台，從北海一路航向地中海，途經博斯普魯斯海峽，最後展開了土耳其溪計畫的執行工作。這條長達九百公里的海底管線，從俄羅斯南方靠近阿納帕的地方（距離克里米亞大約一百公里）取道土耳其西北部，直通安納托力亞，其總容量達到一百五十七億五千萬立方公尺，此外還有另一條容量差不多的離岸管線計畫也已經提出，可以把線路繼續通到希臘與東南歐。二〇二〇年初，土耳其溪管道開通啟用，由俄羅斯天然氣公司（Gazprom）負責營運，雖然二〇一五年時因為土耳其在敘利亞邊境擊落了一架俄羅斯戰機，此計畫曾暫時遭到擱置，而後俄方又出於戰略考量，希望能讓土耳其及其總統塔伊普・埃爾多安（Tayyip Erdoğan）更加疏遠於北約的「大西洋軸心」，因此又對該計畫開綠燈放行。如今土耳其（乃至於歐洲）大部分地區的天然資源都是由俄羅斯來負責提供，其中包括超過半數的天然氣，以及大約一成的石油。[38]

## 逐漸增強的俄羅斯海軍

自從二〇〇〇年代開始，俄羅斯就一直想在他的「境外不遠處」找個對象來重新展現自身的實力，畢竟他一直覺得自己被歐洲－大西洋聯盟（Euro-Atlantic Alliance）給壓制著，自然也就試圖想要翻轉當前的局面。雖然他在東歐邊境確實表現出了對該區土地的強烈企圖心，不過真正讓他採取積極動作的地方卻大多都跟海洋有很深的關連。隨著在二〇一四年違反國際法併吞克里米亞，俄羅斯也跟著獲得了新的踏腳石，可以貫徹更多由普丁親自指揮的重大外交政策。在接管克里米亞之前，俄羅斯只有大約五百七十公里的海岸線與亞速海接壤，另外還有大約四百五十公里，從亞速海位於克赤海峽的出海口，一直到黑海東北方的喬治亞共和國旁邊，也就是由俄羅斯在背後支持的阿布哈茲分離區，這些地方也屬於俄羅斯的勢力範圍。[39]反觀現在，亞速海差不多已經變成了俄羅斯的一個湖；而烏克蘭雖然還是擁有亞速海三百五十公里的海岸線，卻已經幾乎無力對抗俄羅斯對此海域既成的侵吞事實。二〇一八年底，俄羅斯海軍在克里米亞半島附近俘虜了烏克蘭的兩艘砲艇和一艘拖船，所宣稱的理由是烏克蘭侵犯了俄羅斯的海域，俄羅斯之後還用一艘油輪堵死了克赤海峽的出入口，而根據先前的協議條文，這裡應該為兩國所共有。雖然俄羅斯在進行海軍的擴張與現代化改造任務時，依然要面對國內條件與財政困難所帶來的嚴重限制，不過就從他近年來積極向外挑戰的舉動來看，確實可以看到他把安全議題看得越來越重要，而黑海地區的海上安全也變得更難以確保。每當俄羅斯與烏克蘭之間又鬧出了什麼事，只要衝突一擴大，俄方首先想的都是要保住他這塊重要的緩衝區，不讓外界的勢力進入黑海。另一方面，俄羅斯也想要讓他的黑海艦隊能夠維持戰力，甚至能夠進到地中海去支援俄羅斯的海軍任務，而要不了多久他就有辦法達成這些目標了。隨著俄羅斯繼續打造自己的海軍戰力，以及反介入／區域拒止的能力，北約在該地的諸國，例如羅馬尼亞、保加利亞及土耳其，都會漸漸被這些進展壓得難以招架，繼而讓北約在未來更加難以守護黑海。[40]

二〇一〇年，當時的俄羅斯總統梅德韋傑夫簽署了一項基地的租賃協議，為了要擴張黑海艦隊的勢力，決定向當時的烏克蘭總統亞努科維奇租借塞瓦斯托波爾，合約的有效期間為二〇一七到二〇四二年，包括每五年一次的續租選擇權，年租金大約是七十萬美元。為了回報，烏克蘭這邊可以獲得三成的天然氣價格折扣，折抵上限是四百億美元，合約有效時間到二〇一九年為止。然而到了二〇一四年春天，當俄羅斯占領了克里米亞，先前的雙邊協議也隨著克里米亞在三月十六日舉辦的獨立公投而作廢，俄羅斯黑海艦隊的駐紮規模與進出範圍不再受到合約限制，俄方也馬上抓緊機會，占領了他垂涎已久的塞瓦斯托波爾基地，連同原本共用該基地的將近八十艘烏克蘭軍艦也順便據為己有（其中有許多艘在經過進一步的檢視後，已經還給烏克蘭海軍了），外加一個擁有八個大型泊位的深水港。當俄羅斯海軍在敘利亞打仗的時候，塞瓦斯托波爾也是一個重要的補給港，此外也可以用來支持地中海艦隊的長期任務。由於俄羅斯海軍不再受到限制，因此現在他們可以任意使用烏克蘭其他重要的海上資產，除了港口以外，也包括海軍或海軍陸戰隊的基地，像是葉夫帕托里亞、費奧多西亞、米爾尼（Myrnyi，靠近多努茲拉夫湖）、薩基、巴拉克拉瓦，以及杜諾斯拉夫灣畔的諾沃奧澤爾涅。不只如此，這些戰略要地本身也都擁有重要的船艦修復與建造設備，這讓俄羅斯更有能力在日後強化自己的艦隊，也更有辦法把他的海上戰力投放到黑海、地中海，乃至於更遠的地方。[41]

自從二〇一一年敘利亞爆發內戰以來，俄羅斯就一方面致力於艦隊的現代化（二〇一四年時，其可隨時派赴戰事的船艦平均已有二十七年的船齡），另一方面也著手為駐紮在克里米亞的海軍人員提供足夠的住所。從那一年起俄方展開了一個計畫，打算興建兩萬個居住單位，住進去的除了海軍人員及其眷屬外，還有其他居住在塞瓦斯托波爾的軍方特聘人員。有研究資料統計，黑海艦隊的兵員人數在一萬兩千到一萬六千人之間，主要都分散在克里米亞各地，另有一些兵員分別駐紮於俄羅斯在亞速海上唯一的海軍基地帖母留克，以及新羅西斯克，還有與喬治亞相鄰、主權歸屬尚有爭議的阿布哈茲地區。根據研究報告，近來俄羅斯又在黑海艦隊原有的編制兵員之外再行增設了七組新的軍事編隊、八個新的軍事單位，實質上等於是把他們在克里米亞的兵力又增添了一倍。目前克里米亞的兵力估計約有兩萬四千人，不過有些研究報告認為這個數字在二〇二〇年應該就會增加到四萬三千人了。據稱在過去七年裡，俄羅斯總共花費了大概七億五千萬美元來幫克里米亞的部隊升級。[42]

在克里姆林宮這邊看來，黑海艦隊至今依然是他們的目光焦點。至於未來，如果一切都按照計畫的話，這個艦隊預計將會納入六艘新的格里戈洛維奇海軍上將級巡防艦（且均具有強大的反潛艇戰力）、兩艘柏楊M級（Buyan M-class）飛彈護衛艦、六艘基洛級（Kilo class）柴油動力潛艇，以及Su－30SM攔截機、Su－34戰鬥轟炸機，還有能攜帶核武器的Tu－22M3長程轟炸機[43]。雖然計畫中的船艦目前只有三艘真正在服役，不過全部的六艘潛艇都已經到位並且上線，從二〇一四年起算的話，黑海的俄羅斯潛艇數量從一艘變成了七艘，其中四艘更是部署到了敘利亞那邊，以執行支援阿薩德政府的軍事行動。根據最近的統計，黑海艦隊估計有四十二艘船艦，以及六艘潛艇。（相較之下，美國的第六艦隊遠在西班牙，駐紮在地中海西側的邊緣，而且只有一艘指揮艦、四艘驅逐艦。而北約的常設海軍部隊則有四個海上艦艇群，兩個巡防艦群，以及兩個反水雷任務群，這些全部都整合成了一個更大型的快速反應部隊。組成上述艦群的巡防艦不時會有變動，而且經常要在整個歐洲地區到處跑。以北約的常設海上艦艇群來說，每個通常都由二到七艘船艦組成，其總數視北約成員國之多寡而定。）如果再加上俄羅斯在此地新近設置的其他資源——其中包括戰機與飛彈系統——俄軍在黑海沿岸多數地區的優勢可說是越來越大，光是基洛級潛艇就已經可以發射「口徑」（Kalibr）飛彈，不論是黑海上的任何目標，甚至是更遠的地方，幾乎都在其射程之內。在戰略層面上，打造潛艇艦隊也讓俄羅斯可以把持克里米亞乃至烏克蘭一帶的海上區域，同時又有很重要的嚇阻效果，讓北約的海上部隊不能輕舉妄動[44]。

在發展反介入／區域拒止的戰力上，俄羅斯也把潛艇當成重要的工具來使用，它不只可以深入黑海之中，在靠近敘利亞的地中海地區也能發揮越來越大的反介入／區域拒止作用。在二〇一五年，為了增進俄羅斯的反介入／區域拒止能力，普丁宣布在克里米亞設置了稜堡（Bastion）機動岸防飛彈系統，之後在這裡又部署了S－400「凱旋」（Triumph）系統，這是俄羅斯最強大的防空飛彈系統之一，可以補強他另外一些先前設置的高科技戰鬥設備，再加上老早就沿著自己的海岸線一直向外延伸部署的系統，範圍遠至北高加索與阿布哈茲境內，現在的俄羅斯對於黑海大約三分之一的海域擁有了比過往還要更強大的控制力，但凡有任何船隻出現在這部分的黑海上頭，都能有效瞄準攻擊。正如同俄羅斯參謀長瓦列里·格拉西莫夫（Valery Gerasimov）不久前所言：「黑海艦隊理當要能夠——事實上他們也證明了自己有這個能力——摧毀任何水上或路上碰到的可能敵人，而且從他們在海港上登船就先發動攻擊……黑海艦隊也擁有一切必要的偵察手段，能在五百公里外就辨清敵方目標，並採取一切必要的攻擊方式。」[45]隨著部署的時間越長，俄羅斯的反介入／區域拒止系統也更臻強化與完備，確保黑海成為俄國的堅強壁壘，未來若是發生衝突，或是俄羅斯意欲染指另一個沿海國家而造成事端，屆時不論是北約或美國都很難越此雷池一步。而如果普丁真能依照其許諾，注資讓克里米亞的造船廠加強現代化，黑海艦隊未來在作業時就能獲得維修、保養與日常補給的支援，到時候俄羅斯的海軍當可再百尺竿頭，更進一步。[46]

既然黑海這邊固守得更穩了，俄羅斯便可以放開手腳，專心應付近海之外的其他戰略目標，跑到地中海乃至印度洋去（之後幾章會針對這地方細談）編織一張更大的網，以保障自己全球性及戰略性的利益擴張。如果俄羅斯可以在地中海部署一套跟他在黑海一樣的反介入／區域拒止系統，那他就更加有能力漸漸扼住通往蘇伊士運河的海上交通要道，再以此掌控紅海與印度洋。[47]總的來說，俄羅斯海軍不斷坐大，從區域安全來看，尤其是對整個歐洲而言，會有負面的外溢效果，這導致海軍競逐日漸激烈，也讓海上交通要道的風險越來越大，不論是要直接穿越黑海，或是從其他途徑由地中海進到黑海，擦槍走火的機會都變大了。

## 俄國南進，中國西推又北上

但凡俄羅斯想從海路進到地中海或印度洋，必得取道於土耳其那窄窄的博斯普魯斯海峽，而俄土兩國長年以來關係複雜，過去屢有戰事，又多次結盟，目前俄羅斯的策略是設法破壞土耳其與西方國家的關係，如此一來會比較符合俄羅斯本身的需求與利益。與此同時，中國把勢力延伸到黑海的計畫也開始見效，跟俄羅斯展開了聯合軍演，不過那只是象徵性的，根本說不上有什麼實質作用，真正比較引人注目的趨勢是來自於一帶一路倡議，這使得中國的地緣經濟投資力量變得越來越大。到目前為止，中國在經濟與安全上的利益擴張似乎都還在俄羅斯的容忍範圍內，但是如果中國的擴張會對俄羅斯在其鄰近海域中的利益造成威脅的話，那麼狀況就可能會發生改變了，長遠來看，這有可能成為歐洲與北約所操作的機關，用來反轉中俄之間漸趨友善的和睦關係。

俄羅斯與土耳其是黑海的兩大定海神針，彼此之間的關係一直保持著一種微妙的平衡，過去幾世紀以來總是在戰爭與和平之間擺盪，從鄂圖曼帝國時期至今依然如此。在一六七七年到一九一四年間，鄂圖曼和俄羅斯兩個帝國一共打了十三次仗，其原因就跟現在的情況一樣，都是地緣政治的角力，包括想要打通進入地中海的海路。然而，從一九三六年簽訂了蒙特勒公約（Montreux Convention）之後，土耳其確立了對於博斯普魯斯海峽與達達尼爾海峽的主權，並擴及海峽南方。此外公約中也有明定，在戰時與平時有哪些戰艦可以穿越這些海上戰略咽喉，並賦予黑海艦隊獨特的優先通行權，在承平時期穿過此處的海軍船艦不得超過一萬五千噸；至於黑海周邊以外的國家，其船隻則不得超過一萬噸（且最多只能九艘，總重不得超過三萬噸），並限令在二十一天內通過；至於潛水艇方面，只有黑海周邊國家所屬的潛艦才能於此通行。換句話說，黑海沿岸以外的艦隊如果沒有向土耳其取得博斯普魯斯海峽的通行許可的話，想在這裡進行海上作業都會更加困難——就算取得了，也一樣有很嚴格的法規限制。[48]

想當然耳，俄羅斯需要土耳其的協助才能實現他的海軍方略與勃發進取的海上雄心，拆解由西方國家所主導的區域秩序。根據一項近期的研究報告，普丁指派亞歷山大・杜金「負責應對土耳其的軍方與政府官員，以培養出一群親俄羅斯與支持歐亞主義人士。」[49]土耳其溪計畫也算是該計畫中的一支，不過外界同時將之視為促進雙邊軍方紐帶關係的舉措，以緩解敘利亞問題導致的衝突。在二〇一七年春天，兩國舉行了海上聯合軍演，有些人稱此為「PASSEX」，意思是兩方海軍的交匯演習。俄羅斯方面從黑海艦隊派出了三艘船艦，包括格里戈洛維奇海軍上將級巡防艦，還有一艘掃雷艦；土耳其這邊則派出兩艘軍艦參加演習，一艘是巡防艦，一艘是護衛艦。儘管土俄兩國對於南面的敘利亞問題的立場相左，長期以來公開不同調——而且敘利亞的狀況在過去這幾年還越來越糟——不過最近這兩國海軍相處和睦，倒是可能會對北約的同盟架構造成一些額外的壓力。換句話說，多數人還是認為埃爾多安總統是個投機分子，只是想利用最近與俄方關係的和緩來爭取在北約更多的籌碼，其舉多半不過是想讓土耳其的那些歐洲盟友們擔心。至於從俄羅斯這邊看來，土耳其的善意對他只會有好處，因為這有助於俄羅斯建立在這個區域的海上部隊與勢力，前不久還有位分析師這樣評論：「對莫斯科來說這算是一次機會，可以讓西方政府乃至於全世界看看，北約根本管不住自己的成員國，只能任其與俄羅斯的軍方合作。」[50]雖然土俄兩國關係的改善是否能夠有真正更顯著的成果，目前根本還說不準，不過在這段期間裡，俄羅斯海軍確實加速在發展，這一方面跟一些區域性的事件有關，俄方變得更加戮力同心，矢志要強化自己的海軍地位，控制住這個區域的海上交通要道。

另一方面，中國也跨足到了黑海，不僅軍隊在此出現，而且聲勢越來越浩大。以往中國挾帶著在地緣經濟上的影響力，加上他重視國家安全上的利益，已然在世界其他地區帶起了一波波勢頭，而且很可能還會在此處激起更大的波濤，尤其是他的海上勢力，不只揚帆遠航到了地中海，還在此立足越來越穩。只不過，中國的擴張在未來也可能會導致跟俄羅斯之間的摩擦，就像不久前有位中國教授告訴我的，俄羅斯跟中國在黑海的合作，並不完全是心甘情願，因為他將黑海視為自己傳統上的勢力地盤。其實同樣的觀點也有其他人另外跟我說過，那是一位保加利亞的要員，對於該區域的海上政局變化一向很關心。眼下這時候，中俄兩國看起來基調同大於異，在海軍這方面尤為如此，聯手在歐洲海域上發展。但是中國在地緣經濟上的投資增長太快，也許很快就會逐漸侵犯到俄羅斯的經濟與政治利益。

二〇一五年五月九日，習近平主席造訪俄羅斯，一同紀念對抗納粹的勝利，而此時也有一小批中俄聯合海軍艦隊駛離了俄羅斯在新羅西斯克的海軍基地——這是中國海軍首度造訪此處。這個由九艘軍艦組織而成的聯合演習，在黑海與地中海之間進行了長達數週的操演，而為了要前往俄羅斯位於黑海的海軍基地，中國軍艦更是頭一回穿越了博斯普魯斯海峽，中國海軍出於外交上的禮貌，還特地掛上了土耳其的旗幟來穿越博斯普魯斯海峽。這也是自一戰以來首度有這麼大規模的亞洲海軍進入歐洲水道，上一次則是大日本帝國海軍應盟軍要求來此執行護衛任務。至於這一次的演習，其首要的焦點則都在於反潛艦作戰及防空戰，同時也要建立一個共同作戰圖像（common operating picture）。[51]聯合軍演不僅可以為這兩個強權建立更強大的自信心，使其更加休戚與共，同時也為雙方提供了一次彼此學習的機會，舉例來說，這兩造就都對於對方從前所採用的科技技術與操作系統有了深刻的理解，特別在中國這邊，以往總是煞費苦心才能探知俄羅斯先進的海軍科技能力，因此這回可謂獲益良多。從實質上來看，這個海上聯合演習也具有全球性的色彩，不只在歐洲這邊，在歐亞大陸另一頭的亞洲也有舉辦，另一方面，這些演習又再度象徵了中俄在海上的聯手合作，為歐亞大陸周邊變化快速的海上光景帶來了越來越大的影響。

除了聯合軍演，中國對黑海的海上地緣經濟發展情勢也日益關切，這件事跟軍演一樣重要。在過去幾年裡，中國執行了幾套標準套路，就跟他因一帶一路倡議在世界其他地方所投資的情況類似，不過在黑海這邊他更著重在港口、運輸路線，以及海洋基礎建設等方面的投資，為的是要獲取手上的籌碼，與黑海諸國直通聲氣。雖然中國在黑海的投資還在起步階段，不過從他近期在喬治亞及烏克蘭的投資計畫來看，還是可以得知這個地區未來會面臨的部分情況。

在喬治亞這邊，中國已經把大部分的目光聚焦在當地深具發展潛力的海上暨貿易港埠，而從喬治亞自己的角度來看，他也希望能跟中國龐大的投資資本拉上關係。二〇一六年，喬治亞加入了亞洲基礎建設投資銀行（ＡＩＩＢ），而他所獲得的第一筆融資是一億一千四百萬美元，用來興建巴統繞越道路（Batumi Bypass Road），將喬治亞的內陸地區連通到首都巴統的港口。在二〇一七年，兩國還簽訂了雙邊自由貿易協定，並於二〇一八年一月生效。其實在進行港口投資這方面，中方投資人在一開始就先栽了個跟頭，二〇一六年初投標時輸給了一個跨美國與喬治亞的聯營企業，拱手讓出價值二十五億美元的阿納克利亞黑海深水港計畫。阿納克利亞（Anaklia）位於阿布哈茲南方大約兩公里處，距離喬治亞的港口城市波蒂（Poti）約僅一小時車程，在蘇聯時代曾有部分的黑海艦隊在此駐居，不僅擁有良好的地緣戰略地位，其深水峽谷向來也相當知名，船隻吃水深度可達十六公尺之多。雖說中方一開始出師不利，上海振華重工不久前還是獲得了一紙五千萬美元的合約，負責協助該港的興建事宜。阿納克利亞的目標是在二〇二〇年第一階段完工時蓋好兩個主要停泊區，使其年吞吐量能夠達到九十萬個二十呎標準貨櫃；相較之下，波蒂目前能夠消化的年吞吐量不過只有六十萬個二十呎標準貨櫃，這是因為其停泊區的水深不足，且基礎設施老舊。既然阿納克利亞這邊廂不如人意，中方便同時也把眼光投向了南邊一點的波蒂，以投資此地來相輔相成，因而中國華信能源不久前買下了波蒂自由工業區百分之七十五的股權。看起來，中喬兩國的關係應該是良景可期，而喬治亞也很可能會成為中國貨物未來關鍵的轉運節點，至於喬治亞這邊跟俄羅斯在政治與領土上的一些爭端，尤其是在阿布哈茲及南奧塞提亞的問題，迄今為止中國也一直抱持旁觀姿態，不願插手其中。[52]

在西邊這頭，中國也在俄羅斯的眼皮子底下開始對烏克蘭的海域進行一些重要的投資——還只是比較有重大戰略意義的部分，中國近期在全烏克蘭境內的公告投資金額高達了七十億美元之譜，同時也拿下了好幾個烏克蘭港口的擴建與興建標案，負責一些像是疏浚、擴建與營造工程，其中包括了分別位於敖德薩（Odessa）北方的尤日內（Yuzhny），以及南方的切爾諾莫斯克（Chornomorsk），而且拿下這兩個標案的中國港灣公司也已經完成了尤日內港的疏浚工程。如今尤日內的工程已經整併到了一個更大的工程計畫中，由美國嘉吉公司（Cargill）與烏克蘭合作進行，金額達到一億五千萬美元，希望能夠以此擴張烏克蘭百分之十五的穀物出口能力，而這其實對中國也是有好處的。至於切爾諾莫斯克這邊，中國港灣公司以一千五百五十萬美元的金額奪下標案，打敗了荷蘭與烏克蘭的公司，開價竟比這些對手們低了大概百分之十左右，靠的就是中國港灣公司在四十公里外的尤日內港還有許多設備。在亞速海這邊，針對尼古拉耶夫（Mykolaiv）、馬里烏波爾（Mariupol），還有別爾江斯克（Berdyansk）這些城市，中國也開始想尋找其他跟港口相關的投資案。中國企業在尼古拉耶夫進行的都是一些比較小型的港口計畫，像是搭建穀物貯存艙、港務吊車等等，不過在馬里烏波爾和別爾江斯克，他們已經獲得烏克蘭海港管理局的邀請，要他們提出疏浚計畫案，因此也開始對其可行性展開研究。雖然檯面上動作頻頻，可是真正有意思的門道在於，只有通過克里米亞與克赤海峽才能到達這些港口，而上述兩地都在俄羅斯的掌控之中。不僅如此，俄方剛剛建成了連接克里米亞與俄羅斯兩地的大橋，中國公司的船隻也得要從這橋下穿過才行。短期來看，中國勢力進入了烏克蘭的大海，參與了這裡的地緣經濟，這對烏克蘭剛剛起步的經濟局面會有很大的好處，而中國也扮演一個平衡勢力的重要角色，抗衡俄羅斯一步又一步的進逼擴張。然而若是中國在烏克蘭的地緣經濟勢力更加坐大，尤其是在港口一帶，一旦俄羅斯再次進逼，繼而對中國的投資造成威脅，那就有可能會引起中俄雙方的摩擦了。[53]

## 難以施展，望洋興嘆

對於北約和美國來說，他們要去黑海的棘手處在於蒙特勒公約早已言明不准非黑海地區國家的艦隊進入，這讓北約找不到門路可走，難以利用武力來採取更強硬的策略。相較之下，俄羅斯卻一直在利用自己不斷擴張的海上力量，從軍事與地緣經濟方面鞏固自己的勢力。從近年來發生的幾起事端看來，俄羅斯確實越來越肆無忌憚，其軍機已敢於低空逼近美軍或北約部隊，這些部隊有的是在進行演習，有的則是來到這個海域拜會盟友，進行海軍外交之旅。在二〇一四年四月發生了一起事件，有兩架Su－24戰鬥機，北約代號稱之為劍擊手（Fencer），以海拔一百五十公尺的高度飛到美軍唐納德．庫克號（Donald Cook）驅逐艦僅不到九百公尺外，當時這艘戰艦正在穿越黑海的公海水域，而這兩架戰機在九十分鐘內一共執行了十二次的「近距低空飛掠」，時值俄國在吞併克里米亞的緊張時刻，此舉無異於讓態勢更加緊繃。雙方另一次近距離互別苗頭是在二〇一六年，媒體報導有一架俄羅斯Su－27戰鬥機在黑海上方的國際空域朝美國海軍的P－8A海神式巡邏機飛去，兩機相距僅不足十英呎（約三公尺）。現在只要美國或北約軍艦來到黑海這裡，碰到類似的舉措已經算不上稀罕事了。近來有學者更直言，俄羅斯變得日益強大，而美國及北約是否能夠對抗或壓制俄方的崛起，也逐漸成了令人懷疑的問題。[54]美國前國防部長查克．赫格爾（Chuck Hagel）在二〇一四年九月的一場演說裡，發表了一段廣受矚目的評論：「中俄兩國都在發展反艦、防空、太空反制、網路以及電子戰的戰力，而他們的特種部隊似乎也是為了與美軍的傳統優勢相抗衡來設計其作戰能力的。」在同時期的另一場演說裡，赫格爾還指出美國在過去十五年一直把重心放在非傳統戰鬥與非常規作戰方面，但面對中俄兩國對於各自軍力的打造與現代化，美國也絕不該失去同樣的進取之心；至於歐盟也一樣，對於黑海地區一直缺乏一個更強硬的戰略，面對俄羅斯時舉棋不定，時而要硬時而要軟，讓情勢變得更加難解。[55]

目前北約對黑海問題的策略主要是仰仗羅馬尼亞、保加利亞、土耳其這些盟國，至於烏克蘭和喬治亞的艦隊也列在應對的解方之中，只是兩國海軍實在無法與俄羅斯匹敵。雖然多數的黑海沿岸諸國一直在加強軍事現代化進程，但他們心裡也明白，一旦跟俄羅斯爆發了衝突，他們的海軍作戰能力根本就不足以與之對抗。以土耳其的海防來看，該國確實部署了相當不錯的反潛艦戰力，可以直接打擊俄羅斯的水下艦隊，但是卻又苦於備多力分，除了要應付黑海這頭，地中海那邊也有不小的壓力。美國海軍不久前才宣布要增加在黑海的常備輪調兵力，當然俄羅斯又表示了一貫堅定的大力反對，認為此舉違反了蒙特勒公約，此外美國在二〇一七年時也曾發出公告，會在保加利亞與羅馬尼亞的基地駐紮更多軍隊，而且還表示會出更多力來幫助羅馬尼亞建設康斯坦察港。儘管如此，俄羅斯依然顯得游刃有餘，逐漸在重劃這個地方的海上勢力，看起來只要北約和美國不能採行更強硬而全面的區域戰略的話，俄方就會繼續在這裡占上風。依照一位分析師的觀察，難處在於「在未來的好一段時間裡，不論是這裡的情勢有沒有可能升高，或是局面會不會被錯估，其風險都會一直很高，於是對於沿岸的六國或美國來說，想要確保海上的安全與平靜也就變得更加不易了。」[56]這是一個國防安全上典型的兩難問題，而且等到中國摻上一腳後很可能還會變得更加複雜。只要海軍競逐的情況變激烈了，一個意外的小事故就容易會鬧大，升級成嚴重許多的局面。

## 波羅的海

在俄羅斯眼中，沿著黑海到波羅的海這條軸線上看，波羅的海跟黑海一樣都是掌控海路的要地。波羅的海的面積約有四十二萬平方公里，其中含蓋了與北海交界的卡特加特海峽（Kattegat）及斯卡格拉克海峽（Skagerrak），整個海域的平均深度為五十四公尺，近年來俄羅斯、中國與歐洲在此為了商貿利益與勝負博弈而相爭，使之逐漸成為又一個地緣經濟與軍事上的角力場。在影響此處發展的諸多因素中，氣候一直都是要角，因為波羅的海有很大一部分的海域，尤其是波的尼亞灣（Bothnia）與芬蘭灣一帶（聖彼得堡便位於最東邊的角落），往往在每年一到三月就開始結冰，直到五至七個月後才會化開。平均來算，波羅的海一年裡大概會有百分之四十到四十五的海域會發生結冰的情況，但是自從一九八〇年代發生氣候變遷以來，這些海冰也因之以穩定加速的趨勢在消減。[57]發生變化的不只有氣候，現在俄羅斯又再次於此鞏固自己的地緣經濟與軍事之勢力，而中國也在想方設法，要利用地緣經濟在這裡找到立足之地。不僅如此，中國人民中國海軍看起來也對這裡興趣濃厚，先是跟俄羅斯海軍立約合作，又是雙邊聯合演習，動作不斷。從歷史上來看，波羅的海原本就是個是非之地，多種文化與語言在此交織——從維京人、日耳曼人、斯拉夫人，乃至於俄羅斯人、波羅的人（Balts）以及芬蘭人，其英文名稱「Baltic」（拉丁文則是 mare Balticum）是在十八世紀才出現的，用來描述這個海域像是一條帶子，一直延伸到斯基泰（Scythian）地區與希臘那裡去，另外也有些人用「野蠻之海」或「斯基泰之海」來稱呼這裡。到了現在，丹麥、瑞典和芬蘭會稱呼波羅的海為「東海」，相對地愛沙尼亞人稱它為「西海」，至於俄羅斯、波蘭、拉脫維亞與立陶宛用的則是拉丁文的變體字。過去幾世紀以來，不時會有些國家試圖掌控這裡，不論是想控制海上貿易商路，或是更全面地把控此地的政治與國防資源。在十二世紀時，漢薩同盟這個商貿行會出現，並以保護者的姿態來確保這裡的海路通暢、商務興旺，到了十六、十七世紀時荷蘭又接手過來，在荷蘭的海上勢力與國際貿易達到高峰的時期，掌控了這個區域。[58]

歷史上，俄羅斯與波羅的海也有一段獨特而重要的關係。在彼得大帝統治時期，也就是一六八〇到一七二五年間，俄國開始建立波羅的海艦隊，不過俄國從來都沒能像荷蘭那樣稱雄於海上世界——這部分也是因為嚴寒的氣候條件所限。一七〇三年，在彼得大帝的統治中期，還曾大興土木建設聖彼得堡，不過在彼得大帝過世以後，俄國又把主要的目標拉回到內陸上，想讓帝俄的版圖橫跨歐亞大陸中央。等到蘇聯成立後，俄國又重拾了昔日的海上雄心，想要收編幾個水域變成「蘇維埃湖」（mare Sovieticum），不過真正能夠成事還得要等到一九三九年簽訂德蘇互不侵犯條約，隨後蘇聯就成功掌控了波羅的海三國——拉脫維亞、愛沙尼亞、立陶宛——以及芬蘭。然而就算這許多世紀以來一直有國家想要把波羅的海納入麾下，卻沒有誰能夠完全成功，因為沿海諸地的居民不僅各不相同，而且分歧甚大。俄國長年以來都在這個地區逐鹿爭霸，如今又再次出招，想要奪回這個他眼中的「近海」，這個重要的運輸廊道，讓他可以通往歐洲，甚至揚帆世界。[59]

波羅的海上演的戲碼其實跟黑海差不多，俄國多年來一直把波羅的海視為其軍事戰略與經濟上的要道，而且極為看重實質的領土掌控，認為那不只象徵著政治實力，也代表其在國際上的正當性與威信，二〇一五年發表的《俄羅斯國家安全戰略》中便主張「為了增進全球與區域的穩定，自然資源、市場通路，乃至對交通要道的掌控，都是我們努力爭取的目標」。[60]此外，我們會在下面的章節中加以詳述，俄羅斯對於各區域在地緣經濟上的興趣似乎變得越來越大，從自然資源的角度來看尤其如此，包括石油與天然氣的運送，以及新推定的海底管線設置計畫，數量上都有顯著的增加，如今波羅的海已是世界上最繁忙的海運廊道之一，平均每個月有三千五百至五千艘船隻通過。[61]另一方面，現在俄羅斯也利用加里寧格勒（Kaliningrad）的地利之便，以其部隊與海軍來震懾鄰國，並將其威勢向外遠遠傳播出去。然而也許就在不久的將來，俄羅斯便會遭遇中國的挑戰，特別是在地緣經濟方面，崛起中的中國已然在這個海域裡砸下許多投資。但就跟在歐洲其他地方的情況類似，中國也需要有更大的軍事力量來保護其經濟利益，而他們初步所想出來的辦法就是跟俄羅斯海軍合作，展開一些只比較具備象徵意義的聯合海軍演習。當這多方勢力遭遇在一起，便意味著波羅的海的海域變得比以往更擁擠混亂，更暗潮洶湧，縱然北約及其盟國想要管控這多方角力的變局，也覺得越來越力不從心。

## 俄羅斯在海上的地緣經濟利益

雖然俄羅斯在這個地區的經濟利益可以回推到幾個世紀前來看，不過重要的是在後冷戰時期，自那之後能源安全問題就主導了俄羅斯的地緣經濟目標。從一九八〇年代開始，蘇聯（包括現在的俄羅斯）一直是世界最大的天然氣輸出國——如今排在其後的第二名是卡達，第三名是挪威——而其主要的天然氣輸出路徑有兩條，分別是走管道與海路，但多數都得要穿越波羅的海這裡的海域或陸地。目前光是俄羅斯天然氣公司一家，就提供了大約整個歐洲四成的天然氣供應量，單在二〇一七這年，供應總量就成長了大約百分之八，達到一千九百三十九億立方公尺，而俄羅斯天然氣公司的天然氣總產量也提升了大約百分之十二點四，達到四千七百一十萬立方公尺。[62]雖然現在俄羅斯天然氣公司還同時利用兩種方式在輸出天然氣，但未來的要角將是正在波羅的海下興設的海底管道——包括不久前宣布的第二條水下管道——它們將會把俄羅斯跟波羅的海綁在一起，越來越分不開。

在二〇一一到二〇一二年間，俄羅斯把兩條平行的北溪天然氣管道一併交由俄羅斯天然氣公司營運，該管道從俄羅斯的維堡（Vyborg）出發，行經超過一千兩百公里的水路——這也是世界上最長的海底管道——然後連接到德國的格來斯瓦德（Greifswald），這也是昔日參與了漢薩同盟的城市。這些天然氣其實是從西伯利亞西部的南俄羅斯（Yuzhno-Russkoye）氣田經管道輸送而來，而北溪天然氣管道的輸送量是每年五百五十億立方公尺。在北溪天然氣管道開通之後，又提出了另一個計畫要設置第二組管道，稱之為北溪二號（Nord Stream 2），之後歷經了數年的商討——部分是因為俄羅斯跟美國等其他國家在政治上的糾葛，因而遭到國際制裁——幾個歐洲的天然氣大公司在二〇一七年終於決定合力投入大筆資金推動這個計畫，並於二〇一八年開始興設第二組共兩條的海底管道。北溪二號的管道從俄羅斯的烏斯季魯戈（Ust-Luga）出發，地點就在聖彼得堡南方，終點同樣是在格來斯瓦德，而北溪一號與二號合計每年將可以輸送一千一百億立方公尺的天然氣，有些報告甚至指出，「到時候光是北溪二號這一個管道系統就占了俄羅斯出口到歐洲的八成天然氣總量，這將會與歐盟的能源政策相悖，也有違能源供應多元化的方針。」[63]

北溪二號預計再過幾年就會完工，它的重要性有部分是在於提供了俄羅斯一個好機會，可以繞開烏克蘭的輸送管道，繼而在經濟上進一步箝制烏克蘭。俄羅斯打算利用管道來當成對付烏克蘭的經濟戰的一種手段，希望藉此讓烏克蘭失去原本可以獲得的管道轉送利潤，將其國內生產毛額打掉二至三個百分點，相當於二十億美元左右。在二〇一二到二〇一六年間，俄羅斯與烏克蘭的雙邊貿易已經下降了百分之八十，更糟的是，大家都知道俄羅斯一貫會把能源當作「脅迫性」武器，或者說是地緣經濟的工具，用來打擊那些不服從或不合作的國家。例如在二〇〇三年，在拉脫維亞拒絕讓俄羅斯接管他們的文次匹爾斯（Ventspils）港口後，俄方就切斷了德魯日巴（Druzhba，或者也叫做「友誼」）輸油管送到拉脫維亞的石油；二〇〇六年時，當立陶宛否認俄羅斯對於石油設備具有所有權後，俄方對於立陶宛也採取了類似的行動。[64]

外界對於新設置的北溪管道還有另一層顧慮，在於它背後潛藏著巨大的政治與安全性意涵。沿岸的諸國擔心一旦設置了管道，俄羅斯就有更充分的理由增派海軍兵力與守衛部隊來此。（另外對於管道的挖掘、設置與養護，也造成了環境上相當大的顧慮。）接下來，頻繁出沒的海軍便可能會對波羅的海的海上交通要道以及一般的海上商業貿易造成更大的威脅。以芬蘭為例，該國有八成以上的對外貿易都取道於此海，看到俄羅斯之前才在二〇一四年三月時封鎖了立陶宛的克萊佩達（Klaipeda）港，就因為立陶宛先前公開批評了俄羅斯占領克里米亞，而到了該年秋天，俄羅斯又頒行了一條貿易禁令，要求所有立陶宛或其他在外國註冊的車輛不得進入俄羅斯或加里寧格勒，這些事都不免讓芬蘭引以為鑑。然而儘管這些經貿上的顧慮越來越深，瑞典、芬蘭等國家還是核准了讓這個管道計畫通過他們轄下的海床，一路直通德國。就算歐洲以往真的有想要擺脫俄羅斯的控制，在能源上建立更大的自主性，但從現在這些事情來看也都是在反其道而行，就算近來出現一些呼籲的聲音，也依然如是。[65]

除了管道的開發計畫，船運對於運送到歐洲的石油和天然氣也一樣重要，而且最近還在不斷擴大規模。全球大約有百分之九的貨運交通，以及百分之十一的石油海運，都是取道於這個擁擠的水域——意思就是穿越波羅的海的船隻中有大約兩成都是油輪，而且這個數字很可能還會繼續攀升。駛離俄羅斯聖彼得堡或波羅的海地區的船隻中，大部分都是從普利摩斯克出發的，而根據俄羅斯石油管道運輸公司（Transneft）之前的一些統計來看，有百分之三十八的石油商品送到了荷蘭的鹿特丹，百分之十九送往德國，百分之十五送往英國，百分之十一到法國。從二〇一八年到二〇二〇年，柴油的出口量從原本每年的一千八百三十萬噸，可望增至兩千三百九十萬噸。有了不斷增長的經濟利益，就意味著俄羅斯賺得更多，在這個地區也更可能會變得更我行我素、肆無忌憚。用美國智庫大西洋理事會的學者葛莉佳絲（Agnia Grigas）的話來說，就是「我們很清楚，俄羅斯輸出石油的時候，連帶也是在輸出他的影響力與腐敗力量。我認為在讓俄羅斯天然氣過境這件事上，沒有任何國家稱得上有所作為。」[66]

## 海軍軍力

隨著俄羅斯的能源出口增加，其整體的軍事預算也跟著水漲船高，用以打造軍事暨海軍力量。與黑海發生的情況雷同，俄羅斯近年來在波羅的海的海軍暨軍事活動次數明顯激增，這不只是讓許多沿岸國家感到不安，連北約也是憂心忡忡。俄羅斯的波羅的海艦隊駐紮在巴提斯克的港口，就位在加里寧格勒旁邊，而這一區乃是遠離本土的飛地，而該艦隊不僅越來越受到矚目，軍力上也在不斷成長，這也呼應了俄羅斯日益增長的雄心，以及爭強爭霸的行事方式。在二戰末期的波茨坦會議裡，蘇聯藉由談判取得了加里寧格勒（在德國的原名是柯尼斯堡）的控制權，這塊地方夾在波蘭與立陶宛之間，其地理位置有一個額外的重要之處，就是讓蘇聯在芬蘭灣外得到了一個不凍港，史達林認為既然蘇聯在這場戰爭中幫忙打敗了納粹德國，那麼裂土分地也是很合理的報酬。至於取加里寧格勒這個名字，則是為了紀念米哈伊爾·加里寧（Mikhail Kalinin），他是蘇聯的前總統，於一九四六年過世。[67]

從二〇一〇年開始，俄羅斯逐漸增加這個區域的軍事部署，俄羅斯把一個先前已經解散的空軍中隊又重新集結起來，此外還有許多戰略上的行動與擴編方案，在這樣的大方向底下，加里寧格勒變成了許多西方或歐洲分析師心中最擔憂的地方。外界稱這個空軍中隊為第六八九航空警衛團，今日他們的任務就是保護以加里寧格勒為母港的俄羅斯波羅的海艦隊，此外還要保衛分布範圍更大的戰術性核子武器存放地，而這支空軍中隊一向都是裝配俄羅斯最新的高科技武器與戰鬥機，讓他們可以威脅到北約的地面與海上軍隊。根據最近的估算，波羅的海艦隊的成員包括了一支三百三十六人的海軍步兵旅，兩艘潛水艇，六艘驅逐艦，三十艘巡邏艇，九十架戰鬥機，以及二十架武裝直升機，此外在加里寧格勒周邊還有大約一萬八千名武裝軍事人員。[68]在其他單位方面，波羅的海艦隊還配有十二艘水雷戰艦，可以在比較淺水的海域或狹窄的海峽中作業，適應於波羅的海部分水域的特性。[69]二〇一七年，俄羅斯完成了第四海上警衛空軍團的建置，配有Su－24轟炸機與Su－30SM戰鬥機，其他單位亦配備了精良的地對空飛彈，進一步提升了俄羅斯的攻擊與防禦戰力。儘管還有爭議，但有些人認為這些俄羅斯的武器系統看似先進，卻只是他們在北歐海岸線上另一個虛有其表的反介入／區域拒止戰力，一旦波羅的海地區爆發衝突可能就會被戳破。而依照美國斯卡帕羅蒂（Curtis M. Scaparrotti）將軍不久前在國會所做的證詞，則認為「俄羅斯正試圖想要施展他的影響力、擴張他的力量，並告訴世人西方國家無法有什麼作為，用不著理會他們。」[70]

自二〇一三年開始，波羅的海地區的許多國家都感受到俄羅斯在公海上的挑釁行為越來越多了，這主要是因為俄軍的「快打」演習變頻繁了，而且還調動了北方艦隊加入。在二〇一五年的其中一次演習，竟有七萬六千名士兵參加，另外還有六十五艘船艦，十五艘潛水艇，以及超過兩百架戰機。而二〇一五年的這許多演習也讓該地區的國家深感憂慮，因為那些軍隊模擬要攻占的地方，似乎包括了波的尼亞灣南部的奧蘭群島（Aland Islands）、瑞典南方海岸線外的丹麥島嶼波恩霍姆（Bornholm），甚至還包括一部分的挪威北方的土地。[71]

舉行區域軍演或許顯得挑釁，不過在公海上俄羅斯明顯變得更不客氣，不論對一般他國或對北約盟國均是如此，其中也包括對美國，一直遊走在違反國際法與聯合國海洋法公約的邊緣。在二〇一四年十月，瑞典偵測到深海中發出的信號，地點就在瑞典的領海中，看來應該是俄羅斯潛艦靠近了斯德哥爾摩附近的海岸線，但瑞典有三千個島嶼和海脊可以讓潛水艇躲藏，對此實在防不勝防。俄羅斯的潛水艇計畫可謂大獲成功，讓大家感到俄羅斯實實在在的軍事威脅，也對鄰近的波羅的海諸小國注入了一種恐懼感。無論如何，發生這樣的事，再加上俄羅斯屢屢侵犯瑞典領空，讓大家看到波羅的海的情勢越來越緊張，俄方頻頻挑釁，海軍也肆無忌憚。二〇一六年四月還發生了另一起事件，有兩架Su－24戰鬥機繞著美國的唐納德·庫克號執行貼近飛行動作，有時它們飛越過去的模樣就像是在進行「模擬攻擊」。北約裡頭的許多小國尤其感到憂心，怕自己碰到像是烏克蘭或喬治亞那樣的情況，或者被占領，又或者遭到複合式攻擊，屆時他們也一樣難以抵抗。對此，美國歐洲司令部曾在一份公開聲明中表示，「這些舉動有可能會拉高國與國之間不必要的緊張態勢，也可能引發錯估或意外，導致嚴重的傷亡。」[72]

眼見俄羅斯有擴張自己海軍影響範圍的跡象，歐洲諸國也注意到，俄方把越來越多的船艦派遣到波羅的海以外，有的行經英吉利海峽，有的進入地中海，讓它們前往保護俄羅斯在利比亞、敘利亞及其他地方的國家利益。當俄羅斯的艦隊跨出了北海與波羅的海，表面上好像在不同的層面上多有斬獲，不過真正讓歐洲與北約在意的，是俄方海軍遠航的次數增加了。不久前一位英國海軍軍官告訴我，過去幾年以來，英國皇家海軍幾乎週週都要派船跟著俄羅斯的海軍艦艇在英吉利海峽上航行，再想想英國的海軍，不僅資源短缺，船艦也越來越少，還得配合這越來越頻繁的陪航任務，讓大不列顛常常苦惱於是否要繼續這麼做。然而未來如果真的爆發了任何衝突，俄羅斯這邊是否能夠引兵穿過多佛海峽、跨出英吉利海峽，順利闖出波羅的海，這將是整場勝負的關鍵。此外，如果俄羅斯真想要輕鬆進入地中海，由於此舉可能會引發額外的衝突，而地點上又距離本國較遠，此時其反介入/區域拒止戰力就顯得很重要了。沒錯，俄羅斯海軍目前依然還要補足很大的發展空間，未來也有很多難關得要克服，但其海軍戰力在過去幾年裡也確實有大幅度的提升，而且在短期內還會繼續升高，這個問題考驗著北約的決心與能力，看他們是否能設法遏阻或應對俄羅斯迅速膨脹的海上力量。[73]

## 中俄頻頻聯手，會師波羅的海

跟黑海的情況一樣，俄羅斯與中國在波羅的海上的軍事合作也變多了。雖然迄今為止的幾年裡，中俄海軍演習的象徵意義大於實質作用，不過從中還是可以看出，中俄兩國的利益及投資都在增加，因而悄悄改變了這裡的區域秩序。這兩個國家都很希望能推倒目前由北約及其盟國所掌控的區域局勢，而且他們各自也都渴望登上強權地位。此外，這演習能夠成事還有一個更簡明的道理：俄羅斯與中國都沒有加入類似北約那樣的多邊安全合作組織，所以這樣的聯合軍演就很有好處，日後甚至可能會衍生出什麼更有力的合作方式，以此向北約挑戰。不過現在波羅的海地區在很大程度上還是由俄羅斯在把持，其海軍力量遠遠超出其他沿岸諸國，繼而也就對這裡的海上交通要道及貿易系統有更大的掌控，中國當然也了解俄方的優勢地位，特別是像波羅的海、卡特加特海峽及斯卡格拉克海峽的組合，在這樣格局封閉又交通繁忙的海上地區，中國試圖透過更多的聯合軍演來學習與分取一點俄羅斯的強處。[74]而中國勢力會在這裡逐漸抬頭，背後還有其逐漸增長的地緣經濟利益的考量，這點會在後面的章節有更深入的介紹。

中俄兩國實際在波羅的海會師只有一次，就在二〇一七年夏天，這也是當年海上聯合軍演的一個項目。中國海軍這邊派出了一批小型艦隊，包括一艘驅逐艦，一艘巡防艦及一艘綜合補給艦參加這場聯合軍演，海軍第二十六批護航編隊在六月底從海南島出發，約一個月後抵達了聖彼得堡附近，準備參加七月二十一至二十八日的演習。至於俄羅斯這邊，則是派出了兩艘護衛艦，加上Su－24轟炸機，以及從俄羅斯海岸基地起飛的直升機。依照中國媒體的報導，這次演習計畫的目標是要「鞏固發展中俄新時代全面戰略協作夥伴關係，深化兩軍務實合作和傳統友誼」，此外演習還有一個計畫目標，就是要執行救援任務，為保護海洋投資項目及海上交通要道的安全提供支援，另外還有反潛艦、地對空、空對海等作戰，也是演習另一部分的重頭戲。二〇一七年兩國的聯合軍演還有後半場，地點移師到了遠東舉行，位置在日本海與鄂霍次克海附近，而就在波羅的海那邊的演習剛結束後不久，一個由解放軍資助的網站刊登了一篇駐北京的海軍專家的文章，裡頭寫道：「中國派出了最先進的導彈驅逐艦，正是在向俄羅斯表明誠意，而對其他那些打算招惹我們的國家來說，也見到了這個強烈的信號。」[75]

就算不看軍演使中俄兩國的關係更加緊密，單就中國海軍出現在波羅的海這件事就已經是個了不得的成就了，畢竟不久前這支海軍還被禁錮在自家的鄰近海域裡頭，其艦隊也無力勝任於國際巡航。從外交上來看，不論是在聯合軍演前後，中國海軍在港口的造訪活動都經過了精心的安排設計，從中也可以看出中國海軍越來越擅長細膩的操作手段，其海軍的外交能力已經有個強國的樣子了。在軍演之後，這批中國海軍艦隊還曾在北歐多處停泊，造訪了丹麥、比利時、荷蘭及法國，更破天荒地在二〇一七年九月造訪了倫敦。中國海軍這次的全球巡航實在跟當年美國老羅斯福總統的大白艦隊（Great White Fleet）有驚人的相似之處，兩者都同樣肩負著重要的外交任務，同時也都代表著戰力的向外延伸，而當時那個年輕的美國，也是剛剛在十九世紀末崛起成為一個強國。此外，老羅斯福本身也是深受馬漢與其海權相關著作所影響的人，這點也差堪比擬於今日中國某些對於海權與強權的想法，兩者的海軍思維也算有幾分相似。[76]

## 中國在北歐的海洋地緣經濟投資漸增

中國人民中國海軍在北歐出現，代表的是中國的地緣政治利益與海洋投資正在增加，而一帶一路的影響力也延伸到了歐亞地路的極西之地。看起來，波羅的海這裡多數的地方都伸出了雙手，大方擁抱中國逐漸升高的投資額。在許多小國看來，中國的入場剛好有助於平抑俄羅斯日益升高的氣焰，例如二〇一七年四月，芬蘭很高興地接待了習近平主席，一起歡慶這個國家（脫離俄國）的百年獨立紀念。不過就整個波羅的海地區來看，中國的地緣經濟與海上探索，都只能算是剛剛揚帆起步而已，如果中國的海洋投資模式還是像之前一樣，要不了多久他在這裡各個重要的口岸都會變成海上地緣經濟的大戶。迄今為止，船運依然是運輸貨物時最有經濟效益的方式，雖然時間花得比較長——從中國的海岸到立陶宛的克萊佩達（Klaipėda）大概要三十五到四十五天——可是費用上卻比鐵路還要便宜，後者的成本要比海運多出八成到一倍（對比一下時間的話，從中國西南方用鐵路來送貨到德國，大概需要十五到十八天）。[77]中國目前正努力地大舉投資，想要藉此更加打通他跟北歐的主要海上貿易商路、供應鏈節點及貨櫃大港的銜接，甚至加以控制。此外，北歐未來也可以直通北極海的商路，這點對於中國（還有俄羅斯）也是潛在的巨大利益。

不久前，中國在北歐才剛大大贏了一局，雖然位置上不是直接針對波羅的海，不過其外溢效應還是會直接影響到這裡，甚至連帶波及到西歐及北歐的其他地方。在二〇一八年一月，中遠海運港口有限公司成功買下了比利時的第二大港，也就是布魯日的澤布呂赫（Zeebrugge）港大部分的股權，讓馬士基貨櫃碼頭公司（APM Terminals）點頭同意賣出手上百分之五十一的多數持股，這是該公司從二〇〇六年開始就一直抱著的股份。從戰略位置來看，澤布呂赫鄰近漢堡、勒阿弗爾（Le Havre）兩個大港，要前往英國或波羅的海也很方便快速。有些報導指出，中遠集團在二〇一四年就已經獲得了澤布呂赫百分之二十四的股權，而上海國際港務公司則另外持有百分之二十五。在雙方最後的協議裡，中遠集團一共拿下了百分之九十的股份，以及該港口五十年的特許經營權，而另一個航運鉅子達飛海運集團（CMA CGM）則只持有一成的股份。在出席二〇一八年的簽約儀式時，中國駐比利時大使發言表示，

「二〇一四年中比兩國開啟一帶一路倡議，為本次簽約打下堅實基礎……中比合作是互利共贏的。通過積極開拓對華合作，澤布呂赫港在國際海運上，尤其是西北歐航線中的重要性，也得到顯著提升。」澤布呂赫是一個天然的深水港，每年轉運的貨物大約有四千萬噸，而且裡頭還設有液態天然氣轉運碼頭，來自亞馬爾（Yamal）半島的天然氣在此處理過後，便可送往東亞市場。在這次的收購案後，中國已經控制了整個歐洲大約一成的港口運量，而這個數字在未來幾年很可能會繼續增加。此外，澤布呂赫也可以成為一個重要的北歐海上據點，與中國在南歐的其他主要港口投資連成一氣，像是希臘的比雷埃夫斯（Piraeus）等地。[78]昔日中國矢志要開展出自己的海上供應與物流路線，現在已經逐漸水到渠成了。

在歐洲第一大港鹿特丹這邊，以及歐洲北方海岸線上的其他地方，中國也都同樣有所斬獲。二〇一六年，鹿特丹的一個自動化貨櫃碼頭，歐邁（Euromax）碼頭被中遠集團旗下的一家子公司買下了百分之三十五的股權，價值約合四千七百萬美元。當時中遠這邊是向香港大富豪李嘉誠手上的和記港口信託的子公司買下這些股份，該碼頭每年大約可以處理三百二十萬個二十呎標準貨櫃的量，而從最近的統計來看，在鹿特丹卸下的所有貨物裡已經有大約四分之一都是從中國運來的。再看看別的地方，在遙遠的波羅的海東部，中遠海運貨櫃代理有限公司最近也宣布，在里加（Riga）港成立了一個新的貨櫃海運公司，叫做「波蘭芬蘭快運」（Poland-Finland Express），負責連通波羅的海所有主要港口，而未來波羅的海的商路航道會變成一個大型迴圈（格但斯克→赫爾辛基→里加→克萊佩達→格但斯克），船隻每個禮拜都會繞回到里加港。[79]雖然中國這些剛出手的海洋投資都還算比較稚嫩，不過照這個路子走下去的話都很可能會逐漸壯大，這將有助於這個區域的政治與地緣經濟勢力的改變，使之倒向中國的戰略方向這邊。

雖然在澤布呂赫大獲成功，中國在北歐與波羅的海地區其他的部分方案可就不太順利了。二〇一七年底時，立陶宛政府似乎想要違背當初在備忘錄中的協議，當初答應要讓中國來擴大港口的營運，但是後來立陶宛政府顯然不願意把港口的營運權交到中國公司手上。原本在二〇一五年中國招商局集團與克萊佩達港簽署了一份協議，而克萊佩達港乃是波羅的海最大的貨櫃港之一，如果照著這個協議所將產生的外溢效應，立陶宛未來跟中國在貿易與投資方面的伙伴關係就會變得很引人遐想，因為目前在波羅的海諸國裡，立陶宛本就已是獲得最多中國對外直接投資（ＯＤＩ）的國家，大約占了該區域總數的七成五。如今除了立陶宛以外，資料顯示冰島和挪威也暫停了與中國的交涉，使之失去未來在這兩國數個港口的投資機會。[80]這件事可能會暫時拖慢中國在這裡的部分計畫，但是不太可能讓他暫停更大戰略方向的海上倡議。

## 改變區域現狀

在過去十年左右，中俄兩國開始設法拆解自冷戰結束之後由西方國家所主導的政經秩序，而從波羅的海到黑海這個軸線就首當其衝，成為第一批見證這個變化的戰略地區。從俄羅斯的角度來看這顯然相當合理，畢竟他長年來就把波羅的海與黑海當成是自己的近海，甚至是當成領海。雖然石油與天然氣的價格不時有所起伏，但整體還是相對偏高，而這也幫了俄羅斯的忙，大大加速了他近年來在軍隊與海軍上的現代化工作。手頭上有了更多鈔票以後，俄羅斯這些年便得以在國安議題上表現得更加強勢，尤其是在波羅的海與黑海這兩頭興風作浪。與此同時，中國在這兩個重要的歐洲海域也開始有所斬獲，在地緣經濟上展現相當成果。如今在波羅地海及黑海上發生的情況，其實也算是大國博弈的一部分，是日益茁壯的中俄組合和美國在彼此相爭。我這個說法，跟不久前美國提出來的二〇一七年國家安全策略報告中的主張很相似：「原本大家以為大國競賽已成往事，是在上個世紀就消散的現象，但現在又重現了。不論是從區域性或全球性的尺度上，中俄兩國均開始設法找回自己昔日的影響力。今日他們正在組建的軍事戰力有兩個特定目標，一個是在危機時刻將美國擋在門外，一個是在承平時期跟我們爭搶，看看誰比較有辦法在關鍵的商業地帶行動自如。簡單來說，他們就是在挑戰我們在地緣政治上的優勢地位，並試圖將國際秩序改造成有利於他們的樣子。」[81]

不論是在海軍或其他方面，中俄兩國的密切合作並不就必然意味著他們已經結成了休戚與共的夥伴關係，馬上就會出手跟西歐的北約聯盟來對抗。中俄兩國在過去都跟對方有過一些齟齬，歐洲這邊可以好好操作利用，不久前就有好幾位歐洲的軍官跟我說過，對於中國在海軍軍力與部隊數量方面的成長，有些歐洲人是抱持著比較正面的態度去看的，他們認為這是一個機會，不妨就幫中國造出個在歐洲崛起的聲勢，以此來對抗俄羅斯這個更讓人不安、多年來的關係也更緊張的對手。許多歐洲國家甚至亟欲把中國拉進圈子，使大家彼此有共同的組織架構與相互理解，讓他的行為可以受到管束，依照國際法規的準則來做事。不只這樣，有一些觀察家們甚至還相信可以找到辦法，利用中俄兩國在地緣經濟利益上的潛在衝突來分化兩國，有朝一日，因為中國的海洋投資越來越多，在黑海這邊是投資烏克蘭及喬治亞，而在波羅的海則是投資波蘭與拉脫維亞，這終究會對俄羅斯本身在地緣經濟與地緣戰略的利益上造成比他國更大的威脅，跟能源安全相關的利益尤其如此，屆時歐洲就會有拉攏中國的空間，一旦時機成熟、機會浮現，便能讓中俄兩國在歐洲分道揚鑣。

然而至少在眼下，中俄兩國看起來還是同心同德的，彼此也因為擴大合作而從中得利，而這對北約、歐盟乃至於美國來說，未來可能會造成一些麻煩。不論時勢怎麼變遷，美國萬萬不該忘記的就是北約，在過去數十年中，北約在幫助全球的安全穩定上扮演了極重要的歷史性角色，而且跟崛起不久的中俄聯手組合相比，北約目前在此地區還是占著上風。於是乎就當前來說，北約還是應該繼續結盟，並展開更多的海上與陸上區域軍演，以及繼續分享彼此的情報，還要進行其他的聯合或共同作戰演練，以推動整個歐洲同氣連枝的步調。有一些額外的海軍演習，像是在波羅的海特別舉辦的「波羅的海行動」（BALTOPS）在未來會變得很重要，而且北約一定要繼續維持原本在歐洲各地廣設的基地，這對於俄羅斯越來越嚴重的陸上與海上進犯而言是另一種重要的牽制手段。[82]

就算照著這些建議做，隨著區域安全越來越受到重視，而海軍至上主義也越來越抬頭，將來還是會有問題冒出來的。俄羅斯的海軍實力大增，這意味他會用更強硬的方式來回應北約或美國的軍事動作，並與之對抗。許多人都注意到一件事，那就是現在出現了一種越來越巨大的安全性難題，我們變得越來越難以區分某些戰力到底算是攻擊性的還是防禦性的，而某些行動的意圖又到底是為了侵略還是自保。不僅如此，將來北約國家與俄羅斯之間一旦發生什麼擦槍走火或是溝通失誤的情況，情勢就可能迅速升高，變成比從前還更充滿敵意、危及生死的局面，就像不久前有一項分析所指出的，「在未來數十年，海上很可能會變得越來越擁擠，競爭也越來越大，而情勢的發展會受到幾個全球性的大趨勢所左右，包括新的強權崛起、氣候變遷、爆炸性的科技發展，以及人口大量往都市及海岸集中。這些因素會使得海洋環境變得更加複雜，包括有些角色會冒出頭來，有些是國家扮演的，有些則是國家以外的身分，兩者將一起帶來安全上的挑戰。」[83]

為了避免各區域中的大國以後發生任何意外甚至鬧出人命，現在一定要讓外交主導一切。俄羅斯、中國、歐盟與美國都必須走外交路線，持續敞開對話通道，這會有助於消弭一些上述的可能衝突，這種事端也許起於微末，但如果沒有辦法在星火初發時就將之撲滅，則片刻就能燎原。美國與其他諸國也一定要記住，這些勢力變遷有許多都是地緣經濟造成的結果，比起採取軍事手段，也許更需要利用地緣經濟的解方。至於中國，在我看來，早已經開始發展新供應鏈及物流路線，而且相當成功，將來如果俄羅斯和西方發生衝突的話，這可能會幫他擋災，免於捲入其中。

# 第三章 地中海爭奪戰

二〇一一年三月十七日，聯合國安全理事會舉辦了一場戲劇性的投票，通過了空襲利比亞總統格達費（Muammar al-Qaddafi）的軍隊，並且還准許建立了一個禁航區。這次投票的獲勝方是法國、義大利、英國與美國，他們是該議案的主要支持者；至於俄羅斯與中國（還要加上個印度）則是作壁上觀，投票時也宣布棄權，讓安理會的第一九七三號決議案得以順利通過。雖然棄權的這幾個國家在以往的外交政策都強調不干預他國的國內政治事務，不過在這一個案子裡，主要是因為有阿拉伯國家聯盟出面，該組織一向支持推翻不得人心的格達費，後來才有了投票棄權這回事。[1]

我沒有諷刺中國和俄羅斯的意思，只是利比亞這個例子著實值得玩味，看看格達費被推翻的之前與之後發生的事，就知道這個例子正好可以告訴我們，這兩個國家在此地的地緣經濟與國防安全力量上發生了什麼轉變，而他們彼此之間又是如何達成比以往更深的和解共識。在安理會三月進行投票以前，格達費政權已在崩潰的邊緣，當時中國光是想到要救出散居在利比亞各地的大約三萬六千名中國公民就頭疼得要命，因為在利比亞工作的中國人遍布許多層面，包括能源業、電子通訊業，有的還幫中國國營企業施行基礎設施計畫案。首波救援任務在二月二十四日展開，中國政府用解放軍的軍機與中國國際航空的民航機來救出一小部分中國民眾，並組織車隊載送其他的中國公民跨國到突尼西亞或埃及去，但剩下的真正大多數人其實是走海路，在中國海軍的協助下脫困的，他們從西部的的黎波里（Tripoli）與東部的班加西（Benghazi）兩地的港口撤離。雖然當時中國海軍有一艘船艦就位在吉布地附近協助國際反海盜任務，但是這次撤退的人來得又多又急，還是顯得難以招架。中國海軍因為艦艇數量不足，還被迫向希臘租用渡輪與民船，有大約四成的中國公民是在希臘的幫助下才得以脫險，安全離開了利比亞。[2]

三月一日，中國海軍旗下的徐州號護衛艦抵達了利比亞，根據一份文件資料指出，「調用海軍軍艦支援這次的行動，是中國開始『轉換思維』的標誌，以後可以使用武裝部隊前往海外。當『打仗以外的軍事行動』越來越常出現，這也就是在告訴我們，中國把軍事行動的定義範圍拓寬了。」[3]而從格達費垮台時中國公民居住在利比亞的人數來看，也顯現出中國的區域性地緣經濟利益已經在地中海盆地各處的港埠成長到了何等地步，中國正在將自己的經濟投資範圍擴張到整個歐亞大陸，並力圖要跟大中東地區、北非這種擁有寶貴自然資源的地方開啟更大的商路，想當然耳，他也會需要確保這些資源與投資能夠安全無虞。有些分析測算認為，隨著格達費垮台，敘利亞接著又陷入內戰，中國的投資損失高達大約兩百億美元。二〇一〇年以後，中國海軍開始擴張部隊，於是在地中海沿岸各大港，從以色列、敘利亞，乃至於土耳其、希臘與法國，都可以看到他們的蹤跡，尤其是以色列和土耳其，在二〇一二年中國海軍造訪時，剛好碰上俄羅斯也派出一小批艦隊到敘利亞去，這件事也許就象徵著那裡的區域秩序正在發生轉變。有時候，現身的不只有中國海軍，同時也有大量中國籍的出國旅遊人潮，根據中國官方資料，中國每年的出國旅遊人口大約是九千八百萬人次，而且從二〇〇九年後每年平均會成長一千萬人次，於是這些中國公民的安全就變成了一個很重要的問題，尤其是阿拉伯國家裡有一些反抗活動，讓該地區普遍有不安定的情況發生。[4]

隨著時間過去，中國在港口的投資越來越多，海上商務資產也越來越大，當這些基礎建設計畫案累積到達一定程度，其安全問題也會更加受到注意。然而問題在於，地中海老早就有各方在此盤據往來，北約、美國、俄羅斯，還有其他歐洲勢力，外界怕的是萬一發生了什麼意外或誤會就會導致衝突，再不然就是溝通上有什麼差錯，也會讓這個地區的關係變得更加緊張。在利比亞出狀況之後，中國海軍還在尋找地中海上的出入基地，目前看起來最有可能的地點會是希臘，或是其他港口往來方便的國家。中國不想要再碰上跟利比亞（或葉門、敘利亞）一樣的局面，鬧個措手不及，無法保護自己的投資、救援自己的公民。在聯合國安理會那邊，中國也覺得上次投票棄權不但是種讓步，而且後果並不好，還不如當初直接反對該決議案，以後不該再重蹈覆轍了。[5]而現在海上絲綢之路計畫中有一部分內容是要建設大型港埠與海洋基礎建設，中國此後該當會小心翼翼，避免讓自己在地中海盆地裡逐漸積累出來的地緣經濟利益受到危害。

相較於中國，在利比亞衝突之後俄羅斯也重新在這個區域裡尋找他的發展根據地，不過他的法子不同，乃是設法投入更大的國力，直接鎮住混亂的局面。在格達費垮台以前，俄羅斯常常利用利比亞的港口來協助自家海軍進出地中海，俄羅斯跟格達費在冷戰期間也有頗深的淵源，但是格達費一旦被推翻後，「莫斯科這邊似乎倒是一直在想方設法要抓住這個良機，趁著西方國家的注意力轉移到其他地方，他正好填補地中海的戰略真空。也顧不上是否師出有名，俄羅斯很快就出手，不久便確立了自己在這個區域不容忽視的地位，而在很大程度上可以說，這都是靠著他的海軍部隊辦到的。」[6]

在二〇一七年春天，美國非洲司令部司令湯馬斯・瓦德豪瑟（Thomas D. Waldhauser）將軍曾表示，利比亞與北非對美國逐漸形成威脅，尤其俄國更是想辦法要讓前利比亞將軍哈夫塔（Khalifa Haftar）掌權，事實上，在二〇一七年初大家就發現俄羅斯的唯一一艘航母庫茲涅佐夫號出現在利比亞的海岸線外頭，目的是要請哈夫塔將軍登艦參加盛大的紀念儀式，據說哈夫塔還受邀進入船艙裡頭，透過一條安全線路打電話給俄羅斯的國防部長進行商談。俄羅斯在地中海之所以會表現得更加積極、更具侵略性，部分是基於普丁對整個中東暨地中海更大的整體戰略，畢竟在他接管烏克蘭的基地之後，已把俄羅斯海軍再往前推進到了地中海。普丁的第一步棋是保住了敘利亞總統巴沙爾・阿薩德（Bashar al-Assad）的權位，因為兩國合力在塔爾圖斯（Tartus）建有海軍基地，而今他又把俄羅斯的利益地盤與基地範圍向外擴張，延伸到了利比亞等地。據說不久之前俄羅斯還曾從埃及西部的基地調派兵力，以協助並看照利比亞的情況，或許也是順道想要在此站穩腳跟，重振蘇聯昔日光輝。[7]

利比亞並非特例，他代表著地中海各地都正在發生的變局。中國這頭在地緣經濟與地緣戰略上的利益越來越龐大，除了關注以往被認為會影響其國家發展的安全威脅之外，也越來越重視一些從前不會去看的安全威脅，跟西方國家一樣，他也得開始注意恐怖主義、非法移民、跨國犯罪等問題了。[8]至於俄羅斯那頭，他一心想要改變局勢，求取更大的影響力與威望，其採用的是跟中國類似的法子，希望能幫他改造這裡的區域秩序，縱然他沒有像中國那樣飛速發展的地緣經濟規模，但是行動上卻更加激進，讓北約被迫越來越採取守勢，而這最終有可能會使公海的緊張局勢驟增——哪怕只是因為一點意外的小衝突亦然。

## 地中海的海洋地緣經濟

以海洋的標準來說，地中海或許顯得很小，大概只有兩千五百萬平方公里，但裡頭的形勢卻很複雜，其主導權在歷史上也數度於東西方之間易手，征服的力量有時來自地中海沿岸，有時則更加遙遠。拉丁文「mediterraneus」的意思是「在陸地之間」或「位於大地中心」，德文裡的地中海則叫做「Mittelmeer」，意思就是中間的海洋。地中海畔的港口林立，各地風土民情又大不相同，而且自古的海上運輸與商貿交流就十分熱絡，造就了此地多元的文化風貌。早從羅馬帝國開始，這裡就不是一個對外封閉、禁絕往來的海洋，雖然羅馬人稱之為「mare nostrum」，意思就是「我們的海」，不過隨著歷史的演進，地中海已經成功融入更大範圍的海洋傳統裡頭，跟波羅的海及北大西洋在技術上有許多交流與互補，最後又整個融入了北歐的海洋文化之中。[9]

時至今日，雖然冷戰之後的地中海勢力一直是由歐洲、北約與美國在主導，不過遠方崛起的力量也開始在轉變這個盆地，俄羅斯的海軍不斷擴編，其整建也日趨完備，但這只是這個地區乃至全球秩序發生轉變的其中一項變因而已。除了俄羅斯海軍逐漸進逼，擴張其勢力範圍，另一件值得注意的情況就是地中海在經濟上的重要性正在升高，全世界大約有百分之十五的天然氣、百分之五的石油是靠在地中海穿梭的船隻運送的，有些船隻來自北非，有的則出自蘇伊士運河。不少人更預測，地中海裡探勘到的石油與天然氣將很快就會成為此地另一項寶貴的資產，屆時不只有地中海諸國，舉凡俄羅斯、中國、印度等歐亞大國也能得蒙其利。然而談到利益的同時，因為專屬經濟區（EEZ）的各種問題還一直吵不清楚，不論是以色列跟黎巴嫩吵，還是希臘跟土耳其吵，這些資源的開發都大概免不了要成為爭端的源頭，畢竟在東地中海盆地這裡，尤其是靠近賽普勒斯、黎巴嫩、埃及與以色列這邊，據估計有大約三兆四千五百億立方公尺的天然氣，以及兩億六千七百萬噸的石油蘊藏量。[10]

很快地，中國也接著踏入了地中海世界，想在這裡的經濟局勢中搶分一杯羹，其背後挾帶的是他龐大的海洋投資與基礎建設計畫，尤其是針對港口的計畫案，有些人稱中國的操作模式是「海港暨工業園區」，光是在過去這幾年，中國就在大約四十個海港計畫案中一共投下了大約四百七十億美元的鉅資。[11]現在中國啟動了全球性的投資計畫，其終極目標是想改造全球的經濟秩序，可以不受其他的那些傳統強國的勢力所左右，創造出一個嶄新而獨立的經濟體系，如同一位學者所描述的，一帶一路倡議與海上絲綢之路計畫乃是試圖要「把不同區塊的製造鏈給分拆開來，中國想要打造出一套政治與制度的組合工具，讓中國可以用來重構全球的價值鏈（value chain），然後把自己的主張加到管控全球經濟的規則上頭。」[12]跟馬漢一樣，中國很了解一個強國要能夠持續強大下去，不僅本身要有錢，也跟海上貿易脫不了關係，而既然地中海已然再度成為重要的場域，中國在此的利益積累與海上活動也就跟著不斷增加。雖然俄羅斯（還有印度亦逐漸開始）一樣也這麼做，但是對中國來說地中海還有別的重要性，如果一帶一路與海上絲綢想連通到歐洲這個占了全球大約三成國內生產毛額的地方，地中海就是至為關鍵的連結點。[13]

為了保持勢力穩固，確保國家在安全上的利益無虞，中俄兩國紛紛於此開始投注更大量的精力。對中國來說，地緣經濟才是他在本質上較看重的部分，相較之下俄羅斯所花的功夫就跟國家安全的關係比較大，還有就是想著要怎麼跨出黑海。在二〇一六年，中國對歐盟的出口總額是進口總額的一倍半以上，其貿易逆差達到大約兩千一百五十億美元，這個數字固然驚人，不過如果我們把它放到一個更大的框架來看，中國在歐洲各地的海外直接投資（ＦＤＩ）總計還不到上述金額的百分之五，這意味著中國的投資還有很大的成長空間，就算這裡原本就有其他投資方在運作也一樣。不過在這些數字背後要注意的是，歐亞之間有百分之八十五的貿易總額是透過海上貿易在進行。[14]

如今中俄合流，兩國開始聯手挑戰現狀，重新鋪排之前由西歐、北約與美國所主導的區域秩序。這在很大程度上正在改變這個區域的勢力分布，而如果當前這種地緣經濟加上國家安全的發展趨勢繼續蔓延的話，俄羅斯、美國、歐洲等大國之間就更有可能擦槍走火。然而反過來看看中國和俄羅斯這邊，兩國的關係越來越密切，卻也顯得更加有趣。我們前面詳述過，在俄羅斯眼中，歐洲及其海域歷來都屬於俄方的勢力範圍，而他也會極盡所能來捍衛地盤，雖然現在兩國似乎是想尋求中國所謂的「雙贏」合作，可是當中國加大經濟上的力度，悄悄地在黑海與波羅的海給扎下了根，俄羅斯可能就會改變心意，不再支持中國對於區域的改造方案。中國的學者們也明白，俄羅斯在地中海的利益不會永遠都跟中方合拍，有些人甚至把俄羅斯的外交政策指為「投機」，這在在顯示了此雙邊關係中一直存在著一些微妙與複雜之處。[15]

要了解中國在更大框架下的戰略與地緣經濟目標，我們只要看看他蓬勃發展的港口連通網絡，以及其他海洋基礎建設計畫案就好。中國在港口營運方面排在世界前幾名，雖然看起來還排在一些全球性港口營運鉅子如快桅、杜拜環球港務，以及瑞士的地中海航運公司之後，但中國的成長數字卻顯得相當驚人：中國招商局集團與中遠海運集團目前就攬下了十八個國家共三十六個港口的營運，相應地還有十三個國家共四十七個貨櫃碼頭的業務；至於船運方面，在二〇一五年世界前二十大企業的海運總貨櫃數中，有百分之十八是中國的前五大船運公司載運的。不僅如此，跟中國友好的港埠也在逐漸增加，這個現象意味著中國以後將不再受制於任何的單一航路，甚至還可能有辦法斷掉某些航路，以此來打擊對手，或是去操控那些付不出貸款的地主國；再不然，既然控制了進出口的航路，也意味著中國更加無所求於他人，減少了任何外部國家能夠施加政治或經濟壓力的機會；如果改從物流與供應鏈的角度來看，中國就永遠都可以從中選擇一條最快速、最有效率的航路，幫他們削減支出、降低運輸的次數。近幾年，中國或買下或投資了許許多多歐洲各地的港口設施，導致現在他手上掌握著大約一成的歐洲港口運輸總量，同時中國也在經營港口貨櫃起重機的建造產業，逐漸成為該方面的全球唯一霸主。事實上，中國已經成功下好了一盤更大的棋：他先是買下當地的公司，然後用這個新到手的公司來買下其他競爭對手，在高科技產業方面尤其常用這招；如果是基礎建設計畫的話，則是利用買下的那家公司來幫助自己擴大產量。中國現在走的每一步，看的都不是短線，而是在放長線釣大魚，他想要的是打造出一個獨立的體系，成為地緣經濟的主宰者，以此來確保自己更大的經濟與戰略利益。[16]

增加在世界各地的港口數量還有另一項好處，就是這些港口可以拿來當成「兩用」設備。如果發生了什麼人道危機事件，或是需要進行賑災救助，中國海軍就會更有能力派遣船艦前往，可以幫助當地居民，亦可救援中國公民，就像二〇一一年在利比亞的情況那樣。此外，那些新拿下的港口投資與接管項目，都是由像和記黃埔或中遠集團這種中國國營企業在負責營運，他們跟解放軍的關係也就相當親近，這點也對軍方很有幫助。以中遠集團為例，從前原本是中國海軍的一個分支機構，在近幾年經歷了一系列的併購之後，中遠才成為在歐洲以外世界最大的船運公司，同時也是最大的港口運營商之一，現在中國所擁有的商務船隊規模已是世界第三。同樣地，招商局港口控股公司在世界各地的貨運量不但更大，而且還在繼續買港口，範圍遍及全球各地。[17]

然而對歐洲各國來說，中國的投資狂潮卻會帶來某種特定的風險，因為中國在提供貸款時並不會一直給你最優惠條款（most favorable terms）。據資料來看，中國在世界其他地方提供的貸款利率落在百分之六到百分之八點八之間（例如我們之後會再細談的斯里蘭卡浮動利率貸款），而中國在整個歐洲海上的投資又是如此巨大，貸款金額如此龐大，以後他的影響力也會跟著變大，勢力跟著變強，尤其如果又碰上了一些較為貧弱的歐洲國家，像是希臘或蒙特內哥羅，萬一他們付不出積欠中國的貸款，中國未來會有很多可用的債務操作手段，可以對這些小國造成相當負面的後果。不久前就有一份研究報告對中國在歐洲的勢力成長表達關切，裡頭還說「中國已經不只是『站在（歐洲）門口』而已，人家早就登堂入室了。」[18]

## 地中海上的「珍珠」：比雷埃夫斯

二〇〇四年初，希臘與中國攜手合作，一起進行奧運的主辦權轉移工作，也互相對彼此悠久的歷史文化表示敬意，但是真正拉近兩國關係的，其實是航運產業。從二〇〇六年開始，這兩國就組成了「戰略夥伴關係」，主要針對的是船運、貿易與觀光方面。希臘擁有世界前幾大的商務船隊，約占全世界商船總量的兩成，因此中國對希臘強大的航運業很感興趣。希臘旗下的船隊占了歐洲總噸數的四成，而且中國有大概六成的歐洲貨物在此進口，其出口至歐洲的貨物在此也占了五成。不僅如此，在過去十多年裡，中國幫希臘建造的船隻也有大概四百艘之多。[19]

在中國看來，希臘也是一個重要的門廊與貨品交易所，可以幫他的產品銷往東南歐與中歐市場，而且當時希臘也剛好表達了意願，考慮讓該國的港口民營化，這也幫了中國不少忙。不僅如此，在中國眼裡的希臘也是一個好講話的夥伴，願意更全面性地接納中國的對外政策主張。由於在地緣經濟上的夥伴關係逐漸加深，中國也得以讓希臘對他的一中政策買單，也就是反對臺獨，而且希臘還投票反對歐盟對中國的武器禁令。當國際法庭的裁決否定了中國在南海的法律主張，而且歐盟也在法律上接受了這個判決之後，希臘卻從來不予公開承認。二〇一七年六月，希臘還阻擋了歐盟在聯合國要發表的一份對中國不利的人權議題聲明，中國則支持希臘對賽普勒斯所採取的立場，外加其他在該地區重要的政治或財政議題，以此來報答希臘的恩情。中國經常也會對其他國家採取類似的外交策略，而只要有哪個國家要跟中國建立這種類型的經濟夥伴關係，中國就會搬出這套，稱之為「雙贏」策略。[20]

二〇〇六年，希臘總理康斯坦丁・卡拉曼利斯（Kostas Karamanlis）造訪中國，簽訂了全面性戰略夥伴合作關係協議，代表中方的是溫家寶總理。在訪問期間，卡拉曼利斯也跟中遠海運集團的總裁會面，這位魏家福先生本身也曾是位船長，兩人此次會面是為了替希臘的港口營運管理事務預作討論，而魏家福也在二〇〇七年回訪，並參加了「中遠希臘號」（Cosco Hellas）的啟航儀式，這艘貨櫃輪雖由中方打造，卻交到了希臘旗下。其後中國國家元首胡錦濤主席也在二〇〇八年時造訪希臘，兩國立下了一項金額高達五十三億美元的里程碑式協議，讓中遠集團可以負責營運比雷埃夫斯港的兩個貨櫃碼頭。該協議同意了中遠海運集團長達三十五年的租約，可以營運比雷埃夫斯港的二號和三號碼頭，而由於比雷埃夫斯距離雅典市中心只有十一公里左右，能把船開進這裡就意味著從蘇伊士運河運過來的中國商品可以就地卸貨，直接上火車轉運，不用像從前那樣還得再花上二、三十天的航程穿越地中海及直布羅陀海峽，一路航行到歐洲北部的港口才停。二〇〇九年時希臘爆出了債務危機，中國在這個混亂的局面裡一直在花大錢投資希臘，讓中國成了希臘政府眼中的最愛，例如單在二〇一〇這年，這兩國就簽署了十一份雙邊協議，其內容相關總金額超過一百億美元。不過中國在過去這十年雖然在希臘投下了大筆的資金，但光是比雷埃夫斯的貨櫃流量就增長了五倍，雙邊的整體貿易金額也有同樣的成長幅度，可以說是完全回本了。[21]

然而最大的新聞還不是上述那些，二〇一六年八月十日，中遠海運集團宣布將從原本運營一號碼頭的比雷埃夫斯港務局手中買下百分之六十七的一號碼頭股權，這意味著中遠集團將會負責所有的官方事務，並拿下未來整個港的營運業務，包括用來監控與保護港口的軟體、技術及設備。才花了沒多久的時間，中遠集團就讓比雷埃夫斯港搖身一變為全地中海最繁忙的港埠之一，也成為中國一帶一路倡議進入歐洲的重要節點。比雷埃夫斯港的竄升速度飛快，已然來到第二，在這個地區僅次於西班牙的瓦倫西亞港，並可望在短期內就登上第一名的寶座。這個過半股票收購案會分成兩階段來進行，首先在第一階段由中遠集團投資三億一千六百萬美元，獲得百分之五十一的股權；第二階段再由中國在二〇二一年再買下百分之十六的股份，總值是九千九百萬美元。中遠集團完全拿下了比雷埃夫斯全部的三個碼頭後，已有實力可以跟歐洲最大的幾個港口爭雄，像是鹿特丹、漢堡、安特衛普等。此外，由於拿下了郵輪碼頭，中國海軍的船艦也有機會可以租下這個地方來進行停泊、補給與修復任務。根據中方與一位雅典官員討論的結果，理論上只要每個月支付大約七百萬美元，這裡就可以讓三艘戰艦在冬天停泊四到五個月，而希臘政府也支持這項協議。在二〇一七年，有三艘中國海軍的船艦停靠在比雷埃夫斯港，進行了為期四天的外交參訪，一般認為這應該是在試試水溫，還有幾名希臘官員表示，中國海軍應該會進一步增加來訪的次數與部隊數量。[22]

總理亞歷山大．齊普拉斯（Alexander Tsipras）決定要賣掉港口股權，在希臘國內乃至於碼頭工人那邊引起尖銳的反抗，眾人紛紛上街抗議。身為希臘國會的外交與國防委員會主席，同時也是執政的激進左翼聯盟（Syriza）的黨員，當有人問科斯塔斯．杜齊納斯（Costas Douzinas）怎麼看待中國在希臘的種種活動，他妙答道：「這是一種新的殖民主義，不必用砲艇的那種。」儘管國內有人大聲疾呼反對，工人們也滿心憂懼自己會失去港口的工作，齊普拉斯仍然力排眾議，推行了金額高達數十億美元的民營化方案。然而工人們的憂慮確實是有道理的，事後該公司開始大力仰賴轉包，改提供一些短期的聘約，薪水比起一般碼頭工人來說也變少了。[23]

以小見大，比雷埃夫斯這個關鍵案例可以讓我們理解中國在歐洲投資的著眼點，這個港口會連通到中歐與東歐這些經濟正在迅速發展的地方，而中國手上也已經有許多計畫案在那裡等著了。在衡量比雷埃夫斯港的協議時，中國大使稱之為歐洲寶貴的「龍頭」，以此彰顯其重要性，並且也提到整個大計畫所體現的是「一帶一路倡議的五個核心內容，也就是政策溝通、設施聯通、貿易暢通、資金融通、民心相通」。[24]早在二〇一四年，中國總理李克強便曾來到比雷埃夫斯港，還賦予這裡地中海上「珍珠之港」的美稱。

在希臘，中遠海運集團的行動一直都很積極而公開，他們想要增加的除了持股比例，還想擴增船舶維修設備及港口的通路。在比雷埃夫斯曾有位希臘官員告訴我，中遠集團有意要在未來幾年興建第四號碼頭，這還只是整體計畫的一部分，整個港口現代化與擴大化投資案的金額高達八億八千萬美元，將可大幅提增該港的運量，以及停泊船隻、卸載貨物的能力。中遠海運集團有興趣的對象，還包括里奧尼翁控股公司（Neorion Holdings），該公司握有希臘第二大與第三大造船企業的多數甚至全部股份，但造船業慘澹，幕後老闆也跟著受難；中遠海運集團同樣一直在窺探的公司還有希臘造船廠（Hellenic Shipyards），這是希臘最大的船舶維修廠。目前在比雷埃夫斯港共有大約十到十二家希臘國有的船舶維修公司，但是他們都逐漸被中遠集團排擠掉業務，每年中遠都會調漲港埠的使用費與其他附加捐，漲幅約十五到二十個百分點，這導致船舶維修公司的收入減少，因為航運公司不願意支付較高的收費在此維修，而當希臘的船舶維修公司開始倒閉，中遠相關的公司就開始見縫插針，讓原本就已經把港務握在手心的中遠海運集團可以更牢牢抓緊這個港口。二〇一八年，中遠集團把一個巴拿馬型的浮船塢送到了比雷埃夫斯港，似是山雨欲來之兆，因為這種船塢可以撐起船隻，包括軍艦在內，其承載的容量高達八萬噸，最大容積為兩百四十九公尺長、三十五公尺寬。除了船舶維修以外，中遠集團也曾參與投標，想要拿下塞薩洛尼基（Thessaloniki）港口的經營管理業務，與此相關的還有一件，他們也試圖要積累更多希臘鐵路組織（Hellenic Railways Organization）的股份到手上，因為這樣就可以來個從海路到鐵路的無縫接軌，直通歐洲各地。未來在希臘各地還有十一個民營化的標案，很有可能也會由中遠海運集團或其他中國企業拿下。最後再看看觀光業這邊，復興國際控股有限公司最近開始在找人合資，想把一個鄰近雅典的舊海濱機場轉型成為一個像摩洛哥那樣的觀光港埠，招徠中國富人與國際觀光客。專家估計，這個新的度假村市鎮每年可以吸引超過一百五十萬名旅客，而且擔任總理的齊普拉斯，一直到任期屆滿的二〇一九年為止都在幫忙掃除興建案的投資障礙，就算興建的過程裡會消滅掉兩個難民營也沒關係。在歐亞大陸西側這邊，希臘肯定會繼續扮演好門戶的關鍵角色，讓中國長驅直入，通往歐洲所有的市場財路。[25]

中國在歐亞海域的大型海上供應鏈與物流網絡已逐漸形成壟斷之勢，隨之也令中方有越來越多的籌碼，如果有其他的國家或國際海運公司想使用中國的新造港口與海上運輸系統的話，就容易受到操縱，例如日本的船隻就已經傳出有抵達比雷埃夫斯港後遭到刁難的例子。只要中國對於某些航路與港口的主宰權繼續增加的話，類似的事情就很可能會輕易在各處發生。

然而事情也尚未成為定局，中國未必就真能主導中歐與東歐的新興基礎建設、交通運輸與港埠計畫案，有好幾個中歐與東歐國家——主要是波蘭與捷克——不久前就拒絕了中國豪擲的基礎建設投資。在二〇一八年十二月，波蘭與捷克各自發表了官方聲明，警告大家不要跟中國的電信企業合作，因為對方所執行的業務內容缺乏透明度，而且還有剽竊智慧財產權之虞。雖然不是所有的歐洲國家都採行了類似的抵制手段，不過這種抵抗還是給了中國一個警示，當他推動其他的一帶一路倡議或海上絲綢之路計畫時，類似的情況可能會是他不得不面對的挑戰。中國未來必須想辦法打消夥伴國的疑慮，顯現出自己一直在努力，讓一帶一路倡議變得既透明又友善環境，而且還得加上一項「財政永續」，這樣才能徹底消除歐洲這邊對其過往的壞印象。[26]

## 放眼地中海之東

中國在希臘越站越穩，連帶也影響了地中海各地其他的海上商貿活動與投資，尤其是在土耳其與以色列，雖然規模沒有像比雷埃夫斯港那麼大，但是這些項目還是幫中國進一步擴大了一帶一路倡議的規劃範圍，打造出一個由東向西的貿易帝國，而對港口及其他聯外管道，還有路上運輸廊道與海上交通要道，中國也都要加以控制及連通。在這樣的大戰略底下，蘇伊士運河具有很關鍵的地位，不過我會等到下一章討論紅海與阿拉伯海時再另行分析。

土耳其橫跨黑海與地中海，中有博斯普魯斯海峽連通兩地，而這個國家也希望能進一步吸引中國的海上資金，幫他在這裡興建幾個地中海上的港口。二〇一五年有幾個中國企業——包括招商局國際有限公司、中國投資有限責任公司，還有中遠海運集團——共同組織了一個聯合集團，集資買下了伊斯坦堡最主要的港口碼頭，也就是昆波特（Kumport）碼頭百分之六十五的股份，價值大約九億兩千萬美元。昆波特碼頭雖隸屬於阿姆巴利（Ambarlı）港，但該碼頭本身就是土耳其的第三大港，每年約經手兩百七十萬個二十呎標準貨櫃。此外，中國還對另外三個港口也進行了調查工作，這幾個港未來都有機會幫他在土耳其爭到更多的立足之地，頭兩個港口裡，一個位在該國西側的伊茲密爾（İzmir）地區，一個位在東岸的愛琴海畔。第一個港口是錢達爾勒（Candarlı），位在伊茲密爾以北，雖然每年可處理四百萬個二十呎標準貨櫃，卻因為欠缺必要的陸上和鐵路通道，無法完全發揮運能；第二個港口是阿桑凱克（Alsancak），就位在伊茲密爾省裡頭，公認是土耳其最重要的幾個出口碼頭之一；第三個港口是梅爾辛（Mersin），位置比較靠近土耳其國境的東南方，距離賽普勒斯也不遠。[27]

往土耳其的東南方走，可以到達以色列，中國對這裡也同樣感到興趣，希望在此建立他的東西向航運與貿易網絡的另一個節點，雖然跟蘇伊士運河相比，以色列的運量規模很小且很不經濟，但有朝一日也許能當成備用的運輸廊道。既然中國的區域利益不斷在增加，他必然會設法降低其東西向貿易路線與運輸廊道可能遭遇的風險，找尋替代的港口與路線，因而也就不斷把目光投向了以色列。這對以色列來說也是有好處的，因為他百分之九十九的進出口都是通過海路運輸。以色列政府還有一個更大的目標，他要把兩個最大的港口——也就是海法（Haifa）與阿什杜德（Ashdod）——的幾個碼頭改交民營，以幫政府收集更多的資本。此外，以色列也很希望能夠幫自己的碼頭升級與擴建，這樣才能跟該地區的其他轉運港競爭，這點我會在本章後面詳述。有了這些港口改建計畫，以色列就可以展現出更大的安定性來招攬其他海外直接投資案，這對阿什杜德而言尤為重要，因為在二〇一四年春天，這裡曾是哈馬斯組織從加薩走廊發射飛彈的攻擊目標。[28]

幾年前，中國開始尋找適合的途徑，想要把阿什杜德與埃拉特（Eilat）串連起來，埃拉特位在紅海的東北角，也就是阿卡巴灣（Gulf of Aqaba）裡頭。在二〇一一年，以色列的交通部長跟中國簽署了合作協議，承諾之後會許可專案，讓中國企業可以研究所謂的「地中海－紅海鐵路計畫」的可行性。當時坊間盛傳，中國駐以色列大使還租了一輛四輪傳動的吉普車，開著它穿越了從阿什杜德到埃拉特的幾個沙漠地帶，為的就是探查可能的多樣化替代運輸路線。二〇一二年，以色列內閣許可了專案的進行，不過其內部對於該專案的財源還是有些不同的意見。該專案目前仍只不過是在測試可行性的階段，未來的目標是要興建三百二十公里的鐵道，除了載貨之外，最多還可載送三百五十萬名乘客往返於阿什杜德與埃拉特之間，初步估計的費用約需六十五億美元，但是開工之後有可能會增加到一百三十億。這個龐大的基礎設施計畫案中包含了六十三座橋梁的興建，總跨距長達四點五公里，此外還有九點五公里的隧道。而且埃拉特這邊從一開始就會碰到一個問題，須得找到足夠的空間來興建貨櫃港碼頭，加上有環保考量，所以就連疏浚也是難事。埃拉特港目前負責的主要是大宗貨物出口，還有禽畜及車輛的進口事務，如果以色列跟阿卡巴灣的約旦合作，這裡就有可能吸引到更大的船隻前來，繼而讓這個鐵路興建計畫案變得比較可行一點。除非是蘇伊士運河無法通行了——目前看起來實在不太可能——否則這個計畫大概只會一直停留在提案階段。[29]

雖然地中海－紅海鐵路計畫就這樣停滯在提案階段，中國還是想在阿什杜德與埃拉特這兩個港口打下良好的立足基礎，而他也確實有所斬獲。根據部分單位估算，中國在港口投資方面砸下了大約二十九億美元，其中包括碼頭的擴建及其他必要的升級工程，而這兩個港口目前合計每年會處理約三百萬個二十呎標準貨櫃，個別來看則各有一百五十萬個貨櫃左右，不過它們各自其實都有處理兩百五十萬個二十呎標準貨櫃的能力，而且碼頭擴建計畫已經展開，未來可望讓每個港口的運量達到每年五百萬個二十呎標準貨櫃，總計就是一千萬個。從二〇一七年起，以色列眼見許多船隻在卸貨的等待時長急速飆升，因而讓碼頭擴建計畫趕著加速進行。以貨櫃船而言，到這兩個港口的任一個，等待時長都得多達十三到十五個小時，相較於以前，這個等待時長平均只要差不多四到五小時而已。

二〇一四年，中國港灣工程公司旗下的泛地中海工程有限公司（Pan-Mediterranean Engineering Ltd.）在競標中打敗了以色列本土的兩家企業集團，獲得以色列授權，可以開始在阿什杜德興建一個價值九億三千萬美元的新碼頭。根據一位以色列官員的說法，以色列政府當時有試圖遊說幾家美國企業，希望他們參加這以色列兩大主要港口的競標案，不過這些美國公司都拒絕投標。中國強力拿下阿什杜德的標案，因為這合乎中國在大方向上所採取的固定手法，也就是先壟斷各區域乃至於全球的海上經濟，然後以此來打造一個他所掌控的貿易與物流體系，這樣以後別人就很難對之加以操縱或控制了。未來幾年這家中方的子公司會建好阿什杜德的新貨櫃碼頭，還有其他在現代化方面的大力改造，包括擴建深水泊位，以及興建新的船塢、倉庫與棧橋等，此外計畫中還包括一道一千公尺的長堤，以及兩千八百公尺的防波堤。不過這對以色列的當地居民也有不利的地方，這個新的港口計畫案也為船塢工人帶來了風險，就跟在希臘發生過的情況類似，這邊的協議還墨跡未乾，那邊就已經引起船塢工人的抵制與罷工，抗議民營化可能會在未來造成對工會勞工的剝削。中國在勞工與營造這些方面的聲譽一向不佳，而他也一直想在許多一帶一路倡議的計畫中修補這個形象，這次以色列政府也一起出面試圖幫他擔保，向批評者們保證以色列會持續監察與管理中國公司的勞工待遇。[30]

在北邊的海法那頭，多數股份掌握在中國招商局集團手上的上海國際港務集團，在二〇一五年時拿到了以色列提供的二十五年特許權，負責管理與運營海法港的新碼頭。該碼頭原本是由兩家以色列公司，也就是夏皮爾工程（Shapir Engineering）及阿許特隆集團（Ashtrom Group）聯手斥資十億美元所建造，這個新的海灣碼頭緊鄰海法機場，預計在二〇二一年正式投入營運。上海國際港務集團的董事長不久前曾經評論道：「投資海法港可以強化上海港和海上絲綢之路各港口之間的聯繫，並且在上海港與歐洲港口間形成更緊密的貿易網絡。」[31]不過到了二〇一八年八月，退役的美國海軍上將蓋瑞・羅夫海德（Gary Roughead）在海法大學的會議上發言，公開表示如果新碼頭要交給中國來營運的話，那他可能不再願意讓美國第六艦隊的船隻停靠在海法港，至此這項協議才算是面臨了國際上較具體的審視目光。我造訪海法時不斷聽到有人告訴我，美國軍艦一向是停靠在原本的舊碼頭，不只跟中國運營的新碼頭有一公里的距離，而且根本就不會出現在彼此的視線裡頭。此外還有人認為，大家可以簡簡單單地就在山頂上租個公寓，從這裡就能俯瞰整個海港，這也一樣可以蒐集到任何訊號情報，或者監看船隻的進出活動。換句話說，上海國際港務集團有沒有進駐新碼頭根本就無關緊要，因為任何人都可以利用遠端網路科技或其他手段來蒐集美國與以色列軍方的情報。不只這樣，現在以色列甚至還在跟中方談判，想要附加一個安全條款，讓以色列各處的海關與安保單位的所有人員，只要告知一下就可以隨時進入上海國際港務集團的所有電腦系統，可是美國政府裡頭還是有很多人抱持著懷疑的態度，而以色列的港口安全問題也會繼續成為以美雙方共同的敏感焦點，尤其是上海國際港務集團在接下來幾年內就會常駐在新的港灣碼頭裡了。等到他們接管碼頭的營運時，大概還會有兩百到三百位員工為他們效力。

儘管面對美國及其他國家施加越來越大的壓力，中國與以色列還是繼續在強化雙邊的聯繫紐帶。在二〇一六年，雙方就中國－以色列自由貿易區的議題展開了首輪協商，並於二〇一七年夏天續作第二輪的商業對談。根據不久前的一些估計，中國目前已是以色列的第三大貿易夥伴，貿易金額達到一百一十億美元左右，[32]這些都讓中以之間的地緣經濟關係看起來充滿了希望，而中國對以色列的主要港口，也老早就已經有了巨大的影響力。

## 地中海南部與北非

自從二〇一一年格達費垮台之後，利比亞已然成了一個生人勿進的險地，但是到了地中海西邊這裡，摩洛哥與阿爾及利亞卻很興旺，兩地都成了新興且重要的轉運港埠。因為鄰近直布羅陀海峽，但凡有誰想要建立一個新的海上運輸網絡，串起不受他人擺布的供應暨物流鏈，此時摩洛哥就會顯得奇貨可居。至於突尼西亞，因為經濟量體較小、人口數量也少，所以作為節點的功能也比較小，不過他的拉德斯（Rades）港有一條新的航路可以通到中國的青島港，讓該國冀望這條航路能夠拉緊雙邊的合作關係。另一方面，這也幫中國進一步擴張了在非洲大陸的勢力。[33]

直布羅陀海峽掌控了全球大約兩成的船運交通，總計每年有大約十萬艘船隻駛近或穿越這個海峽，也連帶經過摩洛哥北方頂端的尖頭。國王穆罕默德六世很清楚摩洛哥在地緣戰略上優越地位，因而在二

○○三年啟動了價值七十億美元的丹吉爾（Tanger Med）港計畫案，其中包括了占地達一千公頃的港口設施，還連帶要設立一個占地五千公頃的工業區。天氣好的時候，西班牙南方的陸地，包括直布羅陀巨岩在內，從摩洛哥這頭都可以盡收眼底，因為這兩端相距不過才十四公里而已，摩洛哥的轉運港埠生意興隆，我們從上述的景象裡就能看出其重要性。摩洛哥在二○○七年完成了港口改建計畫的第一階段，之後生意就忽然暴增起來，如今這裡的客戶遍及全球的一百六十九個港口、六十八個國家，列在世界海港中的名次也緩步在提升，可望擠進前二十大的位子，如果運能可以完全發揮的話就會更有把握。這裡每年可以處理大約三百萬個二十呎標準貨櫃——在非洲已是名列前茅——但未來希望可以增加到九百萬個貨櫃，因為在二○一九年啟用了丹吉爾二號港，增設了長達一點六公里的船塢區，也增加了五百萬個二十呎標準貨櫃的吞吐能力。[34]

過去幾年，中國跟摩洛哥在經濟方面的關係發展相當引人注目。在二○一五年，中國雖然還只是摩洛哥第四大的貿易夥伴，然而雙邊的貿易總額光在二○一四年就暴增了百分之一百九十五，隔年又增加了百分之九十五。二○一六年摩洛哥國王造訪中國，這兩個貿易夥伴國就簽署了跟希臘類似的雙邊戰略夥伴協議，這次的造訪中所簽下的合作協議之一，就是讓中國在丹吉爾旁邊興建一個價值一百億美元的工業城，並計畫在二○一七年底完工之後讓兩百家中國企業進駐該工業區，號稱預計會創造十萬個工作機會。丹吉爾港與丹吉爾二號港目前是由歐洲的港口營運商在負責經營，不過中國也在一旁緊盯著，看看這個國家有沒有什麼海上的投資機會，還希望能把丹吉爾納入一帶一路裡，成為其中的要津。不久前在馬拉喀什所舉辦的中非投資論壇裡，中方的投資公司也承諾，會對丹吉爾的工業區及其他海上物流運營進行投資，所有計畫案的總金額高達數十億美元。[35]

跟摩洛哥手拉手，中國接著又把眼睛望向東邊的阿爾及利亞。中阿兩國的雙邊貿易熱度不斷上升，這也使得中國在阿爾及利亞的利益關係越來越大。在二〇一七年，中國出口到阿爾及利亞的商品總額已達世界第一，價值約七十三億美元，估計占了阿爾及利亞總進口金額的百分之十九左右。根據部分人士的觀察，因為石油與天然氣的價格偏低，而這兩樣商品占了阿爾及利亞出口營收的百分之九十四，也是該國大約六成的收入來源，這使得阿爾及利亞政府不得不開始思考，希望能讓該國經濟樣貌變得更加多元化。

在首都阿爾及爾西邊八十公里的哈姆達尼耶（El Hamdania）這邊，中國已開始著手興建一個跨區域的海港，阿爾及利亞希望這個計畫案可以幫他們從摩洛哥與南歐那邊分到一些海上商貿的客源。此建案占地兩千公頃，將會打造二十三個船隻泊位，預計每年可以處理六百三十萬個二十呎標準貨櫃，以及兩千六百萬噸的貨品，讓哈姆達尼耶成為非洲的第二大港，僅次於摩洛哥的丹吉爾港。就跟在以色列的情況一樣，中國港灣工程公司與中國建築集團有限公司聯手，合買下了該港百分之四十九的特許權股份，剩下的百分之五十一則是握在阿爾及利亞港務局手上。三十三億美元的貸款協議由中國企業負責擔保，另外再由非洲開發銀行提供大約九億美元。港口從二〇一七年開始興建，計畫在二〇二一年啟用第一個泊位，至於正式全面啟用則預計要等到二〇二三年，屆時此港會轉交給上海國際港務集團來負責營運及物流管理，還有一些研究報告也指出，中遠海運集團已經提議要把哈姆達尼耶當成他在西地中海地區的樞紐站。總而言之，阿爾及利亞相當看好這個港口的未來，相信它會成為整個北非與西非地區的重要貿易樞紐，而且附近還有一些改良道路，例如穿過該國南部的跨撒哈拉高速公路（Trans-Sahara Highway），均可提供此港協助。[36]

## 北地中海與西歐

在南歐各地，中國參與了許多港口、鐵路及其他樣態的交通運輸計畫案，這些建設擴張成了一個區域系統，未來還希望能打入歐盟的全歐交通網絡（Trans-European Transport Networks）裡頭，成為該政策計畫的一部分。目前看來，中國在南歐最看重的是西班牙，不過義大利的位子也漸漸拉到很高；至於法國與葡萄牙，雖然都是中國正在努力開發的地方，不過這兩國現在對港口都沒有什麼大動作。換言之，隨著時間過去，中國很可能會花更多錢來投資海洋，而他在地中海各地的港口也會立足越來越穩，南歐當然更是這樣。在二〇一三年，招商局集團從法國達飛海運集團（CMA CGM）手上取得了其子公司碼頭聯通（Terminal Link）百分之四十九的強勢股權，碼頭聯通一共在八個國家掌管了十三個碼頭，除了四個在法國、兩個在摩洛哥、一個在馬爾他，一個在南韓，其他還有幾處。達飛海運集團本身是世界第三大貨櫃海運公司，業務範圍廣布全球四百二十個港口，總部位於法國馬賽，全球員工有十一萬人。而除了碼頭聯通以外，中國企業也積極在亞得里亞海東岸的國家找尋機會，像是克羅埃西亞、蒙特內哥羅等，不過從投資規模上來看，都還遠遠不能跟西班牙或義大利相比。[37]

西班牙在地中海有三個主要港口，由西至東分別是阿爾赫西拉斯（Algericas）、瓦倫西亞、巴塞隆納。早從二〇一二年開始，中國就逐漸在西班牙南北兩端的港口拓展投資，總部設在香港的和記黃埔有限公司，其子公司和記港口信託一開始下手就先投資了巴塞隆納港大約三億八千七百萬美元，此外還拿出了一億八千四百萬的資金提供港口擴建。接著，中遠海運集團也開始爭搶西班牙的港口，二〇一七年成功買下了諾阿圖港口控股（Noatum Port Holdings）共百分之五十一的股份，價值約兩億兩千八百萬美元，該公司除了負責經營瓦倫西亞（這也是該公司總部所在地）的港口外，還有（西班牙北部的）畢爾包（Bilbao）港，而且也讓中遠連帶拿下了大型的內陸碼頭，分別是馬德里的康特萊（Conterail Madrid），與薩拉戈薩（Zaragoza）的諾阿圖鐵道碼頭（Noatum Rail Terminal Zaragoza）。在中遠集團出手之前，諾阿圖港口控股原本在二〇一〇年是由摩根資產管理（JP Morgan Asset Management）與荷蘭匯盈資產管理（APG Asset Management）兩家公司所拿下，如今中遠有了過半股權，也就奪走了港務的營運。在公告裡，中遠集團稱這次諾阿圖港口控股公司的交易「完全契合」該公司的既定戰略，也就是推進全球化布局、加強港口及碼頭控制力和管理能力、發揮與中遠海運集運的貨櫃船隊之協同效應。這次的收購，讓中國一步步接近了發展海上物流與供應鏈新體系的目標，而他在這個體系裡可以控制整個地中海主要的港口出入點。這些投資也可以確保這些港口都會支持中遠的商務船隊，更讓達飛海運、中遠集團與另外兩家大型航運公司在不久前聯合組織了海洋聯盟（Ocean Alliance），與另外兩家2M聯盟

（2M Alliance）、THE聯盟（THE Alliance，由海洋網聯船務、赫伯羅德股份公司，以及陽明海運共組）分庭抗禮，此聯盟旗下共承包了四十項以上來往於東西方的貿易商務，停泊港口超過上百個，還有三百五十艘的貨櫃輪，以及七條貿易路線，可望吸引到許多顧客。[38]

先不論瓦倫西亞和巴塞隆納這兩個在地中海海岸上的港口，我們先看看阿爾赫西拉斯。二〇一八年，阿爾赫西拉斯把一項新碼頭的投標案給延長截止期限，而過去幾年來此港已有數度展延期限，希望各公司提出條件來興建新碼頭，其地點位在港口裡一個叫綠之島（Isla Verde）的地方，幅員超過三十公頃。[39]中遠集團有可能對這裡出手，不過據說寧波舟山港集團對阿爾赫西拉斯的這個碼頭計畫也在盯著看，而如果興建計畫展開的話，新落成的阿爾赫西拉斯碼頭將會給予最有競爭力的投標者五十年的特許權。[40]

當歐洲各國面臨經濟停滯時，往往會尋找外界的資本挹注，西班牙政府也一樣，他們大方歡迎中國到西班牙各地去投資。西班牙的商務部長曾言：「我們希望讓中國跟歐洲之間的海上來往都以西班牙為支點，希望中國來我們的港口，巴塞隆納、瓦倫西亞，以及我們所有的地中海港口，甚至是我們全國的每一個港口。」[41]由於牢牢抓住了西班牙在地中海的主要港口，加上北非的港口，中國不僅得以確保他在西地中海的某些貿易航道上具有越來越強的壟斷地位，也更有了進入地中海的本錢。

相較於西班牙，義大利採取的比較像是希臘模式——只是沒有人家那麼成功，義大利試圖吸引並參與中國的海上絲綢之路計畫，因為其國內大約有十六萬家物流及港務的相關業者，總市值約計兩千兩百億美元，希望他們能得到些好處。二〇一九年，義大利跟中國簽署了一帶一路協議的瞭解備忘錄（MOU），在參與此倡議的國家中，義大利是七大工業國裡的唯一一個，也是歐洲名單中最大的經濟體。到目前看來，整體貿易雖有成長，但方向不一，從二〇一〇年以來，義大利的出口總額平均每年成長百分之二十一，相較之下從中國輸入義大利的總額平均下降二點一個百分點左右；在二〇一六這年，義大利大約出口了一百二十三億美元的商品到中國去，而同年中國賣到義大利去的大約是三百零二億美元。以目前來說，中國是義大利在亞洲最大的貿易夥伴，而中國在歐洲的貿易夥伴中，義大利僅排名第五。[42]

除了貿易之外，義大利還與中國合資建立「五港聯盟」（Five Ports Alliance），隸屬於北亞得里亞海港口聯盟（North Adriatic Ports Alliance）的一部分，其中的五港指的是義大利的拉溫納（Ravenna）、威尼斯、的里雅斯特（Trieste），還有斯洛維尼亞的科佩爾（Capodistria），以及克羅埃西亞的阜姆（Fiume）。聯盟的目的是要在亞得里亞海區域集結成更大的共同利益，並且吸引更多西歐與中歐的貿易往來，進一步的計畫則是要改造威尼斯，在那裡打造威尼斯離岸登岸港務系統（Venice Offshore Onshore Port System），管理船隻的進出，吞吐量可達一萬八千個二十呎標準貨櫃，甚至可能更大。北亞得里亞海港口聯盟不久前也才斥資二十四億四千萬美元，在威尼斯附近的馬拉莫科（Malamacco）動工興建離岸平台，可以用來讓超大型船隻登岸和下水。在二〇一五年時，有一個中國代表團來到威尼斯，許下承諾要讓這個城市成為海上絲綢之路的一站，似乎讓一切的努力都有了回報。[43]

在義大利其他地方，中遠海運集團與青島港國際發展有限公司一起買下了薩沃納瓦多（Savona-

Vado）港裡的瓦多利古雷（Vado Ligure）碼頭的多數股份，兩家公司分別買下了百分之四十與百分之九點九的股份，合計投入了大約八千六百五十萬美元在這碼頭上，另一個大股東則是APM碼頭公司（APM Terminals）。至於熱納亞、的里雅斯特兩個城市，因為鐵路便利，還有自由關稅區，所以除了中遠海運以外，中國交通建設公司也有計畫，都想在此找尋更多機會。[44]

為了再更進一步討好中國，義大利也一直想避免對某些中國的既定外交政策採取強硬立場，包括臺灣與南海爭議，就算他自己本身反對所謂的九段線也一樣。如果想了解歐洲的情勢目前是如何消長，有件事可以顯露一點跡象，就是義大利不久前與中國中國海軍一起在第勒尼安海（Tyrrhenian Sea）舉行了聯合軍事演習。[45]中國或許在投資義大利的港口投資上不是一帆風順，但是在二〇一七年二月，中國船舶集團還是贏得了義大利船廠芬坎蒂尼（Fincantieri）的一紙合約，要在上海建造大型遊輪，這對中國的海洋產業來說可謂是錦上添花，而且對雙方都還有好處。中國這邊的好處就是可以學習技術移轉，至於芬坎蒂尼那邊的好處比較間接，該公司提出要收購法國STX船廠，然而這家船廠不只處理遊輪業務，也為法國海軍提供乾塢（dry dock）服務，包括提供給航空母艦。於是法國接著就（雖然也只限於一時）出手阻止芬坎蒂尼——該公司馬上就快拿到百分之四十八的股份——繼續染指STX，可是結果還是讓芬坎蒂尼成功掌控了在STX的股權。至於最終的協議結果，則是明文規定該公司要跟法國的海軍船舶集團（Naval Group）合作。最後還有個協議值得我們一提，雖然跟上面所言無關，那就是芬坎蒂尼跟法拉第（Ferretti）——這個義大利遊艇公司剛剛被中國拿到手不久——同意幫阿布達比建造軍艦，這個協議所顯示的，是中國會繼續想方設法強化自己的船隻建造能力，不論是軍用或非軍用的都一樣。[46]

## 海軍競逐，地中海要道起波瀾

當中國在地中海各地灑下大筆的海上投資，俄羅斯在這裡也沒閒著，其海軍軍力增強了許多，為的就是要讓別人認識到自己是一方之霸，而且當之無愧。自從二〇一一年阿拉伯之春的起義爆發之後，中東與北非一直處在騷亂之中，俄羅斯看準了此時的戰略真空時機，北約和西方社會似乎都對於是否要介入衝突頗感猶豫，像是在利比亞與敘利亞，另一頭類似的情況還有伊拉克和阿富汗。這時候，美國負責守衛地中海的第六艦隊通常也只會同時部署兩到三艘軍艦在這裡，從實際規模到整體形勢上都無法居於主導地位。眼見對方海軍勢小可欺，而且不只是歐盟與美國，整個西方社會普遍都不願意採取更積極與強勢的姿態，俄羅斯當然也就充分利用了這個時機。然而也是在過去這幾年，北約眼見俄羅斯越來越頻繁的海軍活動，也開始多從戰略層面來思考如何應對，包括舉行比從前更大、更頻繁的海上軍演，並在北約的責任區裡加強巡邏，舉凡什麼積極奮進行動（Operation Active Endeavour），以及海風（Sea Breeze）、強力魔鬼魚（Dynamic Manta）、強獴（Dynamic Mongoose）等演習均屬此類。[47]

俄羅斯不僅成功占領克里米亞，而且還能干預阿薩德總統在敘利亞的作為，這讓俄羅斯的軍方與對外擴張分子大為振奮，他們的願景也前進了一大步。很多人還會提起二〇〇八年的俄羅斯－喬治亞戰爭，認為就是這段關鍵歷史造成俄羅斯海軍至上主義開始抬頭，也讓俄方的海軍勢力擴張到了地中海。

在俄羅斯眼中，地中海越來越像是他防守的新第一線，因為他要保護近年來在黑海區域中到手的資產。就像我們之前提過的，海軍在普丁的手上，更像是一種值得依賴而且寶貴的治國工具，像是他越來越常派海軍到地中海去秀秀肌肉，也是這個道理。此外大家也認為普丁非常看重把黑海與地中海編排在一起的軸線，想以此發展反介入／區域拒止戰力，並進一步守護俄羅斯在其東南側的戰略資產與領土，根據一份官方的研究報告，光是用反艦艇巡航導彈，就足以在敘利亞的海岸邊建立起一個海面上的反介入／區域拒止地區。[48]不只如此，俄羅斯現在也正利用他的海軍——尤其是他的潛艦計畫——來改造此地區的國防安全勢力，使之倒向自己這邊，他利用了在敘利亞的塔爾圖斯新建立的海軍基地，讓他自己在北約或美國等西方國家眼中，已經不只是單純的小小威脅而已。而既然海軍已經在地中海成勢，俄羅斯也開始把這個強大的軍事力量繼續往外推，使之延伸到印度洋海域，包括紅海與阿拉伯海。

如此下去的最終結果，就是地中海變得越來越重兵集結，而隨著俄羅斯在這裡的利益與投資漸增，他與西方國家之間擦槍走火或溝通不良的風險也越來越高。與此同時，我們也會看見中國的海軍活動跟著增加，中俄兩國在海上的互動亦更見頻繁，這大概會在很長一段時間裡讓北約與美國更感到關切與緊張，若是中俄聯手，一起把守這裡的海上交通要道的話，那情況就更加嚴重了。

## 俄羅斯的地中海新基地

即使受到地理位置所限，又找不到基地實施長期行動，但俄羅斯歷來一向都把地中海視為重要的地緣戰略角力場，而俄羅斯所有從黑海進入地中海的通道，卻又永遠都會完全掌握在土耳其手裡，因為（根據一九三六年的蒙特勒公約）達達尼爾海峽與博斯普魯斯海峽屬於土耳其管轄。就因為這樣，歷史上俄國只能仰賴其北方艦隊及其他位在波羅的海的軍隊繞過西歐，然後再穿過直布羅陀海峽，這樣才能進入地中海。戈爾什科夫海軍元帥曾經說過：「自古以來，地中海對俄國來說，一直都具有經濟上與戰略上的巨大重要性。」[49]從許多方面來看，今天的俄羅斯一直都想要在大體上重振當年冷戰時的聲勢，這目標也許訂得有點太高，不過俄羅斯還是在奮力拚搏，用自己的海軍戰力與潛艦武力來攪動一池春水，希望能改變現狀。

從二〇一三年初開始，在地中海東部進行了一系列的大規模海軍演習後，俄羅斯開始表現出興趣，想要擁有一支更專屬於地中海的海軍武力。俄羅斯的國防部長謝爾蓋・紹伊古（Sergey Shoigu）評論局勢時聲稱：「在俄羅斯國家利益的所有重大危機中，地中海地區可謂是一切危機的核心。」在二〇一三年三月，俄羅斯海軍總司令維克多・奇爾科夫（Viktor Chirkov）上將公開宣布，俄羅斯正在努力建立一支地中海的常設任務部隊，預計在二〇一五年完成建軍，交由俄羅斯黑海艦隊的總部來發號施令，然而關鍵問題在於俄羅斯根本找不到海軍基地來支援他的艦隊。在美國和北約眼中，俄羅斯的海軍勢力一直都不強大，讓他亟欲填補這塊空缺，因而把眼光投向了敘利亞的阿薩德政權，或者說阿薩德政權的殘餘勢力，該出手幫他們增強戰力了。[50]

俄羅斯與敘利亞的海軍關係可以追溯到冷戰時期，在一九六七年的以阿戰爭後，蘇聯首度能夠使用敘利亞的港口當基地，塔爾圖斯港更被視為海軍補給線與武器運輸鏈的關鍵終點，除了要接收從塞凡堡（Sevastopol）的蘇聯黑海艦隊總部送來的物資，同時也可以當作地中海艦隊船隻維修保養的重要據點。這個港口在俄羅斯眼中的功能，不僅可以保衛自己在敘利亞、利比亞及埃及等地的利益，而且也可以用來抗衡美國海軍。從許多層面上來看，不論是各方的利益與行動，今日這裡的景象都與當年神似，只是背景條件與勢力大小跟當年的情況不太一樣。不過俄羅斯倒是跟當年的蘇聯很像，都苦於找不到地方支援其海軍，讓他們可以在地中海甚至更遠的地區持續執行任務。[51]

即便如此，自從二〇一一年敘利亞爆發內訌與內戰以來，俄羅斯一直都顯得亟欲確保阿薩德總統繼續掌權。時至今日，敘利亞依然是俄羅斯的重要盟友，而普丁也希望這個地區不要再鬧出一個像利比亞那樣的可怕情況，就因為格達費垮台，害俄羅斯丟掉了四十億美元的武器銷售合約。在二〇一一年內戰開打以前，敘利亞也是俄羅斯重要的貿易夥伴，從二〇〇九年以後雙方還有大約兩百億美元的投資合作計畫，若是單看武器這方面，敘利亞政權在二〇〇七年到二〇一二年間就有百分之七十八的武器都是從俄羅斯購買的。而到了敘利亞內戰剛開打的時候，也還有大約十萬名俄羅斯公民居住在敘利亞。[52]

敘利亞內戰造成了數萬條人命死亡的悲劇，還有幾十萬人流離失所，然而俄羅斯還是抓緊戰略上的機會，利用敘利亞沿岸的海上資產來培養自身更龐大的地中海軍力。在過去七、八年的戰爭衝突裡，俄羅斯靠著北方艦隊、黑海艦隊與裏海艦隊，在敘利亞衝突裡一直扮演著極為重要的角色。塔爾圖斯和拉塔基亞（Latakia）相距不過九十公里，這兩個港口不管是對這些艦隊，或者對敘利亞而言都很要緊，因為它們能確保補給物資可以相對自由地流通，同時又能夠通往寶貴的海上交通與貿易要道。俄羅斯不久前還跟賽普勒斯簽下了一份協議，允許油輪及其他海軍艦艇前往賽普勒斯的利馬索（Limassol）等港口，那裡也可以為俄羅斯的地中海艦隊提供加油與補給的幫助。有一些分析師還觀察到，俄羅斯最近之所以有辦法打通這條海軍艦隊路線，有部分是得力於俄羅斯承諾會放鬆追繳貸款，合約原本要求在二〇一一年要償還三十一億美元，以此來換取賽普勒斯提供港口來作為回報。至於在地中海的其他地方，俄羅斯在馬爾他與希臘也都獲准使用港口，而西班牙也允許俄羅斯海軍船艦可以前往他在北非的兩小塊飛地，也就是修達（Ceuta）與麥里亞（Melilla），這兩者都座落在摩洛哥的海岸線上。從二〇一一年起算，據報大約有六十艘俄羅斯海軍艦艇進到這些西班牙港口裡頭，其中還有一艘是攻擊潛艦。[53]

俄羅斯從二〇一一年開始就一直在對阿薩德政權提供間接援助，不過在二〇一五年時就已經直接動手干預，以確保阿薩德可以繼續掌權。在介入衝突之後，俄羅斯一心重建年久失修的塔爾圖斯海軍基地，以助他自己從海路來補給與卸貨，並且在該國其他地方樹立盛大的軍容與戰力。根據一些近期的統計，敘利亞內戰高峰時大概有四千名俄羅斯軍事人員駐紮在此，而其中又有一千到一千七百位軍事人員與工程師是在塔爾圖斯。[54]

很多報告都曾指出，這場敘利亞內戰一路打下來，俄羅斯投入到敘利亞及其周邊地區的海軍數量大增，也開始公然介入這裡的事務。有些人還提到，俄羅斯海軍雖然看似增多，其實旨在塑造一種「砲艇外交」的氣息，只會亮出一小部分武力來嚇人，「軍隊只是被當成政治工具在使用，就像經濟與外交手段一樣，目的就是要肅清南方的前線，這裡的國境如此綿長，過去又一直紛擾不斷，俄羅斯欲在此重振國威，再造勢力。」[55]而從俄羅斯在二〇一五年後的海軍調遣情況來看，確實也符合「砲艇外交」這樣的描述，後續的推動也是不遺餘力。在另一方面，俄方的海軍雖然只是造些聲勢出來，卻已經讓北約與美國的軍隊備感威脅，因為在這些調兵遣將的背後還有更大的企圖，那代表的是俄羅斯已不滿於現狀，亟欲建立霸權地位。

俄羅斯開始有限度地利用海軍來介入敘利亞衝突，最早可以回溯到二〇一五年。據報在初秋時分，俄羅斯的裏海艦隊發射了二十六枚巡弋飛彈攻擊敘利亞反抗軍與伊斯蘭國，之後又在十一月發射了更多飛彈；到了十二月，媒體報導俄羅斯的基洛級潛艇頓河畔羅斯托夫號（Rostov-on-Don）從地中海這邊發射了多枚由「口徑」改造的飛彈，遭到攻擊的對象也比之前更多。二〇一六年八月，有更多的口徑巡弋飛彈從俄羅斯黑海艦隊的兩艘柏楊M級護衛艦發射，最遠飛過了一千五百公里，攻擊的同樣是敘利亞境內的反叛軍勢力據點，以及一些恐怖分子。口徑飛彈的表現相當優異，因為它的導引、導航、定位等系統都相當成熟，有報告針對其準確性指出此飛彈的誤差範圍在五公尺以內，此外它還可以裝填多達五百公斤的高爆炸藥，另外也有媒體提到，這款飛彈還能夠搭載核子彈頭。到了那年秋末，一個由八艘戰艦組成的小隊抵達了敘利亞，其中包括蘇聯時代的航母庫茲涅佐夫號，這一手顯然意在震懾對方。即便庫茲涅佐夫號看起來年久失修，一直顯得搖搖欲墜，從二〇一一年開始還是多次遠從北方艦隊的老家，也就是從北極圈裡的港口遠赴敘利亞。雖然未經證實，不過之前有俄羅斯的媒體報導，說是有Su－33的蘇愷戰機使用這艘航母起飛，前往阿勒坡（Aleppo）城附近進行轟炸，時間是在二〇一六年秋天。前述的艦隊裡也有戈爾什科夫海軍元帥級巡防艦，外界還看到它發射了更多的口徑飛彈來攻擊敘利亞的目標對象，再次展現了俄羅斯海軍的攻擊戰力。[56]

根據俄羅斯在二〇一七年夏天頒布的海軍指導方略，高精度的海上發射巡弋飛彈乃是武器中的首選，直到二〇二五年為止，屆時俄羅斯會開始整合更多「超音速飛彈與多樣化機械系統，包括自主式無人水下載具，這些都會跟海軍的潛艦，以及水上與海岸戰力一同效力。以上均出自該文件內容。」[57]至於他未來的另一項目標，則是要打造核子攻擊戰力，包括潛艦與其他水上的海軍戰艦，以及戰機在內。雖然俄羅斯在二〇一七年的國防開銷比二〇一六年少了兩成，可是二〇一八年就只比二〇一七年微降百分之三點五，總計規模六百一十四億美元，主因是油價低迷，又碰上其他的財務困境（就算這樣，此時他的國防預算還是比二〇〇九年高了百分之二十七），這自然也免不了會對海軍造成連帶影響。儘管如此，俄羅斯還是繼續努力加強海軍的現代化進程，就算要縮減其他項目的發展也在所不惜。[58]

不管預算上出了什麼問題，俄羅斯現在已經懂得善用自己在地中海盆地東部的軍事力量，除了拿一些新科技來測試與演練，還會使用一些被人家稱為是在搞「混合作戰」的船隻，例如利用海洋研究船（ORV）來執行監視與情蒐任務，其中有一艘揚塔爾號（Yantar）在之前的行動中還曝光了。揚塔爾號配有兩架體積較小的無人水下載具，可以下潛至六千公尺深，並維持長達十二個小時才回到水上，而二〇一六年在地中海東部，還有人發現揚塔爾號跑到敘利亞附近某些海底電纜上方的位置。其實這種非傳統行動本身也算不上什麼新鮮事，不過俄羅斯用此手法來步步進逼，讓歐洲諸國與美國也跟著緊張起來，尤其是這樣的舉動會影響到海底纜線，這可是關係到絕大多數的通訊與國際資訊連結的大事，這些國家可能會轉而採取更強烈的態度來面對這種侵略。[59]

俄羅斯利用海洋研究船及其他的搜救艦艇來配合自己的大戰略，也就是把俄羅斯海軍當成是一種重要的外交工具，以脅迫的方式來保障俄羅斯的自身利益，這便是他在這個區域所發展的海軍至上主義，而在未來幾年這樣的路線也不太可能會中斷。在二〇一六年年底，普丁總統為了確保俄羅斯的海軍可以發展更大的用途，還跟大馬士革這邊簽署了法律協議，讓俄羅斯可以擴大在塔爾圖斯的海軍規模，而且還要把港口中的不動產等其他資產轉移給俄方，該協議同時也允許俄羅斯自由前往敘利亞的所有港口與岸邊水域。至於針對塔爾圖斯港的協議方面，其租約效期長達九十九年，還附加一個二十五年的自動續約條款，而且內容同樣也提到可以讓俄方海軍船艦在這裡駐紮，最多可停放十一艘，而且不管是否是核子動力的都一樣。[60]

協議方立，俄羅斯就趕忙好好加以利用，他在地中海東部的行動有了後援，也就擴張得更大又更多。二〇一七年秋天有一些衛星影像流出，可以看到一直有八艘船艦停在塔爾圖斯港，那情景就像是之前庫茲涅佐夫號停在此港時一樣，差別只是隊伍裡的船隻有點變動而已。雖然船艦可能隨著去留而變動，不過這次我們看到裡頭有一艘登陸艦、一艘巡防艦、兩艘基洛潛艇、一艘調查船、一艘維修船、一艘拖船，以及一艘改造過的油輪。據說俄羅斯還計畫要幫忙在未來幾年擴建港口，好讓這裡有更大的餘裕可以幫他現在的艦隊進行維修、保養與補給工作。有些人甚至推測，俄羅斯希望把此港改到大得可以停得下航空母艦，總之部隊越大，就意味著可以帶來的核彈頭長程巡弋飛彈越多，不過也有些人認為這裡大多只會用來當成後援基地，負責支持俄羅斯在整個地中海地區的龐大部隊。按照以色列海軍參謀長居羅．弗里曼（Dror Friedman）少將的說法，「你看到（俄羅斯）他們在那裡做了什麼事，然後你又看到他們開始安家落戶；你再看看他們在塔爾圖斯港的各種行動，然後你就會明白，這絕不是打算在明天早上就打包行李回家的人在幹的事。」[61]從戰略層面上來看，俄羅斯讓這裡的區域秩序有了翻天覆地的巨變，整體情勢對他們來說已然更加有利。

## 中俄海軍，合作頻頻

雖然中國海軍在地中海擔任的比較像是外交角色，遠遠不及俄羅斯的軍勢強悍，不過中方的海軍部隊在近幾年也變得更加值得關注。中國海軍在這裡的活動增加，其實跟他在地中海盆地擁有越來越多的地緣經濟資產可說是一脈相承，另一方面這也呼應了習主席所說的「中國夢」，要「在二〇四九中華人民共和國成立一百年時，成為富強、民主、文明、和諧、美麗的社會主義現代化國家」，這個中國夢裡頭隱含了一項許諾，要致力發展軍事力量，以成為名符其實的強國。而根據一項美國的官方報告，中國海軍的任務也越來越需要「拉到更遠方的海上，以保護中國的公民、投資，以及重要的海路航道」，按照此報告所述，中國「極可能會尋求在多個國家中另設軍事基地，找那些長期與他關係友好、戰略利益相近的國家……那些之前就曾經讓外國軍隊駐紮在自己國內的國家。」對大多國家來說，把基地借給中國的確是件很敏感的事情，所以除非中方在該國擁有強大的商業與港務勢力，否則這種情況大概不會發生。然而，如果中國海軍能有軍事前哨基地的話，除了可以保證自己有能力對本國公民執行人道救援任務，就像二〇一一年在敘利亞的情況那樣，此外也能在全球支援與進行更多海軍任務，保護中國海域以外的其他海上交通要道。不久前，有一位退休的中國海軍少將曾言道：「中國海軍被賦予了兩項主要任務：一是保護中國的海域安全（包括維持領土完整），二是保障中國蓬勃發展且分布廣泛的海上經濟利益。」[62]

既然中國海軍在地中海還只是初來乍到，所以中國似乎就在大方向上選擇跟蘇聯合作，而不是跟歐洲或北約諸國合作。如果俄羅斯與歐盟或美國的關係進一步惡化，那麼中俄日益頻繁的合作就可能會再升級，在未來合組一個強大的集團。然而合作也會帶來一定的風險，由於中俄兩國在過去的利益相互抵觸，因而歷史上彼此並沒有長期聯手的合作關係，比較近的例子發生在二〇一六年九月，就在中俄兩國在南海舉辦聯合軍演後不久，中國在聯合國安理會的敘利亞決議案中棄權，沒有加入俄羅斯那邊。不久前有位學者用「便利軸心」（axis of convenience）來描述兩國的關係，另一位學者則以「友善中立」稱之。而隨著中國逐漸深入俄羅斯的歐洲老地盤，擴大自己的影響力，這兩國的對外政策目標，將來肯定也會漸漸分道揚鑣。[63]

不過眼下這兩國很明顯依然齊心，都一樣渴望能對抗並改造此地以往由西方國家所制訂的秩序與種種規矩，許多人看到川普當上總統，又眼見北約與歐盟的聯盟有崩解跡象，便認為這對中國與俄羅斯而言乃是可趁之機。二〇一六年六月普丁訪問中國，這表示兩國在擴大合作、加深關係，他與習主席還簽署了一份「強化全球戰略穩定聯合聲明」，而這一年也是中蘇結成戰略夥伴的二十週年，兩國以此在政治與外交上建立了許多共同基礎，例如共同反對美國單方面建立飛彈防禦系統，以及合建上海合作組織（一個歐亞地區的安全與經濟聯盟，其地位越來越重要），並在能源議題上合作互補。不過中國這邊有許多人在二〇一六年的簽署儀式後反倒顯得戒慎恐懼、步步為營，一直不願意用「結盟」這個比較正式的字眼來稱呼兩國的關係：「事實上，『彈性的夥伴模式』比結盟對雙方都更有好處……中國沒有搞集團政治和結盟的政策，也沒有這樣的政治文化。也就是說，中國只把俄羅斯視為一個關鍵的戰略夥伴，可以助其發展中國希望的未來國際秩序。」[64]兩國擁有同樣的世界觀，都想要建立新的世界秩序，這大大助長了兩國的關係，而如果他們繼續在大方向的全球戰略目標上保持一致的話，未來也可能會轉而採取更重大的行動。

以近期來看，中俄之間比較大型的合作就是在歐亞大陸東西兩側進行的海上聯合軍演。在二〇一一年以前，中國海軍極少在地中海及歐洲的水路上出現，然而在格達費垮台時，中國海軍被派遣到這裡來執行人道救援任務；而在利比亞危機之後，解放軍就更常調遣海軍到歐洲的主要海域了。二〇一四年一月，早在兩國在歐洲進行聯合軍演之前，中俄軍方就已經公開共同參與了一項國際性的制裁任務，地點在利比亞北邊海岸上的拉塔基亞（Latakia），任務的目標是要護送一艘丹麥的船隻，該船隻受總部設在海牙的禁止化學武器組織（OPCW）所指派，要載送經過稀釋處理的化學物質，交給等待他們的美國海軍運輸船光芒角號（Cape Ray），在那裡將危險物質進行最後的中和與銷毀工作。[65]

在這項眾所矚目的聯合行動之後，兩國接著開啟了二〇一五海上聯合演習活動，並在在二〇一五年五月展開了首次的歐洲海上聯合軍演，雖然一共只有九艘船艦參加，聲勢絕對算不上浩大，標榜的卻是要「對共同行動進行演練，保障全球海洋的航行安全」。這種軍演與其說有什麼重大意義，毋寧算是象徵意義居多，連這兩國自己也都只將之視為深化雙邊關係的一種手段，不過因為這兩國都想打造遠洋戰力，所以他們倒是真的把這些軍演看成是重要的學習機會。然而軍演也會掀開一些麻煩事，其中一項就是發現兩邊的海軍缺乏「互操作性」（interoperability），由於雙方的操作機制不同，使得彼此在技術系統與同步運作方面還有待磨合，以後才能有更加流暢的演習結果。在二〇一六與二〇一七年，兩國進行了更多的海上聯合軍演，而他們的演習戰力當然也跟著有所改進。前面說過，這兩國在二〇一七年首度在波羅的海舉辦軍演，這也是想要告訴外界，他們的海軍合作不但規模盛大，而且還一年大過一年。[66]

雖然中國到歐洲進行軍演的次數越來越多，不過大多數的歐洲或北約盟國並不會用看待俄羅斯的角度來看待中國，事實上，在中俄二〇一七年聯合軍演期間，義大利還當東道主，另外跟中國海軍在第勒尼安海進行了一場聯合軍演，而中國海軍也成功造訪歐洲各地的港口，包括位於愛琴海的希臘，以及位在黑海的羅馬尼亞，達成了戰略參訪的目的。[67]我曾跟許多歐洲官員對話，其中許多人把中國海軍在該海域的崛起看成是件值得鼓勵的好事，是彼此合作的良機，可以從正面加以看待及引導；至於俄羅斯呢，他們多數人也都指出，實在就不能那樣看待了。此外，這些官員也認為該國可以從對中貿易裡賺到錢，更何況對西方國家而言，只要中國沒有真的變成太大的威脅或負擔，那歐洲也不妨把中國當成緩衝，讓他去面對威脅更大、手段更多的俄羅斯。

中俄兩國目前或許在海上緊緊相攜，不過隨著中國不斷深入俄羅斯以往的活動地域與勢力範圍，他同樣也是在冒險，一不小心就會惹怒俄方，搞砸原本發展良好的關係。一直以來，只要北約的勢力向東擴張，進到俄羅斯視為自己的傳統領土的地方，俄方都顯得很不高興；如今中國挾帶著龐大的地緣經濟動能，以及他在歐洲越來越巨大的投資成果，就算是換成由他來深入歐洲，也是一樣可能會惹惱俄羅斯的。

## 船滿為患的地中海

所以上面講的那些到底為什麼很重要？因為進行了更多的海洋地緣經濟投資，就意味著更需要靠海軍來保護這些資產，對中國而言尤其如此。中國已經成功建立起了自己獨立的海上物流、運輸與供應鏈系統，而且當中國掌控了一個地區的港口與航道後，他就會藉此穩固他在此的地緣經濟勢力，隨著時間過去，這些勢力會越來越穩固，然後他的那套海上系統也跟著受惠，變得更加靈活有彈性。如今中國對於各地區的海上商貿都開始有了更大的主導權與影響力，而且這樣的趨勢正在飛速發展。另一方面，儘管目前成果還不甚理想，俄羅斯正想盡辦法要在這個地區的經濟總量裡多占一點份額——這主要靠的是他主導了地中海盆地東部的天然氣開發。例如在二〇一三年，俄羅斯天然氣公司順利與以色列的黎凡特液態天然氣行銷公司（Levant LNG Marketing Corporation）簽下了為期二十年的合約，向塔馬油田（Tamar field）購買天然氣，然後又在二〇一四年初跟巴勒斯坦總統馬哈茂德·阿巴斯（Mahmoud Abbas）達成協議，一起開發加薩走廊的天然氣田，與此事幾乎同時，俄羅斯企業也跟敘利亞的阿薩德總統簽下了類似的經濟海域探勘協議。[68]雖然俄羅斯不像中國那樣熱衷於海洋地緣經濟投資，但這對他在各地的盟友卻很有價值，像敘利亞、埃及、利比亞等，同時這也也是在向這幾個國家展示，俄羅斯很願意挺身而出來保護他們。

另一方面，中俄兩國分別在對抗一直以來由北約、美國與其他歐洲國家所主導的現狀，兩國都想要當上強國，而這樣的企圖常常就會表現在公海上。我們可以看到，當要保護自己的利益時，中俄兩國都會支持擴大海軍活動，高呼海軍至上主義，就如同不久前一位分析師的論點：「中國的海洋戰略其實並不是建立軍事基地或掌控他國的土地，他真正想要的是利用海上優勢與砲艇外交，對各地的港口與航道在政治與經濟面上加以掌控。」[69]

然而還有一件麻煩事，問題出在海軍活動越來越多，導致大家都擠在地中海的某幾個地方，而且來來往往的海軍戰艦一變多，也就表示敵對國家之間發生意外衝突的機會提高了。眼看著中俄兩國海軍活動頻仍，不時還會有利比亞或敘利亞加入，北約和美國也得接著做出一些反應，也得在海上調兵遣將。美國在地中海最主要的海軍基地是西班牙的羅塔（Rota），這裡通常會駐紮著四艘阿利·伯克級

（Arleigh Burke-class）的導彈驅逐艦，不過根據某些研究的推算，在二〇一四年俄羅斯入侵克里米亞期間，美國也曾把部署的船艦增加到六艘。在這樣的兵力鋪排底下，美國的船艦經常會跟俄羅斯的幾艘戰艦（以及低空逼近的戰機）靠得很近，而且是近到會出事的程度，這種情況在黑海與地中海東部都有發生。雖然始終沒有到冷戰時的劍拔弩張，不過這些年在國防安全上的狀況確實變得更加緊張而微妙了，而隨著中俄兩國繼續增兵到此，這種局面也只會繼續下去。中俄兩國的勢力越是深入到地中海，這裡就越有可能發生意外，或是出現俄羅斯、中國、北約、美國、歐盟各方之間溝通不良的狀況，就像一位觀察家的闡述：「自從中國崛起，眾人再次視之為強國以來，西方國家首次被迫面對這樣的情境，就是有可能在這位亞洲巨人後院以外的地方跟中國軍隊直接衝突……也有可能（中國海軍）不會直接加入戰事，不過中國海軍與俄羅斯還是可以設法在海上拉出一條防線，不讓西方國家的戰船靠近敘利亞去發射飛彈攻擊該國，或是阻止對敘利亞的禁運。」[70]

俄羅斯和中國目前大概會繼續合作，畢竟他們有共同的利益，也就是對抗西方主導的世界秩序，而他們的合作又會反過來帶給北約聯盟更大的壓力，只好再制訂另一套方略來反制或對付這股新興勢力。最直接的想法就是要美國把北約和美國第六艦隊合在一起，在地中盆地裡建立一個更大型的組織，既可以動用海軍武力，又可以提升整體實力。二〇一三年，拿坡里的聯合海上司令部關閉，從簡化北約的海上指揮控制架構來看，這樣做或許不無道理，然而其代價卻是讓北約失去了一個靠近地中海東部盆地的戰略根據地。不管要怎麼做，以監控地中海的出入交通而言，那些剛好就位在直布羅陀海峽出口的地方，像西班牙的羅塔，以及葡萄牙的亞速（Azores）與馬德拉（Madeira）兩個群島，在未來也還是會具有關鍵地位。另一方面，歐洲也應該要尋找拉攏中國海軍的辦法，當然這樣做也有風險，而且很容易就會搞砸，不過面對俄羅斯的步步進逼，中國還是可以擔任重要的平衡角色，若真能成事，就有可能讓俄羅斯大大陷入孤立之境。不管怎麼設想，事實上中俄兩國現在就是比較同心同德，而且短期內雙方的關係大概還會更加強化，因為不論是藉由聯合軍演或其他共享戰力的方式，雙方在交互操作的作業執行上有了相當的進步，未來也會繼續一起改變這裡乃至全球的秩序。

# 第四章
# 西南亞海上布局

吉布地位在曼德海峽的出口處，是銜接紅海與阿拉伯海的中心點，初到此地的頭幾天裡，有一晚我從我住的飯店走路到附近一個叫做「亞丁灣」的賭場，當時是二月中旬，在讓賭場的門房檢查過護照後，我進到了一個格局不大的房間，天花板倒是很高，裡頭有大概二十個吃角子老虎機台，還有七張賭桌。讓我感到驚訝的是，當晚有大概九成五的賭客都是中國人，他們大多擠在數字輪盤或撲克牌的桌子那邊。房間裡不只掛著下頭有黃色流蘇的中國燈籠，還有一些看起來像是秋田犬或鬆獅犬的照片，因為要慶祝狗年的到來。這些裝飾都是為了賭場之前所舉辦的中國農曆新年慶祝會而設置的，活動在我到這裡之前幾天才剛舉行，所以裝飾還留著沒換。

那次在賭場的經歷可以說是一個象徵，代表了我那整趟吉布地之行會看到的一切。表面上來看，吉布地雖然有著雄厚的發展潛力，也好像只不過就是個讓人感到昏昏欲睡、炎熱、塵土飛揚的海畔城邦，可是你只要稍稍深看一點，很快就會注意到那裡到處都是中國人，而且現在還只是整個大型建設計畫的起步時期而已，未來他們還要把吉布地發展成一帶一路及海上絲綢之路的重要節點。這裡的港口和鐵道都是中國人在負責運營的，他們還開設了第一個軍事基地，並且參與了大多數的主要建築及基礎建設計畫，包括一個尚在興建，面積有四十八平方公里的大型自由貿易區。就像一位歐洲外交官向我指出的，中國被自由經濟秩序壓得太久，現在終於可以報一箭之仇了，如今換成由中國來重新打造一個全球的經濟與貿易系統，以符合中國的利益與需求。

對中國來說，吉布地的功能有很多，他位在印度洋的極西邊緣，是一個重要的海上基點，他也是一個關鍵的入口，除了可以通到非洲裡頭普遍未經開發的市場，也連結到了其他中國的重要投資據點，不僅如此，如果想要去到紅海、地中海及大中東地區，這裡就是一個踏板，而且地位越來越關鍵。有一位退役的中國海軍軍官曾經說過：「我們不再接受印度洋只是專屬於印度的海洋。」[1]想當然耳，吉布地也只是中國正在開發的其中一個連結據點，像是在吉布地的東北方，就在荷姆茲海峽及波斯灣的出口附近，中國也正在開發巴基斯坦的瓜達爾（Gwadar）。瓜達爾不只可以當成另一個重要的海上物流中樞，也可以發展成一個基地，讓中國可以更輕鬆地進出波斯灣，順便也把這個城市當成中巴經濟走廊（CPEC）的起點，一路直通中國最西邊的省分新疆（那裡有大量的維吾爾人）。至於在吉布地西北方的紅海那頭，中國正與埃及合作，要一起建立一個自由貿易區，此外還有其他跟海洋地緣經濟相關的投資案，而且都跟蘇伊士運河密切相關。

本章主要聚焦在位於印度洋西南邊陲海域沿岸上的這些重要節點，在此我稱呼這個地方為「西南亞」海域，範圍包括紅海、阿拉伯海與波斯灣，我會帶領大家一探他們日益提升的重要性究竟何在。這一章也要從海洋的視角出發，看看中國這些年來在埃及，吉布地與巴基斯坦做了些什麼，另一方面也多少會探討俄羅斯對這個海域的企圖，他一直在加大力道，試著想把勢力延伸至此，從埃及、索馬利蘭一直到巴基斯坦，其中一項目標就是建立起更堅固的根據地。至於中國和印度，他們對西南亞的興趣之所以會增加，背後的主要動機其實是能源安全問題，相較之下，俄羅斯則是希望能把他自己的能源探勘技術與自然資源輸出到更遠的地方。不只有地緣經濟上的利益，這個地區的海上交通要道的重要性也在不斷提升，不久前中國海軍在吉布地開設了基地，以協助他們保衛海上交通要道，至於以後中國還會找哪些地方來設置基地或交通據點，各方說法可謂氾濫，若是依照中國海軍研究院多位成員所撰寫的一篇文章所述，目前官員們正在審查的可能基地落腳地有緬甸的實兌（Sittwe）、巴基斯坦的瓜達爾，以及斯里蘭卡的漢班托塔（Hambantota）等。然而，這一切議題的根本關鍵，其實是印度洋海域面臨了歐亞其他主要海域上已經出現的相似狀況，也就是海軍至上主義逐漸抬頭，而各方也越來越熱衷於國防競賽，就像作家羅伯·卡普蘭（Robert Kaplan）的論述：「如果我們已經到了一個新的歷史階段，不再像不久之前那樣把公海的主導權交在一個國家手上，而是改由幾個國家共同執掌，那麼在這個角力更激烈、基礎更脆弱的大舞台裡，印度洋肯定會身在正中央的位置。」[2]

## 印度洋及其以西海域的地緣戰略重要性

幾世紀以來，阿拉伯的航海員都把印度洋稱為「al bahr al Hindi」（印度之海），不過許多人更把這裡看成是「區域之間的角力場」。印度洋有好幾個重要的子海域，西邊的是紅海與波斯灣，東邊則是麻六甲海峽，一直以來都有歷史學家稱這裡是「世界上最有影響力」的海洋。對當地的國家來說，印度洋可以算得上是塊磁鐵，只要等到每年固定的籠罩著赤道的雨季過後，這裡就會變成交易場，吸引許多生意人前來，[3]然而這裡同時也是世界上最精彩博奧的交通幹線之一，各式各樣的人種、宗教與思想都在這裡交會激盪。在歐洲人眼裡，印度洋就是前往遠東最重要的遠洋通道，至於中國人，以前則反過來叫這裡是「西洋」，到近代才稱這裡為印度洋。印度洋是世界第三大洋，囊括了地球上百分之二十七的海面面積，約計六千八百五十萬平方公里，這裡的海水通常較為溫暖，因此海中生物相對就沒有那麼豐富，另一個跟漁業有關的條件是這裡的大陸棚比較窄，而這通常是魚類喜歡的環境，總和起來的結果就是，這裡的暖水魚類通常數量較少，而且沒什麼肉，所以也比較沒有成為食物的價值，至於最美味的魚種，例如鱈魚，一直以來都是活躍於北大西洋的冷水海域。今日印度洋的漁獲量，只占全世界的百分之十四而已。[4]

印度洋地區是世界上地理最複雜、文化最交疊的地方之一，而且這裡還居住著全球大約百分之二十五到三十的人口，如果把紅海和波斯灣這些重要的子海域也算進去的話，這裡共有三十三個國家，多數都還處於開發中或未開發的階段，此外還有一系列的海灣、島嶼，以及從東非一直橫跨到蘇門答臘島西端的海岸市場。至於印度洋的最西側，連同整個紅海，也可以說是一條重要的交通動脈，如果從直布羅陀海峽通過地中海，然後來到蘇伊士運河這個重要的窄門，歐亞大陸的最西側就這樣跟印度洋銜接了起來。印度洋的海路也影響到了人口、文化與思想的散播，這些背景通常都跟從七世紀到十六世紀左右的伊斯蘭教傳播有關，其中不乏有一些打壓敵對宗教的例子，像是在印度洋最東邊的蘇門答臘和爪哇島等地，都有佛教與印度教被打壓的歷史，時至今日，連同南亞與東南亞在內，全世界百分之六十二的穆斯林人口都聚居在亞洲。從文化上來看，印度洋地區的樞紐就在印度半島上，雖然這裡主要算是一個對外隔絕的次大陸，不過印度人跟阿拉伯人、波斯人之間還是有印度洋西北端的海域相通；至於印度洋的南方，沿著非洲海岸，則是住著講斯瓦希里語（Swahili）的人；到了最東邊這裡的話，居民則以華人和馬來人為主。這一點跟地中海相比顯得相當特別，因為歷史上從來沒有任何一個國家或文化曾經統治過這海域上的所有土地，不過在十九世紀時英國人想設立一個從印度洋橫跨到遠東的自由貿易體系，再將之納入更大範圍的全球經濟體之中，而他們差一點就成功了。的確，歷史上的印度在其鄰近海域裡頭並沒有扮演多少角色，不像以前的中國那樣控制著自家的後院，不過今日的情況正在急速發生改變，因為印度已經表明，自己非常希望能夠擔負起更大的角色，保障這個地方的海上安全。[5]

從經濟與商業層面來看，印度洋這個地方一向會吸引到來自其他兩個不同地區的海洋傳統，也就是中國海域與北大西洋海域，跟中國的貿易可以回溯到十世紀的宋朝，至於最有名的歷史性航程則屬十五世紀時的明朝鄭和七次下西洋，鄭和出航時的船隻之大、艦隊之雄，在當時的印度洋地區都是沒有見過的，其中幾次下西洋時還出動了六十艘大船，上頭載著三萬人，此外還有幾百艘小船跟著，最遠曾抵達阿拉伯半島還有非洲東岸。除了中國人以外，歐洲的殖民者，包括葡萄牙人、荷蘭人與英國人，也都在這個地區的很多地方留下了對政治、文化與經濟的影響，至今依然得見。一四八四年，達伽馬率領葡萄牙船隊來到科澤科德（Calicut），這件大事標示了歐亞大陸未來的新起點，不斷彼此競爭的歐洲國家，現在向外找到「世界的中心」了。的確，印度一直都受到外界的關注，也常常吸引他們前來，雖然印度的財富基礎是來自於其高度發達的農業體系，不過他也會出口原物料，從寶石之類的奢侈品，乃至於木材、稻米這種大宗商品，其他還有像是胡椒、薑、糖等食材；此外印度也會出口一些加工成品、地毯、手工紡織品、山羊絨、優質棉花等。[6]幾世紀以來，印度的魅力一直吸引著外來的各種國家勢力在此相爭；不過現在的局勢已經不同於以往了，印度開始更積極地捍衛自家海域，但同時印度洋上也越來越常看到中國的身影，讓這兩個對手在公海上發生衝突的可能性隨之增加。

印度洋之所以引人矚目而如此重要，還有另一項關鍵因素，就是這裡有好幾個世界上最重要的海上咽喉，包括蘇伊士運河、曼德海峽、荷姆茲海峽，以及麻六甲海峽。這些海上咽喉都是全球海上交通要道上的狹路，有大量的石油與天氣在此往來運送，因此對全球的貿易與能源安全可謂至關重要，其中又以荷姆茲海峽（連接波斯灣與阿拉伯海及印度洋）與曼德海峽（連結印度洋、紅海與蘇伊士運河）這兩處是世界上第一等的海上戰略咽喉，也是西南亞的目光焦點所在。有一句老話：「如果世界是顆雞蛋，荷姆茲就是那蛋黃。」這話可以追溯到葡萄牙掌控印度洋的時期，當時從荷姆茲到麻六甲都是其海上勢力範圍；時至今日，這裡在地緣戰略上還是那麼重要，只不過這個地區本身的重點卻變了，要緊的成了在波斯灣進進出出的那些能源資源。只有四十八公里寬的荷姆茲海峽，每天卻平均有一千八百五十萬桶原油從這裡經過，另一方面，三十公里寬的曼德海峽也有大約四百八十萬桶，光是這兩處咽喉，在全世界原油等液體的海運貿易中就占了百分之三十五的運輸量。[7]

## 能源安全，一等要務

在今天，能源與海上貿易的自由流通已經是備受矚目的大事，不只是中國、俄羅斯與印度，在國際上與商界也都非常關注。身為能源的出口國與得利方，俄羅斯自然特別在意能源價格，在二〇一六年時曾與沙烏地阿拉伯等石油輸出國組織（OPEC）成員共謀，每天降低一百八十萬桶的產量，以拉高國際油價。一開始，這個協商的成果確實奏效了，把油價從二〇一六年的每桶三十美元推升到二〇一七年的每桶超過七十美元，可是到了二〇一八年底似乎有些國家開始鬆動，主要是俄羅斯和沙烏地阿拉伯，大家沒辦法保持一致行動了。二〇二〇年初全球爆發新冠肺炎疫情，導致油價大跌，而俄羅斯與沙烏地阿拉伯兩國又開始打價格戰，使俄羅斯更進一步蒙受油價暴跌之害。由於西南亞與大印度洋地區位居全球能源貿易的中心地帶，全世界有大約三分之二的石油貿易都會經過印度洋來運送，而這裡所抽出的海上石油，也占了全球海上石油總量的四成左右。根據一些單位統計，波斯灣地區的天然氣蘊藏量占了全世界的百分之四十五左右，至於已經確認的原油蘊藏量更是占了全世界的大約六成；此外眾所周知的是，在印度洋的海岸線與大陸棚上也擁有大量的礦藏。而且這裡還有蘇伊士運河和薩米德管線（SUMED pipeline），每年全世界有大約百分之九的石油航運與百分之十三左右的天然氣，都是從此處的水路來輸送的。[8]

國際能源市場需要的除了有利價位與海上商路，運輸這些重要能源資源的時候也得要安全無虞才行。印度和中國都非常倚賴從荷姆茲海峽到麻六甲海峽之間這條高運量的海上航路，以此為自己快速發展的經濟提供能量；對俄羅斯而言，這些航路也非常重要，這不只因為他是能源輸出國，而且他也一直在繼續打入新的市場。因此對以上每一個國家來說，確保這些航路的航行自由與海路安全在戰略上都顯得越來越重要，然而此時美國對這個地區的能源依賴程度卻在不斷下降，而且他進行了將近二十年的伊拉克軍事活動也來到了尾聲。另一方面，海上咽喉也會為油輪帶來一些風險，像是海盜、恐怖攻擊，或是發生了戰爭、敵對情勢拉升等政治上的動盪局面，每個國家對此都很擔憂，就算這個咽喉只是暫時遭到封鎖，也可能會造成全球的能源價格大幅增加，但凡有誰以此要脅外界，像是伊朗這樣的國家，或是葉門及索馬利亞的武裝組織，不論是用打斷、攻擊或封鎖的方式，都會引發全球經濟的震盪。此外，這些海峽狹窄的水路也比較容易發生事故，而這也可能會造成災難性的後續效應。[9]

近幾年，全世界的石油總產量加起來每天約有一億桶，其中有百分之六十三是靠油輪在固定的海上路線運送。根據一些近期的預測報告看來，未來二十年全球的能源需求將會成長三分之一左右，而光是中印兩國就含蓋了所有增長量的將近三分之二；此外，全球的煤炭（以及鐵礦）貿易量到二〇三〇年也可望成長至原來的三倍。[10]在二〇一九年，中國有將近七成的石油依賴於進口，該年四月時的石油消耗量更是達到新的高峰，每天得用掉一千萬桶，而這樣的數字到二〇三五年時估計還得再增加八成；另一方面，中國目前也有百分之三十六的天然氣要仰賴進口，而到時候這個數字估計也一樣會再大漲百分之四十二。至於印度，二〇一八年的時候每天大概要用掉四百六十萬桶石油，而那一整年的天然氣則是用了一千九百六十五萬公噸左右，對此羅伯．卡普蘭認為，「印度很快就會變成世界第四大的能源消耗國，僅次於美國、中國與日本，而且他有超過九成的能源需求都得依靠石油，而在不久後，這其中又有九成的石油會取道阿拉伯海，從波斯灣運過去……而且在二〇二五年以前，印度就會超越日本，成為世界第三大的石油淨輸入國，只輸給美國與中國。」因此，印度所面臨的一項挑戰在於，儘管進口量越來越大，他卻缺乏處理能源的能力，以二〇二五年為例，他就得要能夠把天然氣的處理量加倍才行，也就是增加到每年五千六百五十萬公噸。[11]

要說能夠確保從大波斯灣地區獲取更多能源，這方面中國似乎比印度更有辦法，以伊拉克為例，中國在石油與天然氣這方面的投資，已經超越美國而成為伊拉克最大的外來投資者；最近在上海還有一位同行告訴我：「美國老喜歡破壞東西，而中國喜歡建造，或者重建東西。」而從一些數字方面來看，「中國從伊拉克進口的原油在二〇一三年躍升了將近五成，多達一億六千五百萬桶，這幾乎完全要歸功於中方在伊拉克擴大的油井投資。」[12]

在葉門爆發可怕的內戰之前，中國在阿拉伯半島南部的動作相當積極，頻頻探勘葉門的石油蘊藏量，估計有將近三十億桶的石油，以及大概四千八百一十億立方公尺的天然氣。不幸的是葉門近年來暴亂橫行，產能與出口都出了問題，二〇一四年時葉門每天只能生產十三萬桶石油，但他在二〇〇一年時的顛峰產量，當初是每天可達四十四萬桶。由於葉門的情況實在太亂，因此中國的石油公司在二〇一五年終止了所有在東哈傑爾（east Al Hajr）油田的營運，不過在二〇一八年八月的時候，葉門還曾設法出船運送了五十萬桶原油給一家中國企業，這可是該國自二〇一五年以來首次派出的石油運輸船。即便如此，一般還是認為在短期內葉門的石油產量與出口量都會繼續維持在史上最低迷的程度。[13]

確保自己在阿拉伯半島的這兩個戰略咽喉處通暢無虞，對於中國或其他需要仰賴此地海運的國際要角來說，乃是至關緊要的大事，只要哪一處的航路稍被切斷的話，就可能在中國引起巨大的經濟與安全波瀾。就因為阿拉伯半島的政治與安全形勢牽扯太多，這很可能會加深習近平主席的決心，企求可以確保一帶一路的推動，如此一來中國就可以海陸並進，在開啟新的貿易網絡後再予以強化與守護。就像我們看到的，中國海軍把重心放在保護海上交通要道上，尤其是從波斯灣跨過印度洋、穿過麻六甲海峽來到亞太地區的那幾條路線。二〇一五年有一份國防戰略報告中強調了中國的「遠洋」戰略，並細述他亟欲在近海以外投放數量更多、動作更大的海軍，尤其是針對南海方面，而誠如一位學者所言，這份白皮書強調的是「中國的海外利益變大了，現在又在建置遠洋艦隊，為的就是要執行遠方海域的任務，印度洋自然也就成了中國海軍以後積極出動任務的地方了。」[14]

## 紅海與蘇伊士運河

在過去，希臘人把紅海、阿拉伯海和波斯灣這些地方統稱為厄文特里亞海（Erythraean Sea），有些人認為「厄文特里亞」這個名字是用來描述周邊的群山在豔陽照耀下倒映於海水中的景象。在鄂圖曼土耳其統治時期，紅海雖然被視為鄂圖曼帝國的內湖，不過「紅海」一名確實也是在十九世紀時才首度在鄂圖曼王朝的歷史文獻中問世，當時公海上的主要勢力已經變成了歐洲人。在鄂圖曼文獻裡，紅海原本叫做「蘇衛許海」（Bahr-ı Suveys），這也是後來蘇伊士這個港口城市的名稱由來；後來這裡的稱呼才變成了「Bahr-ı Ahmer」，意思就是紅海。紅海的長度約為兩千公里，最寬處約有兩百八十公里，北有蘇伊士運河，南邊則是曼德海峽，其原文名稱的字面意思是「哀歌之門」。紅海的南方與阿拉伯海在亞丁灣一帶接壤，從古至今，這裡的貿易活動都得看東北季風的臉色，依照一定的時節模式進行，因為整個南亞都會籠罩在這季風之下。歷史學家威廉．法賽（William Facey）在書中說過：「遍尋歷史，綜觀諸海，若以通道這個功能來看，我們或許可以說紅海是個極端的特例。」[15]紅海的沿岸地帶條件惡劣，又受高溫之苦，靠農業根本是撐持不起什麼城市聚落的，然而在另一方面，這一帶的海路卻又是重中之重，把歐洲、地中海跟印度洋、亞洲海域給連結了起來。

一八六九年，蘇伊士運河開通，自此紅海的重要性也跟著大大提升。歷經了十五年的興建，這條一百六十四公里長的運河大張旗鼓地宣布開通，一夜之間就讓歐洲與南亞之間縮短了大約六千四百公里的距離，在它通航之前，船隻從利物浦到加爾各答得要取道好望角，走上一萬八千七百公里；運河開通後，航程立即縮短至一萬兩千七百公里。在此之後，英國便把這條新運河稱為「帝國的命脈……以及英國貿易、財富與權力的源頭，在一八七五年時，這個靠海為生的國家有五分之四的交通都取道於此。」[16]即使到了二十世紀，安東尼．伊登（Anthony Eden）在擔任國會議員時也有過類似的評論，他在一場演說中對該運河在地緣戰略上的重要性說道：「如果說蘇伊士運河是我們通往東方的後門，那它更是澳洲、紐西蘭及印度要通往歐洲的前門。我們把上述的比喻綜合在一起看的話，它實際上就是大英帝國的雙向轉門，如果我們帝國的各地還要照我們所認可的方式繼續交流，那這道門就非得要繼續轉下去不可。」[17]把時間快轉到今日，現在換成是中國、印度及俄羅斯開始看中紅海的重要性，對此念茲在茲，中國更是直接把蘇伊士運河看成了自家通往歐洲的「前門」，並透過他的海上經濟倡議在這裡大舉展開投資。俄羅斯也進一步把自己的勢力與影響力延伸到了印度洋上，因為他很希望能夠在這裡獲得更大的優勢地位，尤其是在埃及與阿拉伯半島上，俄羅斯逐漸把精力專門投注在這裡的能源與貿易上，以此為自己在政治與地緣經濟上頭打造更強大的立足點，為此他也開始努力讓自己的軍隊能夠更大量、更長期地在此拓展勢力，其方法之一就是好好平衡自己跟中印雙方的關係。至於印度，雖然他並沒有像其他國家那樣發展自己在紅海上的海軍力量，不過他毫無疑問一直都在緊緊盯著這個地方，二〇一八年的時候，印度跟法國簽署了一項物流交易協議，允許印度使用法國的軍事設施，尤其是吉布地與印度洋南部的留尼旺（Reunion）。雖然印度目前已經不太可能在吉布地再另外發展出一塊自己的地盤，不過我們在下一章會談到，他已經就近在附近的國家，例如阿曼，找到了據點，準備要壯大自己的勢力。[18]

## 一路向南，俄羅斯的出埃及記

歷史上，俄羅斯、埃及與阿拉伯國家之間，有著剪不斷理還亂的複雜關係。冷戰期間，埃及總統迦瑪爾．阿卜杜．納賽爾（Gamal Abdel Nasser）鼓吹的泛阿拉伯民族主義運動在阿拉伯地區相當盛行，蘇聯也予以大力支持，畢竟埃及不僅地緣戰略位置重要，還掌控了蘇伊士，所以在蘇聯的算盤裡一直是最優先又核心的利益。一九五六年蘇伊士運河危機（第二次以阿戰爭）爆發，蘇聯卻無法幫助納賽爾對抗以色列、英國及法國，因為他沒有合適的海軍可以在這次的衝突裡頭襄助埃及，這讓蘇聯後來在一九六〇年代後期設立了地中海中隊，以補足之前的缺失。蘇埃兩國在整個冷戰期間都一直保持著相對密切的合作關係，蘇聯這麼做是想要達成一個更遠大的外交政策目標，也就是對抗強大的美國勢力，同時也要打擊一些他在意的其他問題，例如錫安主義（Zionism）的興起。然而六日戰爭（第三次以阿戰爭）爆發後蘇伊士運河關閉，這反而對蘇聯的供應鏈帶來了巨大衝擊，打斷了越戰期間從黑海連到北越的通路，因為運河關閉，導致蘇聯運送武器的航程要多花上二十八天，而該運河一直到一九七五年才重新開通。[19]

自從冷戰結束之後，尤其是從二〇〇〇年代開始，俄羅斯與埃及的共同發聲，主要都是針對美國在中東的外交政策，包括發動第一次或第二次伊拉克戰爭，還有美國對出現在埃及等阿拉伯國家的阿拉伯之春起義表示支持，這些事情讓兩國又有了交集。事實上，早在一九九一年的波灣戰爭期間，俄羅斯的媒體就已經宣稱該戰事導致了大約四千億美元的政治與經濟損失，而俄羅斯這邊呢，一方面在對抗暴力極端主義及恐怖主義的散播，但他向來又很支持巴勒斯坦人的解放事業。最重要的是，埃及目前又再一次成為多方在地緣戰略上角力的中心，俄羅斯、中國、印度、西方國家都在想辦法要影響甚或掌控這條穿過蘇伊士運河的海上交通要道，埃及本身倒是很歡迎大家越來越多的關注，樂於讓自己成為地緣戰略上的焦點所在，而他也在設法加以操控利用，希望能把外交政策的局面導向「埃及優先」，讓埃及一方面能夠重拾往日在此地的榮光，一方面也更不需要仰人鼻息。[20]儘管如此，俄羅斯還是不斷在對埃及示好，想讓對方知道自己能幫上大忙。跟中國一樣，莫斯科在地緣經濟上的利益與投資也在不斷增加，而一直到不久前，他都還把重心放在埃及的能源與貿易產業上，不過現在已經開始轉變，他更想要的是在軍事與國防上加強合作關係。

從二〇一四年開始，普丁總統與埃及總統塞西（Abdel Fattah al-Sisi）就開始針對雙方的多項共同利益展開商討，自此之後雙方關係在許多面向上，從能源、貿易，乃至於國家安全方面都大有進展。二〇一七年俄羅斯對埃及的出口數字創下歷史新高，達到六十二億美元，相較之下埃及出口到俄羅斯的僅有五億零五百萬美元。同年俄羅斯在埃及的投資金額總計達到四十六億美元，光是那一年就有八十個俄羅斯的代表團到埃及參訪，而在以上那些數字中，大約有六成的投資都花在了石油與天然氣上頭。[21]

在能源這方面，俄羅斯試圖利用投資當地的方式來獲取更大的市占率，而且他一向很想要輸出自己的科技專業，這樣做也會有幫助，此外，他也把埃及視為未來潛在的出口市場。在二〇一七年夏天，俄羅斯石油公司（Rosneft）運出了第一批液態天然氣到埃及去，數量為十二萬九千噸，而且該公司同樣也開始砸大錢，對埃及不久前發現的離岸油田與天然氣田挹注資金。二〇一七年秋天，俄羅斯石油公司取得了埃及的佐爾（Zohr）氣田百分之三十的股份，該氣田是在二〇一五年發現，由埃尼（Eni）公司負責運營。還有埃及的西尼羅河三角洲（West Nile Delta）天然氣投資計畫，有一部分的所有權屬於一家德國的能源公司，而此公司又掌握在俄羅斯的億萬富豪米哈伊爾・弗里德曼（Mikhail Fridman）手中，讓他不久前在該氣田占到了一席之地。等到這些新的能源計畫一一上線後，埃及政府不僅希望能夠滿足本國的需求，也希望在不久之後就能輸出到歐洲。埃及的天然氣出口產業正在成長，為了幫助他們建置設備，俄羅斯在二〇一六年成功跟埃及政府簽下了一筆三百億美元的合約，負責在埃爾達巴（Al-Dabaa）興建核電廠，並提供相關融資，這又是一項重大進展——畢竟這可是非洲的第二座核電廠——不僅又再擴大了俄羅斯在埃及等地的影響力，也加長了俄羅斯勢力進入埃及的時間。[22]

俄羅斯不只幫助埃及探勘與開發能源，目前也在努力強化在整個蘇伊士運河經濟特區（SCZone）的雙邊貿易，這個特區含蓋了四百六十一平方公里的面積，裡頭分成四個區塊，有六個港口，目前最大的投資者是中國。不過不久前俄羅斯跟埃及政府達成了一項效期長達五十年、價值七十億美元的協議，由俄方在塞得港（Port Said）以東的地中海沿岸興建一個工業區，其中有五百萬平方公尺的地方就在蘇伊士運河經濟特區旁邊，建設時間為簽約後的十三年內完成，接下來的數十年裡也預計還會有擴建計畫。不久前還有一位俄羅斯的副部長公開表示：「俄羅斯商品想要打開非洲市場，埃及的工業園區就是關鍵所在。」[23]既然看到了俄羅斯現在正在卡位，想在多種層面上好好利用埃及優越的地理位置，那我們自然也就可以看出，由於俄羅斯的目標是跨出地中海，向外延伸自己在政治與地緣經濟上的勢力範圍，所以他當然也會越來越看重那一整條連通地中海與紅海的海路交通，把它視為戰略要道。

既然俄羅斯與埃及在地緣經濟上的連結關係變得更加緊密，接下來進展到安全合作方面也是順理成章之事——中國也常常玩這一套。近年來時有耳聞，說這兩國要增加軍售，要聯合演習，或是要開放軍事基地讓俄羅斯軍隊駐紮，不過說到雙方越來越密切的軍事合作關係——當然指的是海軍的合作——真正浮上檯面還是在二〇一四年，當時俄羅斯的瓦良格號（Varyag）巡洋艦首次因戰略目的出訪至埃及北方的亞歷山卓（Alexandria），打破了數十年未有海軍出訪的局面。二〇一七年底普丁也親訪埃及，以此彰顯兩國日益熱絡的雙邊關係，而且在此次參訪期間兩國還成功立下了一個初步協議，允許俄羅斯戰機利用埃及的基地與領空，這等於是直接打了華盛頓的臉，同時也是自一九七三年以來俄方贏得最光采的一次，更是向美方傳達了一種強烈的訊息，就算美國從一九七〇年代後在埃及一共花掉了超過七百億美元的國防預算也無濟於事。對此，曾經在歐巴馬政府中負責中東政策的前國防副助理部長麥特・斯賓賽（Matt Spence）認為，「權力向來厭惡真空，當美國自己在往後撤的時候，我們不能老是覺得世界會暫停運作，等著我們回去。看到美國選擇後退，其他的國家自然要好好利用這樣的機會，這才是危險所在，現實所然。」[24]不論我們同不同意這樣的主張，實際上俄羅斯跟埃及就是在政治上、經濟上，還有大家已經看到的軍事關係上都變得越來越緊密。俄羅斯雄心勃勃，滿腦子都想要邁出地中海，進入紅海與印度洋，而埃及也站在他那邊。

此外，在過去幾年甚至更久之前的研究報告中也可以看到，俄羅斯亟欲找一些地方來打造更長期的軍事根據地，像是蘇丹或索馬利蘭，剛好都位在曼德海峽的出口處。按照學者安德烈．克魯茨（Andrej Kreutz）的講法，「普丁統治下的俄羅斯，已經打定主意要前進到暖水海域，連通到世界各大洋，包括印度洋在內，所以他的政策會往南發展，這乃是戰略上的必然之理，何況美國在外高加索及中亞地區的勢力正在成長，而此地的社會與政治又動盪不安，更助長了南進的必要性。」[25]

二〇一七的後半年，我們可以看到俄羅斯的全球戰略變得比以往更加全面同步，這也包括他在印度洋地區進行了更大的外交努力。我們或許能夠這樣說，既然俄羅斯的海軍力量變得比以往更強，更能影響地中海的海上交通要道，那他就可以繼續一路向南方挺進，穿過蘇伊士運河直抵紅海與印度洋，例如該年十一月的時候，蘇丹總統巴席爾（Omar al-Bashir）就跑到了俄羅斯位在黑海上的渡假勝地索契（Sochi），還在那裡跟普丁總統會面。兩人進行了一系列的會晤，期間巴席爾還讚許普丁與俄羅斯出手干涉了敘利亞的事務，此外還談到了要在蘇丹的紅海岸邊設置基地的事。根據俄羅斯的新聞披露，俄羅斯國家杜馬（State Duma，也就是俄羅斯的下議院）的國防委員會副主席曾表示，六個月之內就可以蓋好一座海軍基地。而除了蘇丹以外，有些研究報告也觀察到，義大利的前殖民地厄利垂亞（Eritrea）很希望看到自家裡能設立俄羅斯的基地據點，目前沙烏地阿拉伯與阿聯酋在該國的阿薩布（Assab）已經設有基地，目的是要幫忙出戰打擊葉門的胡塞武裝（Houthis）勢力，而據聞俄羅斯與厄利垂亞兩國的合作計畫已經進入最後階段，打算要建設一個海軍後勤中心，未來將可以為遠道來此的俄羅斯戰艦與潛艇提供支援。[26]

再往更南邊看看，在曼德海峽的出口處附近，有越來越多的報告指出俄羅斯正在跟索馬利蘭商談，俄方也想在該國那邊建立基地設施。索馬利蘭的位置很理想，與吉布地的南方國境毗鄰，差別在於吉布地已經有很多國家在那邊建立基地、投放戰力了。如果雙方的談判確有其事，而且進展迅速的話，俄羅斯也許就可以在吉布地市東南方五十公里外的塞拉（Zeila）建立基地，估計可駐紮的軍事人員約為一千五百人，有一份報告指出，「該基地可望容納兩艘跟驅逐艦體積相當的船艦、四艘巡防艦等級的船艦，裡頭還有兩個潛水艇修護塢，外加兩個簡易機場，可以容納最多六架大型戰機、十五架戰鬥機，以及各種設備。」作為回報，俄羅斯這邊除了會承認索馬利蘭的獨立，也會支持他爭取國際上的合法地位。雖然在目前，只有阿聯酋在索馬利蘭的柏培拉（Berbera）港設有軍事基地，[27]但如果那些報告的內容成真，那將會進一步讓西印度洋的安全情勢拉高，並助長海軍至上主義，同時也大大加劇了兩方陣營的緊張狀態，這裡頭的一方是俄羅斯與中國，另一方則是印度、日本、美國與歐洲國家等。不過就算這基地真的建了，也不代表俄方就解決了所有的問題，首先是還得要有對岸那頭的西南亞國家願意相助，然而阿拉伯地區的君主國與伊朗之間的關係卻又變得越來越緊張；再者，雖然跟過去幾十年相比，中俄雙方今天也許算是同聲共氣，不過這樣的光景未必會一直持續下去，就像有一位分析師說的，「雖然在中俄的夥伴關係裡頭，俄方其實居於弱勢，可是一旦事涉一些關鍵國家，例如埃及，俄方就會打腫臉充胖子。眼見中國正一步步邁向歐亞地區的霸主地位，俄羅斯要是還想保留自己在世界舞台上的影響力，那就得繼續硬撐著自己的門面。」[28]就現階段來說，中俄兩國似乎在外交政策上依然有著巨大的共同目標，都想要顛覆目前由美國所主導的世界秩序，不過隨著他們自己的地緣經濟利益與海外投資逐漸增加，針對像是葉門或其他波灣國家，雙方的政策還是有可能會發生歧異，終而分道揚鑣。

## 中國入港，以工業區模式改造蘇伊士

中國對埃及的應對策略跟俄羅斯差不多，這幾年也都在擴張自己跟埃及在地緣經濟、外交與軍事上的合作關係。塞西總統在二〇一四年首次出訪中國，並於二〇一五年再訪，這期間兩國簽署了一份「全面戰略夥伴」協議書，這件事也代表埃及的外交政策傾向正逐漸偏離美國這邊，而中國這邊則是越來越重視埃及，以及他境內那個重要的海上咽喉。對塞西來說，歷經了二〇一一年的阿拉伯之春運動，又看到穆巴拉克（Hosni Mubarak）垮台，面對中國不干預他國內政的這個外交政策，自然也就容易買帳。[29]

中國不同於俄羅斯，對他和他推動的一帶一路倡議來說，埃及和蘇伊士運河這兩者的重要性是一樣的，從海洋地緣經濟這方面來看，中國的注意力與精力大多聚集在強化跟埃及的貿易連結上，另一個重點則是蘇伊士運河經濟特區。在二〇一九年，蘇伊士運河替埃及政府賺進了將近五十六億美元，該年度共計有一萬八千艘船隻穿過這個運河，至於歷史上的運輸量高峰出現在二〇〇八年，數字達到了兩萬一千四百一十五艘船隻，當時正是全球財務惡化的前夕。就目前來說，這條運河替埃及賺進的外國資金比該國任何一項經濟產業都多，而且埃及在二〇一五年時還完成了蘇伊士運河的擴建計畫，把所需的通行時間從十八小時減少至十一小時，而且可以雙向同時通航，即使是世界上最大的貨櫃船也能進入，讓船隻更容易就能前往地中海盆地的各個港口，以及其他歐洲的重要據點，中國因此也受益不少。然而，這卻又導致了新的問題，並不是所有歐洲的港口都有辦法應付像快桅3E級貨櫃船（Triple-E Class ships）這種最大型的船隻，也就是說，這等於是在鼓勵中國繼續買下各地的港口來加以擴建，這樣這些港口才會比較有辦法應付那些大船，而且其中有不少船上頭插著的還是中國的旗子。至於埃及政府這邊，他希望運河擴建後帶來的運輸與管理收入可以在二〇二三年時變成原本的兩倍，不過專家對這種預估表示相當懷疑，除非全球的貿易與航運每年都能夠增長大約一成，否則就達不到埃及政府想要的成果，而且每天通過這裡的船隻數目要從五十艘（目前的平均水準）暴增到九十七艘左右才行，這樣的數字實在是很難達到。[30]

在投資這方面，中國原本只是埃及第二十三大的投資者，投資總額不過才五億美元左右，但是到了二〇一六年時卻大舉增資投入了新的計畫，讓投資總額飆升到了一百億美元。中國已經公開表示，在不久後他想要投下總計四百億美元的資金來進行埃及的開發計畫——只不過，埃及政府在稍早前才跟一家中國企業磋商，希望能簽一筆兩百億美元的合約，在開羅以東的地方另建一個新的行政首都，可是最後卻破局了。二〇一五年時，大約只有一千兩百家中國企業在埃及營運，這樣的數字要成長應該不是難事。塞西訪中後不久，習近平主席也跟著在二〇一六年一月時前往開羅進行正式的國家訪問，期間兩國簽下了總值一百七十億美元的協定，主要的項目集中在之前簽署的全面戰略夥伴協議，其他還有許多科技、通訊、貿易方面的經濟合作條例，其中一項計畫的內容是一份三十億美元的合約，打算在開羅以東大約五十公里的伊斯梅拉（Ismaila）建立一個中心商業區，而這僅是整個蘇伊士運河經濟特區投資案中的一小部分而已。[31]

兩國之間的投資越多，也代表貿易越盛，過去幾年兩國的雙邊貿易金額平均為一百一十億美元左右，但是如果回頭去看二〇〇九年，這個數字其實已經大漲了百分之九十六。中遠海運在埃及設有行政單位，他們曾經表示很有意願要把埃及納入一系列的新航路之中，根據中遠海運埃及公司的總經理謝滿定的說法，中遠海運正在觀察的航路範圍含蓋了埃及、烏克蘭、俄羅斯及土耳其，此外還有一些從北歐往返埃及或摩洛哥的航路。跟俄羅斯一樣，中國把目光的焦點放在開發蘇伊士運河經濟特區上，這與中國在推動的海上絲綢之路也是若合符節，中國天津經濟技術開發區總公司為此成立了中非泰達投資股份有限公司，而中非泰達也成了蘇伊士運河經濟特區中合作最久、規模最大的公司之一，該公司的主要目標是要興建一塊七平方公里的經貿合作區，地點在蘇伊士灣畔、運河南端出口處的因蘇哈那（Ain Sokhna）。二〇一三年中非泰達簽下了一份效期長達四十五年的開發計畫合約，到了二〇一九年，媒體報導他又簽下了第二份合約，並展開該計畫的第二階段，但根據埃及法律，中非泰達在一開始那個十五億美元的計畫案中只可以持有百分之四十九的股權，從許多面向上來看，這條法規可謂相當明智，萬一埃及到時候付不出欠債的話，中國企業也沒辦法把埃及的東西占為獨家所有，否則斯里蘭卡就是前車之鑑。目前這裡共有七十家中國企業報名，表示對未來的投資、貿易與開發計畫感到興趣，而按照由埃及政府資助的金字塔政治與戰略研究中心（Ahram Center for Political and Strategic Studies）的亞洲研究計畫負責人法拉哈特（Mohamed Fayez Farahat）的觀點，「（中方的）這些倡議實質上對於埃及的發展過程確實會帶來幫助，因為一帶一路的海上路線本來就要通過蘇伊士運河……而為了確保一帶一路上面的大型基礎建設計畫無虞，中國也自然會支持埃及。」[32]

海洋投資與海上貿易成長了，這也意味著以後更需要確保安全問題。埃及周邊衝突頻仍，不論是西邊的利比亞、東邊的以色列與巴勒斯坦都不平靜，不過帶給埃及最大壓力的應該還是西奈半島，這裡大多數的地方都衝突不斷，變成了三不管地帶，卻又與蘇伊士運河經濟特區相毗鄰。中國已經在利比亞和葉門那邊學到深重的教訓，知道不論是什麼威脅，只要有可能造成蘇伊士運河關閉，或是危及中國其他的海洋地緣經濟投資，都可能會對中國的經濟，乃至於他在全球的遠大抱負造成毀滅性的打擊。二〇〇二年，中國海軍艦隊首次穿越蘇伊士運河，然後停泊在亞歷山卓，這也是他們首次的環球巡航，雖然至今中國跟埃及在軍事合作上仍然遠比不上埃及跟美國的熱絡，不過兩國的關係一直都有進展，例如從一九八九年到二〇〇八年這段時間，埃及繼蘇丹與辛巴威之後，成為了中國在非洲最大的武器市場，只是相比之下，在二〇一二到二〇一六年期間，埃及的武器進口還是有八成的來源是美國與法國，德國則排在第三名。[33]

不論在地中海或紅海，我們都看到了海軍至上主義抬頭的現象，這代表在俄羅斯、中國乃至於當地的其他海軍會有更多機會產生互動，也更可能會聯手對外。據傳在二〇一二年的時候曾發生過一件事，雖然找不到確切根據，說是有人看到中國的海軍船艦暗助俄羅斯船艦到敘利亞附近執行任務。有份文件是這麼寫的：「在二〇一二年的七到八月，中國戰艦穿過蘇伊士運河來到了地中海，此時俄羅斯也從敘利亞的塔爾圖斯派出了一小支海軍艦隊，有個叫做『Turkish Navy』的網站一直在追蹤三艘船，分別是青島號驅逐艦、煙臺號護衛艦，以及微山湖號補給艦，然而微山湖號卻失蹤了好幾天，有些人推測它可能是去為俄羅斯的戰艦提供補給，而那些戰艦是去支持阿薩德政權的。微山湖號可以載運一萬零五百噸的燃油、兩百五十噸的水，以及六百八十噸的彈藥。」[34]不論此事是否為真，總之現在有了這一類的互動方式，而彼此支援的做法也越來越常見，這很可能會讓美國、北約及其他國家在此地的許多利益發生變化，有的可能更有利，有的可能直接造成利益衝突。在二〇一三到二〇一四年間，根據官方統計一共發生了九次不同的安全事件，有的就發生在蘇伊士運河裡頭，有的則是在運河附近，有兩次的攻擊——其中有一次是直接針對中遠海運的船隻所發動——發生在運河中點的伊斯梅利亞（Ismailia）到北邊的塞得港之間，發動攻擊的是盤踞在西奈半島上的武裝組織「Furqan Brigades」，當時還宣稱「那是他們的職責，必須針對蘇伊士運河這個國際航道發動攻擊，因為這是那些異端與暴政國家所仰賴的商業動脈」。[35]雖然這個恐怖組織從二〇一三年開始就不再有活動跡象，不過之前的攻擊還是讓大家看到了蘇伊士運河的脆弱，對那些正在擴展地緣經濟勢力的國家來說，像是中國與俄羅斯，更是點滴在心頭。

## 吉布地與曼德海峽

阿法爾語是吉布地的幾個主要語言之一，在這個語言裡「吉布地」的原意是「熱碗」，對一個座落在非洲與西南亞交界要地上的國家來說，這名字其實挺合適的，而且這裡還有過幾次地球上最高溫的紀錄。吉布地喜歡說自己開放所有的國家前來做生意，以此來推銷自己，吉布地總統伊斯梅爾・奧馬爾・蓋雷（Ismail Omar Guelleh）曾經說過，吉布地「內心裡是非洲人，文化上是阿拉伯人，思想上是全球公民」。[36]幾世紀以來，吉布地的海上地理位置都沒有變動過，不過九一一事件之後的世界倒是變了，吉布地身處於世界上最不穩定的地區——南有索馬利亞海盜，北有葉門內戰——因為坐擁地緣戰略上的要地，所以就出讓這個地利之便，由價高者得，自己則財源滾滾，當一個標準的包租公。如今大部分的西方主要國家，還有一些當地國家，都在吉布地設有據點，有些國家的據點帶有某種軍事形式，設置了相關的基地與設備，有的據點則是帶有商業投資色彩，不過整體來看，中國一直都是在這裡表現最積極的國家，在這個小小的海濱城邦裡，他不只試圖要爭取到更大的軍事立足點，也想在地緣經濟上大展身手。

吉布地的人口大約有八十八萬四千，位在他身旁的則是世界上最繁忙也最危險的其中一條航道，該國的海岸線約有三百一十四公里長，加上大約兩千五百平方公里的大陸棚面積，算起來跟面積兩萬三千兩百平方公里的麻薩諸塞州差不多大。從吉布地往北大約三十公里，跨過曼德海峽後便是葉門，那裡是阿拉伯半島的最南端；往東走的話則是索馬利亞，往西走的話是衣索比亞。對衣索比亞而言，吉布地顯得特別重要，因為衣索比亞平均百分之八十六的非碳氫化合物商品都是經由吉布地引入的，這些商品先從海上送到吉布地，然後再走陸路，用火車或貨車載運到衣索比亞。[37]

吉布地不僅在地緣戰略上很重要，在中國的幫助之下，他也迅速發展成一個重要的海路樞紐，集交通、貿易與軍事功能於一身，而且美國、日本、義大利、法國、德國及西班牙等國莫不受到他的吸引，紛紛到此設立軍事基地，甚至正式在此駐軍。我是在二〇一八年造訪吉布地的，但是在那之後大家就發現，上述那些國家逐漸被排擠出去，不論是吉布地的港口或海上基礎設施系統，都成了中國一家獨大的局面，就連吉布地的電子通訊、海底纜線，以及其他的地緣經濟活動，也逐漸落入中國的掌控之中。而且二〇一七年時就是在這裡，中國終於首度在海外建立了基地，這讓中國和中國海軍在戰略上有了良好的基礎，可以從這裡沿著印度洋西側的邊緣開始發展。根據中共中央軍委聯合參謀部的副參謀長孫建國上將的說法，「習近平主席指示解放軍，要穩定發展海外的基地建設。」中國必須保護自己日益增長的利益與投資，其辦法之一就是設立永久性的基地，於是中國在撒哈拉沙漠以南的非洲大舉投資，根據一些單位的估算，其總金額從二〇〇八年的一百九十四億七千萬美元一路膨脹到二〇一八年底的兩千八百億美元，不過實際的數字是多少仍然眾說紛紜，因為很多計畫才剛要起步而已，而且中國也在審視自己目前的一帶一路計畫，這讓每年的投資額只能先維持在同樣的水準，甚至還可能會下降。中國所關切的問題，還包括數量一直在增加的正式中國勞工，在上述的同一時期裡，從十八萬一千零七十九人增長到了二十六萬三千六百七十六人，如果再把為數更多的臨時合約工也算進去的話，那數字就還得大上許多，總計有將近一百萬名中國工人。[38]雖然中國花了不少時間才在吉布地建立了正式基地，而且很多人都認為中國不會想要再重蹈美國及其他西方國家的覆轍，不過短期內中國還是很有可能會繼續在印度洋找尋目標，確保自己可以設置更多基地，就像瓜達爾的情況那樣，這點我們會在本章後面再細談。

## 洋溢中國氣息的海上城邦

在吉布地我曾訪問過一位歐洲官員，他說：「中國想要打造的，是下一個世紀；而美國打造出來的，是上一個世紀；至於英法兩國，則是更早之前的世紀。中國會寫下他們自己的規則……美國的發展根本威脅不到他，因為他日後將會掌控整個世界體系……（一帶一路）不只是一個計畫而已，它是一種資源上的征服，這也就是為什麼中國會需要建立軍事基地來確保這些資源的運送無虞。對中國來說，在吉布地的投資不過是九牛一毛，這才占整個（一帶一路）計畫中百分之一的份額而已。」[39]雖然有些人可能會覺得上述的說法未免失之以偏概全，不過親身到吉布地去看看的話，確實會強化這種想法，覺得在吉布地這個國家的經濟裡，從表面到骨髓都已清楚被中國所滲透，而吉布地還只是一個重要的節點而已，中國看的是一整個海上貿易與基礎設施的網絡，這張網絡不只發展快速、日益牢固，而且越編越大，很快就要從歐亞交界處編到歐洲那一頭了。如果中國繼續發放基礎建設計畫貸款的話，他就可以影響那些施行計畫的企業，要他們採用中國製的設備，到最後，中國不只幫忙建好了新的港口、鋪了新的海底纜線、設了新的航路與多式聯運（intermodal transport）中心，還順便掌控了那個國家的電訊系統。中國目前正在打造的，是一牢不可破的獨立體系，讓外人無法加以影響、控制或操弄。

大家都可以看到，中國的這套做法早就玩了一遍又一遍，從吉布地到希臘的比雷埃夫斯，以及更多地方都是如此。他以海洋地緣經濟為餌，手持誘人的基礎建設計畫貸款，把這些當成敲門磚，輕鬆打入一國的建設之中，然後再以此為基礎，建造他自己的運作體系，最終得以建立軍事基地，這就是在吉布地發生的狀況。不只如此，依照一位當地官員的說法，中國在吉布地等地方所掌握的優勢還有一項，就是可以快速做出決策，因為他一方面在規模上坐大，而在運作上則是集中一體化。中華人民共和國利用國營的大企業，在大型合約裡頭排除了中間的承包商，這是美國或其他國家都很難辦到的事，甚至根本就辦不到。告訴我這件事的官員還有更進一步的觀察，他說這些合作案裡隨便挑哪一個，背後其實都有中國政府在當財務後盾，中國當然也就比美國更能夠在這個地方站得穩了。如此一來，中國也不用依照西方那種作業模式，不必替這些大型的基礎建設計畫投保了，不過中國那邊也有一些人漸漸對此感到憂慮，因為很多計畫的財務風險都很高，需要有更好的監督機制才行。[40]

吉布地是心甘情願跟中國合作，在中方的大戰略裡頭軋上一角，雖然目前還有其他的國際要角在吉布地作業，像是美國與日本，他們都反對吉布地在地緣經濟上跟中國的牽扯越來越深，但是吉布地根本就不理會他們的反彈。問題大概是這樣的，吉布地官方公布的失業率高達四成——單看年輕人的話則有八成都失業——而人均收入卻有三千六百美元左右，這個國家需要更多樣化的收入來源才能常保榮景，也才能延續他遠大的志向，讓自己變成非洲之角上的新加坡。然而目前在吉布地國內最大的雇主就是政府，然後各地港口是第二名，美國是第三名，對任何良好的投資策略來說，設法分散財源都是一件要事，而中國剛好就在這時候伸出手來，不只奉上額外的收入來源，還承諾會有進一步的經濟開發。[41]

既存如此雄心，吉布地也就高興地公開接納了中國的提議，讓他資助許多新的基礎建設計畫，其範圍不但包括吉布地市附近的海岸線，更遍布於這個小國的各地，蓋雷總統在二〇一七年的時候也曾公開表示：「會在所有方面都投資我們國家的，就只有中國人，不論是鐵路、港口、銀行、工業園區等等都照單全收。這種合約根本沒有多少法國人或歐洲人想要簽，至於美國人呢，他們確實曾經對吉布地到阿迪斯（Addis）之間的管道計畫表示過興趣，不過他們的目標只是想快快大撈一筆，而且還是獨吞，他們想這麼做其實也很容易理解，只是會把情況搞得比原本所預期的更加複雜。總之實情就是，除了中國以外，根本沒有人對吉布地提出什麼長期的合作方案。」[42]

縱有如此感慨，可是吉布地很快就步入了危險的境地中，問題出在他的貸款方式。我在吉布地的時候，很多他國的外交官或軍官都會不斷把我們之間的話題帶回到一件事上頭，顯然他們對此都同樣深感憂慮，那就是吉布地政府跟中國所簽下的貸款條件實在是太嚴苛了。從中我們又再次看到，中國人算盤打得可精了：先對地主國提出一個看起來很優惠的貸款，可是一旦地主國無法按照預定時程償還貸款，貸款利率馬上就會變得很不優惠（斯里蘭卡的狀況就是這樣），然後中國就可以來個鯨吞虎噬，看你是要多給他一些特許權呢，或者是像一些報導披露的那樣，乾脆就送給他們土地（像是塔吉克的例子）。雖然吉布地至今尚未拖欠任何中方的貸款沒還，不過對這樣一個海濱的小城邦來說，為貸款利率感到頭疼恐怕也只是時間上的問題而已。依照一些研究單位統計，吉布地這些年為了各種基礎建設計畫，光是向中國進出口銀行一家的借款就多達九億五千七百萬美元。[43]不過有一位歐洲外交官卻認為，「吉布地根本就不擔心債務問題，反正到頭來土地是他們的，吉布地大概就只要拿個十年的管理權來交換，就能讓中國把他欠的債一筆勾消。吉布地人的心態是這樣的：港口修好了，碼頭蓋好了，不管怎樣這些都是我們的了，所以就不用管債務拖不拖欠的問題，土地總還是我們的啊。至於中國這邊呢，這個債務對於整體大局而言還真的是次要的問題，他們要的是地利，只要一直往吉布地裡頭蓋東西，他們可以獲得的回報也會越來越多。」[44]不過吉布地人可不接受上述的種種推論，他們往往會指出自己有高超的談判技巧，就算他們的港口、碼頭、自由貿易園區等計畫案都交給了中國人，可是其中有很多合約裡頭的利益分成都是吉布地這方占三分之二，海外機構只拿到三分之一，這才是他們的本事。其實就這些貸款來說，魔鬼藏在細節裡，外界很難判定貸款合約的確切細則為何，至於萬一真的有延遲繳款或無力償還的情況發生，屆時會發生什麼事情更是難以得知。

國際貨幣基金組織（IMF）曾對吉布地發布公開警示，認為他從中國借款的行為太過危險，還指出「才不過兩年的時間，公共外債就從國內生產毛額的百分之五十增長到了百分之八十五，位居所有低收入國家之冠，而且這些債務多數都是由政府擔保的公共企業債務，債權方是中國進出口銀行……中國提供了將近十四億美元的資金來進行吉布地的大型投資計畫，這相當於吉布地百分之七十五的國內生產毛額。」在今天，中國有大約十五到二十家國營企業在吉布地設立運作據點，而在二〇〇八年的時候，這數字才不過三家而已。[45]

在這些基礎建設計畫案裡頭，大部分都得要仰賴特許貸款才能完成，然而貸款的確切細則卻難以得知，因為條文內容往往複雜曲折到了極點，光是談判磋商可能就得花掉長達兩年的時間，相較之下，要談成一般的商業貸款就顯得快上許多。吉布地多數貸款的利率似乎都在百分之三到四不等，按照吉布地港暨自由貿易特區（DPGTZ）執行長哈迪（Aboubakr Omar Hadi）的說法，招商局集團提供給多拉雷（Doraleh）多功能港的特許貸款，其基礎利率為百分之一點八五，不過該組織中也有別的人對我指出，這個數字大概沒有把百分之二點四五的倫敦銀行同業拆借利率（LIBOR）算進去，也就是說這筆貸款的總計利率將近有百分之四點五。除了利率以外，貸款裡頭還有很多重要的細節得說明一下，以多拉雷多功能港為例，貸款的寬限期為七年，償還期則為二十年，在一開始的寬限期中，吉布地只要支付利息即可，之後則必須支付本金加上利息。[46]

然而，如果貸款沒有按時償還的話，利率就會快速跳升——這是可能發生的情況之一，另一種可能則是讓中國人拿走該計畫案或特許權中的多數股份。拜訪多拉雷多功能港的時候，港口的公關團隊告訴我，如果吉布地這邊拖欠款項，或是無法全數清償，中國就有可能會在日後拿下該港所有的股份，也就是百分之百的股權。還有另一種最終的可能情況，令人思之惴惴不安，那就是中國可能會關閉連接衣索比亞與吉布地的鐵路，斷了大量恰特草（khat）的運輸路線，恰特草是一種多葉的綠色開花植物，在大多數國家都被視為毒品，其原產地在衣索比亞，然後再由吉布地政府加價大量出售。換句話說，一旦吉布地欠中國的貸款出了什麼差錯，或是吉布地拖欠貸款還不出錢來，中國就可以利用這個恰特草的貿易，由於咀嚼這種植物會讓人感到亢奮與刺激，當地有很多人都已經成癮，中國阻斷恰特草的日常運輸後就會造成社會秩序大亂，繼而撼動吉布地政府。姑且不論上述這種情況，其實有很多身在吉布地的外交官及外國軍官都指出了一件事，對中國來說吉布地拖欠貸款根本就無關大局，沒什麼好擔心的，因為相對於整個一帶一路倡議來看，在吉布地的投資只是小意思，就算是發生最糟的情況，中國方面也可以大筆一揮，直接刪掉這筆進帳。[47]

依照某些官方研究人員的說法，吉布地已經針對部分貸款項目要求中方展期，因為這些貸款都跟他近期的一兩項計畫案有關，而計畫案中的某些項目都發生了進度落後的問題。但目前中方的回應還很強硬，對此有一種解釋認為，中國看來是不願意推遲到整個計畫的時間線。在二〇一七年，吉布地大概只要拿出百分之二到三的政府預算來支付貸款利息就可以了；可是到了二〇一九年的時候數字就會大增，如果政府的相關收入沒有增加的話，算起來光是要支付貸款加上利息就得要花掉政府百分之二十到二十五的預算，這個漲幅實在太大了，而且按照大多數人的估算來看，港口與其他基礎建設的收益增長應該追不上利息加本金的數字成長。更何況，如果衣索比亞的經濟成長出現減緩狀況，預計也會對吉布地本身的經濟與收入帶來直接的負面效應。依照先前由國際貨幣基金組織及其他單位提供的估算，從二〇一七年到二〇一九年，多拉雷多功能港、衣索比亞－吉布地鐵路，還有其他的計畫案都加在一起，對國內生產毛額也只貢獻了百分之七的成長幅度而已。[48]

雖然吉布地多數的港口，包括哈默究（Hamerdjog）、高比特（Ghoubet）、塔朱拉（Tadjoura）、奧博克（Obock），以及吉布地舊港在內，也都有進行擴建或現代化的改造計畫——多數是在中國人的幫助之下——不過現在大家主要擔心的都還是多拉雷多功能港以及多拉雷貨櫃碼頭，因為從港口的所有權與航運價值來看，這兩處是最具重要性的。中國目前採取的是迂迴方式，想要慢慢搶下這兩個港的多數股權，這樣一來出入吉布地的貨運交通就更加操縱在他手上，繼而也就打造出了一個更加獨立的交通與海上貿易網絡。另一方面，中國也資助了吉布地－衣索比亞鐵路的計畫案，這個重要的建設是為了要紓解兩國間堵塞的道路交通，加速前往衣索比亞進行貿易的過程，並把轉運時長從以前的二十四小時減少到只要六小時。除了以上這些，中方也投資了其他一些很有價值的基礎建設計畫。[49]

二〇一七年五月多拉雷多功能港啟用，吉布地希望把這裡變成一個重要的轉運中心，而且以後還可以利用二十公里外正在興建的大型國際自由貿易特區。目前此港有五個泊位，土地面積為六百九十公頃，年吞吐能力為八百八十萬公噸左右，裡頭有差不多八百位中國員工在負責港務營運。雖然此港目前暫時沒有進一步的泊位增設計畫，不過有些人推斷還會再特別增設另一個泊位給中國海軍使用，位置會在中方基地的另一頭，遠離多拉雷港原本的主要泊位。多拉雷多功能港是招商局集團與吉布地港口有限公司（PDSA）的合作產物，該公司跟吉布地港口自由貿易區管理局（DPFZA）一同設立，而多拉雷多功能港則是中吉雙方公司更大型的合作計畫的一部分，招商局集團在該港持有百分之二十三點五的股份，而吉布地政府與吉布地港口有限公司則持有剩下百分之七十六點五的股份。而從以下的安排我們就可以看出，中國已逐漸壟斷吉布地等地的海洋基礎建設計畫：此港是由中國建築集團有限公司與中國土木工程集團有限公司共同建造，並出上海振華重工提供港口的大型貨櫃機具設備、散裝貨物處理機，以及重載鋼骨結構，並發給招商局集團十年的港務營運租約，到期後還可自動換約再續十年，也就是一共為期二十年之久。[50]

國際自由貿易特區在二〇一七年初開始興建，交由招商局集團持有百分之二十一股份的大連港股份有限公司來進行，過個十年完工後可望成為非洲最大的自由貿易特區之一。目前吉布地國際自由貿易區的完整融資條款還沒談妥，已知整個計畫的金額將高達三十五億美元，吉布地會拿到六成的所有權，並已經在第一階段的工程裡砸進了一億五千萬美元的初期資本，剩下的四成所有權則會交給中國。融資方面由中國國家開發銀行負責，對第一階段共三億八千五百萬美元的中貸會採用商務貸款的方式來進行，因為這樣會比特許貸款快得多。在該自由貿易區的興建期間，百分之六十五的勞動力都會採用當地勞工，其他百分之三十五則為中國人；到了營運階段，前五年有七成的員工會是當地人，三成是中國人（前提是吉布地沒有拖欠任何合約中的款項），長期而言，最終所有的營運權都會交回給吉布地，而且可以百分之百雇用吉布地員工。此外，吉布地還希望能夠幫自由貿易區蓋一個新的貨櫃碼頭，目前正在跟法國達飛海運集團協商，打算用六億六千萬美元興建一個多拉雷國際貨櫃碼頭，用來照顧轉運市場這個金雞母，完工後預計每年將可處理四百萬個二十呎標準貨櫃。[51]

這幾個海上工程計畫彼此互有連結，而其邁向完工的速度更是相當驚人。說起這個建造過程，有好些人聲稱這種飛快的建造速度乃是其來有自，因為中國那邊會派囚犯過去完成工作，而且說這些話的都是些有識之士，其中一位還告訴我，當年英法兩國在殖民現象達到高峰時也曾經採用過類似的方法。雖然外界的觀察家都無法確定這裡頭中國工人的具體數目，不過有一位官員推論應該有大約五萬名犯人被送過去幫忙興建基礎建設——這實在很難一個一個去核實。還有一位官員也補充，說是如果有中國公民持有效護照進到吉布地，當地政府差不多可以說是別無選擇，只能發給他有效簽證，只要那位旅客沒有違反任何當地的法規，該政府就無權審核他的行為。[52]中國能夠在這麼短的時間裡完成這麼大型的基礎建設計畫，其祕訣也許就在其中。不管事情是否真是如此，中國的確還有大量能幹的國內勞工可用，而從過往的經驗來看，他們也願意離鄉背井，到海外去幫中國的企業工作。

除了多拉雷多功能港與國際自由貿易特區，多拉雷貨櫃碼頭在二〇一八年的二月底及三月初也曾經鬧上新聞，那時候吉布地政府宣布要中止跟杜拜環球港務（Dubai Ports World）公司的合約，認為杜拜環球港務無法解決雙方從二〇一二年開始就一直存在的歧見，而吉布地政府擁有多拉雷貨櫃碼頭百分之六十七的股權，杜拜環球港務則有百分之三十三的份額。多拉雷貨櫃碼頭不僅是這整個國家最主要的貨櫃港區，就連美國也對之極為依賴，因為美國的萊蒙尼爾軍營（Camp Lemonnier）就位在十三公里之外，很需要那個碼頭的正常運作。美國非洲司令部的司令湯馬斯·瓦德豪瑟說過，「如果中國禁止大家使用那個碼頭，可能會影響到吉布地的美軍基地的補給，也讓海軍船艦沒辦法在那裡加油；而如果中國占領那個碼頭的話，後果更是會非常嚴重。」萊蒙尼爾軍營目前有大約四千名常駐人員，平時是用來當成特殊任務基地，支援美軍在索馬利亞及葉門的行動任務。當新聞一傳出來之後，吉布地政府便試圖向美國與其他國家保證，絕不會把杜拜環球港務所持有的股份轉交給中國，不過中止杜拜環球港務的特許權這件事真的是把吉布地政府搞得灰頭土臉，而其本身牽涉的法律問題又極其複雜，最後吉布地政府只好說他會買下杜拜環球港務的所有股份，然後再指定另外一家公司來接手碼頭的運營工作。53

## 解放軍成功建立基地

對吉布地的海洋基礎建設與供應鏈獲得更大的掌控權，並不算是太嚴重的事，不過這回中國是建立了他第一個海外軍事基地，這可把中國的地位拉升到了一個新的位階，不論是在這個地區或整個世界裡，說起話來都更有分量了。眼見吉布地與非洲之角的安全情勢逐漸升高，不免讓印度、日本，還有美國及其歐洲諸盟國越來越感到不安，根據一位頂尖外交官的說法，國際外交圈已經在擔心吉布地能不能還得出貸款了，很多人怕萬一吉布地付不出貸款的話，中國就會拿到更多股份，或是參與到更多不同的基礎建設計畫裡頭。這段期間裡，所有跟我談過話的外國軍官、外交人員或政府官員似乎都很小心，緊盯著中國的一舉一動，我在吉布地對談的另一位同樣高階的外交官也表示，「我們得要觀察中國是如何發展自身勢力，又到底意欲何為。我們不光要用眼睛細細觀看，還得要設法參與其中，做點有用的事。」雖然大多人在心理上都盼望中國的勢力可以對當地的和平穩定有所幫助，不過想到中國的意圖，還有他越來越大的雄心，大家在理智上通常都不太會對他抱有什麼期待，這主要是因為他的行事方式不清不楚。說起中國缺乏透明度，從一件事上面就可以很明顯看得出來，曾有一位歐洲軍官說，常有人看到停在港邊的中國拖網漁船上頭架著大型天線，一般推測會認為這些拖網船很可能是軍漁兩用，所以才有那些高檔設備，目的是要從當地的通訊中搜尋一些比較有用的訊息。[54]

如果有哪位外籍遊客想要就近看一眼中國在多拉雷多功能港設立的新軍事基地的外牆的話，他可以前往國際海事組織（IMO）在當地設置的訓練中心，那裡距離解放軍基地的外牆只有幾百英尺遠，不過除了高聳的水泥牆，再加上用帶刺鐵絲網連結成一長串的邊界圍籬以外，大概就沒什麼其他東西可以看了，倒是那些灰色的高牆本身顯得很是雄偉，好像象徵著一種強大的力量。這是中國第一個境外基地，而他們也打算在這裡長久經營下去，在前往國際海事組織在當地的訓練中心路上，會先經過中方的基地，光是開車繞過那片圍籬就得要好幾分鐘，足見其面積之大。那個訓練中心的經費贊助者之一是日本，而日本自己在這個城市的另一頭也有個基地。該訓練中心是在二〇一一年開始興建的，如今它的功能是支援反海盜任務，也會當作指導《吉布地行為守則》（Djibouti Code of Conduct）的海洋法訓練中心，然而它的存在對中國其實造成了一些困擾，因為這裡的會議中心常常會舉辦一些國際性的活動。

建了這個新基地，不代表中國馬上就會超越美國，取代他當前遍布世界的駐軍勢力，畢竟美國正式成立的海外基地多達五百一十四個左右，[55]不過在吉布地這邊，中美雙方的緊張態勢確實是提高了，前陣子還有一項指控，說有一架美國飛機在飛越或靠近這個中國海軍新基地的時候，遭到中方以高能雷射射擊，造成機上的兩位飛官受傷，雙方對立態勢可見一斑。雖然目前這個基地裡只駐紮了大約兩千名軍事人員，不過有些人推估在日後最多可以囤駐到萬人的規模。設置這個基地，不僅合乎中方整體的戰略方向，也就是一方面既要持續發展遠洋海軍戰力，同時也要繼續發展其他海洋地緣經濟利益，讓一帶一路與海上絲路延伸到整個歐亞地區，甚至遍布全球；此外，該基地也呼應了中國「近海防禦，遠海護衛」的海軍戰略，依照這套戰略的說法，中國海軍必須守護中國在世界各地的利益。另一方面，中國現在也逐漸在擴大參與聯合國在非洲等地出動的維和任務，先前習近平主席還許諾要幫忙組建一支八千人的部隊，成為聯合國的維和預備戰力。目前中國部署在全世界各地的維和軍力約有兩千五百人，其中半數左右都集中在東非，距離吉布地不遠的地方。[56]

從國防與軍事的觀點來看，中國在吉布地增兵，勢必會跟美國以及印度產生更近距離的接觸，因而也更可能造成雙方相互比拼。從二〇〇〇年代開始，吉布地對美國來說就具有關鍵地位，美國早早在此建立了軍事基地，以支援他在九一一事件後在此地區進行的軍事任務，並協助打擊索馬利亞海盜，雖說近幾年海盜已經不再那麼猖獗，這有部分要歸功於許多不同國家接二連三的努力，只是威脅仍然存在。目前有數千名美方的軍方人員、包商及平民身處在萊蒙尼爾軍營，以及吉布地境內其他與美國合作的安全據點之中，不論是美軍特戰部隊的行動任務，或是美國無人機在葉門及索馬利亞所進行的戰事，都得要仰賴這些根據地的支援，所以即使吉布地的蓋雷總統不久前把基地的租金調漲了幾乎整整一倍，美軍這邊也沒有縮手，還是再簽下了十年的合約，為的就是這裡的戰略價值。二〇一一年，日本也首度在吉布地設立了基地，這是自二戰後日本第一個在海外為他的海上自衛隊設置的基地，日本看中吉布地的原因跟美國差不多，都認為這裡是支援反海盜行動的重要樞紐，可以為一五〇聯合特遣隊（CTF－150）

提供協助。[57]

長期以來，美國可以說是獨占了吉布地來當成自己的軍事據點，不過在過去幾年裡，整個安全與駐軍的形勢已經發生了變化——這也是讓華盛頓方面最不安的地方——因為中國在吉布地的軍力與勢力都增加了。為了在此地區獲得更大的立足點，中國在二〇一五年宣布簽署了一份雙邊的安全與防衛合作協議，其中有一個項目就是要建立「後勤基地」，使中國成為第七個在吉布地駐軍的國家。根據報導，合約的租期為十年，中方每年要支付兩千萬美元的租金，幾乎只要美國的四分之一，合約內容中還提到要幫助吉布地建立自己的海軍與空軍，這也包括購買中國的武器系統。該合約的協商與簽署都是由中國的國防部長常萬全進行的，吉布地這邊則是交給國防部長哈桑．達拉爾．胡法奈（Hassan Darar Houffaneh），不過最後負責基地營運的，乃是解放軍海軍。在合約簽署後沒多久，學者孫德剛及葉海亞．祖必爾（Yahia H. Zoubir）就引用媒體報導，說是因為中國影響，所以美國才被迫遷出在北部城市奧博克的小型軍事設施：「二〇一五年五月，吉布地政府公開要求美國撤出他在奧博克的次級軍事基地，並將之轉交給中國，因為中方提供給吉布地的條件要優厚許多。的確，中方提供了三十億美元，要打造一條從阿迪斯阿貝巴直通吉布地的鐵路（二〇一五年完工），還計畫要為吉布地的小型港口進行現代化改造。」然而在吉布地港口自由貿易區管理局這邊，我也曾詢問官員未來在奧博克這邊有什麼計畫，結果對方只提到有個五年計畫，要在奧博克投資兩億美元，在這裡蓋個船隻維修廠和乾塢，讓這裡可以處理下一個世代的新式船隻，其他就沒下文了。[58]

中國軍方在吉布地展開積極活動已有多年，一開始比較正式的行動是在二〇〇八年底、二〇〇九年初，當時是派軍來此參加一五〇聯合特遣隊的行動任務，而後中國海軍在此設立基地，可謂達到了整個布局的高峰。有一份評估報告指出，一五〇聯合特遣隊「是中國在六百多年來首次在鄰海以外進行的海上軍事行動，對中國海軍近來的發展也有關鍵作用，中方迄今一共派了十八輪軍力前往非洲之角，這讓中國發展了許多海軍的核心技能，包括海上補給能力。畢竟對一支在十年前還被困在自家海域裡頭的軍隊來說，這裡頭有些技能相對上還算是比較陌生的。」[59]再看看另一份統計數字，中國在亞丁灣出了二十三次任務，總計動員超過兩萬六千人次；而自從中國加入一五〇聯合特遣隊以後，中國海軍護航的船隻也超過六千艘，包括中國與他國船隻在內。[60]

由於吉布地距離葉門只有三十二公里遠，中國與其他國家自然也對他產生額外的興趣，希望靠他來確保曼德海峽的運輸路線無虞，而且在周邊這許多紛亂的地區中，吉布地也有保護外籍公民的功用，像是二〇一五年就發生了一件前所未見的事，中國從葉門的亞丁港救出六百名中國公民，以及兩百五十五名外籍公民，但沒有直接返國，而是先前往了吉布地。跟葉門有關的麻煩事還不少，其中一件就是他內戰所引發的動亂會殃及周遭，危及海路的安全，按照吉布地國防部長胡法奈的說法，未來若想找個領頭羊來確保這裡的區域安全，中國乃是首選，因為中國本就越來越常造訪此地諸港，像是亞丁和塞拉萊（Salalah），其海軍到這裡出任務的次數已經增加了許多，而且中國還可以把吉布地當成重要的補給港，藉此來出動大軍，一路開到蘇伊士運河和地中海去，沿途還可以停靠在沙烏地阿拉伯的吉達

（Jeddah），以及土耳其的伊斯坦堡。不過投放在這裡的軍力越多，守護地區安全的責任也會被放大，從葉門的衝突爆發開始，大約已有十八萬名當地國民逃離該國，有幾千人跨海跑到了奧博克，最後才在這裡找到了聯合國的難民營安頓下來。吉布地已經收容了大約一萬兩千八百位索馬利亞難民以及尋求政治庇護的人，如果中國想要國際社會把他當成一個合格的安全保護者看待，成為國際大家庭的一分子，那他就得要採取一些新措施，以更積極的態度參與此地的政治與安全事宜。[61]

中國在多拉雷多功能港這邊，原本是想花點時間好好研究，然後慢慢完成在此建設基地的計畫，不過現在既然都已經公開在這裡駐軍了，接下來就得面對一個難題，跟美國一樣，這個難題是所有駐軍在外的國家都會面臨到的，就是要怎麼拿捏跟地主國之間的關係。眼下看起來，中國在吉布地有這麼多財政上的工具可以操縱，他可說是處在一種極為有利的地位上，可以放心繼續向他的偉業邁進，打造一個嶄新而獨立的貿易、物流與交通體系，同時也把他的軍力往更遠的地方投放出去。

## 建置PEACE纜線

如果說中國想要更進一步獨攬吉布地的日用品市場與海上貿易商路，他所差的最後一步就是要設法控制該國的電訊系統，而這套系統是跟整個海底纜線系統連通在一起的。雖然目前這些海底纜線都是由個別國家針對地區性用途而設，不過因為這關乎未來全球安全問題，所以漸漸成為大家關注的議題，重要性比從前大大增加。目前中、俄、印三國的實力都已經成熟，足以在大型海底光纖纜線這方面展開一場競賽，看誰能夠把纜線鋪設在歐亞水域、自家的戰略水道，甚至是海上咽喉要衝之中，而且還要常保纜線本身無虞，不會受到外界攻擊。大多數人其實都沒有意識到，陸地上有那麼多人靠網路來彼此連結，可是對比起來纜線的數量其實非常少，紐約大學教導媒體與通訊的妮可．史塔洛西爾斯基（Nicole Starosielski）教授是這樣描述的：「大家聽到這些事情應該會很驚訝，在整個海底的纜線系統數目只有兩百出頭，它們擔負了整個網路世界的流通，而且大致上都集中在非常少數的幾個區域裡頭。」這些纜線大概都只有跟花園裡的水管差不多粗，未來所要面對的問題在於，這些纜線是否還能免於受到實際上的攻擊？用史蒂夫．懷茲（Steve Weintz）這位記者的話來說就是：「如果你想要進行一場混合戰——意思就是用不太光明的手段去干擾或傷害對手——那你會希望自己有辦法隨意切斷位在海底深處的纜線，因為這會是一種非常強大的武器。」[62]

現在大家越來越依賴網路流通資訊，這確實是一個大問題，尤其是跟海洋相關的事務，而歐亞大陸諸國在擴張他們的網路連結時也沒顧慮到這點。以中國及印度為例，兩者的上網人口分居冠亞軍地位，分別是八億兩千九百萬人以及五億六千萬人，以中國來說這已經大約是他百分之五十八的人口數，至於印度這邊則只占其人口中的百分之四十一；排行榜上的第三名是美國，有兩億九千兩百萬人上網，排名第八的俄羅斯則有一億零九百萬人。隨著中印兩國的上網人數增加，自然更必須要保護海底纜線與資訊流，畢竟百分之九十五的語音與資料的流通都是靠海底纜線來傳送的，靠衛星傳送的比率只有大約百分之五。對全球航運業以及各地的海軍來說，海上競爭轉趨激烈後，可能會對他們的導航與定位系統造成威脅。[63]

在網路為王這樣的時代背景之下，中國正在打造一個被稱為「PEACE」（Pakistan and East Africa Connecting Europe）的水下纜線系統，也就是先從巴基斯坦接到東非，然後再接到更遠的地方，把亞洲、歐洲和非洲都用纜線連接起來，差可比擬於一九〇二年英國啟用的「一路貫通紅線」（All Red Line），當年用了一千七百條海底電纜，總長度超過二十萬英里，大致上把整個大英帝國和他遍布世界的殖民地與駐外基地都給連成一氣，時至今日，中國也展開了一個與之比肩的計畫，等到他建完了全球海底纜線網絡以後，就會更有能力確保自己網路系統的獨立性，也更有辦法掌控進出中國乃至整個世界的那些有價值的資訊流。事實上，有很多中國官媒都在討論「網絡中心戰」（network-centric warfare）的重要性，按照中國人民解放軍海軍大連艦艇學院在其發行的刊物中所述，「在資訊時代裡，資訊就是戰鬥力的主要來源之一。」[64]

不久前，華為海洋網絡有限公司針對PEACE海底纜線系統進行了一次可行性研究，希望在二〇二〇年就完成第一階段計畫。這個第一階段橫跨的範圍有六千兩百公里長，從海底一路自瓜達爾連通到喀拉蚩（Karachi），中途經過吉布地、索馬利亞與肯亞；計畫的第二階段會接著分別往南北兩端伸展，連結到歐洲與南非，跨距達一萬三千公里，纜線把法國的馬賽跟印度洋網路的其他部分連接在一起，包括塞席爾在內，預計在二〇二一年可以上線（譯註：該工程已於二〇二一年底完成，宣布於二〇二二年啟用）。中國的目標之一，就是要打造一個全新而快速的資訊公路，然後貫通歐亞非，跟遠方連成一氣。[65]

再看看吉布地這邊，一共也有七條纜線現在被拉進了該國，分別匯聚到兩處纜線登陸站中，由此可以看出吉布地在地緣戰略上的重要性（對比一下，以俄羅斯的人口數量，也就只有兩座纜線登陸站而已），而且這些進出吉布地的纜線也逐漸落入中國的掌控之下。此外還有消息指出，中國正在多拉雷多功能港設置一個大數據分析中心，想要分析該國的電子通訊內容，包括在吉布地駐軍的那六個國家在內；若按照另外一則消息的說法，這七條纜線都是打從萊蒙尼爾軍營前面經過的。除了逐漸掌控這些纜線以外，當地手機網絡的多數市占率也連帶地落入了中國手中，而且目前在吉布地，如果有人想要幫自己的手機多買額外的上網時間或SIM卡數據量的話，還必須要提供護照，我們可以合理推測，這大概是進一步監控當地所有電子通訊的另一種手段，中國正一步步成功地打造出一個具有中國特色的替代網路系統。我們應該要注意的是，今天任何一個國家都可以比以往更容易就切斷或干擾海底纜線，所以沒有哪一個獨立的纜線系統可以得到完全的保護，[66]然而就算這樣，中國還是有其他多餘的線路在手上，一旦他與美國或其他對手忽然爆發衝突，就能好好加以利用。

## 巴基斯坦的瓜達爾

西南亞最後一個重要的戰略咽喉位在曼德海峽東北方，那就是荷姆茲海峽。雖然中國在荷姆茲海峽還沒有基地，不過他正在打造一個重要的海運節點，想讓自己幾年後獲得更多能源安全上的保障，更有辦法進到波斯灣裡頭。在俾路支省（Balochistan）的莫克蘭（Makran）海岸一帶有個瓜達爾，這個海濱城市正好座落在阿拉伯海北端的盡頭，距離波斯灣的出口只有四百公里遠，而這裡正在幫助中國建立海上絲綢之路。瓜達爾身上還背負著另一個期望，就是中國希望能用這裡來支援自己的「遠海」戰略，就像有一些觀察家所說的，因為有中國的大戰略計畫，「北京和伊斯蘭馬巴德都把瓜達爾看成是未來的珠玉」[67]。

除了可以用來協助一帶一路之外，中國還可以從瓜達爾這裡獲得三大好處。首先，瓜達爾讓中國可以在地理上逼近盛產能源的波灣地區，這裡每天運送出去的石油有百分之七十七都是提供給亞太地區的，前總統穆夏拉夫（Pervez Musharraf）更曾在不同場合中數度提到「巴基斯坦願意成為中國的能源廊道……伊朗與新疆的原油，可以從港口輸送到新疆」，他還曾把瓜達爾說成是「整個區域的經濟吞吐口」。[68]第二個好處，瓜達爾是中巴經濟走廊的輸入口，該計畫會把商路從瓜達爾一路連通到中國紛擾不斷的新疆省，就算在新疆的最南端，距離東邊最近的中國港口也有四千五百公里遠，但是往南到瓜達爾卻只有兩千四百公里。只不過，雖然兩國都有心想要用高海拔的喀喇崑崙公路把新疆跟瓜達爾給連結起來，其實大多數運到中國的貨物還是依賴空運，不然就是穿過麻六甲海峽，走比較長的海路，巴基斯坦跟中國大多數的貿易都還是都透過濱海的廣東與浙江兩省，兩者分別位於中國的南方與東方海岸上，由此便可窺見一斑。第三，中國在瓜達爾與巴基斯坦駐軍，會讓印度不敢輕舉妄動，就像學者安德魯·斯莫爾（Andrew Small）所宣稱的，「（中國）希望巴基斯坦有誠意一點，好好跟維吾爾的激進分子打一仗，他也希望看到巴基斯坦的經濟體制可以運作得完善一點。儘管中國看起來很關心巴基斯坦，但這不該讓大家忽略一個重要的事實，印度如果不得不一直緊張兮兮地盯著自家西邊的鄰居看，北京方面對付起來就容易一些。」[69]

早從一九四七年開始，中國就一直跟巴基斯坦維持很好的關係，以此來制衡他在南亞的主要對手印度，不過一直到了一九六二年中印爆發了邊界戰爭後，中巴關係才迅速增溫且牢不可破。到了一九六三年，兩國就邊境關係簽署了一份協議，此外又簽署了協議要興建一條連接中國新疆省與巴基斯坦北部的高速公路，在這之後的一九六五年與一九七一年，中國還援助了巴基斯坦兩場對抗印度的戰爭。自一九七〇年代以來，兩國簽署了許許多多在政治、軍事與經濟上的合作協議，進一步發展了地緣戰略上的夥伴關係；一九七六年開始，中國甚至與巴基斯坦密約，幫助他發展核武科技。雙方都在戰略上牢牢綁定彼此，巴基斯坦的前總理謝里夫（Nawaz Sharif）還曾以「其甜更甚於蜜」來描繪中巴關係，對此安德魯・斯莫爾也有另一番觀察，「中國能從區域大國走向世界大國，巴基斯坦就是這個地位轉變的核心因素。」斯莫爾還注意到，既然美國看起來是在戰略收縮，逐漸從阿富汗及中歐地區邊境退出，中國這幾年也就老實不客氣，大搖大擺地進場插手了。[70]類似的麻煩不只於此，由於川普政府在二〇一八年五月決定撤出伊朗核子協議，美國在這個地區的立場也變得更難周全。

在歷史上，瓜達爾曾是莫克蘭海岸上的一個奴隸港，不過近年來人們只記得它是一個寧靜的小漁村。時至今日，這裡的人口為二十六萬三千人，依然只能算是一個小城市，不過卻逐漸變身為中國人新的物流與供應轉運中心，因為從戰略上來看，這裡距離荷姆茲海峽的出口很近，而且往西走大約一百三十公里就到了伊朗邊境，往東走六百公里則可以到達競爭對手喀拉蚩港，以致於很多人都喊著要在未來二十年裡把這裡變成一個兩百萬人口的城市，其中包括一萬名中國籍的外籍居民。[71]一七八三年時，瓜達爾原本為阿曼蘇丹國所有，但過了將近兩百年後，賽義德・本・泰穆爾（Said Bin Taimur）蘇丹卻在一九五八年時用三百萬美元把它賣給了巴基斯坦，也讓出了他唯一的海外殖民地。而當巴基斯坦在一九五八年剛接手瓜達爾時，就已經有了長遠的眼光，要把這個天然的深水灣開發成一個海港。[72]

不過，關於瓜達爾的正式討論直到一九九三年才開始出現，而且剛開頭的時候整個計畫都只能算是空中樓閣而已，直到二〇〇一年中國宣布要投資後才改觀。二〇〇二年三月，中國簽下合約，提供了一億九千八百萬美元的資金。瓜達爾港建設計畫第一階段必須的總金額為兩億四千八百萬美元，其中包括要興建三座多用途船隻泊位，結果第一階段在二〇〇六年完工，並於二〇〇七年初啟用。相較之下，第二階段的雄心要比之前大上許多，估計要花掉大概六億美元或甚至更高的預算，其中包括要再多建造四個泊位、一座散裝貨物碼頭，以及其他讓港口更完善的設施，包括一座煉油廠；然而這個建設計畫卻始終沒有真正動工，在過去十來年裡一直大致上處於擱置狀態。這件事多少跟穆夏拉夫在二〇〇八年被奪權下台有關，瓜達爾自此就失去了它最主要的擁護者與支持者。[73]

在最初幾年，瓜達爾的營運合約事由新加坡港務局（PSA）拿下，但是該港一直沒有完全進入營運狀態，據說這是因為新加坡港務局與巴基斯坦政府雙方對合約的條文有歧見，此外還有一些安全上的顧慮及其他因素。這曠日持久的法律戰一打就是好幾年，期間也衍生了很多問題，最後新加坡港務局同意放棄對此港的營運控制權，也不管巴基斯坦政府在二〇〇六年十二月時跟它簽了一份四十年的合約，這個決定等於是替中國鋪好了道路，準備要完全掌控瓜達爾。從二〇一二年開始，中國港灣公司跟新加坡港務局展開了協商，討論管理權的轉交事宜，雙方並於二〇一三年立約，依照合約，新加坡港務局要把營運工作轉交給在香港註冊的中國海外港口控股有限公司。有好幾份報告都宣稱，依照協商達成的部分協議內容來看，中國將會獲得「百分之九十一的收益，直到四十年後該港交還給巴基斯坦政府為止」，而且在那之後的二十年裡還擁有不用繳稅的特權。當二〇一三年二月中方接管營運時，該港只發揮了大約百分之十五的運能，前四個月裡只有一個船塢能用，這多少也解釋了中國在接管該港時為何能夠獲得那麼多對他有利的條件。[74]

上述的事情發生後不久，中國就宣佈要建立中巴經濟走廊，同時也提出了一帶一路倡議。中巴經濟走廊原先的設想是有一系列基礎建設及能源計畫，其總值大約六百二十億美元，將可進一步連結中國與巴基斯坦的經濟，只不過，目前進行的計畫裡有超過百分之六十四都聚焦在巴基斯坦的電力需求上。中國在過去這十年裡到底投資了多少錢在巴基斯坦身上，這一直是備受爭論的話題，不久前蘭德公司（RAND）有一項研究指出「中國承諾在二〇〇一年到二〇一一年間向巴基斯坦提供的財政援助總額是六百六十億美元，但真正實現的只有百分之六的金額，因此有一位重要的中國專家就在他一篇文章裡針對中巴關係下了一個言簡意賅的的標題：『中巴經濟紐帶：細小而脆弱』。」[75]

先不去吵具體的數字問題，中國目前起碼看起來還是許諾要給瓜達爾一個進步而繁榮的未來，事實上有許多中國官員，包括習近平主席在內，都認為有朝一日瓜達爾可以跟希臘的比雷埃夫斯相提並論，這表示他們很有心想把瓜達爾轉型為一個轉運與商貿中心。雖然該地區裡不乏有其他立足已久的強大競爭對手，像是阿聯酋、卡達、阿曼、伊朗的諸多港口，中國始終還是對瓜達爾青睞有加，視之為海上絲路的重要節點。依照一些單位的估算，瓜達爾港經手的貿易量將會從二〇一八年的一百二十萬噸成長到二〇二二年的一千三百萬噸，最近這裡才剛多裝設了三架起重機，還進行了更進一步的疏浚工程，希望在不久的未來就能招徠更大的船隻。只不過，當地也一直都有一些問題沒有解決，像是經常發生電力中斷、長期難以取得乾淨的飲用水，此外還有一些當地治安上的疑慮等等。[76]

中國目前似乎沒打算要食言，在二〇一八年初，中巴雙方的官員還一起舉辦了瓜達爾自由經貿特區第一階段的啟用典禮，整個計畫共分四個階段，含蓋土地面積達九百二十三公頃，將會與中巴經濟走廊整合在一起。中國海外港口控股有限公司的總經理張保中（譯註：張保中實際是母公司的董事長，不只是子公司的）在啟用典禮中致詞，提到「隨著自由貿易區的建設開展，瓜達爾這個港口城市將會變成這個地區的商貿轉運中心……有三十幾家不同業務性質的公司，像是飯店、銀行、物流業及水產加工業，都已經進駐到自貿區中，直接投資的金額約達到四億七千四百三十萬美元，等到完全營運後，每年的出口總值預計將達到七億九千零五十萬美元。」[77]至於未來自由經貿特區所產生的所有收益，負責營運的中方會分走八成五。在二〇一八年一月的啟用典禮過後，中巴雙方還達成了多項協議，其中一項是讓瓜達爾與中國的天津結成姊妹港，另外瓜達爾也與大連結為姊妹市。為了進一步表示中國對瓜達爾的許諾日益堅定，中國從二〇一四年開始就承諾會另外投入大約八億美元的驚人數字來進行當地的建設計畫，為的就是要幫他贏得當地政界人士的心。中方提出的計畫中不乏有興建學校與機場、擴建當地醫院等項目，此外中國還承諾要幫瓜達爾進行水利基礎設施的升級與現代化工程，中巴投資公司不久前也在倫敦進行了一輪公關宣傳活動，斥資在倫敦各地十七條不同的巴士路線上打廣告，到處都可以看到橫幅上寫著宣傳口號——「瓜達爾：新興國家巴基斯坦的門戶」[78]。

作為中巴經濟走廊中的一環，新一輪中方的資金也要開始投入新的海洋基礎建設計畫，因而也就會有更多中國工人來到巴基斯坦南方，暴露在更大的安全風險之下——不過巴基斯坦的其他地方對中國工人也一樣危險。雖然這對任何一個強國來說，只要是在外國的土地上辦事本來就會有這種問題，可是中國一方面在戰略上想要加速他在地緣經濟上的實力，同時又盡量想要避免跟巴基斯坦裡頭的他方勢力起衝突。巴基斯坦南部主要的威脅來自於俾路支分離運動分子，此外還有一些恐怖分子及其他的暴力極端分子，根據一些單位的統計，自從中巴經濟走廊的計畫啟動以後，觀察家們就看到軍事暴力事件有顯著的上升趨勢。俾路支分離主義在過去十年甚至更久的時間以來一直在進行運動，其主要針對的目標是中央政府，反抗他們對俾路支省一直以來的歧視政策，而且也不願投資建設這裡，然而中國這邊一直在努力爭取當地人的支持，希望透過他的倡議來幫助這裡創造更多工作與發展的機會，改善當地的經濟與生活情況。俾路支省有一千三百萬人口，是巴基斯坦最窮困、發展程度最低的省分之一，許多當地人都擔心，一旦瓜達爾全面運營、馬力全開，那裡真的發達起來了，反而會對他們的生計產生危害。[79]

從二〇〇四年開始，有很多攻擊事件的目標都是中國的工人或工程師，發生地點包含了中國工人居住的飯店、入境的機場，有的還專挑中國員工前往港口的通勤巴士下手，不過有很多這種針對中國員工或基礎建設計畫的攻擊事件至今都沒有媒體報導，有一起比較新的事件是發生在二〇一六年五月，一名中國籍員工與當司機的當地人在喀拉蚩遭到攻擊。二〇一七年春天，俾路支分離運動分子甚至攻擊並殺害了十名工人，俾路支解放軍的領袖發出了一份聲明，該團體聲稱「這項陰謀詭計（指中巴經濟走廊）無論如何都不會被俾路支的人民所接受，俾路支的獨立運動早已多次清楚表明，絕不會假借開發計畫甚至以民主之名，放棄自己人民的未來。」眼見局勢越來越動盪，而中國在這裡的角色又越來越吃重，巴基斯坦軍隊終於在不久前建置了一個兩萬人的陸軍師，並制訂了新的安全準則，不只要保護中國工人，也要守護中巴經濟走廊計畫，以及其他基礎建設項目的安全。[80]

不論是中國的海上投資計畫，或是中國工人本身，他們不斷在瓜達爾與其他地方成為鎖定攻擊的對象，這件事當然會讓中國方面不得不漸漸重視安全問題。首先，中國不想看到利比亞或葉門的情況重演，或者說不想在出事的時候鬧個措手不及，然而如果要保護這些資產，中國就必須考慮駐守更強大的軍力在此，就像在吉布地那邊一樣。順著這樣的思路，就會明白為什麼有越來越多觀察報告都說中國正在計畫增派部隊或海軍前往瓜達爾，或者也可能是前往它附近的吉沃尼（Jiwani）。吉沃尼與瓜達爾相距大約六十公里，按照最近一些研究報告的說法，這裡未來有可能會成為中國的軍事基地所在，因為吉沃尼位在一個小港灣中，受到天然的地利保護，很符合中國的整體利益考量。不管最後選址為何，中國的一帶一路與海上絲路計畫在巴基斯坦都發生了轉變，這也開始讓大家看到，這些倡議本身其實遠不只是一些促進發展、進行基礎建設計畫的地緣經濟投資而已，就像很多人所質疑的那樣，一帶一路與海上絲路會幫助雙方在整體軍力或海軍方面建立更緊密的合作關係，以此來達到互惠，在巴基斯坦就是如此。舉例來說，二〇一五年時中國就賣了八艘潛水艇給巴基斯坦，總價約為六十億美元，這些賣給巴基斯坦的設備都是中國日後可以好好利用的資源，等到以後中國自己的艦隊中途停靠在這裡的時候，不論是要加油或保養，都會更加方便。[81]

過去這幾年，觀察家們也發現有越來越多中國海軍的艦艇在喀拉蚩停泊，這是巴基斯坦的主要海軍基地之所在，進一步見證了中國在戰略上的雄心，以及他的海軍至上主義力量正在抬頭。二〇一四年時有一次的海軍出訪期間，印度方面發布了許多影像，讓大家看到了中國的攻擊潛艇在喀拉蚩現身。中國的海軍不只出現在巴基斯坦，甚至遍行於印度洋各地，這種行為乃是一種重要的武力展示，也有助於對一旁的印度持續施加壓力。前印度海軍准將，同時也是德里的智庫政策研究所（Society for Policy Studies）所長齊特拉普．烏代（Chitrapu Uday），就曾經表示「中國海軍在印度洋出沒，早已是『無可逃避的現實』。」[82]

有一些研究報告統計，瓜達爾目前「設有一個小型的巴基斯坦海軍基地，裡頭駐紮著兩艘六百噸重的中國製護衛艦，以及多達兩萬名的巴基斯坦特戰警備師的成員，該部隊在俾路支建置，目的是要保護中國工人。」雖然北京方面的官方說詞，都只把瓜達爾的事說成一個商貿計畫，不過有一位跟中國海軍往來很密切的中方學者，不久前曾針對是否有可能在瓜達爾設立基地這件事發表了一段相當謹慎的看法：「一切都在不斷變化，我們不會尋找其他的海軍支援基地，不論是在瓜達爾或其他地方皆然，可是誰又知道以後會發生什麼事呢？我們也許就照著吉布地的情況重起一個爐灶了。」[83]就目前的情況來看，中國比較有可能會把瓜達爾當成是一個消息站或情報站，至少有一個消息來源是這樣認定的。在不久後的未來，瓜達爾就會成為另一個中國海軍的支援、後勤、補給與維修中心，前中國駐印度大使裴遠穎在之前的一次訪問中也表達了類似的看法：「當中國船隻向蘇伊士運河、地中海和亞丁灣航行時，瓜達爾港可以作為一個後勤支援基地。」不過如果最近的局面是舊事重演的話，瓜達爾就會發生跟吉布地一樣的轉變。我造訪吉布地的那段時間裡，碰到的好幾位歐洲軍官也都觀察到了，中國正在西印度洋這邊建置一支部隊，準備用瓜達爾和吉布地來把西印度洋切成兩段。[84]

## 中方目標：強化連結，深化影響

從蘇伊士運河、吉布地到瓜達爾，中國正一步步在印度洋西側及西南亞的分支海域中獲取更大的海洋地緣經濟利益，同時也建立更穩的海軍立足據點。也許美國確實還是西南亞多數地區的老大，但是他著眼的似乎大多是陸地，至於此地海域乃至於全球整體的秩序，則在中、俄、印三方漸趨激烈的角力中逐漸發生了轉變。

俄羅斯想往南推進到印度洋，雖然才剛開始發力不久，不過大概會一直往前推下去。俄羅斯會繼續跟埃及、蘇丹、索馬利蘭及其他波灣諸國打好關係，而當他漸漸深入印度洋的時候，也將會不得不面對勢力平衡的問題，而且要平衡的不只印度及巴基斯坦，還有中國，其實最近就有一些未經證實的報導認為俄羅斯正試圖把海軍前進到瓜達爾，此外還有一些報導聲稱俄羅斯打算要跟中國保持一定的距離，因為擔心照著中方的路線行事會使從前的夥伴印度離心離德。[85]雖然俄羅斯一直在發展海洋地緣經濟，並且把海軍力量擴展到西南亞，但這一切都只是海軍至上主義抬頭所導致的現象，他要角力的對象只有那些歐洲國家而已。

由於中國一直在找尋方法支持自己的遠洋海軍戰力與打擊範圍，因此在目前看來他還是頭號角色，會繼續在這個區域扮演更全面性的要角，他在蘇伊士運河、紅海，乃至於阿拉伯海及波斯灣都在進行海洋地緣經濟投資，而他現在也利用這些新投資來打造與強化一套海上貿易與物流網絡，並讓這套網路逐漸與全球體系脫勾，因為該體系長期以來都是由美國與西方世界所掌控的。在中國的這套新體系裡頭有一張大網，這是由中方所主導的港口及基礎建設計畫所構成的網絡，此外也有另一張強大的電子通訊網絡，這包括了新近鋪設在印度洋各地的海底纜線。在這些海洋網絡出現之後，一旦未來中國跟另一個強權之間爆發了任何衝突，就能確保中方會更有變通的餘裕。

中國的這套新海洋體系不僅鋒頭正健，而且還會後繼有力，因為他主要採用的地緣經濟工具相當巧妙，那就是貸款。中國不僅提供簡單又快速的貸款門路，還連帶送上知識資本以及能工巧匠，一起幫吉布地和巴基斯坦等地主國執行中方所提出的計畫，然而讓中國插手後，如果吉布地或巴基斯坦無力償付貸款的話，就可能會為該國的主權帶來巨大的代價與威脅。有了這些鉅額貸款當籌碼，就能確保中國繼續快速成就他的偉業，重新制訂全球體系的秩序，使之轉而變為對自己有利。

最後要提的是，由於自身的海軍至上主義抬頭，而外在的區域安全局勢也不斷升高，使得中國的海洋地緣經濟利益現在也得讓出第一優先的地位。中國想避免未來再次碰到像利比亞或葉門的那種局面，為此他的海軍就要表現得更加主動，以保護他越來越龐大的投資與在此地區的各種利益，這種事無法假手於其他國家，因此必須繼續向外投放自己的部隊及海軍，而等到在吉布地設置好自己的基地，這事就可以辦到了，之後應該還會接著再找地方設立其他軍事設施，或是建立後勤中心。雖然中國的基地不太可能像雨後春筍那邊一個接一個快速冒出頭來，但是要想保障自己從歐洲一路到亞太地區的海洋地緣經濟投資無虞，手頭上就非得準備好武力才行，然而這也就等於是說，不論是從西向東，或從東向西的海路，穿過了某些全世界最緊張、最危險的咽喉要地，將會有更多的軍事基地及遠洋海軍出現，以保障這些海上交通要道的安全。

# 第五章
# 印度洋角力場

如果有人想要了解中印之間在印度洋上較勁的大致景象，那就應該去一趟斯里蘭卡南部的港口漢班托塔（Hambantota）。有些人認為漢班托塔這個名字是從「Sampan Thota」演變而來，或者說早從十五世紀開始這個港口就不時有中國的舢舨（前述的地名就是這個「sampan」）前來，此外中國的探險家鄭和也曾數度來此。[1]漢班托塔原本是個寧靜的漁村，雖然印度洋商機蓬勃的海上交通要道就在此地南方十海里處經過，但兩者依然扯不上多大關係，直到斯里蘭卡總統馬欣達・拉賈帕克薩（Mahinda Rajapaksa，任期自二〇〇五至二〇一五年）上台，情況才有了翻天覆地的改變。斯里蘭卡歷經了超過二十五年的血腥內戰，造成大約八到十萬名國民喪生，當時在國際社會上多數國家都對斯里蘭卡選擇迴避無視，而拉賈帕克薩在那樣的時刻找上了中國，尋求在財政與政治上的支持。二〇〇九年，斯里蘭卡政府宣布打倒了叛軍泰米爾之虎（Tamil Tiger），拉賈帕克薩認為中國是一個願意幫忙的好夥伴，可以找他來為整個國家分別就戰後重建、基礎建設及長遠發展方面著手制訂計畫。拉賈帕克薩不只想把他的故鄉漢班托塔開發成一個海上商貿重鎮，同時也要讓它成為新興觀光勝地，因而需要有機場與其他設施。

從漢班托塔開車，大約四到五個小時就可以抵達斯里蘭卡首都可倫坡（Colombo），其中有一部分路程走的是新蓋好的E01高速公路，這條路不會壅塞，其建造工程分別由日本與中國負責。[2]我第一次抵達漢班托塔時已經是深夜，可是當我隔天一大早醒來的時候，耳邊聽到的是海浪滔滔的聲響，眼裡看到的是空曠綿長的海岸，著實令我相當驚喜。

二〇〇七年，中國簽下了漢班托塔港興建計畫的合約，初期先投入了十三億美元，由中國進出口銀行及招商局港口控股公司共同出資，營建工程則交給中國港灣公司進行。[3]興建計畫的第一階段在二〇〇八年展開，二〇一〇年完工；第二階段在二〇一二年啟動，二〇一六年竣工；至於第三和第四階段目前尚在討論，其中第三階段原本預計是要在二〇二三年完工的。二〇一七年時，漢班托塔登上了新聞的大頭條，因為繼任拉賈帕克薩的總統邁特里帕拉．斯里賽納（Maithripala Sirisena）宣布跟中國簽下了一份價值十一億美元的特許權合約，交出了漢班托塔港的控制權，原因是該國債臺高築，媒體宣稱他在過去十年裡向中國索取了超過六十億美元的貸款，此刻已然無力償付。這份合約的內容充滿了爭議，斯里蘭卡把港口借讓給中國招商局，租期長達九十九年，該公司手上不只掌握了漢班托塔港七成的股權，就連前不久才在港灣出口處興建的四十二公頃人造島也一併交給了他們，[4]這座人造島是用疏浚港口時清出來的沙土蓋成的，目前還是空島一座，等著它的中國主人前去大顯身手，成就另一番商業大作。

自從把這個港口的營運和所有權轉交給中方之後，想進到港裡頭就變得越來越困難了。在我前往漢班托塔之前，曾經嘗試多方管道想要申請進到港內，但是在這過程中有很多人都向我強調一點，就連斯里蘭卡政府自己都已經很少有權干預該港事務了，包括誰可以或不可以進到港中。大部分的官方管道都完全無視於我的請求，不然就是陷入無止境的公文旅行之中，幸好我透過斯里蘭卡港務局（SLPA）可倫坡港務長辦公室當面提出請求，才在最後一刻申請成功。斯里蘭卡港務局尚且保有漢班托塔三成的股權，所以可以指派一位副港務長去督導一個小團隊，負責協調船隻進港、卸貨及其他文書工作等事宜，不過按照我此行所見，跟中國招商局及其承包商相比，斯里蘭卡港務局在漢班托塔所擁有的權限相當有限，而且也不太重要。目前此港的經營管理，包括保安工作在內，都被中國招商局外包給了漢班托塔國際港口集團（HIPG）以及漢班托塔國際港口服務有限公司（HIPS），而他們又再轉包給更小型的包商。某些研究單位估計，該港所雇用的工人一直都在五百到六百人之間，如果有船隻停泊的時候可能會增加到七百人左右，雖然大部分的港口工人都是斯里蘭卡人，不過真正的核心幹部一直都是中國人，這些雇員有三十五人左右，不只在港裡任職，也住在港裡，負責各式各樣的工作。[5]

不只港口的所有權備受爭議，漢班托塔港還一直都顯得欲振乏力，一天大概只有一艘船會來，而且來的大部分都是滾裝船（ro-ro），船上載的是汽車及其他的滾裝貨，然而只要政府核發停泊許可的話，其實這個港就算停放世界上最大的海軍軍艦也沒問題。[6]港裡頭還有一棟十三層的行政管理大樓，模樣看起來就像一張巨帆，俯瞰著漢班托塔的海岸線，跟主要船塢之間相距大約只有五百公尺，從大樓樓頂遠眺，人造島、石油碼頭、港裡主要的兩架貨物起重機，以及其他的港內建築設備均盡入眼簾。此外港裡還可以看到一座大到誇張的船型水泥紀念碑，這是為了紀念馬甘普拉·馬欣達·拉賈帕克薩港（漢班托塔港的另一個名字）的啟用而造的，然而現在卻被樹木和荊棘所掩蓋了（也許反正那本來就只有象徵性的用途）。

漢班托塔的例子可以證明，中國這次又只是想在印度洋中心、靠近主要海上運輸路線的地方建立一個能堪大用的前期據點，然後等著它的重要性逐漸增加，也許有朝一日這裡就可以跟斯里蘭卡的主要商港可倫坡相匹敵。中國逐漸坐大，當然也被美國、印度、日本等國家看在眼裡，不過其中對中國坐大最感到戒慎恐懼的大概是印度，因為發生地點就在印度自家後院，印度一直以來都認定自己跟這裡在歷史上、文化上及政治上有很深的淵源，以後也該一直是對自己有利的主場。這假設其實是錯的，而印度也很快就明白了這點，因此印度近年來可謂上下齊心，不論是在經濟上、政治上乃至軍事上——特別是在海上這部分——都努力採取更積極的行動，想要在印度洋上跟中國勢力對抗。事實上，印度為了直接在漢班托塔跟中國抗衡，不久前才簽了一份四十年的租約，以兩億一千萬美元的代價接管漢班托塔的馬塔拉國際機場（Mattala International Airport），這裡一直被戲稱是「世上最閒的機場」，裡頭有兩個航廈登機門，一條三點五公里長的跑道，都是中國港灣工程公司在二〇〇九到二〇一三年間所建造的，但大多數的商業航班在二〇一八年時都停飛了，根據一位機場官員的說法，其原因出在國內政治上的問題。印度最近還在漢班托塔開設了一個領事館，這明顯是對中國勢力坐大感到越來越不安所致。然而即使印度出了這宣示意義重大的一招，相較於印度這邊控制機場，長期來看還是手握漢班托塔港的中國會比較吃香。[7]

由於中印兩國在大印度洋地區相爭，兩國都想保護自己的國家利益，並確保在彼此相爭的領域中能夠具有足夠的影響力，這情況逐漸發展成一種新型態的地緣經濟與地緣戰略競爭，而且會越鬥越引人矚目。漢班托塔的情況，甚至是整個斯里蘭卡的例子，在印度洋各地都在上演，不久之後中印之間會越鬥越凶，但背後主要的成因還是在海洋地緣經濟，畢竟印度有超過九成的進出口貿易，包括像是能源等項目，都是透過海路進行的。雖然爭得越來越凶的目標是地緣經濟，但是卻會連帶造成該地區的安全形勢升高，海軍至上主義也跟著抬頭，就像學者大衛・布魯斯特（David Brewster）所說的：「中印在印度洋的戰略之爭益趨激烈，有可能會嚴重衝擊到該地區的穩定與安全……這也許會導致兩國陷入極為負面的戰略角力，在海洋這方面也是如此。」[8]

自從印度的莫迪（Narendra Modi）總理在二〇一四年掌權以來，一直在推動印度全國好好重視自己的海域，這有部分是針對中國勢力在印度洋坐大而產生的反應，但也有部分是為了順應印度的整體路線，因為印度正在崛起，渴望成為一個強國。雖然印度要完成與克服的事情還有很多，不過許多分析師及學者都認為印度已經登上了世界舞台，至於他的發展方向怎麼走，有很大一部分要看他有沒有辦法在經濟、政治與軍事上管理與保護自家海域，以及要靠什麼來達成這點。在二〇一八年舉辦的香格里拉對話會（Shangri-La Dialogue）上，莫迪曾經表示：「這個區域是我們的大利所在，我們也在此長期深耕，在印度洋這裡，我們的對外關係越來越強固，我們也一直在幫助朋友與夥伴們建立經濟力量、強化海上國防。」[9]換句話說，印度注重的面向在於本國的經濟利益，強調依法行事，希望大家一起保護全球海事公共疆域。

印度的問題在於，他思考問題的時候沒辦法像中國那樣放大時間上的格局，更有甚者，對當地一些比較小的島國來說，像是馬爾地夫和模里西斯，印度的影響力在中國的挑戰之下也似乎在不斷遞減，而中國卻在一塊又一塊湊齊海上絲路的拼圖。印度前海軍中將，同時也是現任印度國家海事基金會祕書長普拉迪普·邱漢（Pradeep Chauhan）就認為，「對中國來說『短期』一般指的是三五十年，可是這樣的時間在印度，已經算是長到用『長期』都遠遠比不上的程度……這讓中國可以在戰略上收到奇效，在軍事戰略方面尤為如此。」[10]其實印度在這幾年在動作上已經算是比以前要快，而且也更有策略了。由於本身的地理位置，加上跟南亞諸國在歷史文化上有紐帶關係，這些都會讓印度在短期內出手捍衛自己的許多地緣經濟利益，可是長期來看，中印兩國之間的海軍至上主義不斷抬頭，競爭態勢愈趨激烈，有可能會導致雙方爆發衝突，在海上一步步升高對立局勢。兩國對之後的局面也都了然於心，早已開始預作準備，而俄羅斯這邊則持守著較為消極而中立的角色，靜靜看著那邊你來我往，以不變應萬變，等著看最後的結果。

## 印度的地緣經濟，對海洋仰賴漸深

拉賈·莫漢（C. Raja Mohan）是印度最具代表性的戰略思想家之一，他曾說：「德里那邊之所以會對海權產生新的興趣，其實是因為貿易對印度的經濟而言變得越來越加重要，尤其是海上貿易。」從九〇年代以來，印度的經濟一直是處於上升狀態，在一九九一年時印度才只是世界第十二大經濟體，到了二〇一八年國際貨幣基金組織就已經把他的名次拉升到世界第七，估值超過兩兆美元，超越了義大利、加拿大與俄羅斯。印度的十三億人口也預計會在二〇二七年成長到超過中國的人口數，屆時他國內可以提供勞動力的人數會達到大約九億；到了二〇二九年，印度的經濟可望超越日本，提升到第三的地位，高盛集團（Goldman Sachs）更預測，二〇五〇年的時候印度的國內生產毛額（以美元計算）會超過美國。擁有如此勃發的經濟，印度不論就長期或短期的未來而言，自然都更需要仰賴海上商貿來替自己的發展添材加火，以此為繼，於是乎，印度就得要一直確保當地海上交通要道及印度的經濟海域安全無虞。印度的經濟海域面積超過二百萬平方公里，上頭有一千兩百多個大小島嶼，其中的安達曼－尼科巴群島（Andaman and Nicobar Islands）距離麻六甲海峽不遠，在西南方的角落，則還有一個拉克沙群島（Lakshadweep Islands）。[11]

由於印度越來越重視海上，他跟中國也就會直接發生競爭，而且越爭越凶。有些人看了不免擔心，局面可能會從經濟競爭演變為更危險的情況，對此，前海軍中將邱漢也認為「從經濟競爭轉變為武裝衝突，這種風險實在是極高」。中國這邊擔心的是，在局勢發生危機，或者競爭態勢拉高，雙方爭搶重要的自然資源的時候，他是否還能對海上交通要道或自家的船隻提供適當保護，讓能源可以跨過印度洋送到中國來；其實印度的情況也沒有比較好，因為他自己的港口大多都無法處理今時今日的巨型貨櫃船，所以不得不透過轉運來進行他大部分的全球貿易與貨運，根據部分單位近期的估計，印度的貿易有百分之四十八都取道斯里蘭卡的可倫坡來轉運，此外還有百分之二十九的轉運是靠新加坡、百分之十五靠馬來西亞，百分之四是靠阿聯酋。對印度來說，這種做法不僅所費不貲，而且眼看著中國一個個買下那些重要轉運站的使用權甚至控制權，這也讓印度的貨運置身在高風險的環境裡。印度很清楚這個問題，近年來一直努力想要降低對於轉運的依賴程度，於是便放鬆部分沿海運輸的許可條件，讓外國籍的運輸船可以多多到自己的海域裡作業。[12]

印度越來越仰賴海路，這件事從他海上的貿易規模就可以看得出來。在冷戰結束後，印度也跟著大開門戶，擁抱全球化的自由經濟時代，在一九九〇到一九九一年間印度的進出口不過才占國內生產毛額總數的百分之六左右，到了二〇一〇至二〇一一年間，該數字跳升到了百分之五十二，這也讓印度的經濟成長跟大海緊緊相連，再也拆分不開。在過去十年裡，印度的貨櫃貿易量每年都成長百分之六點五左右，按照印度的戈帕爾．蘇里（Gopal Suri）准將的說法，「印度港口的貨運流通量在過去十年裡（指二〇〇五到二〇一五年）翻了足足一倍，成長為每年十億噸，而且可望在二〇二二年時達到每年十七億噸的規模，這等於是印度總貿易量的百分之九十五，也讓印度在權衡海上安全問題時，會對海上交通要道與印度洋國際航道大大加以看重。」每年最多有超過十萬艘船穿越印度洋，占了全球貨櫃運輸交通五成的數字。[13]

印度未來要想成功發展，還有兩項關鍵要素，一是能源進口暢通無阻，二是探勘更多的離岸自然資源。如果印度經濟繼續按照目前預期的速度，也就是像這幾年這樣每年平均成長個百分之七的話，他也一樣會需要確保自己能安全而穩定地從西南亞那邊獲取自然資源，此外在印度領海及經濟海域中的砂積礦床裡頭還有許多尚未開採的重礦物，政府也得要更大力支持開發才行，而隨著能源運輸越來越頻繁，未來幾年內海軍就得要肩負起保護能源貿易安全的重任。此外，跟中國在過去幾年的經驗相似，印度也必須準備好不時之需，派兵救出幾千名被困於亂局中的僑民，像是二〇一五年四月在葉門發生的情況，或是二〇一一年二月及三月時的利比亞，以及二〇〇六年七月的黎巴嫩。在二〇一五年時，印度曾經結合海空戰力從葉門救出了超過五千六百個人，其中有大概一千位並非印度裔；二〇一一年在利比亞，印度政府也派出了三艘海軍戰艦，還包下了好幾艘客輪，一起救出了大約一萬名印度僑民，此外還靠空運救出了了五千名印度公民。[14]幸運的是，印度這邊占了地利之便，不像中國離那些地方那麼遠，所以就算這裡有哪邊爆發了內戰，得要出手撤僑的話，行動上也不至於那麼不方便。

除了救援任務，中印兩國為了爭搶能源資源，也可能會把西印度洋地區變成一個角力場。目前印度大概七成的能源航運都是取道於西南亞或非洲的海路，有一位觀察家就說，「如果沒有那四萬艘油輪，載著石油餵養印度如飢似渴的經濟需求，他的國內生產毛額根本就維持不下去。」到了二〇二五年，印度的國內能源需求預計還要再加倍，屆時大約有百分之九十五的能源資源都會用海路送過來，而這也讓印度更加坐穩了世界最大能源進口國的位子；到了二〇三〇年，印度預計還會成為世界第三大能源消耗國，而印度的能源與貿易都要靠印度洋上的海上交通要道，因此確保這些地方的安全與暢通，對於印度未來的存續，以及他所盼望的強國地位來說，很快就會是生死攸關的命脈所繫。[15]

最後要提的是，印度的經濟重度依賴捕魚及其他水產養殖活動的成長，有大約一千五百萬人在從事漁業和水產養殖業，其漁業排名世界第三，僅落後於中國與印尼；水產養殖業更是排名第二，僅次於中國。印度的漁產品數量約占全世界總量的百分之六點三，在二〇〇四年到二〇一四年間，印度是成長最快速的出口市場，每年成長百分之十四點八，而過去十年也有大概每年百分之六的成長率，讓漁業及水產養殖業占他國內生產毛額的百分之一點一左右，單以農業來看的話則占百分之五點一五。就算這樣，印度還是遠遠落後於中國，中方的漁產品占了全球百分之十八的份額，至於養殖業更是高達百分之六十二。中國的成功之道，有部分要歸功於他的漁業所進行的工業化模式，包括更深入印度洋海域裡捕魚。根據聯合國之前的數據，它所追蹤的商業漁獲中有九成都已經算是過度捕撈，甚至是在竭澤而漁，而隨著越來越多工業化的中國拖網漁船進到印度洋，中國也正面跟印度展開競爭，搶奪這裡珍貴的漁獲。16

## 對中疑慮日益加深

當印度在擴張自己的海洋地緣經濟實力，同時也變得越來越以海為生的時候，他們有些人對於中國在印度洋的勢力也越發顯得不安。一直以來，印度都很排斥有「境外」勢力進到印度洋，今日眼見中國行動越來越積極，這樣的感覺又再次浮上心頭，而看著中國跟自己的鄰國在地緣經濟的互動上越來越加頻繁，關係打得火熱，印度也有所警覺。在印度戰略分析師的圈子裡一直有個爭論的話題，就是要怎麼確保印度的優勢地位，包括怎麼守住他在土地與海上的疆界，其中有些人認為印度應該尋求獨霸一方，方法上就跟當年的門羅主義差不多。這種稱霸一方的想法，至今依然在背後推動印度邁向強國之路，這也讓有些人會說，印度預設要追求的狀態始終都是戰略自主（strategic autonomy）。與上述相對的另一種路線，是支持要讓印度人更加認清實務，體認到印度需要跟其他有共同想法的民主國家加深合作，像是日本跟美國，聯手對抗中國的崛起。拉賈．莫漢的想法居於兩者之間，他相信「印度可以遊走在『兩端』之間，一邊跟美國結成鬆散的同盟，一邊加入被莫漢稱作『口號』的多極化世界，這種做法本身尋求的是一種比較模糊的結果，但這很可能反而比較實際，而且也比較符合印度的戰略傳統，順應其國內的政治鐵律。」[17]

就算印度能夠在大海上多方遊走，實現不拘一格的戰略，他還必須面對一項現實，就是中國也一樣有稱霸一方，乃至稱雄世界的心懷。雖然很多人對於中國確切的印太戰略尚有爭論，不過中國官方早在一九九〇年代就已經撂下了話，說「我們不打算讓印度洋變成印度的海洋」，這不僅進一步激怒了印度，也讓他們對中國在當地本就一向不透明的各種行動更加感到戒慎，就像一位日本分析師所說的，「當『龍』已然穩穩包圍住了『象』，難道還有可能讓他們不招惹對方嗎？」[18]機會看起來非常渺茫。

在總理曼莫漢．辛格（Manmohan Singh，任職時間為二〇〇四至二〇一四年）的政策領導之下，印度原本想跟中國一起分享印度洋上的利益，但最後大家普遍都認為那是失敗的政策，當莫迪總理在二〇一四年上台後，他便改採取更主動出擊的姿態來對抗中國。莫迪上台時，中國已經宣布了一帶一路倡議與海上絲綢之路計畫，不過莫迪頭一回出手就讓大家看到他的戰略方向已經不同於以往，他邀請了模里西斯、馬爾地夫及斯里蘭卡的元首來參加自己的就職典禮，自此開始施展拳腳，進行他比前人更強硬的印度洋戰略。他就任初期還有另一項措施，就是把印度原本的東望政策改成東進政策，這也就揭櫫了印度強烈的企圖心，打算更積極地介入印太地區的事務。[19]

中國一向都沒有把印度看成主要的威脅，不過現在有越來越多人覺得，兩國已經都把彼此視為戰略上的競爭對象，甚至是敵手。即便如此，很多中國人還是覺得拿中國去跟印度相比未免太看不起自己了；相較之下，印度這邊的主流觀點認為，中國對印度的國家利益已經形成了威脅。對某些人來說，尤其是那些安全部門的人，他們看到的是印度正一點一點地被中國給包圍起來，未來中國真的有可能會變成實實在在的軍事威脅。話雖如此，其實兩國之間歷來本就對彼此一直有著深深的不信任，只是因為雙方的利益衝突逐漸浮上檯面，讓這種不信任也隨著時間而越來越成為一大問題。學者約翰．嘉佛（John Garver）曾有評論，認為二十世紀的中印關係裡，雖然雙方合作的時間很長，給人留下的印象卻比不上彼此的衝突那麼鮮明；對兩國間這段微妙的關係，另一位學者濮曉宇還有更巧妙的敘述，他說：「雙方依然不信任對方，依然在競爭，然而兩國對於自己在力量和地位上的觀感卻殊不相稱，而這又一直影響到雙方關係能發展出的模樣……中國可能太低估了印度對他的憂慮，而印度也可能誇大了中方造成的威脅。」[20]

雖然中印之間有著普遍的緊張關係，對彼此觀感的不一致也日益加深，不過兩國其實都受惠於美國在二戰後所建立的國際經濟秩序，這又讓原本就已經複雜的雙邊關係又加上了新的一層關係。舉例來說，中印間的雙邊貿易在一九八七年時只有一億一千七百萬美元，到了二〇一七至二〇一八年時，已經飛升到八百九十六億美元，也使得中國成了印度最大的貿易夥伴。[21]雖然早個幾十年的時候，貿易大國到後來往往會走向戰爭之途，像是法國和英國，但是照目前中印這種貿易關係來看，也許會有助於維持我們今日所見的特定現狀。然而，印度確實越來越渴望登上強國地位，加上中印兩國的海軍至上主義也在抬頭，兩國又在比賽，看誰能在比較多印度洋上的島嶼及港口通行，這些都在在使得印度洋地區的國際關係與勢力分布變得更加難測許多。

## 印度對海上絲路的回應

在莫迪政府的領導之下，印度為了直接回應中國，在海上啟動了許多文化及地緣經濟上的合作倡議，想藉此強化目前的區域關係紐帶，鼓勵大家站到他這邊。印度國家海事基金會的前執行長古爾普利特・庫拉納（Gurpreet Khurana）上校曾言：「我們得要先用全方位的角度來理解海洋，然後再把它當成一個媒介來加以探索，發現其所蘊含的經濟、科學、政治、社會及軍事上的巨大潛能，以便在打造我們的整體國力時能夠派上用場。」[22]莫迪所推動的許多倡議都同時著眼於本國與區域局勢，這些倡議最後會倒頭來幫印度達成他的願景，推展他的藍色經濟，包括幫忙把印度那過時的運輸與港口產業進行翻新與發展。依照聯合國最近的定義，藍色經濟是「以海洋為基礎的經濟發展模式，可以增進人類福祉與社會平等，同時大幅降低對環境造成的風險與生態資源的匱乏」（莫迪之前還把印度國旗上的藍色脈輪連結到「藍色經濟」，說那具有重大的象徵意義，代表印度的經濟以海洋為基礎，未來還要追求永續發展）。對印度來說，藍色經濟的意思是他得要靠海洋來滿足許多基本需求，包括商業、糧食安全、能源、觀光與交通，這樣才能讓整體經濟持續發展下去。[23]

然而，問題在於莫迪多數的海上倡議都還停留在紙上談兵的階段，除了需要更好的資金管道，還得更加融入政府單位決策者的戰略思維及既有觀念之中。前海軍中將邱漢也認為，這些以海洋為主軸的政策，有很多如果想貫徹執行、打入人心的話，那印度要先補做的事情還有很多：「如果德里方面可以產生一些必要程度上的急迫感的話……印度就已經準備好，可以推出他的五大倡議了，分別是國際南北運輸走廊（NSTC）、亞非成長走廊（AAGC）、季風計畫（Project Mausam）、自由開放印太（free and open Indo-Pacific）戰略，以及「區域共同安全與成長」（Security and Growth for All in the Region，縮寫是SAGAR）的概念計畫，這些泛區域倡議都具有可行性，可以取代中國的一帶一路倡議。」[24]

上述的這些計畫方案裡有一些是在過去一兩年裡才冒出來的，其成因在於日本與印度加強了夥伴關係，如果能提出某些倡議的話，像是亞非成長走廊及自由開放印太戰略，那麼兩國對於印太地區就能夠有共同的願景，然而這幾個方案目前大致上都還停留在概念階段，因此除了講一些初步的願景之外也談不上什麼更深的內容。至於季風計畫，如果跟中國的一帶一路倡議相比的話，也還是欠缺影響力，該計畫是在二〇一四年由文化部所發動，想要藉由推廣古代的香料之路來「彰顯彼此連結、相互依存，以及多元發展」。雖然該地區跟東非及西南亞在文明與海路上有著很深的連結，而加深這個連結也確實重要，但是背後一定還得要有更實質性的規劃與發展計畫來予以支持才行，就像中國提出的那些方案一樣。在國際南北運輸走廊以及區域共同安全與成長計畫這邊，印度總算開始有了一些進展，最近他還提出了另一個叫做海洋花環（Sagarmala）的倡議，其重心比較偏向在印度國內，希望能推動運輸與港口的發展。[25]

國際南北運輸走廊的概念首度出現在二〇〇二年，當時印度、伊朗與俄羅斯簽署了一份多式（multimodal）協議，內容含蓋航運、鐵路與公路協議，之後參與國際南北運輸走廊的又多了一些加盟前蘇聯的成員，像是亞塞拜然、哈薩克，以及烏克蘭等等。該計畫中有個特殊的利益項目，是走海路從印度到伊朗，然後在伊朗國內靠近荷姆茲海峽的恰巴哈爾（Chabahar）建造一個港，這樣不僅伊朗可以賺到錢，印度也更容易獲取伊朗的自然資源，包括從法扎德－B（Farzad-B）天然氣田那裡分到更多份額的天然氣。印度目前只有大約一成的石油是靠伊朗供應，天然氣的話則有三成；相較之下，中國才是伊朗石油的最大進口國，同時也是伊朗最大的投資國。在航運方面，目前伊朗有大約八成五的船運都是由阿巴斯港（Bandar Abbas）經手，但是這裡只能處理小於十萬噸的船隻，這讓伊朗得要仰賴他的鄰居阿拉國聯合大公國，因此大家認為恰巴哈爾是很好的替代方案，可以幫忙紓解壅塞、節省費用，而且該港預計還可以處理重達二十五萬噸的貨輪。至於印度方面，他把恰巴哈爾視為一項重要的地緣經濟投資，希望以此來保障自己的利益，並且對抗中巴經濟走廊，畢竟對手瓜達爾港就在該港東邊七十二公里遠而已。印度早在一九九〇年代就看上了恰巴哈爾，但直到最近才答應提供超過五億美元的資金來進一步開發此港，協議內容包括讓印度在接下來的十年裡掌管港中的兩座棧橋。[26]

另一方面，印度也把恰巴哈爾視為跟阿富汗貿易的重要節點，這樣他就更容易打進中亞各地其他尚未開發的市場了。他也跟伊朗及阿富汗合作一起修建及改善公路交通，而且計畫跟鐵路相連結，整合成更大的運輸走廊。二〇一六年五月，印度、伊朗和阿富汗簽訂了一項三邊運輸協議，其中便指定恰巴哈爾為主要入口。到了二〇一七年十月底，莫迪首相出席慶典，歡慶第一批印度的小麥運送船隊成行，六艘船共載運一百一十萬噸的小麥前往阿富汗，並以恰巴哈爾為門戶，當時莫迪還在一則推特上寫道：「我要恭喜阿富汗及伊朗，印度的小麥從坎德拉（Kandla）揚旗出發，再從恰巴哈爾送進阿富汗國內。」不幸的是，二〇一七年十二月才剛正式啟航，到了二〇一八年五月時美國總統川普就發出正式公告，要退出聯合全面行動計畫（Joint Comprehensive Plan of Action），也就是所謂的伊朗核協議，這份協議是在二〇一五年簽署，解除了國際社會對伊朗政府的制裁，川普此舉造成的結果就是讓伊朗重新陷入國際禁運制裁中，不過國際社會上也不是沒有抗議聲，幾個國家像印度、俄羅斯跟中國就不贊成（只是也讓很多人看不太明白，這三國到底怎麼會站在同一立場）。雖然印度這邊力求在外交上都不得罪各方——他選擇只遵守聯合國的制裁，不理會單一國家發出的禁令——不過我在德里談過話的那些人裡頭，有很多都覺得心灰意冷，深感當下美國政府的外交政策是何其反覆無常、難以預料，而這件事也影響了印度未來在恰巴哈爾或伊朗其他地方的投資，讓情況變得複雜許多。[27]

國際南北運輸走廊在海上那部分的內容後來放進了較晚出現的區域共同安全與成長倡議之中，由莫迪在二〇一五年三月走訪印度洋島國時提出，當時他到塞席爾、模里西斯和斯里蘭卡出訪，莫迪就趁機推銷了區域共同安全與成長倡議，其縮寫「SAGAR」的字義便是印度語中的「海洋」，剛好可以跟藍色經濟連成一氣，同時也跟其他高度依賴印度洋為生的國家們強化一下彼此的紐帶關係。該倡議還有其他的幾項目標，包括要推動「信任與透明的整體氣氛、尊重各國制定的國際海上規範、敏銳體察彼此的利益所在、決心以和平方式處理海事安全議題、促進海上合作」。推廣區域共同安全與成長計畫，其實也有助於進一步守護該地區的海上交通要道，畢竟這對印度未來的經濟成長及國力伸展變得越來越密切相關。印度海軍前參謀長蘇尼爾·蘭巴（Sunil Lanba）上將，在他還在任時，針對區域共同安全與成長倡議對該地區的整體發展與安全所可能帶來的正面外溢效果，曾發表過跟上述類似的評論：「從幾個方面來看，這套做法代表的是一種安全、穩當且永續的發展模式，會為這整個區域帶來正面結果。」區域共同安全與成長倡議的目標也包括了要保護其他夥伴國家的海上主權與領土完整，並支持重要的海洋相關行動，像是贊助反海盜護航任務，或是為這裡某些比較小規模的海軍及海岸防衛隊提供資金，以讓他們執行戰力打造計畫。[28]

莫迪政府目前還在推動海洋花環（其名稱 Sagarmala 中的「mala」在印度語中是指花環或項鍊）計畫，目的是要唱和區域共同安全與成長倡議。很多印度人都認為中國在印度洋進行一個他們所謂的「珍珠鏈」（string of pearls）戰略，而這跟海洋花環看起來多少有些相似，其實海洋花環所著重的地方偏向於印度的運輸、運輸製造及港口發展，還有就是想方設法要把印度的內陸跟海岸更緊密地連結起來，這樣印度才能有更集中而流暢的力量，才可以跟全球的政經局勢連動。莫迪政府同時也希望能帶動更多私營部門一起加入計畫，以確保能獲得更加的成果。[29]如果印度這些大型基礎建設、對外互助連通，以及海洋地緣經濟的計畫都一一告捷的話，印度的實力就有希望真正釋放出來，成為一流大國。

海洋花環目前的提案內容含蓋了大約三百個臨海國家的大型計畫，初步估計的開銷多達一千億美元，其中又以「港口導向」（port-led）的發展計畫為核心，堪稱整個倡議的試金石，細部來看的話整個計畫又有四大支柱，分別是港口現代化、港務連通、以港口為導向的工業化，以及沿海城市發展。印度有十二個主要的大港，另外還有超過兩百個中小型港口，其整體的港口貨物處理能力約在每年一億四千萬噸左右，不過這個數字可望在未來十年或稍久的時間內就會翻上幾近一倍，特別是因為會有上述那些海洋地緣經濟計畫所導入的資金支持。此外，一般認為海洋花環倡議底下的種種計畫也會創造出超過一千萬個新的工作機會。[30]

雖然各方傳來了許多掌聲與樂觀期待，不過依然不乏有人對莫迪的能力深表懷疑，不知他是否真能實現此等凌雲壯志。前印度海軍參謀長阿倫．普拉卡什（Arun Prakash）上將不久前才發表過強烈的意見：「印度的港口和基礎建設依然發展不足，我們的造船業工藝既緩慢又落後，商務運輸的成長速度堪比蝸牛爬行……既沒有戰略上的遠見與規劃，再加上官僚顢頇，導致這些建立海權的要素根本發展不起來，我們國家的經濟進步靠的是貿易，但貿易卻需要海權來支撐。」[31]這個質疑確實多少有些道理，不過就算那是對的，印度原本就會邁向如此的發展道路，也自然會擴展他在印度洋地區的地緣經濟版圖。

即便目前在造船、港口運能、沿海運輸這些方面還遠遠落後於中國，但是只要印度不想在印度洋沿海各地看到中國在經濟與政治上完全壓倒自己，那他就只能起身相抗，並在不久後的未來逐漸拉高對抗層級。單就這一件事，大概就足以產生巨大的效果，逼著印度政府繼續推動海上花環及其他的海上倡議，將之列為其印度洋大戰略的重點核心項目。

## 印度與他的強國使命

前面談到中印在海洋地緣經濟方面已漸露爭端，我們現在回過頭來看印度為爭取強國地位及世界威望所做的努力。印度在世界上到底居於何種地位，對此一直有很多人爭論不休，那些根本就不在印度的人尤其愛談這個，總之可以確定的是，有越來越多人覺得印度現在就站在分界線上，如果能跨過去就會站上強國地位了。印度現在有很多領袖人物都喜歡把印度捧為一種「領導力量」，而不再說是「平衡力量」，就像莫迪之前在矽谷所發表的演講中也說：「直到最近，世界都還把印度視為邊緣國家，但現在也看到我們就位在世界中心了。」二〇一五年他在吉隆坡演講時，口氣更是充滿了自信；「現在，輪到印度上場了，我們也知道，我們時代已經來到。」[32]

這些說辭能有底氣，是因為大家看到世界秩序正在發生轉變，歐亞大陸上頭的各國紛紛崛起到了世界舞台上，然而這同時也是問題所在，印度的地位崛起，而中國在印度洋及其他地方也有諸多利益關係，兩者自然強碰在一起。更具體表現出這種勢力變化的，是海軍競逐的風潮，直接說的話就是印度洋各地都在大肆擴充海軍資產、興建軍港，以及部署軍力，就像蘇尼爾．蘭巴上將之前說的：「印度要登上強國之位，最關鍵的要件之一就是打造必要的海洋基礎建設，包括要建立一支強大的海軍，確保在印度不予認可的情況下，沒有其他國家敢在印度洋輕舉妄動。」然而從這些話的另一面看，也代表海上與岸邊會出現更多的競爭與緊張關係。海軍至上主義如果一直往上發展的話，可能會帶來危險的後果，它會在國防安全方面造成一種典型的兩難情境，不論是中國或印度，乃至於這裡的其他國家，到時候都很難分清楚什麼樣的行動或戰力算是攻擊性的，而哪些只算是防禦性的，最後兩邊終究不可避免會爆發衝突。近來年莫迪政府主張要更加把海洋戰略當成共同核心，並開始調撥更多資源、聚集更多力量來打造海軍，只不過，印度的海軍規劃縱然在某些造船能力及技術取得方面確實有所收穫，卻仍然比不上中國的力道，畢竟從一些統計數字來看，中國的國防支出是印度的四倍之多。幸好印度依然占著地利優勢，到目前為止印度靠著地利之便還是可以在戰略上壓過中國這頭，[33]只不過中國也繼續在打造他的海上絲路，以此來漸漸擴張他的勢力。

雖然在海軍戰力方面美國還是印度洋的老大，不過在印度或國外都有人認為，印度一定還是要多把事情操在自己之手，因為美國的外交政策實在越來越不可靠。在川普當政之下，美印關係已然不像過去兩次總統任期時那麼和順，用《印度教徒報》（*the Hindu*）的國際事務編輯蘇哈西妮．海德爾（Suhasini Haidar）的話來說，就是「印度一直到方才終於明白，川普對待印度，不會再像之前那些總統那麼好心了」。[34]二〇一七年美國通過針對俄羅斯的制裁法案，也就是所謂的「美國敵對國家制裁法案」（CAATSA），連帶處罰跟俄羅斯簽署重大商業合約的國家，這讓印度更加感到受挫，因為他才剛剛完成了長達數年的協商過程，打算買下價值六十億美元的俄製S－400地對空飛彈。最後印度決定不顧美方的重罰威脅，逕自簽下S－400的購買合約，而俄羅斯預計會從二〇二〇年底送出五批武器中的第一批，並在二〇二三年時完成所有武器的交付。[35]

## 更顯自信的印度

長久以來，印度都以自己抱持著「自治自立」（swaraj）與「自給自足」（swadeshi）的理想為傲，而且對國內乃至於國際事務均作如是觀。印度會採取不結盟的外交政策，這些理想也是背後的重要因素，包括在那之後提出的「戰略自治」也是如此。這些觀念原本是由尼赫魯所提出，至今在印度許多現行政策或外交政策的論辯裡頭依然可以尋見其蹤影，不過莫迪政府開始避免採取像是不結盟這樣的政策，轉而採行一種更偏「多方結盟」的外交政策，以此來解決印度在國家利益方面的戰略難題，並保護其逐漸提升的地位不墜。這種一方面支持結盟，一方面又搞均勢體系的做法，在過去是不見容於不結盟運動（Non-Aligned Movement）之中的，不過在今日這樣的均勢體系已經逐漸變成是不得不然的選擇了。[36]

雖然印度內部對於外交政策有那麼多爭論，不過很多印度人還是都把本國視為今日印度洋地區的領導者，可以順理成章決定區域事務，畢竟印度洋可是唯一用國家名字來命名的海洋，現在有些人還主張這裡根本就應該叫做「印度之洋」才對。很多印度人心頭一直都不免有一種感覺，時機已經成熟了，大家總該認可印度是強國了，對此艾莉莎・艾瑞斯（Alyssa Ayres）在她之前的著作《我們的時代已經到來》（*Our Time Has Come*）裡有很精彩的敘述：「他們有一種使命感……似乎他們第一眼就看中、最後也最為看重的目標，就是要獲得認可，接受印度成為世界強國的一員……印度並沒有打算修正規則，不想推翻現在全球的自由秩序，但新德里方面還是希望各全球治理機構可以好好對待他，讓他有更大的發聲權利、更高的國際地位，畢竟他們有許多人都覺得印度一直沒有得到公平的對待。」[37]

想要得到這樣的地位，印度一定得擺脫過去外交政策的許多既定包袱，這種思想包袱的來源可以追溯到不結盟運動時期，雖然該運動至今依然扮演著重要角色，也代表了全球南營（global South，指所有開發中國家）的聲音，而印度其實也不是非得要揮別以前的夥伴，只是他現在一定得找些有共同想法的新夥伴，像是日本、澳洲、法國與美國，跟他們打好關係。這麼做會有助於印度進一步提升自己的位置，走到國際舞台的中央，擔任全球領袖的角色，繼而幫助他保護自己的戰略利益，對抗那些直接威脅到印度的區域乃至於全球利益的競爭對手，例如中國。[38]

印度在全球擔任的角色愈突出，那他跟中國之間的關係就只會變得更加緊張，就像學者哈什・潘特（Harsh V. Pant）所說的，「中印之間的互不信任，實在已經到了大家該警覺的地步。真的，雖然從他們的經濟合作、雙邊的政治及社會文化交流來看，都已經創下歷史新高……然而這樣的合作卻幾乎完全不能消弭他們各自的憂慮，總覺得對方居心不良，雙方都已經身陷於典型的安全困境（security dilemma）之中。」不過也有分析師比較樂觀，覺得雙方在經歷了二〇一八年的一場大型高峰會後有可能讓關係「重新啟動」，然而很多人還是寧可相信那比較像是「融冰」而已，畢竟在全球秩序正在變化的大背景下，中印兩國逐漸一起在世界舞台上相爭，此時的關係當然也特別複雜難解了。[39]

## 擁抱海上新戰略

隨著印度的經濟不斷成長，而且也一直在努力爭取強國地位，他也必須要跨出南亞次大陸的範疇，用更寬闊的視角來思考自己的位置與利益。自從獨立之後，印度的國防安全重心就一直大幅偏向北側的中國與西側的巴基斯坦。第一次中印邊境戰爭是在一九六二年爆發，地點在阿克賽欽，到了一九六七年又發生一次小規模衝突，地點在錫金邦（Sikkim）中的喜馬拉雅山邊境地區；印度跟巴基斯坦也打過好幾仗，時間分別在一九六五年、一九七一年跟一九九九年。過去這幾十年，不論是在中印或印巴之間，除了上述的戰事外還發生過無數次其他的對峙或小衝突場面，這造就的不僅是後來印度的世界觀，還有他們對於區域安全的看法，而且至今都還是印度軍隊裡的主流觀點。

中印在邊境上的爭端由來已久，向來都是隱而未發，直到二〇〇〇年代中期，彼時中國的軍隊現代化工作已有成效，也建立了比較完善的供應鏈與後勤網絡，可以為一九六二年戰事後建立的實際控制線（Line of Actual Control）在支援與防禦上提供協助，大有重振國威之勢，姿態上也就開始比較不客氣。而印度這邊看著中國在自己的北方國境上建軍，自然也要做出相對的回應，開始增派更多部隊與空軍去鞏固前線，並且在部隊現代化及邊境防禦方面也做了其他努力。在二〇一三及二〇一四年，該邊境發生了數次緊張的對峙，讓危險情勢迅速升高，比較近的一次狀況則是發生在二〇一七年六月，地點在洞朗高原（Doklam plateau），這次雙方在夏天發生衝撞，雖然到了八月底局勢就降溫了，不過有媒體報導，有一艘中國海軍的元級傳統動力潛艦及一艘補給艦前往巴基斯坦，而在兩年前，也就是二〇一五年五月，當時也有一艘類似的潛水艇造訪過喀拉蚩。印度一直擔心有朝一日會面臨兩面（指陸上邊境與海上）同時對中發生衝突的情況，而在二〇一七年洞朗爭端發生後，這件事就不再只是想像而已了。

從二〇一〇年代開始，有越來越多的印度分析師都感到來自中國的威脅正在提升，因為中方勢力開始從印度洋一路連通到喜馬拉雅山，把印度給包圍了起來，而他們在意的是中國的經濟力量會不會轉變成更大的軍事控制力；另一方面，巴基斯坦也確實依然是個巨大的威脅，而且還跟中國結盟，走得越來越近，是以現在印度國內有大批的分析師與專家紛紛出來齊聲呼籲，要求印度政府重新排定國家戰略的優先次序，納入印度同時在陸上與海上對中作戰的可能性。二〇一一年時印度政府曾召集了一次高階的特別任務小組，取名為納瑞許・錢德拉委員會（Naresh Chandra Committee），所做出的結論是「中國在西藏及印度洋地區發展軍事基礎建設，加上解放軍的現代化進程，已經有效地改變了其軍事戰力……印度就算想要跟中國搭起合作的橋梁，也必須在軍事上預作準備，才能應對中方的強硬主張。」有好幾位學者都主張，印度跟中國在邊境的爭端一直未解，兩邊已經陷入安全困境，而且現在這情況還蔓延到印度洋這裡來了，兩國在這裡接著爭下去，越爭越凶，也讓整個區域裡充滿了進一步較勁的意味。跟領土那邊的爭端相比，中國在海上對印度造成的威脅其實並沒有那麼明確，不過中國另外還去支持巴基斯坦海軍的建軍計畫，外加其他很多在這裡進行的海洋地緣經濟投資及海軍活動，所以又讓印度對海上這邊也不放心。以巴基斯坦海軍為例，有些人認為他們現在正在進行「漢化」，開始一步步在汰換掉西方提供的設備與科技，數量越來越多，據研究報告指出，到二〇二五年時，巴基斯坦十二艘在服役中的巡防艦裡會有八艘是中國製的，而且再過不久，巴基斯坦的大批潛艦艦隊預計也會交給中國人來設計打造。[40]

海陸的路線之爭，將會一直是印度在國家戰略方面的爭論核心。不過吵歸吵，印度還是開始在找新的結盟夥伴，而且也開始把他感興趣的地方延伸到歐亞海域上，包括從蘇伊士運河一直到西南亞。有些人還主張，如果再發生一場戰事的話，印度有可能會比中國更能在海上討到更多便宜，因為相較於在北方的戰線跟中國打，中國在海上會比較脆弱，不過這樣的假設目前並無法證實。然而以這樣複雜的條件為基礎，很多分析師接著又鼓吹印度政府要廣開門路，讓海軍可以有空間去大展身手，包括為海上交通要道提供更多保護，進行海軍參訪外交、人道救援、撤僑行動，以及多邊接觸等，而這一切又再次讓印度越來越重視海上，並進入了某種程度上的新海洋時代。另一方面，印度現在也或多或少體認到，他不能單單依賴美國，就像前海軍少將瑞克許．喬普拉（Rakesh Chopra）之前說的，「現在的戰略目標是要當一個『淨安全提供者（net provider of security）』，就當成要由自己來擔負美國海軍的職責，接手他迄今在印度洋的獨霸角色，以此來多加努力，維持良好的海軍秩序與紀律。」[41]

進入二十一世紀後，印度有非常多的名嘴專家及政府官員逐漸體認到一件事，印度在經濟上的自然擴張其實是一種典範轉移，迫使原本比較偏向陸地性的戰略觀點產生角度上的轉變。印度習慣把眼光往內看，這一點在短期內確實無法完全消除，不過在印度政府裡頭已經開始有人認為，國家應該把海軍放在比較優先的地位，包括前印度外交部長，後來成為總統的普拉納布．穆克吉（Pranab Mukherjee）也曾公開主張，「如今我們又再次把眼光向外看去，向大海望去，對於一個想要重新站起來的國家來說，自然而然就會往這樣的方向看，因為我們不僅僅想要成為陸上大國，更想成為海上大國，最終登上世界舞台，成為其中的要角。」[42]

由於印度在地緣經濟、政治與軍事上都逐漸轉向海洋，因而在戰略專家社群裡，甚至包括海軍和政府單位，都紛紛想起了兩位一九四〇年代的印度戰略大家所寫的歷史性著作，以及他們針對海洋所提出的思想，他們就是潘尼迦（K. M. Panikkar）與克謝夫．維地亞（Keshav Vaidya）；很多人更是遠追古人，說馬漢與朱利安．柯白對他們今日許多戰略專家的海洋戰略思想也有很大的影響。此外，對於海軍可以幫助印度成為「淨安全提供者」，這樣的說法在印度政府的對外口號裡也變得更加常見。[43]

潘尼迦與維地亞兩人的寫作風格頗有互補之處，但其主旨是相同的，談的都是怎麼善用印度海軍，以及怎麼以前進軍力展示（forward presence）來保護印度在印度洋各地的戰略利益，認為這些對印度來說都可謂是至關緊要。在一九四五年時，潘尼迦就已經寫道「印度的未來毫無疑問取決於海洋」，他還主張要建立一系列銅牆鐵壁的基地，以群島防衛（archipelagic defense）的方式形成一個「鋼圈」（steel ring），藉此保護印度洋上的海上交通要道，同時增強海岸防衛力量。這樣的前進軍力展示在當時乃是防止中國崛起的重要辦法，從索科特拉島（Socotra）到新加坡、模里西斯、錫蘭（Ceylon，也就是今日的斯里蘭卡），一直到孟加拉灣裡頭的諸島，這些全都含蓋在那個前進軍力展示的成員裡頭。維地亞雖然也鼓吹建立前進基地，不過他的重點比較放在要建立一支所向無敵的遠洋海軍，除了保護印度自己的海岸線，也保護他在印度洋前端更大範圍的海上利益，就像他在一九四九年時所主張的，「就算我們無法統領整個世界的五大洋海域，至少也一定要統領印度洋。」[44]

維地亞承認馬漢對他的思想有很大的影響，力主印度必須稱霸印度洋。不只馬漢，也包括柯白，至今都一直對印度現在的海洋戰略思想有強烈的影響，所寫的東西常常被人引用，在過去這十年裡出版的海洋學說中，如果談到印度海軍必須在海上交通要道、有戰略價值的島嶼，以及海上咽喉投放軍力，並且加以控制，此時馬漢的名字就會一直不斷出現在參考文獻上。不過現在也有比以前更進一步的主張，有越來越多人都希望看到海軍可以更積極在沿岸各地持續出動，以捍衛印度的地緣戰略及地緣經濟利益。[45]

相較之下，柯白雖然也對印度的海洋戰略思想大有影響，但他的著作談的多是海上拒止（sea denial）、制海力量，以及保障海上交通要道，柯白的著作中認為「國庫與箭袋（譯註：指國家能使用的手段多寡）」之間有重要關係，這點受到很多印度的海洋戰略專家的重視，他在書中寫道：「在其他條件相當的時候，口袋比較深的那邊會贏……因此，如果有一件事在我們辦到以後就會癱瘓掉敵人的財務，那可真是打倒他的直接法門，而為了達成此目的，我們在對抗一個海上大國時所能採用的最有效的手段，就是阻止他從海上貿易取得資源。」前印度海軍參謀長阿倫．普拉卡什從柯白的海戰戰略著作裡看到了這個好辦法，因而特別鼓吹要針對海上拒止、制海力量，保障海上交通要道這幾方面加強，並力主印度一定要繼續保持對中國的優勢地位，因為目前中國海軍如果要勞師遠征的話，並沒有適當的支援、補給及後勤網路來予以支持。[46]現在說這話固然不錯，畢竟印度還占著地利優勢，然而中國已經在建造另一個替代性的海上支援與後勤網路，外加他自己的海底纜線體系，讓局面正在快速發生變化。

上述這些過去的海洋戰略專家，他們對於印度的海洋戰略思想有何等的影響，這點光是看印度在二〇一五年推出的海洋戰略報告《保障海洋安全》（Ensuring Secure Seas），事情就會一清二楚了，以往有人認為印度欠缺大範圍的戰略文化，不過印度政府和海軍卻用這份二〇一五年的戰略報告來挑戰這種看法。[47]雖然我也碰到一些人告訴我，他們認為該戰略毋寧只是在表達一己的雄心，看不到實際層面的內容，不過在印度國內還是一直有很多戰略規劃不斷出現，鼓勵印度發展海洋地緣經濟，還要確保國家安全利益無虞——這點是印度未來一定會需要的。在該報告的序文中，時任印度海軍參謀長的道萬（R. K. Dhowan）上將寫道：「今日似乎很少有人會再質疑，對印度而言二十一世紀乃是『海洋的世紀』，而且印度如果想要在國際上重振聲威，海洋也一直都會是關鍵所在。」除了海軍本身，其他的政府高官也同樣會指出，如果印度想要站上強國地位，海權就是一切的重中之重。[48]

那份戰略報告裡還有幾點值得細談，首先是印度在海上的首要關注區與次要關注區都擴大了，在地圖上來看的話，範圍從西非、地中海，一直往南到南極，再往東越過紐西蘭，以及太平洋與大洋洲地區。雖然這份地圖只能代表印度自己的期待，我們卻依然可以從中看到世界秩序正在發生轉變，最直接相關的一點就是歐亞各方勢力正在崛起與擴張，一個個都在反覆強調自己有資格站上國際舞台。另一方面，這張地圖也解釋了我們為什麼會看到海軍至上主義崛起。此外，這份二〇一五戰略報告還詳盡地說明了印度的海上利益，並指出保護他的海洋地緣經濟利益的重要性，包括保護印度的主權與領土完整，以及印度公民、航運、漁業、貿易、能源供給、資產與資源的安全，並維護全球各海事公共疆域的和平與穩定。此外也有其他分析師注意到，這份戰略報告所使用的語言也發生了轉變，相較於以前的戰略報告裡所說的「利用」海洋，現在這邊更強調要「保護」海洋。該報告中也討論到了一些子項目的戰略項目內容包括威懾、衝突、形塑有利且正面的海洋環境、海岸與離岸安保，以及發展海上軍隊與戰力等諸多相關事宜。此外還有一件值得一提的要事，就是有些內容反而找不到了，在這份戰略報告裡，看不到有關於中國的詳細資料，這是因為印度對未來的局勢還抱著希望，期待能與中國進行有實質成果的接觸。[49]說了這許多，在這份二〇一五戰略報告中最明顯的內容，還是印度已經明白未來的時代在很大程度上就是「海洋的世紀」，而在印度未來的發展道路上，印度海軍將會位居最核心的地位。

二〇一五戰略報告是在十月分提出的，不久之後在科契（Kochi）舉辦了一個聯合指揮官會議，地點在印度海軍的航母維克拉瑪蒂亞號（INS Vikramaditya）上面，當莫迪總理出席時，也提出了類似該報告上的驚人之語。在活動期間，他發表了一番動人的演說，進一步陳述印度在海洋上的遠大未來：「印度的歷史一直深受海洋影響，我們未來的繁榮與安定之道也在海洋上頭……這艘航空母艦不只是我們伸張海權的利器，也象徵我們對海洋所要擔負的責任。」[50]雖然跟前幾屆政府相比，印度現在對海洋的抱負是顯得比較明確了，不過有些人還是擔心印度會退縮，重回偏向陸地型的國防戰略。如果印度真的想要實現他的海洋戰略，莫迪政府就非得要繼續擁抱海洋不可，同時也得撥出必要的資源來予以支持。

## 雄心高漲，海軍至上

隨著印度努力擴張海軍的造艦能力、獲取新的海軍科技，他心裡也逐漸升起競逐於海上的雄心，開始聚攏海上的地緣經濟利益，並希望把海軍勢力擴張到更遠的地方。這種海軍至上主義的想法之所以會抬頭，其實也是合乎於整體大局上的考量，因為現在要面對的情況是美國已經開始局部撤出力量，而且在不久以後可能會變成長期撤出。有件事可以讓我們看到印度一直想要擴展他海軍的外交功能，而且他也已經採納更寬廣的視角，認為自己要多擔待些責任，從二〇〇二年到二〇〇三年間，印度海軍只出訪外國港口十四次，但十來年過後，到了二〇一五至二〇一六年間，出訪次數已變成了四十一次，而且他們還努力把參訪或軍演的地點推到更遠的地方，東起於遠東的海參崴，西到英國海岸均在其列。[51]雖然印度擴張海軍力量的計畫還要面對不少巨大的難題，像是官僚無能、預算短缺等問題都會打擊或減緩他們的進程，不過印度海軍在經費與造艦方面的計畫上依然算得上是頗有進展，只不過是速度上比大多數人所期盼的要慢上許多罷了。在未來這十年裡，會有更多的船艦上線服役，汰換掉印度原本過時的艦隊，繼而讓印度有更強的能力去保護他在海上的地緣經濟及地緣戰略利益，這也包括讓他們一償宿願，有實力去對付戰力大漲的中國海軍，保衛自己家園。除了替海軍艦隊進行擴編與升級，印度現在也在集中各方力量，到外島上整軍經武，包括東邊的安達曼－尼科巴群島，還有在他西南外海的拉克沙群島，這些島嶼將會擔負越來越重要的關鍵角色，負責監控他國的海軍活動，同時也把印度的海軍戰力延伸到更遠的地方，並且保護該海域的海上交通要道。

在冷戰時期，印度把海軍發展的優先順位排在很後面，主因是他的威脅都來自陸上，一邊是巴基斯坦，一邊是北境的中國，雖然這些威脅至今依然存在，而且也還不時會擦出火花，不過德里方面還是漸漸有了共識，要面對來自印度洋沿岸地區出現的海上威脅，大家也同意印度需要打造強大的海權力量。跟以往相比，現在有很多人都體認到印度的海軍艦隊必須拋棄以往的既定觀念，進行徹底革新，因為他們的操作系統相當老舊，近幾年也鬧出了越來越多意外事故，像是在二〇一三年六月到二〇一四年四月這段期間，媒體統計共有十四起跟水上船艦或潛水艇相關的事故發生，而根據另一篇報導，印度海軍艦隊裡竟有六成的船艦已經快要面臨報廢的階段。[52]

從冷戰以後印度海軍一直有個傳統，跟別的項目相比，它在整體國防預算裡只能占最小的那一份。一九六二年中印發生戰事，而在一九六三年到一九六四年間，印度海軍只拿到百分之三點四的國防預算，不僅創下新低紀錄，也讓我們看到海軍在印度多麼不受重視。不過該預算數字還是一直有在緩慢增長，到了過去十年，印度海軍已經可以拿到整體國防預算的百分之十三至十七了，而根據最新的預算估測來看，陸軍預計會拿走百分之五十七的全年國防預算，空軍是百分之二十二，海軍則為百分之十四，上述的走勢並沒有改變，更何況過去這十年印度的國內生產毛額大幅增加，這也讓國防預算跟著節節高升，但這個情況並沒有表現在前面的數字裡。國民生產毛額提高了，讓印度國防部也有了底氣，可以支持海軍的遠洋大業，也同意讓他們擴編海軍操作系統與技術項目。從二〇〇八年到二〇一七年，印度的國防預算金額增加了大約百分之四十五，而在最後那一年左右的時間裡，其國防預算增加了大約百分之六，這個增長也讓印度超越了法國，成為全球軍事支出排名第五的國家，年度預算已經達到大約六百六十五億美元。[53]

印度目前擁有世界第三大的軍隊數目，現役軍人有一百四十萬人，後備軍人則有一百一十五萬人，不過他的海軍軍力只有六萬七千八百人，而且其中還有五千人是海軍航空兵，此外印度還有一支兩千人的海軍突擊隊，以及一萬人的海岸巡防隊，即使數量並不多，不過從人員數量與海軍資產來衡量的話，印度海軍還是排得上世界第七。印度未來到底需要多少船艦，各種官方說法其實並不一致，印度海軍目前服役中的船艦有一百三十七艘，外加兩百三十八架戰機，這裡頭有一艘航空母艦、十一艘驅逐艦、十四艘巡防艦，以及十六艘潛水艇（其中一艘是核子動力潛艦）。到了二〇二七年，根據官方說法，他們希望印度海軍可以擴增至一百六十至兩百一十二艘戰艦；至於戰機方面，他們所希望的數字是增加為三百至五百架的機隊，然後再分派到三艘航母上（有兩架是印度自製的）。[54]

雖然印度努力想把海軍加以擴編與現代化，問題是這條道路上實在有碰不完的麻煩，預算不足、採購困難，加上官僚效率低落、基礎建設老舊。在採購這方面，印度極為仰賴外國輸入的技術，也很需要外國提供備用零件，而且按照某些分析師的看法，還有另一個更大的問題在於他們的採購法規頻頻更改，讓整套機制隱藏著各種混亂與矛盾之處，結果就是拖累印度海軍的發展進度，許多很有企圖心的擴編計畫就此延遲。幸好，印度政府在造艦這方面有做出一些成績，讓印度漸漸有能力在自己國內建造更多船艦，現在印度有四十艘船艦及潛艦正在自家的船廠中建造，只是有的公開、有的沒公開，而且馬上又有另外六艘船艦及潛艦要加入這個行列，只等著官方同意。[55]

目前印度有兩個主要的計畫碰上了一些問題，分別是潛艦與航母計畫。未來印度可望會擁有八艘攻擊潛艦（SSN），以及四到七艘彈道飛彈潛艦（SSBN）——外加原本至少十三艘的傳統動力潛艦（SSK）——不過目前的主要問題出在很多船艦都生產不及，而且印度又重度仰賴外國提供技術與系統，導致艦隊擴編速度延後。二〇〇五年時，印度曾跟法國簽下了一份歷史性的採購協議，買下六艘鮋魚（Scorpene）級的傳統動力潛艦，可是等到二〇一八年時也才只交出了三艘的貨。儘管這方面的進度不知要拖到何年何月，不過對於印度計畫要自製的彈道飛彈潛艦與核動力潛艦，還是有人抱著樂觀卻審慎的期待，該計畫早在一九九〇年代晚期就開始付諸討論，不過印度一直到二〇〇九年才開始建造國產的彈道飛彈潛艦，然後又再等到二〇一六年，印度才終於讓殲敵者號（INS Arihant）正式服役。在此期間，印度海軍還在二〇一二年先簽了一份為期十年的租約，租用了一艘俄羅斯製造的阿庫拉（Akula）級潛水艇，取名為查克拉號（INS Chakra）。雖然現在印度還沒有像俄羅斯、中國或美國那樣成為「核三位一體」（nuclear triad）的國家，不過就像一位分析師所說的，「殲敵者號基本上就是一次科技成果展示，它是以阿庫拉級核動力攻擊型潛艦，也就是俄羅斯的971型潛艦為基礎改造的，它其實根本就是名符其實的彈道飛彈潛艦了。」[56]而且印度還計畫要把殲敵者當成一個級別，以後擴展成四至五艘的艦隊，這將使印度海軍的遠洋戰力晉升到一個全新的等級。

與印度相比，中國擁有四艘彈道飛彈潛艦，三種不同級別、總計為九艘的攻擊潛艦，以及五十二艘傳統動力潛艦。在過去十年裡，他平均每年可以製造二點五艘的傳統動力潛艦，到二〇二〇年初就可望能夠編成一個多達七十八艘的艦隊。中國這些傳統動力潛艦正在漸漸深入印度洋裡頭，對印度所造成的威脅也可能會越來越大，端看他是否跟得上中國的腳步。此外，中國也在發展無人艦艇，包括水下的（UUV）及水面的（USV），這將會為大印太地區的海洋安全帶來翻天覆地的變局。而不論是潛水艇或無人艦艇，將來在中印的海上角力戰中，都會成為最受矚目的先鋒部隊。[57]

印度在航母計畫這方面也是成果緩慢，跟其他方面的情況一樣，他依然陷於官僚低效、科技缺乏與財務困難之局，因此從一開始就不能夠有太高的期望。話雖如此，印度還是有做出成績的，有些官員還是保持著樂觀態度，看好他們能夠讓那三艘航母群成軍，交付給三個司令部來指揮。英國製的維拉特號（INS Viraat）最後一次出航是在二〇一六年，現在則已經被俄羅斯製的超日王號（INS Vikramaditya，也就是從前的戈爾什科夫海軍元帥號）所取代，這艘航母在歷經二十年的協商後，才終於在二〇一三年十一月來到印度，協商過程裡因為談不攏改裝等方面的費用，而且俄羅斯這邊又沒有能力掌握好船艦在各方面的切換情況，導致協商屢屢中斷。然而在這段時間裡，印度在另一方面卻有了斬獲，他終於造出有史以來的第一艘國造航母維克蘭特號（INS Vikrant）。從一九九九年啟動計畫開始，維克蘭特號經歷了多次無可奈何的進度延遲，超支的預算更達到四十億美元之譜，預計在二〇二〇年開始進行海試，希望能在二〇二三年的時候正式啟用，不過這跟它原本的建造計畫時間線相比，實在是晚了很多。印度另外還有一個國產航母的建造計畫也已經啟動，不過預計至少還得要再等十五年以上才能完工，按照之前媒體報導的說法，「進度延遲的原因，除了經費一直遭到削減、技術遭遇瓶頸之外，說到底還是因為國防部遲遲不肯核准計畫，曠日持久地一直拖下去。」58

## 固守印度外島

印度在地理上真是受到老天眷顧，這在他面對印度洋海上勢力的變局時就更明顯了。印度的安達曼－尼科巴群島剛好就是孟加拉灣東側的邊界，前方正對著麻六甲海峽的出口，很多人把它稱作是印度的「鑽石項鏈」。這個島鏈裡頭一共有五百七十二座島嶼（其中只有三十七座有人），可以切分為北邊的安達曼群島，以及南邊的尼科巴群島，從北到南縱跨了大約八百零四公里，周邊的經濟海域約有六十萬平方公里，占了印度所有經濟海域的三成面積。安達曼島群的南端是印尼的亞齊省，兩者相距不過一百六十公里；如果換成往北走七十公里，則是緬甸的科科群島（Coco Islands）；至於新加坡的話，相距也不過就是兩百海里之遙。印度還有另一個值得關注的島鏈，就位在他西南方的海岸外頭，那就是拉克沙群島，這裡被視為是印度的「西側海上前線」，雖然相較之下的面積很小，而且三十六個島嶼裡也只有十個有居民，不過印度軍方卻在卡瓦拉蒂（Kavaratti）島上建有一座他們最大型的離岸基地設施，那就是威普拉夏克海軍航空基地（INS Dweepraksh ak，意思是島嶼保護者），可以強化印度西側的海上監視與情報蒐集能力。自從莫迪當政以來，印度就更積極地開發這三個島鏈，尤其又更重視安達曼－尼科巴群島，並將此視為印度整體海上戰略的一環。然而一直到二〇一五年，雖然印度一直嘗試想要進一步在這裡配置設備，以發揮更大的監控能力，甚或是駐紮船艦與人員，以進一步保護此地，然而卻一方面受阻於印度官僚的繁文縟節，一方面又要面對環保人士及部落權益組織的法律訴訟，因為他們根本就強烈反對在這裡進行任何進一步的開發，以致於讓政府綁手綁腳難以成事。不過面對中國那日益壯大的海上勢力，莫迪現在迫切需要對之加以監控，因此也只能開始選擇對抗環保人士發起的運動了。[59]

莫迪政府擔心，中國的海上部隊與軍艦可能會取道於三條主要的國際航運水道，然後切斷安達曼－尼科巴群島進出麻六甲海峽的通路，這三條水道分別是南邊的六度水道、中間的十度水道，以及北邊的科科群島暨普雷帕里斯島（Preparis）水道，這樣的顧慮確實有其道理。雖然這些都是國際航道，每年大約有六千艘船隻來回穿梭，不過有許多分析師及印度政府官員都注意到，有大量中國的船艦，不論是中國海軍的潛水艇，或是中國的補給艦，乃至於一些可以用來蒐集情報的軍民兩用拖網漁船，忽然都紛紛在此出沒，二〇一七年時印度海岸巡防隊還「攔截」了兩艘中國戰艦，它們打算進入印度在安達曼群島旁的經濟海域，然而近來這樣的情況卻越來越常出現。對於印度政府來說，潛水艇也逐漸成為他們擔心的對象，他們的綜合參謀本部（Integrated Defence Staff）在報告中曾指出，「印度洋的潛艦活動逐漸增加，已經對印度的利益造成了『嚴重危害』。」另一方面，印度洋上忽然冒出許多補給艦來回穿梭，這也讓官員們相當在意，因為這代表中國在設法進行進一步的擴張，而且也在加派兵力到最前線去。二〇一五年六月，中國還在慶祝自己建成了第五艘903型綜合補給艦；到了二〇一八年，他手上已經有了十艘，還有一艘正在建造，更何況中國不光只有903型綜合補給艦，他另外還有兩千六百多艘國有的商務船隊，這些都可以執行遠程任務，替解放軍提供補給。更有甚者，中國目前還頒布了一項新的指導文件，名叫《新造民船貫徹國防要求技術標準》，就是要讓那些商船都能夠合乎海軍的任務需求。[60]

如果印度未來想要開發安達曼–尼科巴群島，最大的難處之一就是這裡距離印度本土太遠了，如果是從本土出發，依據出發地點的不同，大概要花五十到七十個小時的船程才能到達，不然也可以從加爾各答或清奈搭兩個小時的飛機，降落在安達曼群島的首府布萊爾港（Port Blair）。另一個難題在於印度自己內部的意見不一致，對於到底要怎麼分配適當的資源來防衛該島鏈，總是吵個沒完。二〇〇一年時印度就成立了安達曼與尼古巴司令部（Andaman and Nicobar Command），這也是印度有史以來的第一個聯合司令部，卻一直飽受各軍種彼此對立的困擾，對於聯合司令部有哪些職司、如何提供資源，大家暗暗較上了勁。加上還有各種關於環境及原民權益的訴訟紛至沓來，限制住了島上許多的基礎建設及軍事開發計畫，這在相當程度上也拖慢了各軍種的進步速度。[61]

二〇一五年，在莫迪上台後不久就公布了一點五億美元的安達曼–尼科巴群島開發計畫，重點尤其放在布萊爾港與坎貝爾灣（Campbell Bay），這兩處對於印度未來投放海上戰力、部署東部防線來說都是緊要之地。二〇一八年十二月莫迪親臨安達曼–尼科巴群島，這是他當上首相後第一次來訪，象徵他會一直傾注心力開發這個島鏈。到了二〇一九年初，好幾個不同來源的報導都說政府已經拍板，要耗資七億九千萬美元進行一個十年的軍事基礎建設計畫，將安達曼與尼古巴司令部加以擴編與升級。至於南邊的大尼科巴島上的坎貝爾灣這裡，觀察家也發現到，高速公路、橋梁與機場都在進行升級工程，印度空軍雖然只是在這裡囤放了許多戰爭物資，不過在不久之後便可望在此展開更長期的駐紮。此外，坎貝爾灣的機場跑道也提出了擴建計畫，要從三千五百英尺延長到六千英尺以上，這樣軍方就可以讓海軍的P－8I海神式（Poseidon）海上巡邏機起飛，這種飛機具有反潛艦能力，目前雖然已經在值勤，但都得從印度本土飛到布萊爾港（搜索者二型〔Searcher-II〕無人航空載具也會飛行到安達曼－尼科巴群島上方，進一步追蹤潛水艇及其他船艦）。[62]

莫迪也希望能把布萊爾港發展成一個重要的船隻維修中心，並且對安達曼群島上的港口設施、機場、橋梁與高速公路進行更多的開發或升級工程，印度政府還想要把負責各港之間來往交通的轉運艦隊給擴大規模，同時也擴大此群島與印度本土之間的交通往來。另一項已在進行中的類似計畫是要設置一條新的海底纜線，從清奈一直連到布萊爾港，以及群島裡的其他八個核心島嶼，以建立更緊密的通訊連結；莫迪在二〇一八年十二月的出訪期間，也曾公開談到政府計畫要建立一個「全國各區網絡」，以數位科技把主要的島嶼連結起來。上述這些基礎建設計畫的目標，是希望能透過安達曼與尼古巴司令部的開發，尤其是它的海洋基礎建設，來引發正面的外溢效應，不過從早期傳出的一些消息看來，一開始所投入的那些基礎建設開發資金，其指定的主力重點在於打通鐵路與高速公路（有些鐵公路在二〇〇四年的大海嘯後至今尚未修復），以及擴建布萊爾港機場的跑道、設置照明系統供夜間降落使用。此外，莫迪也實現了老早打定的主意，批准在東北方遠處的納孔達姆島（Narcondam Island）上興建雷達站，無視於環保人士多年來的抗議——想要保護當地的犀鳥。有些分析師希望此舉可以帶動更多計畫案的後續進展，像是位於北方遠端的迪格里普爾（Diglipur）的希布爾（Shibpur）海軍航空站的升級計畫。二〇一九年一月，印度海軍參謀長蘇尼爾・蘭巴主持了一個啟用儀式，地點在安達曼島北方的一個老空軍基地高哈薩（INS Kohassa），因為這裡才剛剛完成翻新。[63]

除了基礎建設計畫，海軍也很想在布萊爾港多放些軍艦，目前只能放二十艘，希望能在二〇二二年的時候增加到三十二艘。目前駐紮在這裡的船艦裡，有一些是快速攻擊艇，有的是近海巡邏艦，有的是護衛艦。此外，很多官員也想打造印度的反介入／區域拒止戰力，以此抑制跟中國之間越來越升高的緊張情勢。[64]

除了增添硬體設施與船艦，印度現在也利用安達曼－尼科巴群島來展現他對多邊海軍演習堅定不移的支持態度，像是米蘭與馬拉巴爾等演習，這樣不僅可以強化印度的戰力，還可以讓大家看到印度海軍的遠洋戰力正在成長。二〇一八年的米蘭演習就舉辦在布萊爾港，共有六個夥伴國一起參與，此外印度另外還多次邀請他國進行雙邊共同演習，包括日本（日印海上演習）、澳洲（澳印作戰演習）、新加坡（新印雙邊海上聯合軍演）及法國（伐魯納聯合軍演）。另一方面，對許多從事海上區域事務的多邊組織，像是環印度洋地區合作聯盟（Indian Ocean Rim Association）及印度洋海軍論壇（Indian Ocean Naval

Symposium）等，印度也會給予贊助或支持，以協助他自己確立在這個地區的領導地位。[65]

印度也支持重啟由印、澳、日、美聯合召開的四方安全對話（Quad），這個團隊最早是在二〇〇七年正式成立，不過卻在多年後才發揮功效，這是因為幾個成員原本都不甚積極，以至於到二〇一七年十一月才再次重啟，當時幾國都在菲律賓的馬尼拉參加東亞峰會（East Asia Summit），連帶也同意恢復四方安全對話。日本首相安倍晉三將該團隊稱為「亞洲民主安全之鑽」，其隱含的目標就是要遏止中國，只不過所做的許多外交保證都說沒有這回事而已。該團隊有一些跟海洋較為相關的目標，例如維護以規則為基準的亞洲秩序、確保在全球公共水域上的航行自由與領空飛越權，以及促進海上安全等，可是這反而又造成了難題，因為印度在安達曼－尼科巴群島及印度洋各地舉行多邊聯合軍演，在中國看來這件事本身就具有攻擊性，再不然就只能說這些行動旨在壓制中國[66]，而這樣的情緒反而又回過頭來進一步拉高了安全形勢，助長海軍競逐，因而使發生意外衝突的威脅也變得更大了。

印度近來極為看重安達曼－尼科巴群島，確實也是不得不然，因為中國正把活動範圍擴展到孟加拉灣與安達曼海這邊，而且這還只是剛起了個頭而已。有些媒體報導，中國早從一九九四年就已經向緬甸租借了科科群島中的一個島嶼（位置就在安達曼群島的蘭弗爾島〔Landfall Island〕正北方），此外也有好幾篇報導聲稱，中國正在進行訊號情報戰，並建置了雷達要監控印度的一舉一動，而且最近還蓋了一座八千英尺長的跑道。二〇一七年，在緊張局勢已經明顯升高的情況底下，中國還在印度洋的東西兩側分別進行實彈演習，「艦隊對『敵軍』的水面船艦進行打擊，並在為期數日的演習行動中完成了燃料與飲水的補給工作。」[67]

## 港口及島嶼的許入權之爭

前面我們已經細論過印度的地緣經濟成長與海洋密不可分，而且他一心想成為強國，繼而令海軍至上主義勢力竄起，不過這裡頭還有很重要的一點沒有討論到，就是他要怎麼爭搶印度洋這麼廣闊的水域，以及上頭的海上交通要道。誠如馬漢所言，能否利用島嶼，以及能否在海外建立海軍站所，這不僅是海權的成敗關鍵，也關乎能否獲取強國地位。整個印度洋上的海上競爭正在如火如荼地進行，而且在未來十年或更久的時間裡依然不會改變，因為中印兩國都在擴展自己的海洋地緣經濟與海軍力量。雖然印度在印度洋裡占了地利之便，不過中國也有傲人的成績，現在他能夠利用的港口與島嶼比印度還要多，造成此局面的原因之一是印度對於中國在海上的崛起反應太慢，而中國也就趁其不備，努力推動一帶一路倡議與海上絲綢之路，為自己的海洋地緣經濟與海軍建立更可長可久的根據地，就像曾負責指揮西方艦隊（Western Fleet）的印度海軍退役中將謝卡爾．辛哈（Shekhwar Sinha）之前所說的，「印度在這場爭奪戰裡起步比較晚，因為印度政府從前太顧著看自己，不過現在莫迪已經把海洋放到了優先位置上。」[68]如果要講提供貸款、執行大型基礎建設計畫，那中國一直都比印度來得更有效率，畢竟他是一黨專政，做起事來比較不受束縛，可以輕易核准計畫，並指派國營企業立刻前往展開工作。

雖然印度和中國都想在差不多的地點獲取更多控制權，不過在此我比較側重討論的案例是一些大島或群島，包括斯里蘭卡、馬爾地夫、塞席爾及模里西斯，因為中印兩國都試圖要在這些島上建立更長期的海軍前哨站，甚至直接加以控制。這幾個島都是印度洋裡頭的小國，在地緣經濟與地緣戰略上一直都被區分到印度或中國其中一方的競爭版圖裡，其中印度的強項是歷史、文化與地理，不過中國靠著經濟與投資產生的錢財也扳回一城，很多時候這些小島國碰上中國式的「支票簿外交」時，都會淪為對方的獵物，以致於有個高階官員把這叫成是「賄賂外交」。雖然印度在減緩或阻止中國的進展上確實有做出一些成績來，不過中國還是租下了漢班托塔九十九年，實質控制了這個港，這可是個壞兆頭，預示接下來還有更多變局，而未來不論是誰想成為強國，掌握住這裡的海上交通要道都必然是關鍵。

## 斯里蘭卡與印度洋之心爭奪戰

在可倫坡市區，北邊的加勒菲斯海灘（Galle Face Beach）上有許多綠色的小攤販排成一列，販售一些街邊小吃和廉價的中國製玩具，如果你沿著海灘一直走，可以看到遠方冒出了一個巨大的沙島，它的名字叫可倫坡海港城（Colombo Port City）。海灘上的金斯伯里酒店（Kingsbury Hotel）原本坐擁印度洋的壯闊海景，現在卻變成望著一堆傾卸卡車、疏浚船隻，以及其他的建材與工人，看他們在可倫坡海港城忙得不亦樂乎。而當你靠近這個三百四十公頃（也就是將近三點四平方公里）的大型填海區，在最前頭你就會看到一排巨大的藍色告示牌，上頭打著廣告在宣傳這個小島的未來：「創造八萬三千個工作機會」、「價值一百五十億美元的投資」、「國際醫藥中心」，以及「國際金融中心：亞洲的經濟焦點」，如果去上海港城的網站，你會看到更多美輪美奐的介紹文字，還更新了工程進度，告訴你此島的填海作業已於二〇一九年完工。打造該人工島的是中國港灣工程公司，那是中國交通建設公司的一家子公司，而這個工程可謂是一大成就，畢竟該公司跟斯里蘭卡政府真正簽下該計畫的新合約時，都已經是二〇一六年的八月十二日了。這份合約的價值大約是十四億美元，其中包括一份九十九年的租約，至於未來島上的任何不動產開發與建設都不包括在內。[69]

二〇一五年斯里賽納總統上台，要求中止所有有中國背景的的計畫案，例如可倫坡海港城，其目的是要重新找回斯里蘭卡外交政策的平衡狀態，不要光只偏向一個國家，也要往印度與西方世界靠過去一些。此外他也設法調查前任總統拉賈帕克薩及其家人所傳出的許多弊案，他們被控在過去十年當政時收取了一百八十億美元的不法利益，斯里賽納因此也終止了他們當初訂下的許多相關議案。然而對斯里蘭卡的債務問題而言，停下大型基礎建設計畫只會使之雪上加霜，因為之前簽下的合約裡有滑動式罰鍰，只要斯里蘭卡政府多拖一天或一個禮拜，要繳的錢就會變多。在大部分的中國基礎建設計畫被下令停工半年多以後，斯里賽納才痛苦地意識到，斯里蘭卡政府欠中國的錢實在是太多，他們根本就沒辦法終止或縮減多數已經展開的基礎建設計畫，但這麼一來又會讓斯里蘭卡政府幾乎無力去抗拒中國的操縱，最後這位總統只能被中國逼著公開承認，說中國是個了不起的國家，他本人支持一帶一路倡議。中國心裡也清楚斯里蘭卡已經無力反抗，因為他們後來提出了一些新的條款，其中就包括斯里蘭卡政府建議把漢班托塔拿來以股換債，並簽下臭名昭著的九十九年租約。有一位官方的觀察家指出，斯里蘭卡政府先是自願提出把漢班托塔的股權八二分帳，但後來這些條款造成抗議運動爆發，於是才又逼得政府退一步，在重新協商合約條款時改提七三分帳，也就是說，斯里蘭卡在這個過程裡並不是全無反抗聲音的。雖然我們很難得知貸款合約的確切細節，不過還是可以看到後來的貸款都有百分之二左右的基本借貸利率，外加倫敦銀行同業拆借利率，讓多數貸款的年利率都攀升到將近百分之六點三左右。[70]

二〇一六年中開始，斯里賽納政府已經讓大多數的大型基礎建設計畫復工，生意也跟從前一樣照做，只是斯里蘭卡已經債務纏身，比以前弱小了許多。海港城的計畫體量極大，這不僅讓大家看到中國的實力，可以快速實行如此龐大的海洋基礎建設計畫，同時也代表中國在整個斯里蘭卡，尤其在可倫坡，擁有多麼大範圍與大程度的勢力基礎。我不知道聽人告訴了我多少次，說這個近海島嶼的面積有多大，大到改變了可倫坡的海岸線，甚至還可能改變了經濟海域的範圍，然而問題是這一類的大型計畫要花的錢非常可觀，而這只是個小國家，欠下這麼龐大的債務會讓斯里蘭卡幾乎無路可走。根據不同單位的推估，斯里蘭卡債務占國內生產毛額的比例，在二〇一〇年的時候才只有百分之三十六，但近幾年已經攀升至百分之七十九點三到百分之九十五。在最近這十多年，中國在斯里蘭卡的投資金額一直都高達八十五億美元以上，而有許多貸款的優惠期都只到二〇一九年，或在那之後不久，然而相比於中國從二〇〇五年到二〇一四年在全球的投資與簽下的合約，總計約有八千七百零四億美元，斯里蘭卡只占了大約一成的金額，包括特許貸款與補助在內，卻已經讓中國成為斯里蘭卡最大的開發援助金主，至於日本與印度則分別排在第二和第三名。相比之下，在差不多一樣的期間裡，國際金融公司（IFC）不過才投資斯里蘭卡五億九千六百萬美元，而印度更少，給的貸款才只有三億五千萬美元而已。[71]

海港城只是可倫坡眾多正在進行的大型海洋基礎建設或開發計畫中的一個，舉例來說，中國招商局在二〇一〇年還贏得了一個標案，在當時就已經估值大約五億美元，負責擴建和營運可倫坡國際貨櫃碼頭（CICT），這只是計畫的一小部分，整個南港（South Harbor）擴建計畫所簽下的是一份為期三十五年的BOT案。中國招商局是可倫坡最大的外國投資方，擁有可倫坡國際貨櫃碼頭百分之八十五的股權，斯里蘭卡港務局只保留了百分之十五。[72]原本可倫坡國際貨櫃碼頭擴建工程投標金額最高的是新加坡，不過得標的卻是中國招商局，因為有人告訴顧問委員會一定要採納中國的投標，背後的道理在於要還他們在內戰時期的人情。目前可倫坡港有三個主要碼頭，分別是政府所掌握的闍耶（Jaya）貨櫃碼頭、由他國及民間掌管的南亞門戶碼頭（SAGT），還有一個就是可倫坡國際貨櫃碼頭。可倫坡現在是全世界排名第二十五大的港口，從連通性來看的話則排在全世界第十三；在二〇一八年時的年吞吐量約為七百萬個二十呎標準貨櫃，而前一年則是六百二十萬個，成長了大約百分之十一點九。可倫坡貨運站的重要性甚至還更高於碼頭，因為印度有大約百分之七十五的貿易轉運都靠它處理，[73]然而現在中國卻擁有可倫坡與漢班托塔兩個港口的過半股權，這實在不是小事，印度應該要感到憂慮才對。當我人在漢班托塔的時候，聽到大家最常拿來討論的其中一個話題就是，如果中國在漢班托塔港大開門戶，讓這裡盡量多接收點商務及貨櫃的話，那他是否能讓可倫坡大部分的交通運量都停航打烊，畢竟在航運業裡頭時間就是金錢，而漢班托塔擁有較佳的戰略位置，距離印度洋上主要的海上交要道只有區區十海里遠，可以幫之前在可倫坡進進出出的那些船隻省下許多時間與金錢。

有件事雖然跟海洋不是完全直接相關卻值得一提，中國在斯里蘭的電子通訊業的投資金額也在成長，其中最有代表性的投資對象是三百五十公尺高的蓮花塔，上頭有三十二片粉紅色花瓣，現已成為可倫坡天際線最顯眼的地標，而它同時也是可倫坡新的廣播及電視訊號放送塔，這個一億零四百萬美元的建設案在二〇一三年發包，二〇一八年完工，由中國電子進出口有限公司負責監工承建。有一位官員曾經注意到，解放軍參與了蓮花塔的天線設置工程，而且據說斯里蘭卡的電子通訊基礎建設有八成左右都是由中國的華為或中興通訊這兩家企業負責的（與此相似的是，中國也大筆投資了斯里蘭卡的全國電網）。中國一直在執行這種類型的投資策略，記錄上斑斑可考，一開始先是進行一些海洋基礎建設案，而這些案子又會連結到更大型的基礎建設案，然後這些計畫案就會讓中國獲得更大的控制力，掌握該國的通訊系統及資訊流，把這一切都送到他在印太地區發展的電子通訊網絡之中。[74]

對比之下，印度在海上投資與貿易開發方面雖然努力卻成績平平，二〇一七年時還被中國給超越，讓出了斯里蘭卡最大貿易夥伴的位子，當年雙邊的貿易總額為四十四億美元；不過印度在二〇一八年時又奪回了貿易冠軍的寶座，雙邊的貿易額達到了四十九億三千萬美元。斯里蘭卡總喜歡提起一件往事，二〇〇七年的時候拉賈帕克薩總統是先對印度這邊提出了漢班托塔港的計畫，然而印度人回絕了，所以後來才找上中國的，拉賈帕克薩在二〇一〇年接受訪問時就曾說過，「中國在南亞出資接下了好幾個大型基礎建設計畫，這些都是高風險的生意，根本沒有其他多邊組織或西方的金主國家會願意去碰。」而且斯里蘭卡最近對印度也覺得很是灰心，因為斯里蘭卡一直在推動某些國防合作計畫，但是卻看到印度這邊只是在百般推託。話說如此，印度還是有做對了幾件事，有助於強化跟斯里蘭卡的關係，像是在二〇一五年二月，莫迪前往斯里蘭卡進行正式的外交拜訪，這也是睽違了二十八年後才再次有印度總理造訪這座島嶼，此外，這兩個國家在不久前才更新並擴大了自由貿易協議的內容，並且也在貫徹執行之中（不過跟中國這裡也有在談一樣的事）。此外前面也提過，印度租下了漢班托塔機場，而且不久前還在漢班托塔成立領事館，以利觀察中國的舉動。另外印度也與日本合作，一起對斯里蘭卡東側的深水港亭可馬里（Trincomalee）加以研究，看看是否有機會進行開發，以此來跟漢班托塔抗衡，因為早在二戰期間，英國皇家海軍就曾經利用過亭可馬里，當初看中的就是這裡有夠深又安全的港灣，不過兩國的討論目前似乎還不會有什麼快速的進展。[75]

跟印度相比，中國自從斯里蘭卡的內戰結束後就常常在支持該國政府，提供一些軍事援助或其他商業開發上的幫助。在二〇〇五到二〇〇八年間，中國提供的軍事援助金額，從小小的每年幾百萬美元一下子暴增到了十億美元，所以斯里蘭卡政府才有能力在內戰中打敗叛軍泰米爾之虎，給他們最後的重重一擊。中國在斯里蘭卡的商業規模也一直有在成長，目前中國有大約七十六家國營企業在南亞地區經營業務，其中有二十六家把總部設立在可倫坡；雖然我們很難明確掌握中國勞工在斯里蘭卡的確切數目，不過根據非官方的數字來看，人數是在一萬七千到四萬人之間，有一位觀察家還曾提到這裡出現了一個規模越來越大的「中國城」，而且從可倫坡的美國大使館走沒多久就到了，我到可倫坡去的時候還決定親自見證一下這個說法。結果我才從美國大使館慢慢走了五分鐘的路，中途還經過一個汙水處理場，又快速巡了幾眼斯里蘭卡總理官邸的周邊環境，然後我就抵達了穆罕迪拉姆路（Muhandiram Road），在這裡我確實看到有大約五到七棟三、四層樓高的公寓建築在門上掛著中式簾幕，還有一些中文標誌，不過依照我個人的估算，這幾棟小公寓，而且在這種街上，應該不會住超過兩百個人。然而確實在這陣子，也不只在那附近，包括整個可倫坡都開始冒出了許多新的中國館子，還有一些中式的乾貨商店。至於那些中國建築工的身分，我同樣也只是聽到外頭有傳聞，說很多人應該都是犯人，他們被船載過來執行建築任務，目標就是那些正在進行的大型基礎建設案，不過我靠自己無法證實這個說法對不對。此外還有一個人指出，這些中國勞工好像都會被來回載送到漢班托塔與可倫坡兩地，看哪裡有需要就去哪裡。[76]

對於中國一帶一路倡議的批評，有一項是認為有許多計畫案都沒有按照原本規劃的來落實，而且我還要補上一點，新冠肺炎所造成的全球經濟放緩，很有可能會對某些計畫造成格外嚴重的衝擊。跟我們前面說過的一樣，中國一向比其他多數國家都想得更長遠，因為他不用受到傳統民主制度要經常換人執政的限制，然後我們再看看漢班托塔的例子，在這裡做什麼都根本還賺不到錢，可是就像一位高階官員跟我說的，我們就好像在打一場時間有五十年的球賽，現在才到第二十年的時刻而已，中國還在努力影響球場，把場上的情況改變成他們想要的樣子，順便看看能不能找到任何機會削弱美國的力量。那份九十九年的租約也在很長的一段時間裡給了中國很大的空間，負責營運該港的漢班托塔國際港口集團及漢班托塔國際港口服務有限公司，因為斯里蘭卡政府與中國招商局之間還簽了更大型的協議，因此這兩家公司還獲得了二十五年的企業稅減免優惠，不僅如此，中國招商局手上有這麼大規模的勞動力，所以它會有能力快速吃下這些類型的計畫案，而且成本還比別人低。等到他們裝設了更多架吊車，並增設其他必要的上下貨設備後，這個港就會有十一個貨船泊位——而且這個數字在第三和第四階段的建造工程開啟後，還可能增加到二十三個——相較之下可倫坡港在使用的貨櫃船泊位也不過就十三個，因此不免讓很多人感到擔心，怕可倫坡港未來會失去斯里蘭卡最大港的地位。[77]中國受得了現在在漢班托塔的短期損失，因為他知道這裡不僅是一個現實上的根據地，而且長期來看還有賺錢的能力，尤其如果還有其他小島國再繼續出讓更多土地及資產給中國的話，那事情就會更順利了。

雖然中國再三保證，他跟斯里蘭卡重新協商、簽下漢班托塔的新合約後，絕不會將此港用於任何軍事用途，但是從種種跡象看來，大家都覺得中國以後大概還是會在漢班托塔建立軍事前哨站或基地。[78]二〇一四年，隨著中國海軍的一艘宋級傳統動力潛艦與一些潛艦補給船兩度進入漢班托塔，許多西方及印度的分析師才意識到大事不妙。第一次入港是發生在九月，當時剛好日本首相安倍晉三造訪了斯里蘭卡，過幾天後又換成習近平來進行正式訪問，這也是第一次有中國傳統動力潛艦駛進印度洋；至於第二次進港，則發生在沒多久後的十一月。自從二〇一四年的這兩次之後，雖然就再也沒有發生中國軍艦公開到此停泊的事件——二〇一七年時是有一艘中國潛水艇要求要停泊，可是被拒絕了——不過還是有很多人覺得憂心不已，畢竟中國的行動缺乏透明度，而且如果中國開口說要強化這個海軍據點的話，雖然斯里蘭卡政府已經申明不會接受，但其實根本無力拒絕。不過至少就目前看來，斯里蘭卡的海軍之前有宣布要把南方海軍總部遷出，搬到就在漢班托塔港外頭的地方，並聲稱會派三百名人員駐守於此，監控該港與該國的南方地區（港裡頭的安全工作仍由中國招商局負責監管），[79]雖然大家目前還看不出這個行動到底會不會真的實行，不過在這段期間裡斯里蘭卡政府也努力硬擠出了五千萬美元的預算來興建一道長堤，建成之後將會有助於他在該地區進行任何的海軍行動，因為目前在漢班托塔港外頭那個小海灣裡的泊位只有七十公尺，窄到不足以容納大一點的船艦。儘管做了一些努力，而且最近斯里蘭卡和印度還想方設法要監視並遏制中國的海上勢力，不讓他在這裡崛起，不過目前看起來還是中國占了上風。

## 馬爾地夫向中國靠攏

馬爾地夫位在斯里蘭卡西南方大約七百五十公里的地方，距離印度西南方則有六百一十公里，整個國家有一千一百九十座島嶼，其中只有兩百座有住人，大約有三十九萬兩千人散居在二十六座環礁上，海域面積為九萬平方公里。馬爾地夫在地緣政治上非常重要，因為大部分印度洋上東西向的國際航運交通都要穿越這裡，這些船隻有的會取道於馬爾地夫北方與印度之間的八度海峽或九度海峽（Minicoy Channel），有的會走南方的海上交通要道一度半海峽（Huvadhu Kandu）。此外，馬爾地夫的南部距離迪亞哥加西亞島（Diego Garcia）的北部也只有大約六百四十公里遠，而後者上頭有一座美國海軍基地。[80]

從一九七八到二〇〇八年，馬爾地夫一直都由穆蒙・阿卜杜勒・蓋約姆（Maumoon Abdul Gayoom）所統治，而印度政府在這數十年裡也一直對該政權有很大的影響力，事實上，印度陸軍還曾在一九八八年的時候插手馬爾地夫事務，進行了一個仙人掌行動（Operation Cactus），幫蓋約姆擊倒了一次軍事政變。到了二〇〇〇年代初期，爭取民主的運動逐漸竄起，而國際上的壓力也不斷增加，蓋約姆不得不同意開放更多選舉，最終導致他在二〇〇八年下台，被改革派的穆罕默德・納希德（Mohamed Nasheed）所取代，不過納希德也只當政了四年，蓋約姆的支持者及其他反對黨的人一直在對政府施壓，想方設法要搞垮他，終於在二〇一三年時由阿卜杜拉・亞明（Abdulla Yameen）取代納希德當上了總統。然而在亞明就職以後，就逐漸與印度疏遠，改向中國靠攏。[81]

自從一九九〇年代以來，中國和巴基斯坦都一直想要在馬爾地夫獲得更大的立足之地，以削弱印度在這個地區的勢力，二〇〇一年中國總理朱鎔基前往馬利進行首次的正式外交拜訪，讓局勢更是進入了白熱化階段，在這之後大家都瘋傳中國打算要在瑪勞環礁（Marao Atoll）上興建海軍或潛艦基地，還外加一座監聽站。不過這些計畫似乎都並沒有實現。[82]

時至今日，外界又開始盛傳中國對這個島鏈虎視眈眈，而且還說中國很快就會在馬爾地夫的某個島上建立一個長期性的軍事設施，講得好像有模有樣的。且不說基地這件事外界的預測對不對，中國確實已經漸漸把手伸進馬爾地夫的政治與經濟裡頭，先是在二〇一一年的時候在首都馬利成立大使館（日本一直到二〇一六年才設立），然後在過去這七年裡，尤其是在亞明上台以後，中國把原本曾諾要進行的大規模基礎建設計畫及貸款再進行升級加碼，很快就贏得了亞明與其政府的心。舉個例子，中國在首都附近投資了十六億美元來進行機場及跑道的現代化工程（而且還排擠掉原本已經簽約要做這個案子的印度公司），另外又花了兩億一千萬美元來蓋中馬友誼大橋，這座橋長達二點一公里，連接馬利與機場，已於二〇一八年九月通車。中國還承諾要在新生的呼魯馬勒島（Hulhumale Island，也叫做「青年城」）上興建數千個公寓單位及其他建物，總值超過四億三千萬美元，用來安置那些在馬利（居民數占總人口的三成）等地受到氣候變遷及海平面上升所影響的馬爾地夫居民，而目前已有大約三到四萬名居民被安置於呼魯馬勒島上。跟其他小島國的情況差不多，中國政府手上已經掌握了馬爾地夫政府大約七成的債務，每年要償還的金額約為九千兩百萬美元，占了該國總預算的一成。[83]

在海洋地緣經濟的開發方面，中國現在也長期租下了馬爾地夫的十七個島嶼，有些租約甚至長達五十年，而且還可以續約到九十九年。前往馬爾地夫的中國觀光客也大幅成長，在二〇〇九年時只有六萬人次，到了二〇一七年已經變成三十萬六千人次，占了所有觀光客源的百分之二十五左右，而且中國人去馬爾地夫旅遊還不需要旅行簽證；相較之下，印度每年到那裡的觀光客人數只占百分之六左右。看到中國遊客越來越多，現在有很多中國開發商都想拿錢去投資，而從二〇一五年開始，馬爾地夫也開始對外資鬆綁，修正其憲法的第二百五十一條，改採馬爾地夫土地法案（Maldivian Land Act，法源來自憲法第三百零二條），修改後的法條允許政府把土地的管理權轉讓給外國人，只要符合以下標準即可：申請案須經過人民議會核准；在馬爾地夫領土上的投資金額不得少於十億美元；至少七成以上的土地必須是填海造陸，而且在中潮（medium tide）時要高於水面，此外，國會還強調不得進行軍事行動。到了二〇一六年六月，國會也通過修改馬爾地夫的觀光法規，讓外國法人更容易租借不動產或島嶼。有了這些新修訂的法規，政府就可以核准把島嶼租給別人開發度假村，而且不需要公開的競標程序，對此曾有一位官方的觀察家告訴我，只要價錢對了，馬爾地夫什麼都會給你，包括土地在內。[84]

目前中國所租借的島嶼大多都是用來發展觀光業，而這個產業通常占了馬爾地夫四成左右的國內生產毛額。不過讓許多國外觀察家比較擔心的地方在於，有些中方的開發案可能會變成具有雙重用途的跨國併購案。由於馬爾地夫旁邊有兩到三條國際航運的重要海峽，東西向的航路都會經過這些地方，因此這個國家本身也可以變成印度洋中間的一處海上咽喉。在二〇一七年十二月時，距離首都島嶼不遠的菲杜夫斯島（Feydhoo Finolhu Island，面積為六十七點三公頃）租給了中國的一家合資公司來開發度假村，租期為五十年，出租價格僅有四千萬美元，遠低於原本估價的一億五千萬美元。合資的成員包括中國的深圳尚鵬投資公司，香港的米立奇投資（Mirich Investments）、珍珠環礁私人有限公司（Pearl Atoll Private Limited），以及一位當地商人艾哈邁德．拉蒂夫（Ahmed Latheef），而實際的開發案由珍珠環礁私人有限公司來執行，於二〇一九年開始動工。一般來說，其他要交給中國開發的島嶼都位在該國的最北方，像是凱樂島（Kelaa，兩百零一點七公頃）、伊哈萬杜島（Ihavandhoo，八十六公頃）及馬蘭杜島（Maarandhoo，五十六公頃），不過在馬爾地夫最南端的阿杜市（Addu City）那邊，根據媒體報導，中國也會開發一個港口，而且阿杜的開發計畫裡有一部分內容是要由中國來蓋兩百六十個單位的公營住宅。最後，還有些印度官員推測，中國打算在加杜島（Gadu Island）上蓋一個海軍基地，加杜島的位置緊鄰有國際機場的甘島（Gan Island），而按照新德里的智庫印度觀察家研究基金會（Indian Observer

Research Foundation）裡頭一位出色的研究員馬諾傑．喬希（Manoj Joshi）的說法，「中國有可能會在加杜島設立海軍基地……加杜島就在甘島旁邊而已——而這裡有著二戰時期的英國海軍基地——該地的深水環境很適合用來當成潛艦基地。」如果再按照一位已退休印度官員的說法，中方的整個大計畫就是要把這些島嶼跟中國的海底PEACE纜線連結在一起，這樣纜線就可以一路從巴基斯坦連到馬爾地夫，然後再通到斯里蘭卡（並與東亞的纜線連接在一起）：「中國或許還沒有可以在遠洋挑起戰爭的軍事實力，不過他之後會擁有一套資訊與通訊的大型體系，讓他可以在戰力未豐的時候先好好利用。當你掌控了資訊流，你自然也就可以掌控這塊地方。」[85]

亞明靠向中國的過程有一個很戲劇化的轉折，根據媒體報導，他在二〇一七年的十一月底和十二月初曾強迫國會通過內容多達上千頁的對中自由貿易協定，而整個審議過程還不到三十分鐘，甚至沒有在野黨在場。於是一夜之間有七成的中國商品都免稅了，而且在其後的八年之內，免稅的中國商品會再增加到百分之九十六。不過這樣的事情也導致了反對黨帶頭的抗議接連爆發，他們指控亞明讓中國強占土地，奪走許多島嶼，而且他個人還從自由貿易協定裡頭得到了許多好處。到了二〇一八年的二月六日，亞明下令逮捕最高法院的兩名法官、前總統蓋約姆（納希德則已經流亡到了英國），以及其他的反對黨領袖，而且在那之前他還宣布國家進入緊急狀態，後來一共持續了四十五天。[86]

馬爾地夫國內一片混亂，而中印兩國對此的反應也是動見觀瞻。在二〇一八年一月，當時尚未正式進入國家緊急狀態，有一支由十一艘船艦組成的中國海軍小隊就已經悄悄穿過印尼的巽他海峽（Sunda

Strait），進到印度洋去執行救援訓練演習。這是暌違四年後再一支進到印度洋的艦隊，對此前印度海軍司令、現任職於觀察家基金會（Observer Research Foundation）的阿比吉特・辛格（Abjihit Singh）曾在當時評論道：「這是在玩『灰色地帶』策略，你不要把挑釁的程度拉到太高，讓對方找不到理由可以反制或反擊，不過這已經讓你成功傳遞了一個訊息……這個給印度的訊息就是：『你如果你靠馬爾地夫太近的話，我們這邊也不會有多遠。』」不過中國的國防部否認這樣的說法，並表示中國海軍的船艦到印度洋只不過是在進行例行演習：「這些都是今年的例行性常規演習，並不針對第三方。」[87]

雖然馬爾地夫的反對黨成員在國家緊急狀態期間曾呼籲印度派兵介入，不過莫迪還是決定要自我克制，打消了一切的軍事行動，媒體認為他是擔心派兵會使中印之間的情勢升高，而這次的事件也代表印度與馬爾地夫的雙邊關係已然惡化。在二〇一八年夏天，馬爾地夫政府宣布打算要終止一項國防合約，不予採用兩架印度直升機，包括五十名左右負責保養與飛行的印度組員，該直升機原本是要用來幫忙巡邏及監控馬爾地夫的經濟海域，亦可支援搜救任務，不過其中一個直升機團隊的基地是在阿杜市，而中國正在此地建港；至於另一架的基地是在拉姆環礁（Laamu Atoll），比較靠近馬爾地夫中部。在這個計畫終止之後，印度也失去了一批寶貴的監視力量，包括無法監看中方的海軍及海上行動。[88]

讓印度大喜過望的是，二〇一八年九月二十三日在馬爾地夫的投票結果是讓亞明總統下台，由馬爾地夫的民主黨（Democratic Party）領導人易卜拉欣・穆罕默德・薩利赫（Ibrahim Mohamed Solih）當選總統；然而就在職位交接的過程中，薩利赫發現亞明在任內累計從中國的貸款中拿走了近三十億美元，對於這樣一個小島國而言根本是天文數字——不過中國方面的報導聲稱該數字只有將近十五億美元。等到薩利赫一上台，他最早提出的案子之一就是要撤回亞明在二〇一七年底逼著國會跟中國簽下的自由貿易協定，而印度隨即也提議願意接手，並拿出十四億美元的金援來幫助馬爾地夫清償越欠越多的對中債務與利息，不過這一切都還有個但書，就是馬爾地夫要跟北京方面保持距離。莫迪接著又提出要在二〇一九年六月造訪馬爾地夫，以示兩國交好，而這也是莫迪在二〇一九年春天勝選，展開第二段任期後的首次出訪，同時也顯示了莫迪是如何看重他的「鄰國優先」政策及區域共同安全與成長倡議。然而即使兩國最終成功敲定了貸款合約，而馬爾地夫也終究在越來越大的外交壓力之下往印度多靠攏了一些，不過中國在地緣經濟方面所實際扎下的根基，包括一些全島租約及地緣戰略資產的租讓，還是很難動搖。[89]

## 模里西斯與塞席爾　印度的前哨站？

模里西斯與塞席爾分別位在馬爾地夫的西方與南方，不過距離比較遠一點。印度在這兩個國家的地位似乎沒有什麼下墜的風險，不過依然不該倚仗舊勢，還得繼續努力。印度在模里西斯的根基扎得相當深厚，未來有機會可以在阿加萊加群島（Agalega）設立基地設施，或者建立前哨站；至於塞席爾這邊，印度看起來就比較沒有那麼想在以後建立基地站，然而在印度還是有不少人對此保持樂觀，覺得就算不久前的協商並不順利，但印度還是很快就能夠在塞席爾的阿桑普申島（Assumption Island）興建一些設施。總而言之，未來印度若想要確保進出自家領海的海上交通要道無虞，並且保持對這些區域性航道具有一定控制力，這兩個小島國將會起到關鍵的支持作用。

不論是否出於不得已，模里西斯在歷史與文化上一直跟印度有很深的連結。首先，該國的一百三十萬人口中絕大多數（大約七成左右）都是印度裔，而印度對於該國的前後幾任政府也都有很大的影響力。自從一九八〇年代以來，擔任國家安全顧問兼模里西斯海域防衛隊指揮官的，一直都是現任或退休的印度官員或軍官，光憑這一點就可以確保印度在未來要跟中國搶地盤的時候不太會輸。模里西斯的面積為兩千零四十平方公里，土地分散在各處，因此經濟海域多達兩百三十萬平方公里左右（其中有四十萬平方公里跟塞席爾的重疊）。模里西斯有好幾座外島，並主張自己擁有查哥斯（Chagos）與特羅姆蘭（Tromeline）這兩處島群的主權（當年英國占領查哥斯群島，把島上原本的居民都遷移到迪亞哥加西亞島，而後者現已租給了美國海軍）。在這些外島中，印度特別看重的是位在模里西斯北邊大約一千一百公里處（以及馬達加斯加東北方一千公里處）的阿加萊加群島，該群島由南北兩座島嶼所組成，中間隔著一公里寬的海峽，島上的土地面積大約有兩千六百公頃，散居著三百位左右的島民，目前島上有一座叫做聖詹姆斯錨地（Saint James Anchorage）的小碼頭，以及一條簡易機場跑道，雖然這些設施亟待升級與擴建，不過對印度來說都非常重要，因為可以用來監視印度洋的西部地區以及從東非出發的航運交通，由於這裡沒有海灣，所以大部分的船隻目前只能停泊在距離聖詹姆斯錨地大約五百公尺外的地方。[90]

莫迪曾在二〇一五年前往印度洋各島國參訪，當時便公布要提供五億美元的貸款給模里西斯來進行大型基礎建設計畫，包括升級阿加萊加群島的海空設備，還款期限為二十年，年利率則為百分之一點八。針對升級阿加萊加群島設備方面，印度特別分撥款項來興建一個可以停泊船艦的小型碼頭，並將飛機跑道升級擴建至一千兩百二十公尺，印度軍方希望在不久後就能夠多部署一些軍力至此，以因應這個地區所發生的海上勢力變化。在印度所簽下的協議中，還有一些文字談到要聯合開發印度洋，並發展模里西斯的藍色經濟，這些內容直接連結到了莫迪的區域共同安全與成長倡議。在莫迪二〇一五年的那次參訪期間，模里西斯海域防衛隊也正式啟用了印度製的近岸巡邏艦，取名為「梭魚號」（Barracuda），而其實該防衛隊的整個艦隊也大多都是印度製的。最後，莫迪還宣布啟動模里西斯的區域性海上監視系統，他希望在將來打造一套多方連結的海岸監控雷達網絡，蒐集沿岸各處的資訊，對海域情況提高警覺。待建置完成，印度還盼望能把該網絡納入新德里的中央監控系統裡頭。[91]

塞席爾跟模里西斯一樣都被外界視為是親印度的國家，不過當印度滿懷壯志與期待，提出要在阿桑普申島建置長期性的軍事設施，卻在二〇一八年三月時踢了塊大鐵板，國民議會居然不批准塞席爾政府在二〇一八年一月二十七日跟印度簽下的協定，其內容是兩國要建立聯合海軍基地，還要興建一條兩千七百公尺的飛機跑道，此外還有諸多合作案。根據外洩的官方文件內容，「（阿桑普申島上的）設備內容包括空中、海上、通訊、監控及其他各式基礎建設與設備，詳細內容見於協定的第三號之一條款，由印度進行該基地的興建、維護與營運工作，然其所有權歸於塞席爾。」[92]雙方的協商一直在進行，商定了一筆五億五千萬美元、為期二十年（並最多還可以再續約十年）的合約，卻在最後一刻被國民議會宣布為無效。掌控國民議會的是反對黨塞席爾民主聯盟（Linyon Demokratik Seselwa），他們並不願意通過那份協議，其中一部分是出於環保上的考量，不過隨後也有一些人注意到，這份協議之所以會遭駁回，是因為很多塞席爾人不想要被扯進中印兩國的地緣經濟與地緣政治大賽局裡，此外還有人注意到，在塞席爾人看來，這份協定還有侵犯塞席爾國家主權的問題。[93]

塞席爾擁有一百一十五座大小島嶼，跟模里西斯的情況類似，戰略上來看都剛好位在西印度洋的東西向主要海上交通要道上，跟南北向要道莫三比克海峽（Mozambique Channel）也不遠。塞席爾位於肯亞東方一千六百公里處，而阿桑普申島則是位在塞席爾首都維多利亞（Victoria）的西南方一千一百三十五公里處，自二〇〇三年以來，印度跟塞席爾一直維持著軍事合作協議，並於二〇一六年時設置了海岸雷達監控系統，不過印度當時其實還希望能進行更進一步的戰略合作，直接設立聯合海軍基地。如果設立了基地的話，印度一方面可以訓練塞席爾的軍事人員，而且又能派兵到塞席爾龐大的經濟海域上幫忙巡邏，因為那裡的毒品走私、海盜、非法捕魚情形相當猖獗，加上要面對印度洋沿岸節節升高的安全情勢，此舉也有助於因應局面。[94]

然而印度還是越來越感到憂心，一部分的原因是中國對塞席爾也有動作，而且已經取得某些進展。雖然到那裡的中國觀光客規模還無法跟馬爾地夫相提並論，不過近幾年中方確實有在提供部分的旅遊補助，並支持民間提出相關發展計畫。二〇一六年七月，中國與塞席爾簽署了一份經濟與科技合作協議，總計願意出資一千五百萬美元來幫助塞席爾廣播公司（Seychelles Broadcasting Corporation）進行設備與建築的升級工作；到了二〇一七年十月，雙方又簽下了另一份經濟與科技合作協議，要花七百三十萬美元蓋一座新的商業與視覺藝術方面的高等技術學校；從二〇一七到二〇一八年，中國還提供了幾百萬美元的資金來進行住宅重建計畫。不過到目前為止，塞席爾似乎尚未被中國這陣子提供的開發與援助資金給完全淹沒，他現在債務占國內生產毛額的比例只有大約百分之二十二，不僅尚有餘裕，甚至遠比多數的開發中國家都低，[95]不過就他國的殷鑑來看，一不小心的話還是很容易會有變數的。

中國雖然逐漸在塞席爾占了一席之地，但印度也算不上輸，而且為了與中方相抗，印度也一直在努力提出類似的援助與開發倡議，合作案的內容涵蓋了醫療、運輸及法治層面，畢竟兩國之間有歷史文化上的連結，似乎讓彼此的關係會比較穩定。雖然二〇一八年時曾在國民議會遭挫，不過樂觀派還是居多，認為雙方私下還在繼續協商，日後將會讓軍事基地合作協議起死回生。[96]話雖如此，如果印度不想看到自己的地位動搖，還是必須時時保持警惕，不容有鬆懈餘地。

## 爭港搶道，前路迢迢

前面所述的那些印度洋島嶼之爭只不過才剛剛開始而已，未來十年乃至更久之後，中印兩國都會設法擴張及確保自己國家的戰略利益，而印度洋上的海洋地緣經濟也會因而進一步發展，於是海軍至上主義勢力跟著抬頭，接著各海上交通要道的緊張局勢又隨之升高。事實上，兩國現在就已經在很多其他國家展開角力，舉凡馬達加斯加、肯亞、坦尚尼亞、莫三比克、阿曼、阿聯酋、卡達、緬甸及孟加拉等國均在其中，兩國搶著要開發港口、進行海洋基礎建設計畫，簽定海軍准入協定（naval access agreement），現在每天都會傳出新的消息，說某某計畫在進行協商，或是某個港口興建計畫、某種樣態的交通路線達成了什麼新進展等等。印度之前成功跟法國簽下了海軍准入協定，然後又跟美國簽下了後勤交流備忘錄，範圍不僅限於雙方在印度洋上的軍事設備與前哨基地，而且適用於全球。現在，印度可以大方進入法國在留尼旺島上的軍事基地，旁邊就是馬達加斯加，也可以進到美國在迪亞哥加西亞島上的海軍基地，另外還有許多其他的軍事設施也在其列。[97]

不過印度也有難解之題，那就是他的手頭不如中國寬裕，中國可以奉上或貸款一大筆錢給那些印度洋的開發中國家，憑此撬開一些關鍵的大門。然而很多國家簽下合約，同意由中國主導海洋地緣經濟計畫的進行之後，卻在這過程中逐漸出現嚴重的債務問題，這是中國的支票簿外交所造成的遺害，如果還有其他小國想尋求中國的資金來幫他們完成大型基礎建設計畫，斯里蘭卡足為他們的殷鑑。印度雖然試圖要力抗中國那邊崛起的海上力量，成果卻不如預期，部分原因是受到其官僚系統與資金不足所拖累，但相較於其他國家事務，印度自己也應該把海軍發展的優先順位往前提才行。印度現在已經充分意識到自家周邊的地方出了什麼問題，也開始亡羊補牢，多多重視海上這裡，而莫迪的當選更是一大助力，把印度推到了海上，力保印度在印度洋地區的利益不失，起身立於強國之林。

印度若想成事，還得要有其他地方的外援，或者說要有美國、澳洲與日本幫忙才行。日本現在採用多管齊下的做法，包括跟印度聯手，以應對中國在海上的勢力崛起，而他提出的區域參與計畫也開始初見成果。至於美國這邊，則必須繼續出手並支持印度的種種作為，以平衡整體區域局勢，不幸的是，不論在印度或其他地方，很多人都越來越覺得美國漸漸在淡出區域事務，也變得越來越不可靠。如此的勢力消長相當危險，只會讓中印之間的海上競爭越趨激烈，海軍至上主義大行其道，後果甚為難料。

# 第六章　海上絲路與南海問題

前陣子有篇中國人民解放軍軍事科學院的文件資料寫：「不論是今日或長期以後，（中國的）國家利益主要會在海上擴張，而國家安全的威脅也主要來自於海上，軍事上的努力目標，依然主要是在海上。」[1]對中國來說，海上所浮現的威脅大多是出自於南海，由於跟美國、日本、臺灣或其他國家之間在這裡的海上軍事緊張局勢拉高，更何況他還在此填海造出了一連串的人工島，飽受各方抨擊，自然也就對南海越來越不放心。中國要想成功擁抱海洋，那就必須想出方法來平息這些威脅，這樣才能跨出近海，繼續前進。雖然中國的勢力已經大舉跨足到整個大印太地區，不過對於南海地區，以及一般常說的第一島鏈，包括從日本以南諸島一直到印尼群島這些島嶼，他還是擔心自己的應付與掌控能力夠不夠。

過南海的航線可以說是中國未來的生命線，將會左右與改變他的強國之路。南海地區本就熱鬧，每年有超過四萬艘船隻航經於此，這已經將近是全球海上貿易三分之一的數字。在二〇一二年的中國共產黨第十八次全國代表大會上，習近平的前一任黨主席胡錦濤就提出要「建設海洋強國」，把中國定義為一個「在開發海洋、利用海洋、保護海洋、管控海洋方面擁有強大綜合實力的國家」，胡錦濤更進一步表示要「提高海洋資源開發能力，發展海洋經濟，保護海洋生態環境，堅決維護國家海洋權益，建設海洋強國」。這份當年度的正式黨務報告同樣也對中國最主要的國家戰略目標做出結論，那就是要建立「強大的海洋國家」。五年後，習近平主席在中國共產黨第十九次全國代表大會上也說了類似的話。[2]

南海地區有幾個重要的戰略咽喉，像是麻六甲海峽跟巽他海峽，如果中國能持續掌控這些要地所構成的海上物流集散中心，外加南海的海上商貿路線，那他就可把自己的勢力範圍大大擴張到這個地區以外，從而實現習近平的「中國夢」，成就「中華民族偉大復興」。此外，中國還必須確保這些海上戰略咽喉的開放，令進出中國的海上交通暢行無阻，不然就會陷入所謂的「麻六甲困境」，要想控制與保護他在此處的這些核心利益，雖然需要結合海上軍事實力與地緣經濟力量，不過未來真正的成敗關鍵，還是在於中國海洋地緣經濟勢力的大小。南海的海域面積超過三百萬平方公里，範圍從臺灣海峽一直到新加坡與麻六甲海峽，大多數專家的看法都認為，中國的海洋經濟，包括運輸、造船、漁業、港務等與海洋相關的國有企業，不僅量體巨大，而且在南海這邊也會越來越發達。更進一步來看，中國擁有大約五千五百艘總噸位上千噸的商船，其近年來的經濟榮景有很大一部分都是仰仗這支巨型的商業船隊，而其中有不少都是在南海出入，由此來往於一百五十個以上的國家、六百個以上的港口。中國有大約四成的經濟仰賴貿易，而為了滿足他快速增加的貿易量需求，中國便大舉投資其港口設施的擴建工程，連帶也擴展了他的海洋經濟。[3]

除了擴展海路商貿，中國也必得要有通路來獲取全球各地的能源供應，其中最主要的是石油、天然氣與煤炭，這才能幫他的經濟添柴生火。按照有些近期的統計數字來看，中國的海外直接投資裡頭有將近百分之三十六都屬於能源產業，另外有百分之九是貴金屬及其他礦產。一九九三年，中國開始成為石油的淨輸入國；到了二〇一八年底，他平均每天要進口的石油已經達到九百二十四萬桶，躋身於世界前幾大石油輸入國之列。[4]中國大部分進口石油走的都是海路，而且有八成以上都是來自西南亞，再取道於南海運抵中國，而南海海域本身每天只能生產大約一百三十萬桶石油，而且大部分都出產在沒什麼爭議的北方海域。南海石油蘊藏量的推估多寡不一，最樂觀的中國這邊估計有兩千一百三十億桶，而美國方面的估計只有兩百八十萬桶；這裡的天然氣蘊藏量也有類似的推估差異，中國方面預測有超過兩千兆立方英尺的蘊藏量，而美國這邊估計只有兩百六十六兆立方英尺。[5]不管怎樣，由於中國要逐漸改用更乾淨、更環保的能源來取代燃煤，因此到二〇三〇年時，不論是用管線還是輪船來輸送，總之會有超過六成的中國天然氣需求得要仰賴進口才行。如此高度仰賴於外國的能源市場當然會有風險，於是中國便開始投資離岸鑽井，一共開了八十二個離岸油田與氣田、五千一百五十六口油井或氣井，進一步保障自己的能源供給與能源流（energy flows）。因為這樣，完全掌控南海的海上交通要道與能源資源，此事對中國的重要性也就與日俱增，然而南海的地緣經濟與地緣戰略局勢原本就一直是個壓力鍋，南海諸國包括日本、臺灣、印尼、越南與菲律賓，原本就與中國相爭不下，現在更是火上加油。[6]在此雙方相持之局，每個國家都紛紛出手，想保護自己在南海的利益，連印度和俄羅斯都插上一腳，看看能不能分一杯羹。

總的來說，中國是把國家興衰的一大關鍵押在海上絲路與海洋經濟上面，但求它們未來可以發展順利、功成利得。而如果中國的海洋經濟實力一如預期，繼續擴張的話，自然就會牽動其他海上地緣戰略與擴大軍力部署的成果，跟著一榮俱榮，一強俱強，就像在某些時候，中國比較喜歡利用自己在某個地方的港口投資來讓那個地區的國家跟自己合作，多照顧一點中國在地緣戰略與地緣經濟上的利益。[7]而由於中國的海洋投資變多了，也就意味著他會需要找辦法來保護自己的資產，繼而導致該地區的安全情勢升高，尤其是他還擴編海上民兵來幫忙維護漁業利益。不幸的是，把更多事情用軍事手段解決，等於是在拉高緊張情勢，也讓中國與南海其他國家之間發生意外爭端的機會跟著增加。本章要談論的是中國越來越強大的實力優勢，範圍包括運輸、造船、物流與供應鏈、漁業、水產養殖（或者說養殖漁業），還有他如何開發或收買這個地區的港口，範圍從臺灣一直到澳洲都有。不僅如此，中國的海洋地緣經濟勢力也進入了柬埔寨、汶萊與馬來西亞，使得其他國家，不論身在南海或全球其他地方，尤其是美國、印度、日本、臺灣等國，都在經濟層面上越來越難與中國在海上抗衡。而由於中國的海上網絡日益穩固，且越來越不需有求於人，也讓別人更難找到方法來限制他在南海的發展。

## 亞太地區往日的戰略重要性

雖說我們會仔細看看中國在南海地區的海洋地緣經濟實力，而那又會如何影響歐亞地區的海上競爭大局，不過在那之前還有一件重要的事，就是先把南海與東亞地區放進整個太平洋地區的大脈絡中來審視。歐洲曾主宰東亞地區的海域長達數個世紀，不過如今中國一心轉往海路進發，已經開始在逐漸削弱西方對這個海域的控制力，而他也跟過去的其他強國一樣，為了要穩固自己的強國身分，中國必須維持自己在這個地方的地位與影響力不墜，確保自己有更順暢的管道可以把戰力派遣到亞太地區以外的地方。

太平洋是地球上最大的水域，面積超過一億五千五百萬平方公里，平均深度達到大約三千九百公尺，這個名字是在一五二一年時由探險家麥哲倫所取的，他當時剛穿越火地島（Tierra del Fuego）的海峽，經歷了狂風暴雨，所以想要幫船員們鼓舞一下士氣，成功穿出海峽後，他就說要幫這片新見的水域取名為「Mar Pacifico」，因為這裡的海水「寧靜而祥和」。對麥哲倫和大西洋彼岸的其他人來說，太平洋代表的是一個未知的新世界，充滿著發大財的機會。太平洋的最西側被三個主要的海洋所包圍，分別是南海、黃海與東海，由於它們跟歐亞大陸的邊緣相鄰，因此顯得格外重要，從中我們也可以初步看到當地幾個主要國家，尤其是中國和其周邊的臨海國家，了解一下他們重要的海洋政策，以及共同遇到的難題。這幾個海域裡都有一些歷來爭端不止的島嶼，還有寶貴的漁場及其他海洋生態，加上尚未開採的自然資源，對環亞太地區這些正在蓬勃發展的經濟體大有補益。如果我們再把北邊俄羅斯的千島群島也算進來的話，那這從北到南的整個島弧裡頭就含蓋了差不多兩萬七千座小島，[8]這點會放在下一章另談，屆時我們會進一步細看中、印、俄、日、美等國之間的地緣戰略與海上之爭。

從歷史上來看，大部分的貿易與海上交通都是走南北向或東西向。除了南海，還有從日本以南到臺灣以東的這片西太平洋地區，這裡都屬於亞熱帶，而新加坡的南邊不遠就是赤道，這些地方的氣候模式主要都是受季風影響而定，秋冬的時候吹北風，而晚春與初夏之際吹南風，這個固定的氣候模式讓在大航海時代的航海家與水手安下了不少心，而且洋流也大致沿著緯度線，由北向南流入臺灣海峽，相較之下，史上海象最凶險的那些海岸線，都是因為海風跟洋流結合在一起所導致的。此外，颱風也一向都是在夏秋兩季來襲，有些小城邦，例如香港，很容易暴露在暴風之中受災，然而新加坡就因為地理位置與港灣守護而得免於此難。[9]

如果要講東亞國家從前怎麼利用自己周邊的海洋環境，那各國的歷史都不太相同。歷史上著名的鄭和下西洋，最後一次是發生在一四三三年，在那之後明朝就從大海轉過頭來盯著內陸，也盯住蒙古勢力的再起，政府一心就看著他領土的西境前線，只關心蠻夷入侵的問題，海洋被視為一種負擔而非資產，那是法外之地，卻也不足以動搖帝國根本，海盜雖在此燒殺擄掠，卻也不是有哪國舉兵來犯，不至於因而改朝換代。雖然朝廷轉向內陸，還是有一批貿易商與民眾繼續向大海發展，逐漸與東南亞產生連結，中國人甚至發明了一個詞彙來稱呼東南亞地區，就叫南洋，相較於自認位居天下之中的本土，這便是當時的人看待東南亞的角度。雖然明朝越來越死守內陸，但從國際商貿上來看，海上依然熱鬧，只不過大家圖的都是私利。相較之下，日本雖是島國，日本政府在近代早期以前卻一直沒有好好善用海洋，即使一直都會出現海盜，而且日本海盜還把九州附近的南方島嶼當成安全港，不過在十四世紀初期一直到十五世紀，他們從來都不擔心會被政府懲罰。雖然對日本漁夫來說，海洋毫無疑問是日本飲食中一個巨大的蛋白質來源，不過政府本身對於出海探險卻不感興趣，這情形也一直持續到近代早期。此外，由於有越來越多的歐洲人來到日本，政府還會設法不讓日本人與他們有互動，為了國家安全考量，江戶幕府限制不得對外與歐洲人接觸，他們還下令不准興建大型的航海船艦，也不許一般日本人出海，以防他們被西方的意識形態所汙染。[10]

不論出於有心或無意，大西洋世界開始跟太平洋世界發生碰撞了，最早看見太平洋的是十六世紀的西班牙人巴爾波（Vasco Nunez de Balboa），西班牙人還把太平洋喊成是「西班牙湖」，尤其當一五七一年他們在馬尼拉建立了殖民地，用來當成美洲與中國之間的重要轉運站，之後的氣焰就更高了。不過葡萄牙、荷蘭、英國也很快跟上了西班牙的腳步，歐洲人已經大幅改進了他們的遠距航海技術，可以克服嚴苛的海洋環境，於是遠東地區成了一塊充滿誘惑與財富的土地，隨便舉個幾樣貿易，像是銅、銀、香料、草藥、木材，都可以大撈一票。這些海上來的外國人想要的不只是征服與殖民，還要做生意，於是大海左右了這個地區的發展與文化，隨著人群與貨物的大量往來，一些新的海洋城市也應運而生，例如新加坡與澳門。有一位對語言特別拿手的葡萄牙旅人曾經記錄，他在麻六甲可以聽到八十四種不同的語言，從十六、十七世紀開始，亞太地區的國際貿易轉運的規模之大，由此可見一斑。[11]

到了十七世紀末，俄羅斯走出西伯利亞的核心區，開始向外擴張，一六四八年時有個哥薩克人傑日尼奧夫（Semen Ivanovich Dezhnev）從北極出海探險，最後抵達阿納德爾河（Anadyr River），而這條河的出口就是白令海與北太平洋。該世紀末彼得大帝掌權後，努力想把俄羅斯從森林裡拉出來，要大家走出莫斯科，往歐亞大陸的邊緣進取，而且他還受到荷蘭人的成就所激勵，在心中形成了一套大局觀，要同時擴大俄羅斯在歐亞兩地的勢力。他看著俄國東側邊境上的阿穆爾河（Amur River），也就是中國人所稱的黑龍江，認為這裡是俄國進入太平海的門戶，於是他花了很長的時間打造出一支俄羅斯帝國海軍，甚至還聘僱了著名的蘇格蘭裔美國人約翰・保羅・瓊斯（John Paul Jones），他原本在獨立戰爭中對抗英國人，後來卻任事於俄羅斯帝國海軍，而且官拜海軍少將。彼得大帝的中心思想就是要建立世界級的大帝國，而這需要一支強大的海軍，還要可以四處調遣，所以俄國政府也極為盼望能夠建立一個溫水港，將此視為國家財富與現代化的根本大事。然而不論是彼得大帝還是他的後繼之主，都一直沒能成功打造出一支稱霸世界的海軍，這有很大一部分的問題出在地理條件，俄羅斯版圖太大，東西之間相距太遠，此外還有國內政治問題。在彼得大帝統治期間，他的成就其實大部分都還是來自於陸地，但是他這個擁抱海洋文化的動人情懷，認為前進大海就象徵自由的想法，一直深植在許多人民與知識分子階層的心中。時至今日，跟老祖宗彼得大帝一樣，俄羅斯總統普丁又再次開始雄視歐亞大陸的海疆，重新擁抱當年俄國心裡那股「向大海前進」的志向。[12]

雖然俄國算是失敗了，過去未能從北方進到太平洋，但是大西洋世界卻不然，尤其是英國，他一直稱霸東亞海域，搶占海洋收益達數世紀之久。即使從海洋革命進入了工業革命，大英帝國依然主宰著這個科技新紀元，靠的就是打造「帝國的命脈」，從地中海西部的加的斯（Cadiz）一直到東亞的婆羅洲及廣州，處處都有英國的煤炭站，英國手中握著那麼多的殖民地、煤炭站，還有原物料，讓他得以主宰全世界的海洋。然而到了十九世紀末，大英帝國漸漸開始對自家後院那個在歐洲崛起的德國感到不放心，因此他在東亞的戰力與勢力也跟著漸漸淡出，中國、日本與俄國趁勢相爭，看誰能在這裡占有更大的控制力與影響力，繼而在一八九四到一八九五年間爆發了甲午戰爭，大日本帝國與清朝最主要爭奪的就是對東亞的主導權。在一連串的失敗後，中國只能求和，簽訂了馬關條約，而戰後的日本腳步並未停歇，他還是期盼能在亞洲大陸上獲得更永久性的根據地。從一八九五年到一九〇四年，日本的戰力大增，不僅提高了鐵、鋼、煤的生產能力，而且也開始打造自己的戰艦，讓日本的海軍與商船的噸位比之前暴漲了三到四倍，不僅如此，日本還研發出高效的火藥、引信、砲彈給海軍使用，此時的日本，可謂是整個現代化具體過程的表徵。[13]

隨著日本的海上與軍事實力不斷成長，他勢必會跟俄國發生衝突，而俄國也很快跟德國、法國聯手逼迫日本歸還在馬關條約中獲得的遼東半島，包括旅順港在內，在俄國人眼裡旅順港位於黃海出海口，且是一個不凍港，跟海參崴相比實在是一個非常有價值的海路據點。日俄戰爭最終在一九〇四年底爆發，隔年由日本皇家海軍取得了一場關鍵的勝利。這幾場戰役的重點在於，我們一方面看見了海洋的重要性，也看見了俄、日、中這幾個東亞要角在過去歷史上的戰爭衝突，雖然今日的世界已然大大不同於以往，但地理和人心卻沒有變，尤其是俄羅斯，依然渴望求得一個溫水港。不過北極海正在融冰，俄羅斯國境內的氣候正在改變，這些對他來說都是攻守易位的契機；至於中日之間，明眼人都看得出來還是存在著緊張關係，過去的仇恨並沒有完全消散。[14]

除了日俄兩國，美國過去在東亞也扎下了深根，而且對今日的政治局勢依然有直接影響。美國跟亞太地區海域的關係可以回溯到十八世紀，當時美國西岸跟中國有相當熱絡的皮草貿易往來，不過真正到今天都還備受各方爭論的，是他在二戰勝利後的戰後重建工作，並且美方也不斷在各地駐派軍力。戰後美國在整個第一島鏈上都建立了重要的軍事根據地，而且至今尚存，當中國想要擴張勢力，跨出自己周邊的近海時，這對他就造成了持續而強大的阻礙。美國跟南韓、日本及菲律賓都簽署了一些重要的共同防禦協議，而跟臺灣也有類似的協定，其內容載於一九七九年制定的《臺灣關係法》。時至今日，美國印太司令部擁有大約三十七萬五千名軍事與行政人員，美國全部的十一個航空母艦打擊群（carrier strike groups）裡也有五個隸屬於印太地區，外加大約兩百艘船艦（約為美國海軍艦隊總數的百分之四十五），此外，美國還繼續駐軍在戰略基地、後勤中心及其他的小型軍事設施中，範圍遍及南韓（八十三個）、日本（一百二十一個）、澳洲（六個），以及新加坡、菲律賓、泰國等許多其他地方。[15] 然而現在的問題在於，中國在南海的戰力正快速成長，已幾可與美國匹敵。中方之所以竄起，主要得力於兩大方面，一個是他越來越強大的地緣經濟勢力，一個是他突飛猛進的海軍戰力。

## 中國日益擴張的海洋經濟

海洋經濟的快速發展，是中國能夠崛起至強國地位的重要關鍵，如今在中國也有很多人注意到了，他的海洋地緣經濟投資及相關的計畫是如何幫助中國改變與影響一個地方，使之偏向於自己的國家核心利益。根據媒體資料，早在二〇〇六年，中國的海洋經濟與航運產業就已經占了所有國內生產毛額的一成；在二〇〇六到二〇一〇年間，中國的海洋經濟平均每年成長率高達百分之十三點五，到二〇一一年時的相關總產值就已經來到七千兩百億美元左右，是二〇〇六年時的兩倍有餘。雖然根據一些單位的推算，近幾年中國的海洋經濟產業只有百分之七點五左右的年成長率，但是在二〇一七年時還是達到了一兆兩千兩百萬美元的產值，也正是因為海洋經濟對中國的重要性不斷在增加，所以才會形成一個重大的推動力，促使中國提出海上絲綢之路。有些人主張中國的一帶一路倡議在某些開發中國家那邊踢到了鐵板，又說該倡議在歐亞大陸的各個核心地區並無法更具體地實現其國家戰略目標，不過至少在海洋這邊並非如此，看起來中國的海上經濟與海上絲路都展現出了值得注目的成長，包括各地區的港口收購、國際航運的範圍擴張，以及供應鏈的逐漸掌控，不僅現在做得很成功，短期內應該也會繼續保持好成績。[16]這也呼應了已故的領導人鄧小平在幾十年前的政策指示：「擱置爭議，共同開發」，數十年來，這一直都是中國外交政策的核心指導原則。[17]

本節要更深入探究中國重要的海洋地緣經濟實力，綜覽多種相關產業面向，包括航運與造船業、物流能力與供應鏈控管，還有漁業與水產加工業，它們一起形成了中國快速增長的海洋地緣經濟力量，也決定了中國經濟的動力來源，以及如何把經濟力轉化成中國在各地區的影響力與勢力。中國的海洋經濟在各方面的大幅成長，加上他對東南亞國家協會（Association of Southeast Asian Nations）各成員國所實施的支票簿外交，在外界看來就等於是擁有了對東南亞地區更強人的控制力，但隨之也造成了區域安全形勢頻頻升高的新趨勢。為了保護他自己的海上利益，中國開始更高度仰賴於一般海軍以外的民兵，他的漁業基地也越來越多，而且他的海上民兵往往會到非傳統海域中作業，對那些傳統大國來說，像是美國與日本，面對中方的步步進逼，實在難以找到合適的方法來成功予以遏制。

## 擁抱大海的地緣經濟

中國海岸線約有三萬兩千公里，排在世界的前幾名，在其東岸及南岸上還有一百七十二個港口，其中有七個位列於世界前十大貨櫃港之中，前五十大的話則有十三個港口，尤以上海排名世界第一，後面是新加坡與深圳。除了深圳，還有位列世界第五大的廣州港，以及第七大的香港，都位在珠江三角洲地區，這裡也是中國其中一個最大的經濟動力來源，二〇一六年時珠江三角洲就占了全中國國內生產毛額的百分之十四左右，單單用出口來算的話，這個地區則是占了全中國的百分之二十六點二，價值相當於一點八兆美元左右，跟世界第四大貿易經濟體差不多。二〇一七年，中國前二十大的貨櫃港一共進出了超過兩億一千萬個二十呎標準貨櫃，比起前一年增加了大約百分之七。以勞動人口來看的話，二〇〇〇年代初期時大約只有兩千一百萬個中國人在海洋相關產業裡頭工作，占沿海人口總數的百分之八點一；不過到了二〇一〇年代，該數字增加到了三千三百萬人，大約占沿海人口總數的一成。隨著時間再往前進，不論貿易量或相關工作人數都可望會繼續增加，這也代表了中國以海為業的經濟發展正欣欣向榮，就以貨櫃貿易為例，依據一些單位的估算，在二〇二五年之前都還會有平均百分之四點八的年成長率。[18]

中國在二〇一三年啟動了海上絲綢之路計畫，其背後有一套大戰略的目標，不過說到要如何達成該願景的話，中國這邊還是有人戒慎恐懼、有人滿懷期待。爭論的焦點之一在於如何克服一帶一路與海上絲路所造成的安全障礙，對此有些學者分成了兩派不同意見，有一派的中國學者相信，只要經濟上繼續發展、產生對外連結，自然就可以保障中國的利益，並擴大由經濟所造就的戰略優勢；反方的觀點則認為，下至跟一些弱國或不穩定的政府交往，上至面對跟自己競爭越來越激烈的印度、日本、美國等國，中國都務必要步步為營，必須利用外交手段來消除威脅。且不管雙方的這些差異，至少在官方口中，一帶一路倡議與海上絲綢之路的目標乃是「政策溝通、設施聯通、貿易暢通、資金融通、民心相通」。而在二〇一五年時中國政府也表示，東南亞地區，尤其是東協國家，將會列為發展一帶一路與海上絲路的優先地區，以推動經濟開發、商業貿易、互聯互通、基礎建設計畫，整體而言就是大家常說的「中國－中南半島經濟走廊」。到二〇五〇年，東協集團與其含蓋的六億三千七百萬人口預計將會成為世界第四大經濟體，而中國與東協的貿易總額在二〇一四年時為三千億六百六十五億美元，估計在未來幾年內就能攀升到中國所設定的一兆美元目標，按照亞洲開發銀行（Asian Development Bank）的估算，「東南亞到二〇三〇年為止會需要花費兩兆七千六百萬美元在基礎建設上，以維持他們的經濟成長。在該地區有如此龐大的資金需求之前提下，每年的開支會出現九百二十億美元左右的缺口，因此中國所提供的投資與貸款將對東南亞國家有相當的助益。」此外，中國也有些人認為，在國家的整體發展戰略中，運輸與商貿是至為關鍵的元素，[19]畢竟只要看看每年在南海上穿梭運送的商品，包括走海路送到中國的那些，如果知道這些東西的價值有多少的話，那上述的說法自然就很有道理了。雖然總價到底多少還很有爭議，不過至少有一份報告估計每年南海上運送的商品價值達到三兆四千億美元左右，差不多是全球貿易總量的百分之二十一（最高的估計數字甚至有到達五兆三千億美元的）。以近期的其他資料來看，大約有百分之六十四的中國對外貿易取道於南海，相較之下，日本貿易經過這裡的也有將近百分之四十二。這一切的資料都在在顯示，一旦出現了任何一種類型的貿易干擾，中國還是很容易受到重傷，因此也讓中國更加想要確保自己的海洋地緣經濟投資以及海上交通要道都能安全無虞。[20]

## 航運、造船與物流

二〇一四年，中國國務院發布了一份官方文件，描繪航運業的未來發展，將國家目標訂在「深化海運業改革開放、推動海運企業轉型升級、大力發展現代航運服務業、深化國有海運企業改革、國際競爭力明顯提升，營造協同互補、互利共贏的發展環境」等方向。這份文件再次強調了中方在二〇一四年全球海運峰會（World Shipping Summit）上所陳述的立場，而該次峰會乃是由中國航運鉅子中遠海運集團所主辦，並將「海上絲路」訂為優先討論議題，希望幫助中國成為海洋強國。有些人主張，既然中國一直都在擔心要怎麼保護自己的供應鏈，那何不促成獨霸或近乎獨霸的局面，把全球貨櫃航運的一大部分給包攬下來，如此不失為一種解憂之道。其實這正是近來中國許多航運併購案背後的促成動機，甚至還有一份研究報告推測，中國之所以希望把中遠集團變成全世界最大的航運公司，為的也是完全同樣的道理。不過也有其他人指出，中國航運業的策略還是在摸著石頭過河，並沒有具體的政策目標，然而即便這是真的，中國的航運與造船業的數量還是非常可觀。根據聯合國貿易和發展會議（UNCTAD）的資料，中國擁有世界上最多的船艦，總數超過五千一百一十艘（其商務船隊若以載重噸位來計算，則是排在世界第三），所運輸的物品數量，占全世界船隻載重噸位的百分之十二左右。而且中國還立下宏願，希望到二〇三〇年時能夠擁有全世界百分之二十四的航運船隊。[21]

要想達成如此的遠大志向，目前還看不出來中國在航運這方面是否走對了路，不過在造船這方面，他肯定是世界一流的。自從二〇一一年開始中國一直是世界上最大造船國，超越了大韓民國與日本；二〇一七年的時候，中國已經占據了全球百分之四十一的市場，這是評估造船能力排名的主要指標之一。此外他還拿下了全球百分之四十二點二的新訂單，而且二〇一七這年還比前一年成長了三成的數量，只不過這也只算是挽回了頹勢而已，因為相較之下，二〇一六年的新訂單比之前減少了百分之三十三，二〇一五年更是大減了百分之七十四；然而到了二〇一八年初，中國造船廠搭了一回雲霄飛車，訂單飆升百分之四百五十，其中多數是載送乾散貨（dry bulk）的船隻。雖然造船業對全球的經濟趨勢相當敏感，不過中國的市占率極高，很有機會讓他能繼續獨霸東亞。自從二〇〇八年的大衰退之後，造船業迎來了多年的停滯期，然而有很多中國的造船公司都可望在二〇二〇年以前轉虧為盈，不只如此，中國政府還出了一計狠招，合併了中國最大的兩家造船公司，也就是中國船舶集團有限公司，以及中國船舶重工集團公司，直接簡化了產業效能，擴大了未來利潤，而且這一招還幫中國安然度過這一波全球經濟下滑的局面。這兩家公司的營收合計超過八百一十億美元，而如果合併這招見效的話，原本追在後頭的南韓造船業會被遠遠拋開，進一步讓中國穩坐造船業龍頭的地位。此外，這兩家公司也會共同負責建造軍艦這一類的大型船隻，包括航空母艦、油輪、氣輪以及其他貨船。[22]

中國的造船業不但大幅擴張，而且還產生了一些新的科技進展與發明，從而改變了這個產業。中國船舶集團之前啟用了第一艘智慧船舶「大智號」，載重量為三萬八千八百噸，根據一篇媒體報導，「大智號安裝了中國自主研發的會自主學習的船舶智能運行與維護系統（即SOMS系統），能實時分析航運與氣象數據，合理選擇最節約能耗的航線，並提前發現潛在的安全隱患……該船交付給招商局集團投入使用後，將主要用於中澳、東南亞航線的煤炭以及鹽的運輸。」[23]此外還有另外一家叫做雲洲（Oceanalpha）的公司也在不久前推出了一系列的無人潛水裝置，可以用來幫助航運業來探測海洋深度、巡視海面情況，而且中方也已經開始把這個實際用來支援在南海與北極所進行的任務了。這項技術比較讓人期待的地方在於可以用來發展史上第一艘無人貨船，而且有些專家認為此事在未來幾年內就會成真，這樣的本事當然會掀起整個產業的革命。除了那些智慧船舶及水中無人機，中國企業還採行了一些友善環境的新方法來降低船隻的汙染排放量，包括為新建造的船隻配置水潤滑螺旋槳軸軸承系統，該系統可以用海水來當潤滑劑，不需再使用會排放汙染物的機械油。[24]

在航運業方面，中國在全球各地都一直扮演著要角，而且還會越來越重要。二〇一六年開始，航運業又重新開始出現了一股樂觀氣氛，歷經了數年的停滯期後，許多中國航運公司再度開始獲利，如果看計算原物料運輸費用的波羅的海乾散貨指數（Baltic Dry Index）的話，二〇一七年的貿易值還增加了百分之十四點二之多。如此榮景，讓中國有不少人紛紛開始期盼，希望在中國如此巨大的海上貿易數字中，能有更高比例的貨物交給中國公司自己的船隻來運送，而根據不久前一項針對中國能源貿易所進行的研究結果，中國政府很有機會看到他們所採購的海外原油中有高達百分之八十五都是由中國麾下的船隻來載運。此外，在過去這幾年裡，中國商務船隊的規模也擴大了七到八個百分點。[25]

為了支持政府的發展策略，擴大並提升中國的航運業，中國的國務院國有資產監督管理委員會在二〇一六年核准了兩家大型國有企業的合併案，分別是中國遠洋運輸公司及中國海運公司，集結成中國遠洋運輸集團，成為世界現今第三大的貨櫃航運公司，二〇一八年的運輸總量將近有三百萬個二十呎標準貨櫃，而且在船隊總規模及乾散貨載運量方面都是世界第一。之所以要合併，有部分是因為想幫忙推中國一把，讓中國在航運、供應鏈、物流與港務營運上都更有競爭力，而有了中遠海運集團這個高聳挺拔的新靠山以後，中國又接二連三繼續出招，藉此進一步拉高自己的全球地位。二〇一七年夏天，中遠海運集團展開了香港東方海外國際有限公司的收購計畫，而後在二〇一八年夏天以六十三億美元的收購金額，成功拿下了東方海外國際；中遠海運集團自此成為世界第三大航運公司，僅次於快桅和地中海航運公司。此外，中遠海運還想把整個航運業的重心從歐洲多拉一點到亞洲來，在一份談到合併事宜的公告裡，中遠海運表示希望能「提高國際競爭實力，在投資和運營方面努力實現集裝箱（貨櫃）運輸和碼頭業務的協同，最終增強本公司盈利能力，為股東創造回報。」[26]而這回報也確實出現了，二〇一七年中遠海運宣布集團獲利高達四億兩千九百四十二萬美元，補回了一些它在前一波全球貿易衰退潮中的損失。一位航運分析師曾表示，「在中國設立的航運公司，好像幾乎都會跟政府另外再租一些船來營運。雖然中國航運產業具體的發展還有不少變數，不過可以預期的是，船隻數量會繼續穩穩提升。」[27]

在二〇一八年初，中遠海運宣布成立國營的中國信達資產管理股份有限公司，以提供船舶融資服務。這個舉動背後有個更大的目標，就是要在全球的海洋相關產業裡頭搶占更大的份額，掌握住船舶融資、國際供應鏈，以及物流網絡，從而對整個海洋產業獲得更大的掌控力。大約在十年前，當時中國的船舶融資公司主要針對的還是自己國內的企業，極少會去碰國際融資；然而今天中國開發銀行與中國進出口銀行已經是世界第二和第三大的船舶借貸金主了。有了船舶融資這項快速發展而成的武器，中國就更可以左右全球的航運業，因為近幾年這個行業的過往資金流已告乾涸，而且中國發展船舶金融還有另一個附加的好處，就是可以對本國企業提供補助或其他優惠融資條款，幫他們保持競爭力，萬一碰到下一次的經濟衰退時也能幫他們度過難關；同樣的道理，中國的船舶融資能力增加了以後，只要再好好利用自己巨大的經濟體量，政府就可以靠著提供多樣化的租借模式來擴張商務船隊的規模，就像有一位分析師說的，「事情已經很明顯，在不久之後，會有更多全球海上貿易是拿著向中國借的錢、開著向中國租賃或中國製造的船隻，穿過中國投資的港口，這讓中國可以對全球供應鏈具有強大的控制力，也讓中國手上有了很強大的工具，可以依照自己的利益來指揮這些人。」[28]然而這種做法的願景雖美，中國還是得要擔一些借貸上的風險，照一些經濟學家的估算，到二〇二二年時中國的債務總和將會高達國內生產毛額的百分之三百二十七（比二〇〇八年的數字翻了一倍）。即使算出了這樣的風險，但一切可能還是值得的，因為優惠借貸條款可以延續下去，只是萬一發生了嚴重的經濟衰退，就像這次爆發新冠疫情，一個弄不好中國就可能又應付不了，如此一來可能會導致國際航運業發生嚴重的後果。此外，在川普政府的領導下，中美貿易戰會一直持續，而且可能會有外溢效應，畢竟目前中美之間的貿易就占了中遠海運集團百分之十五的貨運數量。[29]

跟中遠海運的情況相似，招商局集團今日雖也是海上一霸，具有全球性的競爭力，其實不久前也歷經了為期兩年的整併，是跟中國外運這家航運與物流公司合併後才有如此榮景，政府打算利用合併來形成更大的經濟效益，以令中國在航運物流以及端對端（end-to-end）供應鏈管理上都能更具競爭力。歷時兩年的合併過程在二〇一七年完成，然而在此之前招商局集團原本就是中國最大的國有企業之一，早已在香港掛牌上市，實力相當雄厚。根據招商局集團的網站資料，現在它旗下有一千一百九十三家子公司，其中包括招商局港口控股公司，範圍遍及中國的三十二個省級行政區，並於三十二個國家設立了七十九個物流機構。招商局集團成立約一百五十年之久，所建立的不只是中國第一支商務船隊，還有第一家中國銀行，以及第一間中國保險公司。在二〇一七年底，該公司宣布其年營收成長率大增了百分之十八，換算起來將近九百億美元（五千八百四十四億人民幣），同期獲利則增加了百分之十四，大約等於一百九十五億美元（一千兩百七十七億人民幣），而且在二〇一八年所公布的營收與獲利也都很高；在招商局集團另一項核心業務，也就是港口的貨品裝卸方面，其營收也增加了百分之九點六，同期利潤則上升了一成。在整併之後，招商局已經成為中國最大的綜合物流服務提供商了，由中國外運負責處理各種航運事宜，像是乾散貨運輸、輪船業務、貨櫃運輸、滾裝船運輸，以及燃料貿易等，其所有船隊的總載重噸位在一千八百萬噸以上，不僅是中國第三大航運公司，在內陸運輸方面更是中國第一大企業。有了中國外運的加入，如今再來面對全球貿易，以及巨大的供應鏈網絡，招商局集團已經顯得游刃有餘了。[30]

除了各種航運業務，招商局集團也大力宣揚自己參與了一帶一路，不只幫中國自家的許多港口提供了重要的管控服務，也負責對外的海上供應鏈與物流運營。招商局集團在二十個國家或地區負責了五十三個港口的營運工作，打造出了一張跨國網絡，內容含蓋了港口、物流、金融與工業園區。二〇一八年該公司還創下紀錄，經手了一億零九百萬個二十呎標準貨櫃，使它在碼頭的開發、投資與營運方面也成為世界的第一等強手。[31]

## 捕撈、漁業與養殖業

長久以來，亞洲國家的餐桌上一直都少不了魚類及海鮮，據部分單位估計，未來全世界有百分之七十一（一億八千四百萬噸）左右的魚都是被亞洲國家的人吃掉的，中國占了其中相當大的部分，大約會吃掉全球百分之三十八的數量。進一步來看，漁業在經濟上也是一項越來越重要的指標，而南海地區聚集了超過一百七十二萬艘的漁船在此，從業人員高達五百四十萬人左右，此外中國還擁有世界上最大的漁業船隊，漁船數量多達六十九萬五千艘，從事漁民工作的有將近一百一十七萬人（對比一下一九七九年，當時中國只有五萬兩千兩百二十五艘漁船）。中國不只有最大的漁業船隊，中國漁民每年捕撈的時間也最長，不管是在中國沿海，或跑到拉丁美洲、非洲海域都是如此。根據全球漁業觀測站（Global Fishing Watch）的資料，中國漁船的捕撈時數高達一千七百萬小時，排名其後的是臺灣、西班牙與義大利，他們每年捕魚的人時（man-hours）也都在兩百萬左右。[32]

近幾年在亞洲，尤其是東亞地區，紛紛出現了人口成長、經濟擴張現象，也因此誕生了一批中產階級，而中產階級會想吃更健康的食物，像是魚類或壽司，因此這些需求也跟著增加了。中國的中產階級人口增加快速，到二〇二二年時預計會有五億五千萬人，估計每人每年要吃掉平均四十二點七公斤的魚類。而且不只中國國內的食用量增加了，中國公司也注意到這塊大市場確實有利可圖，於是開始投資本國漁業及水產養殖，把部分產品賣到利潤更高的國外市場，於是中國國有的漁業與水產養殖業逐漸發展為一筆大生意，也開始排擠掉市場上的其他競爭對手。近年來在國際海鮮出口市場上，有大約百分之十二點五是從中國出口的（二〇〇七年時才只有百分之七），而整個亞洲也才占了全球出口總數的三成，這讓漁貨成為了中國現在排名第一的農漁出口產品，其漁業產值估計有兩千八百九十四億美元。從最近其他的數字來看，中國漁業直接聘僱的人數就有一千四百萬到一千五百萬人，此外還有許多人在漁場、水產養殖或其他相關產業工作，光是漁產加工公司就有一萬多家，因而就業人口還得另加三千萬。外界估計，從二〇一六到二〇三〇年，漁業與養殖業的產量還會再成長大約百分之十八點四。[33]

問題在於，中國雖然有了漁業大躍進，還打敗了眾家對手，但其他國家也跟中國一樣在南海海域捕魚，結果就鬧得不愉快，讓局面更加緊張。有些人顧慮的地方在於中國在某些地區過度捕撈，尤其是在他的沿海地區，結果各家漁業公司只能跑到更遠的外頭才有魚可捕，但是他們在這裡又往往不照規矩來捕魚，甚至根本就違法捕撈。根據聯合國糧食及農業組織近期一份研究世界各國漁業的報告，「二〇一五年（在南海）所捕撈的漁獲中，只有百分之八十三是在符合生態永續的標準下捕撈的。」此外還有許多人抱怨，中國政府每年都會提供大筆資金補貼漁業，讓他的漁民或漁業公司具有更大的競爭優勢，相較之下雖然也有其他國家會補助自己的漁業，但數字完全不能相比，在二〇一一年到二〇一五年間，中國政府一共拿出大約兩百二十億美元來幫助他的漁業，此外還有其他用來扶助本土漁產公司的補助款。然而中國政府的目標可不僅於此，他似乎打算要主宰整個捕撈、漁產、養殖的產業，有一份研究報告就指出，「中國在二〇一五年的農業報告裡頭就表示要全面提升漁產品產量，預定要在二〇二〇年的時候達到年產量七千三百萬噸，二〇二四年的時候達到七千七百萬噸，並希望到二〇二四年時出口量增加到五百四十萬噸。」在中華人民共和國國民經濟和社會發展第十三個五年規劃綱要（二〇一六到二〇二〇）中，也提到了類似的策略方向：「推動漁業與養殖業的轉型與升級……使產業更符合永續標準與市場取向。」[34]

中國的漁業發展還造成了另一個難解之題，讓中國與他的鄰居之間不斷累積緊張關係，南海的主權爭議原本就尚未解開，現在中國的漁業公司又採取了更積極的捕魚策略，讓南海又多了一個漁權問題。此外，在幾內亞、塞內加爾以及獅子山等遠方國家的經濟海域裡，也常會抓到中國漁船在非法捕魚

（一艘中國的拖網漁船在一週內所能捕到的魚，比塞內加爾船隻一年內捕到的魚還多）。還有一個更讓南海關係緊繃的大問題，就是海上民兵不斷增加，這些民兵雖然對中國的漁業發展提供了很大的幫助，卻也進一步拉升了南海安全局勢，依照美國海軍戰爭學院（U.S. Naval War College）中國海事研究所（China Maritime Studies Institute）的艾立信（Andrew Erickson）所言，「除了海軍與海岸巡防隊，這就是他的第三種海上部隊，成員是海洋產業裡的專業人員，由軍方掌控、國家補助，成為一個非常規的準軍事組織，可以銜命從事特定任務，以協助國家達成目的。他們指揮這些民兵的方式，就是專門要讓人看不清也摸不著。」由於海上民兵的出現，其他國家也就更加難以遏制中國在某些地區的非法捕魚行為，因為在這支實力越來越強大的準海軍單位面前，這裡大多數的臨海國家都拿不出可以應對的辦法，實際上來說，中國海上民兵已經成為中國擴張海洋地緣經濟的重要武器，因為他們可以順利進到非傳統海域裡頭，也就是大家常說的「灰色地帶」，在那裡執行任務。由於他們玩的是擦邊球，不算是在進行傳統軍事行動，所以美國、日本等其他國家也就更難以做出適當的因應措施，這情況就跟海軍分析中心（Center for Naval Analyses）報告中所說的一樣，「推動該地區的海洋經濟，就是海上民兵組織的全部使命……作為一支先鋒單位，我們可以看到海上民兵甘願冒著被他國海上部隊截獲的危險，大膽進到爭議海域之中，這大大鼓舞了中國當地的漁業人士，讓他們放膽出海，冒險前進。」[35]

中國海上民兵的確切人數外界尚不得而知，如果從中國整個漁業體系裡頭的從業人數來看的話，民兵可能有數萬之眾。中國的海上民兵主要發源自中國大陸南方海外的海南島，這些由中國民眾組成的海上兵員行動積極，敢想敢幹，不論是在中國控制的海域，或是其他爭議海域，他國漁民都不得擅入。包括海上民兵在內，中國漁民常常會進到非中國所屬海域，讓其他南海諸國大感不快，又氣又惱。二〇一二年，菲律賓發現八艘中國漁船正在非法捕撈海產，而不遠處就是頻傳爭端的黃岩島，然而當菲律賓的海岸警衛隊看到中國漁船旁邊還有幾艘中國海上民兵的船隻在撐腰，只能按兵不動，雖然菲律賓海岸警衛隊曾呼求菲律賓最大的軍艦，也就是葛雷戈里奧・德爾・皮拉爾級巡防艦（BRP Gregorio del Pilar）前來協助，然而這也只是一艘美國海岸防衛隊淘汰的老式巡邏艦，根本不會是那些中國船隻的對手。最後菲律賓決定撤離船艦，有部分原因是颱風快來了，不過這卻讓中方從菲律賓手上拿下了黃岩島，包括豐富的漁產與海產，自此也都落入了中國手中。[36]

南海上的西沙群島現由中國掌控，不過其歸屬依然很有爭議，而跟菲律賓一樣，越南在這裡也見識到了中國海上民兵的大膽作為。西沙群島裡頭一共有大約一百三十座島礁，位置上距離中國與越南的海岸線差不多遠，南北長度約為一百六十公里，雖然中國早在四十多年前就控制了西沙群島，不過一直到二〇一四年時，中國在西沙群島設置了一個價值十億美元的石油鑽井平台，其地點已經進入越南兩百海里經濟海域的範圍內，這才致使中越關係更趨緊張。在那次的事件裡，越南的巡邏艇試著要阻止放置鑽井平台，但遭到中國船艦以船身及水柱攻擊，而自從該次的僵局之後，越南漁民就屢屢遭受中國海上民兵的進擊策略所擾，而且有部分民兵就直接以西沙群島為據點。[37]中國在南海的地緣經濟力量正在擴大，他的海上民兵亦復如此，逐漸打破了原本的平衡局面，使之朝著更危險的方向走去，安全情勢也越見升高。

## 投資南海諸港

過去這五年裡，中遠海運集團、上海國際港務集團，以及招商局港口控股公司累計拿下了將近四十個國際港口據點，相較之下，二〇一二年它們手上才只有十個海外港口而已，如此情況讓人不得不重視，因為從中可以看出中國一直以來的努力成果，他不只想打造一條海上絲路，也想編織一張獨立的物流與供應鏈網絡。[38]當然，要想把這張輪廓漸漸清晰的大網給編得結實牢靠，還有許多工作必須先做好，不過這依然彰顯出中國的雄心再起，而且還愈發旺盛，也顯現了他是如何利用海洋地緣經濟投資來成就自己在該地區的利益。雖然中國在南海地區有很多進行到一半的海洋基礎建設投資與合約，不過最後的情況尚未確定，所以我在此就只特別挑出一些比較重要，或是大致已經完工的港口建設計畫案與投資案來談，從這些案例可以看到中國在港口的開發、投資與營運方面的成績都越來越好，包括在臺灣、澳洲、柬埔寨、汶萊及馬來西亞都是如此。此外還有許多其他剛提案或剛開始的投資案，包括在印尼、越南、南韓等地，不過這些也都比較不重要，因為其中有許多提案都還在發想階段，再不然就是在最近遇到了反對聲浪，有的是國內政治局勢使然，另外也有一些人對於中國在當地快速崛起的地緣經濟勢力逐漸抱持疑慮——不過這些都還需要更多時間，才能看出海上絲路對它們有何重要，又造成了何種衝擊。而雖然中國在某些國家的海洋計畫確實在發展速度上有所減緩，不過他在海洋基礎建設、港口開發或收購方面確實頗有斬獲，而事情的發展就跟歐亞各海域的情況差不多，中國的投資模式有兩種主要的套路，讓中國可以在一個地區之中建立強大的海洋勢力：在第一種套路的例子裡，中方會買下現成或績效良好的港口的過半股權，用這個手段直接控制該港口；至於第二種套路，則是先標下港口的開發或擴建計畫案，讓中國可以簽下長期租約，有的案例甚至可以租到九十九年，而且就跟印度洋那邊看到的例子一樣，地主國會漸漸落入中國支票簿外交的圈套之中，很多國家要不是還不了高額的貸款及債務，再不然就是到了快要還不起的程度。不論用哪一套方法，中國的進展雖然緩慢卻很穩當，正一步步收羅各個交通、轉運與商貿的港埠中心，織就成一張基底紮實的海洋網絡，以此幫助中國完成大業，進一步將勢力深植到印太地區與歐亞海域之中。

## 港口股權之戰

中國的國營企業投資了為數眾多的南海地區港口，以汶萊為例，汶萊的達魯薩蘭資產公司（Darussalam Assets）與中國的廣西北部灣國際港務集團合組了一家穆阿拉港有限公司（Muara Port Company），在二〇一七年買下了該國最大港口穆阿拉港百分之五十一的股權，開始監管該港的營運，這份合作協議的效期長達六十年。汶萊的蘇丹亟欲多元化發展汶萊經濟，不想過分依賴石油與天然氣，因為該國政府目前有百分之七十五的年度營收都是靠這兩樣東西，但預計再過二十年產能就會枯竭，因此讓蘇丹感到越來越迫切的壓力。此時中國站了出來，看起來很願意幫助汶萊進行這個任務，而他現在也成了汶萊最大的外國金主，但是長期來看的話汶萊也許得要付出巨大的代價，因為中國正把他地緣經濟的爪子嵌進汶萊的身體裡。不過最近臺灣和澳洲又冒出了兩個投資案，比汶萊的例子更有代表性，因為都發生在已開發國家，其經濟體質理應更加強健才是。臺灣與澳洲都跟中國有很複雜的政經關係，不過這幾年兩者都出現了一種有意思的現象，中國以經濟為巧計來利誘，讓他們的經濟逐漸跟中國緊緊纏繞，甚至受到中國掌控，在海洋方面尤其如此。近來中國在各國都取得了海上戰略的要港，讓他可以建立長期的勢力，繼而強化中國那張海上供應鏈與物流網絡，成為中國所持有、運作或經營的據點之一。此外，中國也把澳洲視為一個重要的跳板，讓他可以把勢力範圍延伸到大洋洲裡頭的各個小國，而且在其中的一些國家裡，包括東加、萬那杜、巴布亞紐幾內亞，以及簽下自由聯合協定（Compact of Free Association）的那幾國（密克羅尼西、馬紹爾群島以及帛琉），中國也已經前去展開重大的投資了。[39]

臺灣跟中國有長遠而深切的淵源，兩邊也各自主張擁有南海諸島的主權，這點可以追溯回一九四九年，當時毛澤東起事推翻了國民黨，於是國民政府遷臺，自此之後中華人民共和國就一心想要拿回臺灣（中華民國），以傾國之力用盡了各種手段，從軍事威脅到政治、外交與經濟上的種種操作不一而足。不過到現在中共所致力運用的方式，似乎是採取更精巧的經濟手段把臺灣往他所要發展的路線上拉近，而其終極目標就是要達成他的「一個中國」政策，就像學者羅瑞智（William J. Norris）的說法：「在胡錦濤坐穩了領導人的位子（二〇〇四年）之後，開始設計出了一個方略，要利用海峽兩岸越來越深化的經濟互動，將之轉化為中國所要尋求的利益。中國大陸的經濟手腕變得比從前更加高明，現在看起來已經足以產生第五縱隊效應，改變臺灣對於自身利益的根本看法。」近年來雙方進入了貿易上自由開放的時期，經貿關係大有進展，二〇一七年的時候，跟中國（包含澳門及香港）的雙邊貿易金額逼近一千八百二十億美元，對比於一九九九年，當時只有三百五十億美元。中國現在也是臺灣最大的貿易夥伴，每年臺灣有超過四成的貿易量都來自於大陸，大約是其國內生產毛額的兩成。此外在二〇〇八到二〇一六年間，臺灣和中國還簽下了超過二十項協議，例如二〇一〇年的海峽兩岸經濟合作架構協議就取消了雙邊的貿易障礙。兩邊的經濟連結越來越緊密，這並不見得會得到臺灣自己的國人支持，不過無可置疑的是，這讓臺灣的經濟更加與中國綁在了一起，就算近來臺北方面也試圖多方發展自己的貿易關係，多找東南亞國家合作，但既然臺灣的經濟越來越依賴中華人民共和國的經濟，加上中國採用的宣傳方式大多都是強調此乃地緣經濟的大勢所趨，以此來對官方形成由下而上的影響力，因此未來臺灣會更難跟中國保持距離，經濟上與政治上都是如此。[40]

中國不久前拿下了臺灣最大的貨櫃港，也就是位在島上西南部的高雄港，這正體現了臺灣目前所面對的地緣經濟困境。高雄港每年的吞吐量通常在一千零二十五萬個二十呎標準貨櫃左右，而從二〇一二年開始，招商局國際有限公司、中遠太平洋有限公司（現在改叫中遠海運港口有限公司），以及中國海運集團合資成立了一家公司，並認購了總計達三成的高雄港貨櫃碼頭股權，價值超過一億三千五百萬美元。這個行為在當時並沒有什麼爭議，然而到了二〇一八年，中遠海運集團正式出面，確定買下了設立在香港的東方海外貨櫃航運公司，而該公司又直接掌握了高雄港的一個貨櫃碼頭（更不用說在加州洛杉磯附近的長島也有一個），於是在很多人看來，這個關於中遠海運集團的新聞馬上就提高成關乎臺灣國安的大事，因為中國現在有了一個在臺的長期根據地，還有一家可以輕易瞞著外界來利用高雄港的公司。[41]話雖如此，這件事還是有模稜兩可之處，因為外界並不知道當初中遠海運集團和東方海外是怎麼訂定收購條件，又怎麼重組了一家東方海外的子公司，也就是臺灣東方海外，而且這家公司原本還先賣給了一個臺灣商人在百慕達註冊的其他獨立公司，以規避臺灣法規。種種細節都讓人看不清楚，但正如一位觀察家所言，事情會變成這樣，就是因為當初讓一家在百慕達註冊的公司來買下臺灣東方海外：「現行法規替中國公司開了一道小門，讓它們可以滲透到原本在臺灣不能投資的產業之中。」[42]雖然這個案例未必有問題，而且有些人力陳臺灣東方海外不會受到控制，不過臺灣東方海外確實跟中遠海運集團有關，至少在董事會的層級是如此，這件事似乎還是值得外界注意。

中遠海運集團這次出手，讓中國更能牢牢掌握住高雄港，同時也再度把一個港口納入他那一大張海上供應鏈與物流網絡裡頭。依照一些單位的估算，進到高雄港的外國船隻裡有百分之六十幾到七十都是從中華人民共和國來的，因為這樣，臺灣的高雄港越來越依賴對中貿易，因而將來中國的地緣經濟一旦有什麼風吹草動的話，這裡也逃不掉對方的影響。[43]

澳洲跟臺灣的情況類似，經濟體質也一樣強健，卻也跟中國有複雜的經貿關係。在二〇〇〇年代初期到中期的多數時間裡，澳洲政府都很歡迎中國投資客，而且是國家與聯邦層級的歡迎，當時澳洲還推動了一個超過七百一十億美元（一千億澳幣）的民營化專案，打算賣掉一些狀態良好的基礎設施，以此來減輕債務，同時招來更多資本。根據澳洲政府近期所提供的數字，有百分之二十八點八的澳洲出口商品送到了中國，使得中國成為澳洲第一大貿易夥伴，而且這個貿易金額在二〇〇〇年的時候才只有四十一點八億美元（七十億澳幣）左右，到了二〇一八年卻已經成長為一千三百四十億美元（一千九百二十一億澳幣）。自二〇〇五年以來，澳洲所獲得的中國資金排在所有國家的第二名，總計超過一千一百一十億美元（一千六百零三億澳幣），其中有大約百分之二十八都用於基礎建設，包括港口及其他與海洋相關的計畫案，光是二〇一五到二〇一六年，中澳兩國就破紀錄簽下了多達一百零三份合作文件，這些合約都是跟中方的投資及其他正在進行的計畫案相關的內容。不過從二〇一六到二〇一七年時，中方對澳洲的投資金額卻下降了百分之十一左右，這是因為當時中國興起一股放緩對外投資的風潮，然而會選擇放緩，有一部分也是因為在各國出現了許多政經方面的障礙，包括澳洲在內的一些國家，對於完全開放中方進行貿易與投資的政策開始出現不滿的聲浪，在首都坎培拉這邊，澳洲政府還曾表示不願意跟一帶一路倡議正式合作，因為他們不僅對中國崛起的地緣經濟實力抱持疑慮，也逐漸對倡議背後所銜負的國家戰略使命感到質疑。[44]

雖然近來在投資的金流上頭有所放緩，不過中國收買澳洲港口這方面還是做得很高明，成功得手，收進他在大洋洲的海上貿易網絡之中，而且進到澳洲的港口之後，也就意味著中國可以打開另一扇新的大門，可以前往大洋洲去展開進一步的貿易、開發與投資工作。澳洲的港口與貿易基地目前為澳洲提供了兩成的國內生產毛額，其港口產業一年的產值約為二十一點四億美元（三十億澳幣），而且估計在短期內還會有每年百分之八點五左右的成長。澳洲每年出口的貨物約有十二億公噸，進口量卻只有一億三千五百萬噸。中國一直把澳洲視為他在大洋洲貿易上最關鍵的前進據點，因此近年來特別加大力道，針對該國的海洋地緣經濟進行投資。[45]

來自山東的嵐僑集團主要經營港口物流、石化產品、木材貿易方面的生意，背後的老闆是中國富豪葉成，從二〇一五年開始該集團接管了澳洲北部的達爾文港，他們共出資約三億六千萬美元（五億零六百萬澳幣）簽下了九十九年的租約，並買下其中八成的股權。達爾文港規模不大，二〇一七年的時候吞吐量只有一百七十萬個二十呎標準貨櫃，然而嵐僑集團卻想要砸下十億美元，用十五年的時間來改善與擴建這裡的設備。只不過，這個港最重要的，其實是它的地緣戰略位置。首先，達爾文港距離美國的海軍基地不遠，該基地在二〇一一年建立，裡頭駐紮著大約一千兩百五十名軍方人員，算是歐巴馬總統重返亞洲（Pivot to Asia）戰略的一項成果（未來預計駐紮人數會增加到超過兩千名海軍陸戰隊）；再者，從中國的角度來看，相較於澳洲首都坎培拉，達爾文港其實距離印尼的首都雅加達更近，所以可以擔負海上戰略節點的任務，加入中國那個巨大的供應鏈與物流網絡之中，為海上絲路提供協助。然而在這樣的前提下，加上嵐僑集團正在尋求再融資或新貸款的機會，以幫助他們支付達爾文港的貸款利息及港口租賃費用，因此不免令有些人開始擔心，畢竟放眼嵐僑現在求助的對象，有相當大的資金來源都是中國的國有銀行，例如中國進出口銀行，所以澳洲這邊就引起了一片熱議，吵的是萬一哪天嵐僑拖欠了任何一筆中國官方提供的貸款，那麼中國政府是否有可能就趁機拿下了這個港口。[46]

達爾文港得手之後，中國繼續在澳洲的其他港口裡找可以再進行收買或投資的對象。二〇一六年有一個大型的國際合資財團簽下了澳洲最大貨櫃港墨爾本港長達五十年的租約，而澳洲與中資在該財團中合占了四成的股份，換算起來的話，由中國主權財富基金設立的中投海外直接投資有限責任公司等於就拿下了這份租約的兩成股權。這種手法現在已經是中方在投資時常用的起手策略，先是在某個港口買下不會引起爭議的股份，然後在之後的時間裡慢慢爭取到更多股份，設法取得該港口或基礎建設計畫的過半股權。二〇一八年，招商局港口控股公司也實行了一回類似的投資策略，以四億七千八百萬美元買下紐卡索（Newcastle）港五成的股權，這是澳洲東岸最大的港口，煤炭輸出量排名世界第一，而且在這個港口附近的威廉鎮（Williamtown），也有個美國的空軍基地。[47]

面對中國近來對澳洲一些最重要的港口的投資案，加上其他還有許多投資，讓澳洲國內升起了一股激烈的政治爭論風潮，討論內容包括中國未來在澳洲還有什麼投資策略，以及這些投資將來在澳洲的政經結構中又會扮演怎麼樣的角色。雖然澳洲確實有在試圖抗拒甚至停止一些跟海洋無關的計畫案，例如電力方面，但是憂心忡忡的人還是居多，近期出現了一份未經證實的報告，裡頭甚至聲稱中方（尤其是嵐僑集團）有意購買南澳州（South Australia）弗林德斯港口控股公司（Flinders Ports）的股份，而該公司又是阿得雷德港的運營商。阿得雷德不僅本身很重要，而且還有一個讓澳洲國人特別擔心的地方，那就是澳洲五百億美元預算的「未來潛艦計畫」（Future Submarine Project）選在這裡當基地，不過澳洲政府和嵐僑集團都否認這項傳聞。撇開那些臆測之詞不管，中國確實已經在達爾文港穩穩打下了根基，而且以後他在其他港口的投資應該也只會越來越多，而且他的海洋投資策略也開始慢慢見效了，這讓澳洲與其他大洋洲的國家更難以遏制中國的地緣經濟力量，只能任其在南海及更遠的海域裡繼續伸展。[48]

## 南海的港口開發

除了這幾個海域的港口投資，中國也把心力集中在興建與擴建上，而且不只建港口，也建自由貿易區及工業園區。中國提出了各種優惠條款及優惠協議，吸引東南亞地區缺乏資金支持的開發中國家跟他合作。雖然近期有很多海洋地緣經濟提案都值得深究，不過我在此想針對一些比較大型的港口開發及海洋開發計畫來談，而且選的都是已經完工或接近完工的案子，這樣才能再次向大家清楚表明，中國在海洋投資策略上達到了怎樣的規模，而他的海上供應鏈與物流網絡又是如何在發展。不過比較讓人感到憂心的是，因為這些新的基礎建設計畫需要貸款，導致許多東南亞國家積欠中國的債務越來越多，這方面我們會集中來看幾個例子，包括柬埔寨與馬來西亞。雖然有些案例裡頭中國已經不得已放慢了速度，不過整體上他似乎動力滿滿，充滿了地緣經濟帶給他的力量，甚至還實際取得了土地，讓他大多數的海洋開發計畫的謀算都可以成功。

跟臺灣及澳洲相比，柬埔寨實在算不上是東南亞的經濟強國，不過他的潛力十足，有超過五成的人口在二十五歲以下，其經濟在過去二十多年來也穩步成長，每年都有百分之七到八的漲幅，只不過柬埔寨還是有巨大的結構性問題，所以一直是亞洲最貧困的國家之一，人均所得只有四千美元左右。面對如此情況，附近又有一個中國這樣的經濟大國，也就不難想出柬埔寨的經濟會有多麼容易被中國左右，再加上中國看起來也已經意識到柬埔寨的地緣戰略價值，也想把這個寶貴的地方收進他在東南亞的海上貿易與物流網絡之中。二〇一七年秋季時，中國把柬埔寨形容為「習近平主席一帶一路倡議的樞紐」，而柬埔寨也很歡迎中國前去投資。從區域位置來看，柬埔寨確實合乎「中國－中南半島經濟走廊」的條件，而從二〇一四年開始，中國也超越美國成為柬埔寨最大的貿易夥伴，最近還成了柬埔寨最大的外國金主，在二〇一七年投資了十二億三千萬美元，二〇一八年更增至三十億七千萬美元，從二〇〇五開始計算的話，總投資額已經達到差不多一百三十六億五千萬美元，這可不算是筆小數目，畢竟柬埔寨的名目國內生產毛額（nominal GDP）一直只有兩百億美元左右。過去五年多來，柬埔寨的外債暴增了百分之一百四十二，現在有大約一半外債是由中國所持有。根據最近的統計，有超過一千家中國公司在柬埔寨營運，排名第二多的南韓只有兩百七十八家，第三名的日本也只有兩百五十家公司。[49]

雖然中國在柬埔寨的海洋方面有很多投資計畫都正在進行，不過中方特別加大力道推動國公省（Koh Kong）港口的開發計畫，在這計畫案的上頭是一個更大型的海岸開發計畫，原本是在二〇〇八年開始執行的，當時是要開發成觀光特區，不過整個計畫案後來更名為柬中綜合投資開發試驗區，並納入一帶一路的規劃之中。根據媒體報導，優聯發展集團還在私底下簽了一份九十九年的租約，而且這家公司在兩國最早簽署合作文件時，還被列為「柬埔寨方」的公司，然而這不過只是公關宣傳手法而已，很快大家就發現，有中國官方背景的天津優聯投資發展集團才是真正的承租方，因為有媒體報導原本在二〇〇八年簽下租約的是該公司董事長李致中。此外，租約條款上寫的是優聯集團有十年的租金寬限期，可是即使到了二〇一八後，該公司還是每年只需支付一百萬美元就能租下大片土地（等於每一公頃土地的租金只要三十美元），而且此後每五年最多只能調漲二十萬美元的租金，然而如果按照該公司對外的通常說法，等到這個花費一百二十億美元的試驗區計畫執行完畢，柬埔寨有兩成的海岸線都會包含在這裡頭，而且還會給予天津優聯投資發展集團使用四萬五千公頃的土地特許權。有些人士推測，未來這個深水港也可以用來當成中國海軍船艦的中途站，而且日本才剛投資了附近的施亞努市（或叫施亞努城）的深水港，施亞努市位在首都金邊西南方兩百二十公里左右，目前柬埔寨主要的海陸路貨運有七成都會匯集至此，中國這個試驗區與港口正好可以用來跟他們較勁，畢竟整個國公省港開發計畫的重要性也不可小覷，因為它的對岸剛好就是泰國的克拉運河（Kra Canal），雖然目前還不太可能，但如果這條運河真能開通的話，就可以取代麻六甲海峽，幫船隻省下多達三天的航程。[50]

從二〇一六年開始，由於這個試驗區正式成為一帶一路的計畫，因此該計畫案忽然獲得了更多助力，同年為了整個試驗區的投資案，包括國公省的深水港、附近的機場，以及一個大型度假區的興建權，天津優聯投資發展集團就一共提供了三十八億美元的擔保，預計該機場的第一階段很快就會完工，將來可望每年載送一千萬名旅客。根據美國智庫高級國防研究中心（C4ADS）的說法，萬噸級的國公省深水港的第一階段已經展開，不過有可能在二〇一七年時已經暫停，只是天津優聯投資發展集團的官網與另一份報告卻說，「區內萬噸級多功能碼頭已基本竣工，近期將投入使用。」不管港口興建進度的推斷對不對，二〇〇九年以來中國公司在國公省確實完成了很多計畫案，包括「有一條四線道公路，把國公省的鄉間跟海濱連接到四十八號公路上；以及至少一座、最多四座三十萬千瓦的火力發電廠，還有兩個用來當成水壩的大型人工湖。」[51]

不只國公省的港口，有些研究報告也注意到，貢布省（Kampot）的港口也在二〇一八年春季時跟廣西北部灣國際港務集團簽訂了合作協議，讓外界對該開發案的後續發展感到興趣。貢布省與發展較完善的施亞努市毗鄰，距離越南的富國島（Phu Quoc）也只有十公里遠，有朝一日或許能夠容納得下三萬噸級的大船，總而言之，如果有中國企業站出來開發和打造這裡的港口，就很可能會加劇中越之間的緊張關係。[52]

當柬埔寨跟中國越靠越近，自然也會慢慢跟中國的其他政治政策與區域利益站在同一個立場，包括支持中國的南海立場，因而造成柬埔寨跟其他反對中國主張的東協國家關係失和。有件事可以看出柬埔寨越來越親中，就是他在二〇一七年取消了跟美國海軍的聯合軍演，改成跟中國一起進行軍演。有媒體報導，在二〇一九年夏天時，柬埔寨與中國的雙方政府簽下了一份密約，授予中國可以進入雲壤海軍基地（Ream Naval Base）的獨家特權，這個基地的面積有一百九十英畝，位置在施亞努市的東南方，面對著暹羅灣，如今傳出這個海軍基地還要分出大約三成面積給中國來管控，雖然中國與柬埔寨都否認有這個基地協議及其相關細節，不過卻有一些美國官員出面表示柬埔寨將會跟中國簽下三十年的基地租約，外加十年的自動續約，讓中國可以駐紮軍事人員、存放武器並停靠戰艦。[53]而外界原本也就預期，柬埔寨既然在地緣經濟上已經跟中國結合，這種關係很容易就會轉變，使柬埔寨在整體的地緣戰略與安全防衛方面都要聽從對方，而中國則想要利用這種轉變，把該地區原本均衡的勢力格局改變成偏向自己。柬埔寨目前已經面臨危險，因為這個試驗區及其他開發計畫會讓他欠下更多的對中債務，如果他無力應付或償付中國的鉅額貸款，最後便可能會危及自己的主權。

馬來西亞位於印度洋及太平洋的中樞點，一旁緊靠著南海，一方還坐擁麻六甲海峽的出口，具有充足的發展潛力，在地緣戰略與地緣經濟上可謂是寶地。中國近年來相當關注馬來西亞，不僅視之為戰略投資對象，也可當成海上絲路的集散中心，不過馬來西亞國內對於中方前往開發投資的意見很是分歧，有些人認為那對經濟成長來說有其必要，其他人則比較擔心馬來西亞會落入中國快錢的圈套，因為這種貸款往往會造成壓垮政府的債務，讓中馬兩國之間的關係變得比較像是新殖民主義。憂慮的這方確實應該擔心，因為在二〇一五年時，中國的海外直接投資在馬來西亞的外國金主裡只能排在第二十名，可是在二〇一七年就已經站上了第四名，據媒體報導，在二〇一七年底中國在此的海外直接投資已經增長到一百一十六點一億美元（四百六十四點四億令吉），其中包括了一系列的地緣經濟投資計畫項目，從港口、鐵路、機場到基礎建設與工業區都有。馬來西亞對中國所欠下的債務，據一些單位估計，總數約達兩千五百億美元，算是相當龐大的外債，因此當馬哈迪（Mahathir Mohamad）在二〇一八年那次當選馬來西亞的總理時，便矢志要解除馬國越來越龐大的債務危機，因而他不只要終結貪腐亂象，還要縮減甚至取消部分中方已經成案的合作計畫，例如東海岸銜接鐵道，以及一些天然氣管線。[54]

馬哈迪當選後，馬來西亞政府開始對中方的海外投資提出質疑並著手審查，不過有很多計畫案似乎還是繼續在進行，像是已經成案的瓜拉林吉國際港（Kuala Linggi International Port），希望斥資二十九億美元來跟新加坡競爭，包括在燃料補給設施，以及其他船隻的維修、加油及倉儲服務方面，看能否搶到一些生意。中方近來花大錢投資的還有另一個港口，就是位於南海南方沿岸的沙馬拉朱工業港（Samalaju Industrial Port），[55]這兩個計畫案都還算是在剛起步的階段，不過另外的其他幾個開發案就已經準備要完工了。

關丹港（Kuantan Port）就是上述的案例之一，這個東望南海的城市位在馬來半島上頭，近幾年引起了比較多人的密切關注，因為中國對南海地區的主權主張越來越強烈，甚至已經跟馬來西亞自己在南海的利益產生了衝突。關丹市位在馬國前總理納吉（Najib Razak）的故鄉彭亨州（Pahang），在二〇一三年時，廣西北部灣國際港務集團簽下了一份九億美元的合約，要在關丹市開發與擴建深水碼頭及工業園區，該集團不僅買下了關丹港四成的股份，而且還拿到為期三十年的港口營運特許權。計畫案的1A階段已經完工，內容包括建造一個四百公尺的泊位；而根據港口的官網資料顯示，1B階段也在二〇一九年完成了。北部灣港集團另外還獲得了關丹工業園區百分之四十九的股份，他們所希望的是，這個港和工業區，加上南海上其他有中方背景的基礎建設及交通運輸計畫，能夠連成一氣。[56]

除了關丹市，中國也特別花功夫去振興馬來西亞的麻六甲港，其名稱「Melaka」是出自阿拉伯文中的「聚會地」或「相遇」之意，歷史上這裡原本是一個重要的集散中心，附近海域乃至全球各地的貿易匯集於此，熙熙攘攘應接不暇，不過現在卻沒什麼表現，根本就比不上位於它南方兩百零四公里的那個鄰居新加坡，人家現在可是世界最大的轉運中心了。關於馬來西亞到底還需不需要另一個深水港的問題，馬國裡頭一直都是相爭不下，因為從一些研究報告來看，他的主要港口，也就是巴生港（Port Klang）本身的吞吐能力在短期內根本就還用不完，而從資料看的話，巴生港過去幾年的表現數字也確實很差，近期甚至出現了產能下跌的情況。至於下跌的原因，有些人推測部分是近年來航運公司大力整併所導致的，中遠集裝箱運輸有限公司與中海集裝箱運輸股份有限公司的合併就是一例；或者也有可能是全球的航運聯盟發生了變化，像海洋聯盟（Ocean Alliance）就很仰賴新加坡來當轉運中心，而比較不會選擇巴生港。[57]

不只是巴生港，有好幾份研究報告都推測已經成案的「皇京港」（Melaka Gateway Port）開發計畫也會繼續進行，因為這個開發案也許可以在日後用來支援航空母艦，而這對中國是一項利多，就像一位觀察家說的，「正因為麻六甲港的合約簽得沒有道理，所以現在才會有很多人質疑，會不會這個開發案跟商業利益沒多大關係，重要的其實是軍事利益。」[58]包括中國電建集團國際工程有限公司和其他兩家中國的港口開發商，深圳鹽田港集團、日照港集團，日前才承諾會拿出一百億美元來當作整個皇京港計畫簽訂後的部分資金，以供開發深水港及其他相關投資案之用，中國電建還找來當地一家叫做凱傑開發（KAJ Development）的公司搭檔，一起進行計畫案。皇京港在二〇一四年破土動工，計畫案預計在二〇二五年完工，合約內容包含了一份九十九年的租約，以及三座填海新造的島嶼、一個天然島嶼的擴建、一個國際遊輪碼頭、一個小艇碼頭、一個海洋工業園區，以及一個自由經貿園區等等諸多工程項目，[59]其最後的影響會相當巨大，因為有了這裡之後，中國就不用那麼依賴新加坡了，留給印度、日本等國在那裡越爭越凶，搶著想拿到地緣戰略與地緣經濟的通關門票。

二〇一八年的馬來西亞總理大選之後，皇京港與其他類似的開發案是否會受到新政府的對中投資相關政策所影響尚不明朗。總之就目前看來，占地一千五百公頃的皇京港工程已經有六成完工，依照馬來西亞開發商的說法，很有可能會繼續進行到完工為止（譯註：皇京港開發案已於二〇二〇年底由馬國政府宣布終止），一些馬國官員也有類似的看法，表示該計畫案尚在進行，而第一個填海新造的島嶼再過一兩年就會完成了，新的遊輪碼頭則大概會在二〇二〇年底到二〇二一年初啟用。[60]

另一個值得注意的海洋開發計畫是已經成案的森林城市（Forest City），地點位在馬來半島底端的柔佛海峽旁，該城市計畫由中國的碧桂園太平洋景公司監造，馬國國內對這個案子的反對聲浪越來越大，而計畫的細節值得我們一提，因為有些人士擔心計畫的結果會進一步侵害馬來西亞的主權。計畫內容中特別提出要建造四座人工島，總建地為三十平方公里，可以居住約七十萬人，而其中有不少是中國人。雖然馬國政府目前有打算要停止開放外國人購買本國不動產，不過媒體還是有報導，那些大打廣告的人工島住宅單位，有三分之二都已經被中國大陸的人給買下了，如果這個消息屬實，那麼在這個開發案的後續進展上，馬國政府對中方的目標就更難抵抗了。[61]

最後一個要提的案子是檳榔嶼（Penang Island），其位置在馬來半島西南方的角落，中國人投資要在這裡的外海進行填海造陸計畫，在二〇一五年時由中國交通建設股份有限公司簽下了一份價值五億四千萬美元的合約，要在檳榔嶼一處名為斯里丹絨檳榔（Seri Tanjung Pinang）的精華區水岸進行填海擴地工程，預計要蓋一個海濱零售碼頭、觀光景點，以及奢華酒店。依照檳城政府官網的資料，中國交通建設公司的案子只是一部分，上頭還有一個更大的開發案，要在檳榔嶼外面建造三座人工島，用來挹注資金給檳城交通大藍圖（Penang Transport Master Plan）：「檳城政府預計要把那些新造地拿來拍賣，作為大藍圖的資金。」整個造陸計畫的第一階段在二〇〇六年就已經展開，而檳城的州政府也已經開始進行第二階段的填海造陸工作。[62]

前面已經提過，馬哈迪總理在二〇一八年就職之後就公開許諾，要對那些最嚴重造成馬來西亞債務問題的國內重大開發案進行重新檢視，在他就任後的前幾場記者會中，有一次他就公開表示這件事是他的首要任務，而且還加碼表示：「對於債務的條款與數目，包括償還與利率方面的條款，政府都會試著重新協商。」[63]這些話聽起來跟斯里蘭卡那邊所說的內容竟然如此相似，而從斯里蘭卡的經驗來看，我們就知道有很多法律協議其實都已經通過了，所以斯里蘭卡才會那麼難修改協議條文，更重要的一點是，斯里蘭卡也很快就明白了，一旦你採取任何停工或改約的動作，反而會造成更沉重的債務負擔，因為合約裡頭還有放進意外條款（contingency clauses）。日前在馬來西亞當地一家報紙的專欄刊登過一篇文章，點出了中方投資案裡頭有一些越來越重大的警訊：「不過如果從歷史的經驗來看，我們可以確定一件事：中國在馬來西亞投資得越多，就會越讓他想要插手干預我們的事務，這樣才能保護他的投資，確保沒有人能危害到他的戰略優勢。」[64]目前看來，中國地緣經濟的利爪似乎已經嵌入馬來西亞的體內，馬國政府要想進一步改動目前在進行的許多開發案，其難度會大上許多，不過我們也要幫馬哈迪說些公道話，他看來確實有辦法擋下中國一帶一路裡頭的幾項計畫案，或至少會在規模、價格、貸款條文方面重新協商，多少降低一些。至於那些填海造出的島嶼要怎麼用、最後會由誰來控制，目前還是一大問題，就跟其他許多大問題一樣，例如皇京港等地，都得要好好處理。

## 海洋投資增長，安全形勢升高

中國在地緣經濟方面的海洋投資才不過剛剛開始成形，在南海這邊的確還沒有完全順風順水，有更多國家看見了中國背後更大的地緣戰略與地緣經濟目標，開始漸生戒心。即便如此，中國的海洋投資還是會在日後大舉進發，更何況他已經盯住了其他幾個重要的東亞國家，包括越南、南韓以及印尼。

有些海洋地緣經濟投資並沒有在本書中進行分析探討，其中大概又以印尼最為明顯，那是因為中國投資的重點沒有放在海上這邊，直到最近才開始改變。印尼有兩億六千萬人口，而且還在繼續增加，使他成為東南亞，甚或可能是全世界最重要的新興國家之一。這個國家有大約一萬八千座島嶼及一千兩百個港口，條件形勢各不相同，可謂充滿了巨大的潛力，而中國剛好就趁勢加以利用。雖然根據近期的普查資料，只有百分之三的印尼人認為自己是華裔，不過另外還有幾份研究，即便具有高度爭議，卻表示印尼的經濟有大約七成都掌握在華人手上，不管這個說法是否屬實，甚至這數字是不是該要大幅縮水，但這依然顯示出中國很可能會在印尼的經濟裡扮演重要角色，像是中國最近就在加大力度投資印尼陸地上的基礎建設、交通運輸、地區開發等計畫案，至於印尼在海洋方面的開發案，雖然之前一直不太重視，不過情況正在發生變化。二〇一三年，廣西農墾集團開始在首都雅加達附近進行中國印尼經貿合作區的興建工程，而寧波舟山港集團也在不久前宣布有意願投資五億九千萬美元給卡里巴魯（Kalibaru）的港口計畫案，這個港算是印尼最大港丹戎不碌（Tanjung Priok）的外圍延伸，此外中國交通建設集團的子公司也同樣表示過希望能投資印尼的肯德爾國際港（Kendal International Port），不過迄今尚未投入任何金錢。另一個比較確切而企圖心又比較大的海洋計畫是在古沛港綜合工業園區（Java Integrated Industrial and Ports Estate），未來會在馬都拉海峽旁蓋一個深水港。隨著印尼政府越來越重視自己的海洋經濟，中國也已經在磨拳擦掌，想把印尼納入他的海上絲路，成為另一個重要節點，而有些印尼人士也曾提過，有了海上絲路的幫助，印尼就可以成為一個轉運中心，好好跟新加坡拚上一拚。在未來的五到十年裡，有些人推估印尼會需要五百五十億美元來進行海上與物流方面的基礎建設，包括開發二十四個港口、上千個貨物裝卸中心，而且這些都還只是一小部分，整個印尼的基礎建設規模估計會達到六千億美金。[65]

雖然印尼跟南海的主權沒有直接關係，不過他一樣要面臨區域安全局勢升高的問題。印尼是漁業大國，其漁民跟中國的海上民兵曾爆發多次衝突，印尼海軍也一樣，如果逮到中國漁民非法進入印尼海域甚至正在裡頭捕魚，也必須要開火予以警告。隨著中國的海洋地緣經濟利益逐漸增加，他也會開始一直想著要怎麼保護這些利益，而當中國擴大保護他的漁民及其他的海洋資產時，其他國家為了不要在安全問題上變得弱勢，只能跟著強硬以對，這對原本就既緊張又擁擠的南海來說並不是什麼好兆頭，未來這裡要想平安可不容易。

目前中國的地緣經濟投資是分成不同地區在進行的，而他也會繼續這樣的步調。他一開始先是在國內把國有的航運公司加以整併強化，這樣它們面對全球市場就會更有競爭力；另一方面他也開始不斷補強或擴張在南海地區的整個供應鏈與海上物流中心，讓他在南海的貿易可以更有效益，這同時也意味著中國正在快速開展海上網絡，讓未來這裡更難出現能夠干擾或限制他發展的競爭對手。透過這些海洋投資，在前頭講過的那許多國家中，中國在地緣經濟上的勢力很快就變得樹大根深，對於開發中國家來說，像是馬來西亞、柬埔寨及汶萊等國，他們的財務基礎原本就較為脆弱，因此中國也比較有機會在他們那邊成功推動一帶一路或海上絲路的計畫；不僅如此，就連對於澳洲和臺灣這些已開發國家來說，因為中方的影響力與經濟力量不斷在增加，他們也會比較難以跟中國的地緣經濟力量一直保持距離。等到中國以地緣經濟逐漸改變東亞的面貌之後，他就有辦法追求更大的地緣戰略目標，擊退他一路上碰到的對手，把勢力深深擴展到整個歐亞海域。

# 第七章

# 東亞爭局起，海軍相較勁

「二〇一四」對東亞局勢來說是關鍵的一年，中國、印度、俄羅斯逐漸開始在海上相爭，而美國則始終在背後虎視眈眈。首先是印度選出莫迪擔任總理，開始把東望政策改成東進政策，象徵著印度在東亞的對外政策會更加積極主動，以抗衡中國的崛起。同年在歐亞大陸的西方，俄羅斯也入侵並占領了克里米亞以及烏克蘭東部，這次的侵占引起了國際間的重大反應，針對普丁及其政府展開了各項制裁。面對這些制裁，加上西方各國對俄羅斯普遍的強烈抵制，反而造成俄羅斯轉往東亞發展，由於無法獲得金融市場的支持，而且在國境西邊的地緣政治關係越來越加緊張，俄羅斯只好把一門心思都放到了東亞和這裡的商業市場上頭。此外，俄羅斯也開始想方設法要跟中國搞好關係——不論是在經濟上、軍事上或政治上——這樣才能一起對抗美國，同時也增加自己在東亞海域的政治與經濟方面的勢力與影響力。

自從二〇一四年以來東亞就一直面臨一個困境，就是海洋地緣經濟利益一方面在不斷發展，另一方面又逐步轉變為針鋒相對的敵我競賽，大家都搶著要當這裡的老大，都想站上強國地位。而隨著每個歐亞大陸上的強國越來越重視自己的主宰力，我們也就自然會看到他們心裡越來越擁抱海軍至上主義，更積極投資自己的戰力投放能力，再加上東亞財富與經濟的成長，更讓這裡的各個國家有財源來投資更多的軍事項目或海軍戰力。只要擁有了一支遠洋海軍，就可以讓這些歐亞強國確保自己的地緣經濟利益與投資項目安全無虞，中國在二〇一五年軍事戰略白皮書中就寫著必須要「建設與國家安全和發展利益相適應的現代海上軍事力量體系，維護國家主權和海洋權益，維護戰略通道和海外利益安全，參與海洋國際合作，為建設海洋強國提供戰略支撐」，而在二〇一九年的中國國防白皮書中，不僅再次強調了這些訊息，而且還清楚說出了「國際戰略競爭呈上升之勢」、「亞太地區成為大國博弈的焦點」。有些專家相信，中國受到了馬漢著作的影響，逐漸照著他的話在走，而馬漢認為一定要有海外的市場與基地、強大的航運或商船組織，以及持續的資源生產，諸項要素齊備後方能發展海權，稱霸世界。不過很多人所憂心的地方在於，中國在安全議題上採取的是一種零和博弈，可能會為區域安全帶來危險的外溢效應，不過幸好現在還有機會可以阻止中國進一步在東亞擴張勢力，而從大局來看，這樣做也完全有助於維持全球秩序穩定。話雖如此，不過有許多分析師還是擔心，中國的海軍至上主義已經在促使他從事軍備或造艦競賽，而這又會讓他更積極防衛領海，以及保護經濟海域。[1]

美國依然擁有東亞海上最強大的戰力，不過中國的軍力也在上升，而且還在拉幫結派，一起挑戰美國在東亞的勢力與主導能力，使得原本的局勢正在產生變化。在中國看來，印度已經開始執行他的東進政策，以海洋地緣經濟與地緣戰略為目標，伸出手來在東南亞各地呼朋引伴，而且還與日本等其他民主國家聯手，就連新加坡也逐漸在成為印度的重要夥伴，不過這兩國之間的關係雖然日益親近，卻也在地緣經濟與地緣戰略上為這個強大的海上小城邦造成不少壓力，因為中國在新加坡的利益與投資也都很巨大。中國更掛心的地方是南海，他想維持自己對這裡的掌控能力，還在南海上畫了九段線，主張這個海域有八成以上都屬於中國，於是也就不客氣地在南海上建造了人工島與新的軍事前哨基地，並加派潛艦部隊、駐防更多海軍。另一方面，中國也開始跟俄羅斯逐漸加強夥伴關係，包括在貿易、投資或海上事務方面，像是雙方會透過聯合作戰演習來互通彼此的技術系統，讓雙方的行動可以更加協調，以備未來不時之需。雖然中俄兩國之間也有利益衝突的地方，像是在越南等國，不過他們在東亞乃至世界舞台上都表現出比從前更通力合作的態度，都一心想要推翻或對抗美國所領導的世界秩序。然而，哪怕俄羅斯看起來確實想要強化自己在東亞的地緣經濟與海上軍力，不過要想發展好他的「俄羅斯遠東地區」（Russian Far East），然後以此作為進軍東亞的重要跳板，他還有條漫漫長路得走。至少在目前看來，很多分析師都認為「俄羅斯需要中國，似乎多過於中國需要俄羅斯」。[2]

各方在東亞角力的結果，是讓這裡更加充斥著當地與外來的多方勢力，彼此各懷鬼胎出手相爭，暗地裡各有不同的地緣經濟與地緣戰略目標，而這些勢力的興起，則又營造出一種瀰漫著海軍至上主義想法的環境，繼而導致東亞的安全問題更加難解，美國海軍分析中心（Center for Naval Analyses）的研究員彼得．史瓦茲（Peter Swartz）認為，這樣的局勢本身就會造成一種險境：「當一個正在崛起的國家打造一支強大的海軍，其他的強國也會增強自家海軍的力量，而這個崛起的國家及其海軍就可能會招來其他國家的仇視，軍備競賽或許因而就此展開。」[3]由於中國極為仰賴這個地區的海路，所以如果海上競爭的範圍越來越廣大的話，也可能對他發展一帶一路及海上絲路的遠大志向造成麻煩。中美過去在海上也曾有劍拔弩張的緊張時刻，甚至連兩軍近距離對望的情況也發生過，但是大家擔心的是未來會不會更常出現這種雙方海軍擦肩而過的險象，尤其是中國正在爭議海域中發展反介入／區域拒止戰略，行動上也會變得比較大膽，先前有一份由美國國防戰略委員會授權進行的調查報告就指出，「美國的軍事優勢已經喪失到了一種危險的地步，打起仗來有可能會輸給中國或俄羅斯。」[4]

為了抗衡中國在南海進行的軍事升級，美國、印度與日本近來在大力進行一種叫做自由航行（freedom-of-navigation）的任務，還希望可以更全面地加以實施，這有部分也是想要回應外界，安撫他們對東亞情勢的憂慮，可是這麼一來就又造成更嚴重的緊張關係，繼而讓海上局面更加兇險。就像在二〇一八年十月的時候，有一艘美國的驅逐艦在南海上執行自由航行的例行任務，看到一艘中國戰艦靠了過來，當時是在各方爭議極大的南沙群島附近，雙方最後相距只有不到四十一公尺；到了二〇一九年六月，俄羅斯的維諾葛瑞多夫海軍上將號（Admiral Vinogradov）驅逐艦，也在菲律賓海上跟美國的導彈巡洋艦錢瑟勒斯維爾號（Chancellorsville）靠到只剩十五至三十公尺的距離，雙方互不相讓，被一些人認為是俄方是在表態聲援中國。[5]當印、俄、中及其他東亞國家紛紛放棄先前比較防禦性的做法，改讓海軍採取攻擊性的姿態，這不僅會造成更多軍事上的你來我往，也會增加發生意外的機會，要是真有個萬一的話，對東亞的經濟、區域的安定，乃至於未來的世界秩序，都會有極大的負面影響。

## 印度的東進政策

印度的東望政策最早在一九九二年出現，有部分是為了要因應冷戰結束的局勢，而印度也想推動經濟自由化，以迎接新的全球化年代。一開始這個政策的焦點主要是放在貿易與投資上，不過後來變得越來越偏向戰略與安全關係，因為這有助於抗衡中國，而該政策的根本目標是要印度站起來，立於南亞乃至世界強國之林，就像學者弗里德里克．格萊爾（Frederic Grare）所說的，「從二〇〇三年到現在，東望政策不論是在地理或議題範圍上都被放大，給人的印象也跟著不一樣了：原本的『東』是東南亞，後來擴大到成了東亞加上澳洲，議題上也變成廣泛涵蓋了各種經濟與安全事務，包括共同保護海路、協調反恐任務等等。」此外，印度也很希望能強化各地區基礎建設的相互連結，以對抗中國的海上絲路，而如果印度可以跟麻六甲海峽及印太地區的海上交通要道產生更好的連結，甚至還有更大的掌控力的話，這對印度整體的對外政策目標將是一大助益。

以往在印度與東亞之間，貿易一直在雙邊的海洋地緣經濟關係上扮演著重要角色，不過自從二〇一四年莫迪把東望改成了東進以後，印度就更加積極地採取行動，想把他的海軍跟日本等其他國家聯合起來，以保護他那快速增長的經濟利益，同時也不失為一種阻截中國勢力、不讓他在海上崛起的辦法。因為就像近幾年，中國的船艦及核子動力潛艦越來越常從海南島的前哨基地出發到遙遠的海域外去作業，而且這個基地可以停放大約二十艘潛水艇，未來還可能會停放中國的航母打擊艦隊。二〇一七年在新德里舉辦了瑞辛納對話（Raisina Dialogue）的多邊會議，期間莫迪就向外界證實，他的確想要讓印度在海上採取更積極的態度來保護本國的利益與勢力：「印度變成了一個更強大的海洋國家，這是現在我們想到印太地區時最主要的基本概念之一……新德里方面的目前做法，就是根據『接觸加擴大』（engagement plus enlargement）的戰略來制訂的。」然而，印度會對海上交通要道及自由航行等議題漸感憂慮，其實正好進一步體現了海洋地緣政治的格局正在發生轉變，而且不只是印度，中國與俄羅斯也已經開始因應這個變局。[6]

## 地緣經濟因素煞費思量

印度在東亞及東南亞的許多利益都跟商貿有關，需要來往於各個海上交通要道。不過倫敦國王學院的教授哈什．潘特認為，「商業、互通、文化，這些要件大家早就都提點出來了……在印度與東協之間，要想制訂出一個有前瞻性的做法，就得要有一個更細緻的視角才行。」雖然中國還是這整個地區在經濟上的老大，不過東亞各國，尤其是東協諸國，已經紛紛主動尋求跟印度發展更堅實的地緣經濟關係，因為他們想要多方發展，不再單靠中國。而當印度想要擴增自己在經濟與戰略上的利益時，他也把東亞國家當成擴展經濟合作的主要對象，這樣還可以順便制衡中國在東亞的勢力。[7]如同我們前面看過的，許多東協國家都得仰賴中國對他們的投資與貿易，不過也有些國家，像是印尼、越南和日本，開始把跟印度合作視為一種風險策略，以避開中國的掌控。然而這樣做也有個大問題，印度與東亞國家之間的地緣經濟紐帶正在逐漸發生變化，變得更像是一種海洋地緣戰略上的權宜之計，其焦點也不是經濟，而是逐漸放到了東亞的安全穩定問題上。

過去數十年來，印度和東協國家之間的貿易關係一直有穩定的進展，跟南韓及日本之間也是如此。[8]在一九九五到二〇一六年之間，印度與東協之間的總體貿易金額平均每年有百分之十一點九左右的增長，印度尤其仰仗東協的商品進口，在二〇一六年時，東協各國的商品占了所有進口量的百分之五十九左右，而這些貿易大部分都取道於麻六甲海峽。從二〇一六到二〇一七年，印度與東協國家的總貿易量又出現了一次顯著的躍升，金額成長到超過七百一十六億美元，也讓新加坡、泰國與馬來西亞成為印度前幾大的出口對象，而且新加坡和馬來西亞剛好也有很多早年從印度外移的人口，約占各自人口總數的百分之九與百分之七。跟印度相比，同期中國跟東協的貿易總額超過了五千億美元，多國對中的集體貿易逆差達到了八百一十億美元左右，幾乎比十年前要多出了八倍。[9]

雖然印度跟東協之間的貿易一直在隨著時間有所進展，但依然不無風險，也可能遇到金融衝擊，包括一九九七至一九九八年的亞洲金融風暴，以及二〇〇八到二〇〇九年的全球金融危機，每一回都傷害到了他們之間的商貿合作，而新冠肺炎的爆發也很可能會產生類似的效應，何況中國也是一個正在增長的地緣經濟大國，在東亞這邊只會越來越難與之相抗，不過印度還有個位置優勢，進出麻六甲海峽的海路要道會從他的安達曼－尼科巴群島經過，所以他對這裡可以有更多的掌控力。不過為了多少平衡一下整體的貿易局勢，東協與印度還是在二〇〇九年簽署了一個商品自由貿易協議，以減少未來可能的經濟風險，在協議中，印度與東協試圖要強化彼此的貿易聯結及整個區域的供應鏈，可是就算做了這些努力，如果雙方的貿易想要繼續擴展下去的話，還是有某些結構性的障礙必須克服。目前遭遇到的難題，有些是因為區域之間的互通過於薄弱而導致的，此外還有海洋或交通基礎建設不足、關務合作無法持續，以及其他的非關稅障礙。如果印度和東協還想設計出一套稍可比擬於中國的海上絲路的商貿模式，其當務之急就是要改善各種樣態的交通運輸中心，尤其是港口與海洋基礎建設，然而就像我們在前一章說過的，中國早已做好準備，正一步步在強化他的東亞海上貿易網絡。現在如果印度、美國與日本還想阻擾他，很重要的一件事就是要出手支持越南、印尼與馬來西亞等國的基礎建設計畫，這些國家現在都想分散海外直接投資的來源，不想再靠中國，因此美國最近就有人提議要建立國際開發金融公司（International Development Finance Corporation），以對抗中國在開發中國家所打出的經濟牌，不過很多分析師都不怎麼相信這個做法會成功，畢竟中國在那裡已經享有巨大的結構性優勢了。[10]

## 印度的東亞地緣戰略

印度與東亞之間既然在發展海洋地緣經濟，後來便逐漸連帶產生地緣戰略上的作用，這是很合理的發展。一直有人在質疑印度，問他到底是否準備好要針對中國來扮演一個比較具有平衡性，甚至是對抗性的角色，他也總算在這幾年建立了一支不容小覷的武力，用以維護區域安全，而且就趨勢來看，印度這支針對區域安全建立的海軍還很可能會在未來十年裡擴大陣容，因為印度不但正在跟東亞建立新的海軍紐帶關係，而且也砸下比以往更大筆的資金來全面提升海軍戰力。印度變得更加重視海上戰力，這或許呼應了他整體的打造強國計畫，打算直接跟中國比拼，對此弗里德里克．格萊爾認為：「要想了解印度的東望政策，除了經濟面向，還有另外兩個背後的心理成因也很關鍵：首先，他認為自己在亞洲是有領導地位的國家；再者，他還是希望盡可能保留戰略自治的傳統。」[11]

印度把手伸向了東亞國家，這讓他直接跟想稱霸此地的中國變得針鋒相對，而隨著印度和中國對立，然後東亞諸國開始各自選邊站，雙方在海洋地緣政治的緊張關係就會隨著時間逐漸搬上檯面。中國的海軍看來在東亞依然是地方一霸，只遜於美國一籌，不過印度也很認真在加強自己跟某些東協國家之間的海軍關係，並加深海洋安全方面的合作，對象除了有印尼與越南以外，像是日本、澳洲與南韓也都是重要的東亞盟友。雖然這種合作主要都僅限於一些安全對話，或是在範圍及任務方面都有很大限制的防衛協議，不過印度的海軍外交在近年來有大幅的進展，不只到他國的港口造訪，後續還進行了雙邊或者多邊的海軍演習，但也讓歐亞海域的海軍競賽更加激烈，海軍至上主義風潮更盛。從東南亞的角度看，有越來越多人擔心中國崛起的陰影會籠罩這個地區，也會影響者整個海域，尤其有好幾個國家，包括臺灣、汶萊、馬來西亞、菲律賓及越南都跟中國有主權問題相爭不下的地方。在這樣的大背景底下，印度選擇了跟美國、日本等其他想法相近的國家聯手，一起積極鼓吹「以規則為基準的共同秩序」，拒絕接受中國在東亞的無理行動，像是建造人工島，或是在其他的海上灰色地帶進行軍事作業。[12]

印度和東南亞在歷史上原本就有深厚的共同連結，除了海上貿易之外，佛教與印度教文化的傳播可以追溯到幾千年前，近些年印度為了紀念這個文化淵源，還曾派遣一艘訓練艦舒達希尼號（INS

Sudarshini，以佛祖的異母妹妹命名）至東南亞巡遊。印度的國安高層逐漸體認到，東南亞對於印度的印太戰略極為重要，二〇一八年六月在新加坡舉辦的香格里拉對話會上，莫迪總理就曾強調：「東南亞就是亞洲的中心……這個看法始終都會引領著印度，讓我們尋求與他們合作，一起創造和平與安定。」前印度海軍上將阿倫．普拉卡什也於不久在類似的脈絡下說道：「中國海軍在印度洋裡生事作亂，印度海軍則對東南亞許諾相依。」[13]在莫迪的掌舵之下，印度的外交模式已經從空話辭令逐漸轉變為具體行動，這使印度海軍逐漸介入到東南亞事務之中。

莫迪當選以來，印度海軍跟東南亞國家的海軍就屢有合作。例如在二〇一五年，印度海軍參謀長道萬出訪泰國及新加坡，以推動兩國與印度的海軍加強合作，共同支持印度的東進政策。道萬出訪泰國的目標是想擴大彼此海軍的合作範圍，例如「在海上合作方面，藉由交換彼此的白色航運（譯註：「white shipping」指兩國立約分享各自領海中的船舶資訊，這裡的「白色」指的是商業船隻，若是灰色就是指軍艦。）資訊，並增加合作巡守的範圍，以全方位掌握海域中的狀況。」而就在他到訪前不久，印度海軍才剛進行了一次四十五天的巡航訪問，範圍從印度洋南部一直到東南亞地區，除了參訪許多港口外，也跟新加坡海軍進行了雙邊聯合軍事演習。印度與新加坡從一九九四年以來一直都有進行新印雙邊海上聯合軍演（SIMBEX），不過近年來演習的項目變得更加全面，這自然是因為東南亞海域上海軍競賽逐漸白熱化，讓兩國備感憂心（印度不久前也宣布要跟新加坡、泰國進行三邊海軍演習，足見印度接觸東南亞的海洋方略已經奏效）。[14]我在接下來的章節裡會再談到，由於中印兩國都試圖要在新加坡建立更龐大的勢力，使他正逐漸成為兩國的相爭之地。

回過頭來看東協，如今在東亞峰會（East Asia Summit）、東盟地區論壇（ARF）、東協防長擴大會議（ADMM Plus）裡頭，都可以看到印度所參與的程度越來越深。其中東協防長擴大會議於二〇一〇年起召開，特別值得我們多說幾句，因為這個組織雖然想強化區域間的軍事聯合力量，不過它要解決的大多是非軍事性的跨國威脅，其目標是「促進並強化各成員國軍隊對本區域的防衛合作，一同進行人道救援與災難救助，以及海事合作、反恐行動、軍事醫療、維和任務事宜。」東協舉辦了很多論壇、峰會與安全對話，這些固然有其價值，不過也有很明顯的局限，因為東協的監督不力，而且協議經常不能同步貫徹。二〇〇二年時東協曾經發布一份「南海各方行為宣言」，然而之後中國並不理會這種多邊商討的共識，而是去找了許多東協成員國，一一另行雙邊協商，以此來削弱甚至離間東協，讓他們在這些跟海域爭議有關的議題上無法形成有力共識。不久前有一件事更是把這一招表現得淋漓盡致，二〇一六年時海牙國際法庭針對菲律賓的申訴做出仲裁，菲律賓指控中國在菲律賓的經濟海域內，包括在大陸棚上，強行建造人工島礁，最後國際法庭的裁決大大有利於菲律賓，但其總統杜特蒂後來卻並不認可，結果導致東協國家對於如何回應中國在南海的所作所為無法達成共識。不過從另一方面來看，東協在近幾年還是在逐漸向印度靠攏，有可能對中國形成包圍之勢，前印度副國家安全顧問、現任新德里維納卡南達國際基金會（Vivekananda International Foundation）負責人阿爾溫德．古普塔（Arvind Gupta）也觀察到了類似的轉變，並表示「中國過去幾年在南海上橫行霸道，越來越目中無人，這自然會讓東協尋求印度合作來與之抗衡。」[15]

東協最早是在一九九二年跟印度建立了對話夥伴關係，而後在二〇〇〇年代又有許多成員國跟印度簽了一系列的經濟協議，進一步強化了彼此的經貿關連，到了二〇一二年，東協已把他跟印度的關係提高到「戰略夥伴」的層級。二〇一八年時，莫迪正式邀請東協十國的領導人齊聚印度，參加第六十九屆的印度共和國日慶典，再次顯示了印度已加強對外接觸，伸手擁抱了東南亞。印度和東協在地緣經濟及地緣戰略上的聯結越來越緊密，這又一次顯示了他們看到中國正在崛起且勢力漸大，對此都同感不安，有些東協國家便希望能看到印度挺身而出，除了在外交上多加努力，海軍方面更是得多多表現。不過就目前看來，印度似乎並沒有打算要激起任何他不想看到的對抗，他應該會繼續採取比較小心的方式來建立自己在東南亞的地緣經濟及地緣戰略力量，就像印度並沒有大肆批評中國在南海的各種作為。我們前面提過，印度也要面對自家裡頭某些官僚無能的問題，那在相當程度上會拖慢他東進的速度，就像拉賈·莫漢在以前說過的，「莫迪努力想改善德里方面的辦事能力，讓官員不要畫地自限，這事雖然有些進展，不過結構性問題依然存在。」[16]印度在東亞的地緣經濟利益短期內並不會減少，所以他就必定會需要一直往東亞的海上推進。

除了以組織的形式跟東協成員國接觸外，印度也一直在設法跟個別成員國在地緣戰略上強化海洋合作關係，尤其是跟印尼與越南。莫迪曾在二〇一八年五月造訪印尼，跟佐科威（Joko Widodo）總統一起宣布要將雙邊關係拉升為「全面戰略夥伴關係」，還要簽署合作防衛協議。此外，印度與印尼也已經進行了雙邊海軍演習，不久前還有一回是首度移師到爪哇海上進行，而且那次還不算在兩國從二〇〇二年以來一直在進行的「雙印共同巡航」（India-Indonesia Coordinated Patrol）雙年演習之中。此外，二〇一八年的軍演也別具意義，因為兩位領導人一起宣布立約，要建立一支特遣隊來保護兩國在沙璜港（Sabang Port）及其周邊的開發計畫，該港位在一座小島上，隸屬於亞齊省，地理上位於印尼的最西側，靠近麻六甲海峽的出口，距離印度的安達曼－尼科巴群島大約五百海里，這個港可以讓印度更方便看清楚這個海峽，掌握有誰或有什麼在此進出。印尼的海洋事務部部長盧胡特．班查伊丹（Luhut Pandjaitan）曾親赴新德里參與最後協商，並表示該開發案所興建的港口不只會提供民用，也可以停放軍艦，包括潛水艇在內。這引來了中國的官媒環球時報針對該說法撰寫專文，警告「如果印度真的想在戰略要地沙璜島上進駐軍事力量，那就犯了大錯，會把自己困在與中國的競爭之中，最終會自討苦吃。」[17]即便沙璜的開發案也許還要一些時間才會完成，但這樣的回應正好突顯了中印兩國在印太地區逐漸升高的緊張態勢。

跟印尼一樣，越南也成為印度另一個重要的海洋夥伴，而且他還特別努力想平衡自己跟印、俄、中的三方關係，有些人甚至臆測，越南和印度越走越近，會不會有朝一日變成得要處處為印度的地緣戰略著想，就像中國跟巴基斯坦的關係那樣，而且現在連俄羅斯的影響力也逐漸滲透到越南的經濟與國防體系之中了，這點我們之後會再詳述。無論如何，莫迪對越南的外交政策確實變得相當積極，這是因為越南的地緣戰略位置良好，而且也同樣對中國的崛起感到擔憂。如今印度公司開始在南海上投資越南的近海石油及天然氣探勘，這讓印度又向中國的海洋地緣經濟勢力範圍更接近了一步。二〇一七年，越南核准了一家印度石油公司所申請的兩年延展期，讓他們繼續在李山島附近的福安盆地（Phu Khanh Basin）裡，對面積將近七千平方公里的一二八區（Block 128）進行探勘。在二〇一六年莫迪訪問越南時，印度和越南便把他們的關係提升為「全面戰略夥伴關係」，而莫迪也許下承諾，提供五億美元的貸款給越南，用於國防採購，包括購買印度製造的武器，而且在此之前還曾另外提供了一億美元讓越南買巡邏艇，然後印度還在越南設立了一家公司來幫忙處理此事。不僅如此，印度還同意在俄製的基洛級潛艇上幫越南訓練專員，並支援他們跟維修、保養、物流問題相關的各種需求。[18]

二〇一八年五月，有三艘一共載著九百多名人員的印度海軍船艦停靠在越南峴港市的仙沙港（Tien Sa），停了五天之後才出發前往關島及夏威夷，繼續進行年度例行的馬拉巴爾演習及環太平洋演習，這已經是二〇一三年以來第五次有印度海軍軍艦造訪越南，之前分別還造訪過金蘭灣、海防市及胡志明市，但二〇一八年印度海軍的這次造訪還是特別值得注意，因為這一回這兩個國家首度進行了聯合軍演，而該軍演的目的是要「加強軍事與海事合作，增進雙方對彼此海軍的了解，維護區域的安全與穩定。該演習也促進了雙方在通訊聯絡及搜救程序方面的協調同步。」在這兩國進行聯合軍演的同時，媒體報導解放軍海軍也在進行自己的軍演，成員中還有海岸警衛隊的船艦，地點就在充滿爭議的西沙群島附近，如果消息屬實，中方就是想要釋放一個警示訊息，讓越南和其他國家看看中國軍力與戰力成長得有多快。不過目前印度除了安排一點象徵性的軍力以外，不太可能會真的駐軍在越南，即使有些人推測印度想在金蘭灣建立海軍基地，不過目前雙方都還沒有對此進行過具體的討論。[19]

除了東協以外，印度也逐漸在跟日本強化關係。作為「民主國家聯盟」（concert of democracies）的一分子，印日關係的重要性正在快速上升，因為他們的合作關係已經開始出現成果，而這將會為東亞海域的區域安全帶來形勢上的轉變。日本是第一島鏈的一分子，其地理位置對整個戰略大局而言相當重要，因為這個島鏈裡頭有大約六千八百個島，從北到南綿延數千海里，形成了一個「翻轉長城」（Great Wall in reverse），把中國擋在自己家裡。如果把第一島鏈再延伸到印太地區，那麼印度跟日本看起來就像兩根定海神針，一頭插在中國的西方遠處，一頭插在他的東側，在印日強化了雙邊關係後，兩國在印太地區的海上會進一步聯手，對中國就會造成直接的威脅，也一定會造成東亞在未來幾年從情勢到情緒都更加瀰漫著不安氣息。另一方面，美國擁有世界上最強大的海軍，在跟印日兩國的夥伴關係中自然會扮演關鍵的領導角色，日本和印度當然也都體認到這點，可是有很多人也漸漸開始覺得「美方在這個地區，從承諾到軍力都明顯在縮水」，[20]雖然實情未必如此，不過東亞確實有很多人的心中都已經產生一種既定印象，要是東亞爆發了衝突，美國出手干預的意願和力道都變小了，而且這種印象還會連帶造成另一種後果，有些國家之間原本只是雙邊夥伴關係，像是印度和日本，會開始轉變為更有力的合作關係，繼而就可能跟正在崛起的中國展開正面競爭，雖然這樣的夥伴關係不太可能取代美國原本的功能，但效果上不無小補，而且還不用假手他人。直到最近，日本的海上自衛隊一直都被外界視為比較屬於防禦性質，而且不會離開自家海域，不過這一點也開始在改變了，因為中國現在變得更有侵略性，所以日本也覺得自己需要更積極守護自己的國家利益。雖然從地理上來說，日本對中國會一直保持著某種優勢，但是日本也不敢掉以輕心，正在快速發展各種技術、飛彈及船艦，希望能挑戰中國，甚至還在他南方諸島的各處發展反介入／區域拒止戰力。此外，日本的海上自衛隊與國防專家也逐漸把日本自己的安全利益直接跟「守護全球公共水域安全」這件事綁在一起，安倍首相在二〇一六年提出了「自由開放印太戰略」（Free and Open Indo-Pacific Strategy），正是反映了這樣的想法。[21]

從二〇〇六年起，當時印度和日本的領導人就開始會對兩國關係的未來願景制訂明確的基礎。當時，印度總理辛格曾就印日關係的重要性向日本國會發表正式講話：「印度和日本必須在當前國際秩序的變局中發揮其應有而相稱的作用……（印日關係）會有助於讓區域架構更加平衡。」[22]到了隔年，在安倍首相因為健康因素而去職（後來又在二〇一二年重任首相）之前不久，他曾在印度國會發表了一場名為「二海匯流」的演說，並在演說中把日印的全球戰略夥伴關係描述為「一個我們共享基本價值觀的聯盟，包括自由、民主，尊重基本人權，當然還有我們共同的戰略利益。」安倍還進一步宣稱，「身為海洋國家，確保海上交通要道的安全，可謂是印度和日本共同的重大利益。」後來在二〇一三年時，日本首次發表了國家安全保障戰略，裡頭把印度和中國都定位成了「國際均勢的主要變數」。[23]

當二〇一四年莫迪上任時，在重新上台的安倍首相身上，他看到了一位跟他同樣積極，也同樣有實權的合作夥伴，莫迪的東進政策跟安倍的自由開放印太戰略可謂是天作之合。二〇一五年五月在東京舉辦了一場討論「亞洲的未來」的國際會議，會議目標是「發展或補強可靠、具有可持續性，而且有適應力的基礎建設，以增強印度國內、以及印度與區域內其他國家之間的連通性」，還有「以開放、公平和透明的商業環境來改進亞洲地區的產業網絡及區域價值鏈」，[24]在會上安倍首度提出了「優質基礎建設夥伴關係」（PQI），並承諾未來五年內會跟亞洲開發銀行一起撥付超過一千一百億美元的資金。從實質上來看，優質基礎建設夥伴關係就是對一帶一路與海上絲路的反擊，因為後兩者經常遭人批評不夠透明，且以借貸之名行掠奪之實。二〇一五年十二月安倍造訪德里，與莫迪宣布了「印日二〇二五願景」的聯合聲明，該文件內容多達四十四個章節，闡述了雙邊的特殊戰略全球夥伴關係，兩國把自己視為「有責任且有能力因應全球性及區域性挑戰的夥伴關係……共同體認印太及其他地區所追求的和平、開放、公平、穩定且講規則的秩序，並對主權及領土完整、和平解決爭端、民主、人權和法治、開放全球貿易體制、維護海上與空間交通的自由等各項原則予以維護。」願景中也放進了一些跟南海有關的文字：「呼籲所有國家，避免進行可能導致該地區緊張局勢的單邊行動。」[25]印日逐漸開始聯手，不僅對中國的利益和抱負形成了直接的威脅，同時也代表他們有意願合作，要一步步收束中國的發展空間，以保護他們各自在地緣經濟與地緣戰略上的利益。

此外，兩國在戰略層面的合作力量，已經衍生為在經濟發展、國防事務及科技共享方面的更大合作，二〇一五年在印度的海外直接投資榜上，日本高居第四名。不過如果從海洋的角度來看，其實是因為他們都想推動自由開放印太戰略，所以才會站得比較近，畢竟這兩國在能源及其他貿易方面都非常依賴海路，所以一定要維持其自由流通。日本是世界第三大經濟體，也是最大的液化天然氣進口國和第三大石油進口國，其貿易幾乎完全依靠海洋，而且不要忘了，日本目前跟中國及臺灣也有海上的領土爭端，吵的對象就是中文裡所稱的釣魚台，在日文裡則稱作尖閣諸島。於是日印之間的關係升溫後，首先就開始做的就是加強國防合作，包括在二〇一〇年建立了「二加二」安全對話，讓雙方的國防部長和外交部長一起對談，這是印度首次跟夥伴國成立這一類的雙邊架構，因此有特殊意義。此外，雙方關係的提升還標誌著第二層含義，包括海軍聯合演習的次數會變多，而且日本海上自衛隊及印度海軍之間的高層交流機會也變多了，甚至連海岸巡防隊的交流也同樣有所增加。從二〇一〇年開始，除了就海上安全問題進行原本例行的會談之外，印度和日本還展開了更多海軍領導階層的例行商談；二〇一一年時，安倍清楚說出了他的期盼，認為「遲早日本海軍與印度海軍定能無縫接軌」，然後二〇一二年時兩國就開始進行日印海上演習（Japan-India Maritime Exercise），第一回先在日本舉行，外界稱之為「JIMEX 12」。二〇一五年，美國接受了印度的提議，把日本納為馬拉巴爾演習（Malabar Exercise）的固定參與國，而且翌年日本就在沖繩附近主辦了馬拉巴爾演習，在此之前，日本只能以受邀的方式來參與。也是在同一年，日本與印度又同意建立另一個雙邊架構，以商討海洋安全方面的問題，不只如此，兩國還各自在新德里和東京的大使館派遣常駐海軍武官，以彰顯海防關係對他們的重要性。到了二〇一八年時，馬拉巴爾軍演則選在菲律賓海的關島海岸舉行。[26]

除了海上安全對話、會談和演習，印度和日本也開始對軍購加碼，承諾會買更多軍事或海軍裝備。安倍政府在二〇一五年秋季通過了一項安保法案，重新解釋憲法，允許日本和其他國家實行共同防禦策略，這首先就意味著他「鬆綁限制，可以到海外進行安全事務方面的任務」；另一方面，日本也開始重組自衛隊，並組建了一支三千人的水陸機動團，以執行兩棲作戰任務，不僅可以保護離島，也可以幫忙對抗中國的反介入／區域拒止措施。不過對印度而言，最重要的其實是日本國會鬆綁了一直以來的軍購禁令，讓日本可以變成比較「正常」的軍事大國。其實早在其中一些法規取消之前，印度就已經開始對日本增加軍購了，因為在二〇一二年日印海上演習期間，印度看到了日本的新明和US－2水上飛機，之後新德里方面就向東京提出請求，想買十二到十五架。US－2水上飛機一次可以飛行超過兩千四百海里，相當適用於搜救、運補或監控任務。這份合約的意義相當重大，因為這是將近五十年來日本首次進行的對外軍售。[27]

儘管日本和印度之間的雙邊關係仍有很多地方有待發展和克服，不過兩國還是表現出了要更進一步聯手對抗中國崛起的態度，曾任職於美國布魯金斯學會（Brookings Institution）印度中心的德魯瓦・傑尚卡爾（Dhruva Jaishankar）認為，「有很堅定的力量在推動印日兩國深化安全合作，並在過去十年取得了顯著的成果。可以預期的是，雙方會進行更深度的海軍演習，而當前的趨勢也會更加激化，值此時局，想要跨過重重政治與法律上的障礙，建立更緊密的國防關係，不妨尋求一些非傳統安全議題方面的合作——例如人道救援、災難救助——這依然會是一種方便法門。」[28]隨著時間的推移，兩國關係只會更加親近，然而這也會讓東亞海域更吵吵嚷嚷，與中國的關係亦會更加緊張。

## 龍象爭搶新加坡

有許多海上競爭的爆發點都是在新加坡，尤其是印中之爭，至於俄羅斯的動作雖然較小，不過最近也有類似的舉動，像是普丁在二〇一八年首次造訪新加坡，前往參加東亞峰會及第三屆東協－俄羅斯峰會，就是希望能跟這個海上城邦建立更牢固的關係。新加坡跟臺灣、日本及其他的東亞國家關係也很密切，不過目前看起來在新加坡的地緣戰略上較有斬獲的是印度，這點從兩國的國防關係及海軍合作上就可以看出端倪，連新加坡的「國父」李光耀也曾寫道：「印度是抗衡中國崛起的合宜之選。」[29]然而中國的地緣經濟實力巨大，不只會對這個城邦有巨大的掌控力，也確保了中國在未來能繼續保有強大的軍力與影響力，於是乎，要怎麼平衡這看起來相互傾軋的兩股勢力，將會是新加坡日後的重要課題。

新加坡位居要津，坐擁麻六甲海峽上所有來回穿梭的海上船流，堪稱是印度洋與太平洋之間的中樞，然而土地面積卻還不足華盛頓特區的四分之一。麻六甲海峽的最窄處只有區區二點七公里寬，按照海洋史學者約翰．培瑞（John Curtis Perry）著作中的說法，「這個海峽是文化與商業的匯聚之處，早期造訪此地的歐洲人稱之為亞洲的『食道』，而且他們也意識到，這裡對香料貿易具有全方位的重要性，因而又說『只要入主麻六甲，威尼斯的咽喉就捏在你手上』，因為威尼斯就是整個歐洲香料供應的集散地，如果它可以算是『歐洲樞紐』的話，那麻六甲就可以叫做歐亞樞紐了。」[30]今天大家對新加坡還是有這樣的感覺，差別在於想要搶占其海上影響力、成就海權的，已經不是當年的歐洲列強了。

一九六五年，新加坡宣布脫離馬來西亞獨立，此後便日漸躍升為海洋經濟強國，遠遠甩開了周遭的開發中國家。新加坡把他的港口設定為一個大致上免稅的地區，繼而讓自己轉型成為世界上最大的轉運中心，共有超過七千家物流公司設立在此，這對新加坡的助益很大。此外，他也是大約兩百家航運公司的中心節點，連通到大約六百個港口，含蓋了一百二十多個國家。當然，金融衝擊、經濟下滑或區域港口競爭加劇也都會打擊到新加坡，多年來各次的全球金融危機就或多或少都影響到了這裡，即便如此，由於一直有人針對其海洋產業投資，包括海外直接投資在內，因此新加坡還是可以常保區域上的競爭優勢。新加坡的居住人口不到六百萬，但這裡頭卻有一百六十萬人是外籍勞工，還有超過兩百萬名外國人，顯見他在各階層都長期缺乏勞動力，因為他不只是經濟持續在成長，產值也一直都在增加。[31]

在印度逐漸向東發展的過程中，新加坡一直扮演著關鍵角色。雖然兩國歷來一直都沒有結成什麼緊密的結盟，但是新加坡現在卻已經是印度在東南亞最強大的國防合作夥伴之一，而且隨著印度對東南亞事務的涉入漸深，這個夥伴還會起到莫大的功用（新加坡可說是印度最大的海外直接投資來源國之一，遠超其他東南亞國家）。冷戰之後，新加坡和印度都重估了彼此的關係，並開始在對外事務上合作，一起強化雙方的聯繫紐帶，例如從一九九三到二〇〇三年時展開的新印雙邊海上聯合軍演（SIMBEX），就算是雙方第一階段關係的標誌，在此期間印度還邀請新加坡海軍（RSN）定期參加米蘭演習，並允許他們進入印度的部分軍事基地，包括安達曼群島上的布萊爾港，以及印度海軍位於科契的南方指揮總部。[32]

從二〇〇三年開始，為了強化雙邊的國防關係，印度和新加坡簽署了一項國防合作協議，希望以此增進雙方的情報共享，並進一步擴大海軍合作，強化其他國防部門的協調與合作能力。既然要強化海軍關係，那麼從二〇〇五年開始，新印雙邊海上聯合軍演就乾脆首度移師至南海，連同海上攔截等重要項目也都一併在此進行，此外，印度海軍也開始漸漸變成了新加坡樟宜海軍基地的常客。雙方的關係本來就後勢看漲，二〇一五年莫迪到新加坡進行正式訪問，此時又把雙方提升至「戰略夥伴關係」，並且宣布要把之前在二〇〇三年簽訂的國防合作協議再擴大範圍。由於二〇一五年是兩國建交的五十周年，這份新協議也有宣示方面的作用，[33]於是隨後兩國又在二〇一六年舉行了首次的國防部長對話。二〇一七年十一月，為了進一步強化關係，印度與新加坡又簽署了其他的國防合作協議，內容上特別針對海上安全與海軍合作。有一份由印度國防部發布的官方聲明寫道：「印新雙邊海軍合作協議已經完成簽署⋯⋯兩國將會加強合作，範圍包括海上安全、聯合演習，並可臨時調用彼此的海軍設施，在後勤方面亦相互支援。」雙方在海上的關係日益緊密，這有助於印度在東協的安全對話及其他的海洋安全倡議中取得更大的發言權，一起推動「自由開放的印太地區」。有了像是新加坡這樣同心同德的好幫手，便可以借給印度重要的一臂之力，助他前進到東亞與東南亞之中。[34]

印度或許可以說是在新加坡大有斬獲，但是相較之下，中國在地緣經濟上仍處於主導地位，因為新加坡有超過兩成的國內生產毛額都跟中國有關。二〇一五年，新加坡在中國的投資總額累計有一千兩百一十億美元，使新加坡成了中國最大的海外金主，而且根據近期的數字來看，中國也是新加坡的最大金主暨貿易夥伴國，投資金額多達七百九十五億美元，而且因為中國想把新加坡納入一帶一路及海上絲路之中，所以這個數字應該還會繼續快速增加，光是在過去五年內，中國公司在新加坡的數量就增加了一倍以上，來到了七千五百家（對比一下，這裡有正式註冊的印度公司總計也有八千家）。由於兩國過去有歷史淵源，許多中國商人都覺得在新加坡進行業務比在非洲要輕鬆多了，就像一個中國商人說的：「中國公司認為新加坡公司比較容易打交道，而且他們懂得如何應付不同的市場。」[35]而且新加坡有七成五以上的人口是華裔，讓兩國的關係又變得更加複雜，也引發了一些人的擔憂，怕中國政府會採取施壓或「影響力作戰」（influence operations）的方式來迫使新加坡更加親中（新加坡的印度裔人口只占總數的百分之九左右，但不包括外籍移工在內，這些移工占了該國印度僑民人數的百分之二十一）。有些觀察家還有其他進一步的憂慮，就是中國已經開始模糊「華僑」（海外中國公民）和「華人」（各國華裔人口）的區別，就像習主席前陣子所說的，「要實現中華民族偉大復興，需要海內外中華兒女共同參與。」[36]

就像是在東亞其他國家一樣，中國也在利用海洋地緣經濟投資在新加坡獲取更多長期而實質的勢力基礎，同時也讓他比其他國家更有競爭優勢。二〇一六年，新加坡國有投資公司淡馬錫控股（Temasek Holdings）旗下的新加坡港務局（PSA）宣布，與總部設於馬賽的達飛海運集團以五十一對四十九的持股比例合資，一起經營巴西班讓碼頭（Pasir Panjang Terminal）裡的四個大型貨櫃船泊位，但對此有一件要事必須注意，就是二〇一三年中國的招商局國際有限公司已經買下了達飛海運集團子公司碼頭聯通百分之四十九的股權，而且除了跟達飛海運集團合作，新加坡港務局還宣布與中遠海運集團達成擴大協議，要在巴西班讓碼頭擴建三個新的大型泊位。[37]

多年來，中遠海運國際（新加坡）有限公司已然成為新加坡當地一股活躍而強大的勢力，不只專注於港口開發與監管方面的業務，而且也很重視收購工作，買下那些可能會有助於母公司的當地或跨國企業，二〇一七年時，它還宣布要跟中國銀行融資兩億六千一百萬美元，買下新加坡物流公司高昇控股（Cogent Holdings），該公司專營汽車物流、貨櫃堆存、專案貨運、倉儲，以及房地產管理，將有助於中國在東南亞推動海上絲綢之路計畫。此外，中遠海運新加坡分公司不久前還宣布了另一項交易，收購總部設在印尼的環球船務有限公司（Ocean Global Shipping）四成的股份，收購對象是中遠海運的東南亞分公司，它原本持有環球船務百分之四十九的股份，之後只會保留百分之九，剩下的百分之五十一則繼續留在環球普特拉印尼海事公司（Global Putra Indonesia Maritime）手中。[38]隨著中國的供應與物流網絡漸漸獨立，而且中方還在持續加以擴張與強化，之後中國很有可能會繼續採用類似的海洋地緣經濟投資模式。

洋地緣政治問題上，中國曾試圖想要說服新加坡，要他在各個海洋領土爭議中採取跟中國較為一致的立場，不過新加坡大致上都回絕了，因為他跟越南、菲律賓、印尼、臺灣及馬來西亞有著重要的地緣經濟及地緣戰略關係，所以一直希望自己能保持比較中立的姿態。之前新加坡剛好輪值擔任東協主席國，而中國卻沒有邀請他參加二〇一七年在北京舉辦的一帶一路峰會，這有部分是為了報復新加坡不願在南海爭端問題上更堅定地站在中國那一邊。[39]當然，未來中國可能還會嘗試像這樣利用地緣經濟來左右新加坡與其他國家，不過就目前看來，新加坡依然擁有高度的自主權，並未落入其他國家那樣的債務陷阱之中，並且還利用自己跟印度逐漸建立的國防與海軍夥伴關係作為重要的籌碼，左右逢源來平衡跟中國的關係。

## 中國海軍強勢進發

印度在經略東亞的海軍與海事，中國則早已專心在發展自己的近海及海上國防實力，因為他有三億平方公里的「藍色疆域」得要守護，利益關係越來越大，其中又以南海為最。在一些人眼中，解放軍越來越像是中國經濟的守護者，在二〇〇六年，時任中共總書記兼國家主席的胡錦濤就曾強調過，想要完成中國的強國心願，建立海軍是不可或缺的環節，在對解放軍海軍軍官演說時更直言有必要「努力鍛造一支與履行新世紀新階段我軍歷史使命要求相適應的強大的人民海軍」。[40]此外，過去十多年來，解放軍內部似乎也漸漸形成了共識，他們意識到遠洋海軍在治國上能夠當成一種活棋，可以用它來捍衛中國的利益、獲取強國地位，乃至於削弱甚至改變美國所領導的世界秩序，就像一位跟解放軍軍事科學院的學者所言，「一個國家的興衰，與他能否擁有強大的海洋權利與利益是分不開的……如果海軍的軍力強大，那它就可以產生一種正面影響，然後又再帶動整體發展，產生一種良性循環。海權的強弱，與一個國家海洋利益的發展程度成正比。」中國不只要建立一支更強大的海軍，中方高層也開始預作準備要面對各式各樣、或大或小的海上安全威脅或海上衝突，因為這方面的需求已經越來越迫切，他們首先考量到的就是臺海衝突，這也是最重要的一項，另外考慮到的還有維護能源安全之類的任務，以及對於外界海軍力量的威懾，包括對美國、印度和日本等國，此外還有人道救援、賑災、撤離非戰鬥人員，以及維和行動等事項。[41]

中國把打造海軍力量視為其強國願景與中國夢的一環——外加他想極力避免再次遭受「百年屈辱」——而這卻導致了東亞的緊張局勢升高。不論是戰力或是進軍遠方的能力，中國海軍的進步幅度著實巨大，甚至讓很多美國人士都提出警告，說美國正在漸漸失去競爭優勢，在南海若跟中國發生一對一的衝突也有可能會落敗，這有一部分是因為中國在許多新造的人工島，以及其他中國控制的環礁和珊瑚礁上都配置了反介入／區域拒止設備。此外，中國也接二連三在快速造艦，並且發展能夠與美國海軍匹敵，甚至超越美國海軍的武器系統。蘭德公司最近的一份報告指出，「不論是按照歷來任何一種正常標準來看，中國海軍在過去二十年裡的現代化速度都可以說是無比迅捷，已經追趕上了美國。」[42]對於中國海軍的狂飆猛進，我接下來會分成三個部分來細看：一、大舉投資船艦與人力；二、建造人工島，以此來支持他的前哨基地，並強化反介入／區域拒止戰力；三、動作更衝，演習更多，包括跟俄羅斯的聯合軍演。而這一切所導致的結果就是讓東亞自此走上了不歸路，不但勢力平衡的局面變得比以往脆弱，還會有更多的海軍勢力——印度、日本、俄羅斯等——湧入此處，各自捍衛自己的利益，然後整個歐亞海域的競爭情勢也逐漸加劇。這是一個典型的安全困境，而且也會導致海軍至上主義的風氣更加瀰漫，因為東亞的各方海軍都會想要跟中國對抗，情況就像之前擔任新美國安全中心（ＣＮＡＳ）亞太安全計畫主任的派翠克・克羅寧（Patrick Cronin）的觀察：「在歐巴馬執政的整個期間，其外交政策圈子大多一直圍繞一個話題在爭論，雖然他們的用語詰屈聱牙，但一言以蔽之就是：中國在挑戰世界秩序，大國競爭的態勢又重新出現了，然後亞洲已面臨安全困境。」[43]

## 大舉投資船艦與人力

習主席所說的中國夢裡有一部分是要在二〇三五年前完成軍隊的現代化與改革，然後順勢在二〇五〇年前成為世界級的軍隊。知道這點後便不難明白，中國何以會不斷加大力度為海軍轉型與擴軍，當然其他的軍種也是如此。很多中方人士都認為，若想要獲得更高的國際威望，還有實現「中華民族的復興」的話，發展遠洋海軍就是重中之重。不僅如此，還有很多人也體認到，如果中國真的想要成功推行一帶一路與海上絲路，那就必須發展一支夠強大的海軍，不僅要能保護一般海路，也要守住橫跨歐亞海域的要道，尤其是靠近東亞老家的那幾條，因為中國一直覺得在那些地方被美方的海軍勢力搞得綁手綁腳。換句話說，一旦在第一島鏈裡頭爆發了海上衝突，例如在臺海或釣魚台附近，中國必須能夠成功防禦或反制敵軍，而且還要能夠成功跨出東亞的第二島鏈，那裡距離中國的海岸線已經有一千六百多海里了。[44]

有些單位估計，中國在擴建海軍、抵禦第一島鏈裡頭的可能衝突方面已經獲得了相當的成果。二〇一八年時中國海軍就已經擁有三百三十艘水面艦艇、六十六艘潛水艇，在數量上冠絕全球；相較之下，美國海軍在二〇一八年只有兩百一十一艘水面艦艇、七十二艘潛水艇，而且據估計就算到二〇三〇年，美國海軍總計也只有三百五十五艘的船艦與潛艦。另一方面，自二〇一五年後解放軍就開始縮小陸軍規模，減員達三十多萬人，但其海軍、海岸警衛隊、海上民兵，還有空軍的規模反而都在擴編，二〇一八年時的中國海軍人數有二十三萬五千人，不過在習主席的軍事改革要求下，這個數字可望會再增加，而解放軍的海軍陸戰隊目標是要增員到十萬人，將可在整個印太地區進行快速打擊與兩棲作戰。[45]

中國的海軍建置無疑會改動東亞海軍的均勢格局，他在海軍現代化和擴軍方面取得了成功，有部分是因為購買了俄羅斯先進的驅逐艦、潛水艇與反艦巡弋飛彈，讓中國海軍擁有了操作複雜系統的經驗。自二〇〇四年以來，俄羅斯共向中國海軍提供了八艘基洛級常規動力柴電潛艇（SSK）；中國的第一艘航空母艦叫遼寧號，同樣也是用蘇聯航母改造的，在二〇一二年時正式加入中國海軍。有了俄羅斯操作系統的幫忙，中方可以獲得更有價值的經驗，增進了對科技的認識，因而其造艦與國防部門有了切磋改進的機會，不僅讓自己在工程、開發方面的能力完善了許多，也更有辦法組建造高科技系統平台及船艦，就連可以近距離成功制敵的大型航母也難不倒他們。[46]

在過去這十年中國產生了一種集體心態，一直對發展國造航母的想法感到癡迷，覺得那就象徵了大國崛起，代表中國的能力趕上了世界上其他國家像是美國、俄羅斯與印度，可以跟他們的海軍一決雌雄。有了堅定不移的決心，加上手上可觀的資源，解放軍自然能夠實現這樣的目標。二〇一八年五月，中國海軍開始出海測試自己的第一艘國造航母山東號；十八個月後，中國已經進行了九次的海試，山東號終於正式在二〇一九年十二月十七日加入中國海軍服役。這對任何一個國家而言都是大事，但是中國不太可能會止步於此，事實上，中國從二〇一八年就開始建造第三艘國造航母了（型號為003），不久後中國海軍的航母總數就會來到三艘。對此，國際評估與戰略中心（ＩＡＳＣ）的亞洲軍事事務資深研究員費學禮（Richard Fisher）認為，「到了二〇三〇年代初期，中國可能就會組建起世界上第一批完全由核動力船艦組成的航母戰鬥群：包括核動力航母、核動力護衛巡洋艦，搭配核動力攻擊潛艇，以及核動力航行補給船。這樣一支海軍武力會讓中共領導層有更多進行快速部署的選擇，而且對於基地網絡的依賴程度會比以前小很多。」[47]中國若想要支援自己的「遠海」行動，他到底需不需要進入其他的前進作戰基地，這件事情目前雖然尚無定論，但光是他有可能發展出這種能力，就已經代表中國的海上力量今非昔比，也讓我們看到，為什麼對美、日、印、俄等國來說，想跟上中國目前的造艦速度會那麼困難。

在過去十多年裡，中國從一個原本要從國外購買海軍船艦的國家，變成能夠自製六種新級別的戰艦，包括驅逐艦、巡防艦與護衛艦，而且都是由本國自行設計與建造。他還開始加大力道投資空中戰力，不只可以支援海軍，也能保護自己在東亞逐漸增長的利益，同時他也改進了自己的指揮管控架構，這樣才能應付得了新型態的敵方威脅與安全挑戰。事實上，中國海軍最近的進步幅度相當驚人，依照美國戰略暨預算評估中心（ＣＳＢＡ）的吉原恆淑以及美國海軍戰爭學院的詹姆斯．霍姆斯（James Holmes）的說法，「052D型旅洋三級驅逐艦、054A型江凱二級護衛艦，以及056型江島級輕護衛艦都已經進入批次生產階段，為艦隊帶來了全方位的生力軍。」而這也使得中國海軍成為「『遠海』戰力世界第二的海軍」，只輸給美國。這些水面艦艇可能會是中國海軍整體架構中的重要一環，因為這些驅逐艦不僅具有強大的殺傷力，也可以獨立進行任務，像是護衛兩棲突擊艦，或是守護南海上的人工島。大多數東南亞國家都不太可能擋得了中國這些新級別的水面艦艇，這使得他們落入越來越好欺負的地步，而且中國可能很快就會有十六個型號以上的船艦在服役，相較之下日本才只有六艘同樣的神盾艦，而韓國則更是只有三艘（還有三艘正在建造），至於美國，由於近期的預算困難，其海軍的競爭優勢也正在減弱。此外根據最近的報導，前中國海軍少將趙登平在一次大學演講時也表示過如下的看法：「有了航母打擊群，中國海軍應該就可以部署中程或遠程的艦載飛彈，用以進行陸地或反艦攻擊，甚至執行反衛星任務……趙將軍指出，在船艦上配備搭載高超音速（hypersonic）機動彈頭的反艦彈道飛彈（ASBM），也可能會是其中一種部署方式。」[48]

雖然中國在建造水面艦艇方面取得了長足進步，但他建造潛艇的速度還跟不上俄羅斯或美國，不過中國還是取得了一定的成果和進展，應該可以在將來提升建造能力與水下戰力，屆時才有能力與美軍潛艦正面對決，因為大部分的中國潛艦都還是元、宋、基洛及明級的巡邏潛艦，但其技術進步幅度最明顯是094型的晉級核動力彈道飛彈潛艦（SSBN），這個潛艦從二〇〇七年才開始服役，然後在二〇一〇、二〇一二及二〇一五年又分別啟用了各一艘的晉級潛水艇，而至今已經快要出現第十五艘了。過去這十年裡，中國也有四艘093型的攻擊型核潛艦（SSN）服役，之後還有另一艘會加入行列，一般認為他這些彈道飛彈潛艦及攻擊型核潛艦的組合，加上其他的柴油動力潛水艇，未來將可有效對抗或阻截美國海軍航母的任務艦隊。發展出如此多樣化的潛艇艦隊，將會讓中國海軍擁有足夠強大的海上拒止戰力，可以拒敵於外，何況他手上還有數量越來越龐大的反艦彈道飛彈、加強版的海底感測器，加上強大的情報、監視及偵察（合稱ＩＳＲ）能力，更是如虎添翼。此外，中國最近也完成了一批水下有人載具的海試，潛水深度可達七千公尺以上，把中國的搜索與探勘能力拉升到世界最先進的等級。除了潛水艇規模在不斷擴大以外，中國也大力投資短程與遠程的無人航空載具或水下載具，希望可以讓解放軍在未來的任務中成功運用情報、監視、偵察及其他通訊方面的技術戰力。另外也有一些分析師推測，中國可能從二〇一四年就開始研發一種小型潛水艇，一般認為這種潛艇只有大約三十五公尺長、四公尺寬，[49]可以用來施展一種局部策略（partial strategy），就是像法國少壯派的戰術，運用小而快、高機動的船艦，在各種有限的空間中祕密作業，尤其像南海那種環境最是合適。

毫無疑問，中國海軍在艦隊規模與多種技術應用上都有了重大的進展，但是依然有很多人懷疑，萬一碰到經濟情勢忽然下挫的話，這些軍備是否還派得上用場？從一些單位的估計來看，就算中國的國內生展毛額增速減緩，軍備也不會出什麼問題，因為他應該還是有能力繼續保養、維修，進行一般的養護工作。而且他所生產的船艦數量已經足夠跟美國海軍匹敵了，不僅可以跟東亞鄰國的對手爭雄，在印度洋上也變得更加令人生畏。所以，就算是經濟走下坡，中國應該還是一個難以招惹的海軍對手。[50]

## 建造人工島

中國逐漸走上海軍至上主義的另一個關鍵成因在於他興建人工島嶼，並以此作為新的前哨基地，幫他更積極地推展海軍勢力範圍，同時也守護自己在海洋地緣經濟上的利益。中國用這些新的軍事基地來恫嚇東南亞的鄰國，要他們別再妄想靠聯合國海洋法公約（UNCLOS）的法律手段來解決這些海上疆域的爭議。不僅如此，中國還發展了前進作戰軍力，然後再利用他的海上民兵、海岸警衛隊，甚至動用海軍把對手驅趕出某些爭議海域，以此逐漸發展出一套海上灰色地帶的應對策略，而這一切都讓法律更難以解決這裡的疆域爭端。正如二〇一六年海牙的常設仲裁法院對菲律賓與中國之間爭端的裁決所言，那些跟聯合國海洋法公約相關的國際法律裁判，根本就沒有什麼執法機制可以保障其效果，何況中國還透過各種經濟與政治上的利誘，成功使得菲律賓等國家翻轉立場，改而採行中國官方的政策。只要事涉南海，中國通常都不願意跟東協進行多邊協商，包括東協試圖建立南海的「行為守則」時也遭到他反對。[51]在此我並沒有打算要一一細數過去在南海及東海上發生的法律與策略攻防，我只會提點出一些中國近期的行動，尤其是在南沙與西沙群島，這兩處也是整個南海地區安全局勢的關鍵所在，就算現在還只是星星之火，卻可能會讓東亞海上燒起相爭的烈焰，使東亞的海上更加難安。

二〇一五年在澳洲的坎培拉演講時，時任太平洋司令部司令的美國海軍上將小哈里．哈里斯（Harry B. Harris Jr.）曾把中國建造人工島說成是「空前的填海造陸之舉」，講到中國的海上活動時，他則強調「中國正在用挖泥機和推土機建造一座沙土長城」。[52]南海的島嶼、珊瑚礁與沙洲，長久以來都深深吸引著中華人民共和國的目光，像是一九八〇年代的中國海軍司令員劉華清上將就說過：「誰控制了南沙，誰就能獲得巨大的經濟和軍事利益。」[53]隨著中國崛起於強國之列，海上實力大增，他已經有能力轉變局勢，確保自己在南海各地具備足夠的前進戰力，以此進一步控制海上交通要道。當中國在南沙與西沙群島一帶增派越來越多的兵力，如今美國、印度、日本、南韓等國都已經更難以執行聯合國海洋法公約的法規，也更難進行所謂的自由航行任務了，像是美國海軍上將菲利普．戴維森（Philip Davidson），在他要就任印太司令部司令的聽證會上就說過：「只要不跟美國開戰，不論碰到什麼狀況，中國現在都已經可以控制南海了。」[54]

南海的爭議很多，想看清楚並不容易，原因之一是它的面積廣達三百六十萬平方公里，不過更麻煩的地方在於南海裡頭有幾百個小型的島嶼、島礁、岩礁及小島，總計起來的面積也不過才十五點五平方公里而已。雖然中國在南海上鬧出的爭端很多，不過他花最多功夫、動作也最大的地方，還是南沙群島或西沙群島上的這一群小陸地，英國記者賀斯理（Humphrey Hawksley）認為「這些岩石小島代表的是一場爭奪亞洲之魂的戰爭，戰火的範圍蔓延了數千海里，已經變成了每一塊大陸上的各國政府的共同難題。在這場仗裡頭，不僅會看到對立的觀點與價值，還有權力的遞嬗、控制權的爭搶，以及兩種政府架構間的拚鬥。」南沙群島在中國、臺灣、越南、菲律賓和馬來西亞之間有爭議；而西沙群島則是在中國、臺灣和越南之間有爭議。南沙群島裡頭有兩百三十多塊陸地，其中有二十五個小島是高於高潮線的，其他則是些露出海面的岩礁、島礁與沙洲；至於西沙群島這邊有二十三塊主要的陸地，位置在其東部的永樂環礁（Crescent Group）與西側的宣德環礁（Amphitrite Group）之間。中國反覆使用歷史主張（historical claim）作為他論述的核心，申明自己對每個爭議地區都擁有管轄權與主權，但直到現在都沒有被任何國際法庭所接受。此外，中國也常常提及九段線（常有人戲稱那形狀像是牛舌），聲稱早在二戰之後，中華民國國民政府就已經定出九段線了。[55]

在西沙群島中，中共最早控制的島嶼之一是永興島，當時是一九五〇年，一直到了越戰過後，他對西沙群島的態度開始變得比較激烈，而且趁著越戰尾聲局勢渾沌不明的時候占領了西沙群島的其他島嶼（之後他在戰略上就採取拖延戰術，避免西沙群島透過協商方式解決爭端，希望能一方面強化他的主張，同時也擴張在此的軍力）。除了西沙以外，中共也很關注南沙群島，例如他在一九八八年時曾跟越南有短暫的交火，然後就占領了南沙的赤瓜礁，並在年底之前拿下了其他六個島礁。之後到了一九九五年，中國又占領了菲律賓巴拉望島附近的美濟礁，此後又在二〇一二年實質控制了菲律賓的黃岩島。[56]

過去數十年來，中國在海洋工程方面的能力進步了許多，不只進行挖土及填海造陸，還在南海許多有爭議的岩礁、沙洲、島礁上頭興建軍事基地，而且他的技術愈進步，在南海海域上大興土木的速度也跟著加快。據估計中國已經靠挖土填海在他所占據的七個南沙小島上造出了超過三千兩百公頃的土地，算起來這讓南海的土地面積增積了百分之二十五以上。到了二〇一八年底，中國在南沙的七個島上都或多或少蓋了些海軍、空軍與飛彈基地或設施，有一些還額外進行了三到四年的挖土與填海造陸工程，這七個島嶼分別為：永暑礁、渚碧礁、華陽礁、南薰礁、東門礁、赤瓜礁和美濟礁，上頭還興建了一些跟海港或飛航相關的基礎建設、武器庫、天線場、預警雷達，以及其他的感測或通訊設備。另外還有數家媒體報導，中國在南海的幾個小島上成功部署了反艦與防空導彈，射程最遠有可能到達關島上的美軍基地。此外他在永暑礁這邊還有另一項成果，這個島已經可以讓任何型號的解放軍飛機或戰機起降；而永興島在二〇一八年也辦到了這點，當時還有一架遠程轟炸機成功在此著陸。至今永興島除了是此處最大的島嶼，島上的軍事設備也最為先進，擁有大約一千位居民（主要是軍事與政府人員），以及一條不久前擴建到二點七公里長的跑道，加上許多完成更新的港口設施。[57]

中國在南海建造新的前哨基地與軍事設施網絡，一步步圈出一大片海域範圍，賦予此處強大的反介入／區域拒止戰力，未來若是跟美國、日本、印度等其他國家爆發衝突，這樣的戰力將會大有用處。中國不可能永遠不讓其他國家進入或巡航到南海的某些海域，不過他可以打造一條令人望而生畏的海上新防線，而且這本來就是他整體戰略中的一環，甚至還有可能藉此在戰略上反將一軍，壓過一些強大的對手，例如美國。中國已經擁有了一些最先進的武器設備與技術平台，像是ＹＪ－12超音速反艦飛彈（ＡＳＭ）、中程至遠程的ＨＱ－9B第四代地對空飛彈（ＳＡＭ），以及軍事干擾設備、海底感測器、預警雷達系統等等，這些加起來足以嚇阻或擊敗敵人。此外，中國最近還購買了俄羅斯的Ｓ－400地對空飛彈，這也讓中國能夠在衝突發生時控制臺灣領空，同時也使中國有能力建立防空識別區，當中國想要控制外國飛機能否飛越東海與南海上的爭議海域時，這會大有用處。未來在他那幾個主要的島嶼基地裡，中國希望能夠在其中三個部署軍力，其中包括多達七十架的戰機、幾艘水面戰艦，外加一些小型的戰艇。[58]

中國在南海諸島上整軍經武，整體結果是讓他對這個海域擁有了更大的掌控權，也具備了更強的拒止戰力。中國現在還開始向南海的更南方推進，從而形成一個新的海上國界，這可以為他的海岸線及近海提供更好的保護，包括他在海南島上的那些軍事及海軍設施。這也意味著中國擁有了一個不斷在擴大的基地網絡，而且將更有能力向外投放戰力，擴大他的海上勢力範圍，不再只有局限於南海裡頭。不過中國的海軍越跑越遠，島嶼越占越多，這並非沒有任何巨大風險，而且要面對的還是南海裡外各方勢力的共同抗拒，在此我且先舉一項，當南海的區域形勢升高，大家在言語上或其他各方面的摩擦機會也只會跟著提升，這又會使原本在過去就互不信任的局面變得更嚴重，就像新加坡東南亞研究院（ISEAS-Yusof Ishak Institute）資深研究員伊恩．斯托雷（Ian Storey）前陣子所主張的：「南海一直有風險，但凡遠方的海上激起了一點水花，再加上溝通不良或處理不當，就會升級成重大危機。就是因為這樣，所以變得草木皆兵，可別覺得那裡不過就是一堆石頭，沒什麼好在意。」[59]更何況，印度、日本及美國也不太可能就此坐視中國繼續在海上進發下去，他不僅破壞了國際法的規定，而且也是在助長霸凌小國的風氣，逼得他們屈服，只能乖乖接受中國在海上稱霸。

## 動作更衝，演習更多

中國的海軍船艦、相關人力，以及占領島嶼的數目都一直在增加，這使得他更加積極進行海軍外交，同時也積極往公海上進發，而這正是顯示他海軍至上主義蓬勃發展的第三個跡象。這一方面使得中國更頻繁於進行海上巡邏、採用更多的恫嚇戰術，而且還不只派出公家船隻，連海上民兵也都動用了，把灰色地帶的海域交給他們去幹；另一方面，這也意味了中國會進行更多的聯合軍演，不論是跟俄羅斯或其他有意願參與的國家，但如此一來的結果就是讓這裡的海上變得更顯人多嘴雜，情勢更不安寧。

在釣魚台附近，日本與臺灣都有注意到，在他們各自海域中的中國海軍不僅巡邏次數上有顯著的增加，他們的海上動作也明顯變得更加粗暴了。釣魚台列嶼由八個無人居住的岩礁組成，總面積約為七平方公里，這裡是中國與臺灣對日本最核心的爭議領土，但現在控制在日本手上，地點則在沖繩縣的西南方附近。在二〇一二年之前，中國海軍一直停留在釣魚台中線的西側，不過這一年之後動作就開始變大，船艦常常越界到中線東側來巡邏，往往讓日本提心吊膽。中國在臺海這邊也差不多是如此，都是利用海軍的調遣來進一步「加緊控制」，光在二〇一五年中國海軍就在臺灣附近進行了五次的實彈軍演，參演人員將近萬人，還有四十八艘海軍艦艇、一艘核動力潛水艇，以及七十六架戰鬥機。臺灣一直是中共的核心利益與目光焦點，但是中共近年的跨海作戰演習次數也增加了，目的是為了要恫嚇臺灣政府與人民。二〇一八年時有三艘美國航母駛近臺海，也讓中國再次進行了類似的實彈軍演。[60]

就算不在釣魚台列嶼，中國海軍看起來也很有興致要找日本和美國的麻煩。二〇一〇年時中日兩國的船隻發生過一次近距離的衝突危機，當時中國海軍派出了船艦繞行日本海域，當他們碰見日本的海上自衛隊時，中國海軍派了一架直升機去騷擾其中一艘日本戰艦，繞著它飛了兩圈，當時就有好幾位分析師認為中國的海軍正在向東推進，勢力範圍越來越逼近日本海域，來勢之洶洶在此前從未見過。之後到了二〇一八年九月，美國海軍的迪凱特號（Decatur）也遇上了中國海軍的船艦，當時美方正在進行自由航行任務，雙方相距最近時還不到四十公尺。在美國看來，這次的近距離接觸所顯示的，就是中國的動作和雄心都變大了，已經可以限制他國准不准進入爭議海域。[61]

除了在公海上有更多積極作為之外，中國也加強跟一些有意願的朋友在海上安全方面一起合作，像是泰國，以及最重要的俄羅斯。在泰國這邊，中國從二〇〇四年開始就跟他一起進行了自己首次的雙邊海軍演習，然後又接著在二〇一〇年進行了代號為藍色突擊（Exercise Blue）的海上軍演。到了二〇一七年，泰國宣布要購買最多三艘的中國製潛水艇，而且還有新聞報導，中國很可能會在泰國的莎打厝（Sattahip）海軍基地營運與管理一個潛艦維護與人員培訓的單位。[62]進到這裡，中國等於就又獲得了一個戰略節點，可以將之納入他規模不斷擴大的海上供應、物流與基地網絡之中。

我們最後才看俄羅斯，但這並非代表他最不重要。自二〇一二年以來，中俄兩國一直在舉辦聯合海軍演習，首次還在南海舉行，不過後來就變成一下子在東亞，一下子跳到歐亞大陸西端去舉行，這點我們在前幾章有講過。兩國聯合軍演的其餘地點還包括日本海、東海、南海和鄂霍次克海。到了二〇一七年，有媒體報導俄羅斯潛水艇停放到了菲律賓，而此時也有傳聞指出一艘中國海軍潛艦在亞庇靠岸，那裡是個馬來西亞的海軍基地，至今大家依然不知道這是否只是巧合，抑或是大勢所趨。中俄兩國目前仍然是同大於異，都很想打破美國所領導的世界秩序。[63]

就美國而言，他試圖要支持東亞各國，讓他們靠自己去對抗中國在海上的勢力崛起，所以他會定期支持一些區域性軍演，像是海上合作戰備和訓練演習（CARAT），或是在南海舉辦的東南亞合作反恐演習（SEACAT），二〇一四年時，美國為表支持，還幫忙提供了三百多艘船艦到亞洲各地軍演。美國最近也針對東南亞諸多重要的海洋夥伴制定了一項為期五年、價值四億兩千五百萬美元的海上安全倡議，以幫助更多當地國家意識到這方面的問題，並支持他們的海上安全合作。然而，美國學者派翠克．克羅寧卻認為，「沒有強大的經濟力量與外交來往，美國就想要把軍事戰力轉化為戰略勢力，對此他會繼續一直面臨各種重大難題。」[64]中國的海軍持續在向前進發，而他能向外投放的戰力也越來越強，這速度應該不可能在短期內減緩，這會讓這個地區更加流行海軍至上主義，也讓安全局勢變得更加脆弱。

## 俄羅斯也東望

自從二〇一四年俄羅斯吞併烏克蘭領土後，國際社會收緊了對俄的制裁措施，於是他逐漸把目光投向東邊，尋求另一個提振經濟與國際關係的出口。其實俄羅斯的東傾已經醞釀了很長時間，不過是在二〇一四年的事端後才加速的，中俄關係更是自此快速升溫。從二〇〇一到二〇一三年，俄羅斯的對日貿易增長了百分之九百九十六，對中增長了百分之一千四百三十四，對南韓更是增長了百分之一千八百九十，不過真要講雙邊關係提升得最明顯的——這事不能光從貿易來看——還是中俄之間的進展，這也是我們在此要討論的主要焦點。中俄兩國在陸上的邊界線有四千兩百公里，在世界各國中可謂名列前茅，而且兩國還一直在陸上交通方面合作，建立了一條橫跨中亞的交通走廊；另外在東亞的海上這邊，雙方也已展開互動，並於地緣經濟與地緣戰略方面展開合作。從中國的角度看，他雖然對經濟進入困境的俄羅斯伸出援手，但這其實也是出於中方自己的需求，他除了需要幾項關鍵的天然資源、先進的軍事科技與運作系統，也想在歐亞地區再找個夥伴；至於俄羅斯方面也會因此覺得精神大振，因為這不僅讓兩國建立了穩定的貿易關係，而且他本來就想發展一下自己的遠東地區。遠東地區是俄羅斯最大的一個聯邦管區，面積有六百二十萬平方公里，東邊就是太平洋，儘管擁有豐富的天然資源，但這個地區的經濟卻一直處於低迷狀態。俄羅斯的太平洋艦隊駐紮在海參崴的港口，近來同樣為預算短缺的問題所苦，若有資金注入俄羅斯，帶動更多開發的話，肯定也會間接對這支艦隊有所助益。[65]

中俄兩國在歷史上的關係可謂是時冷時熱，不過從一九九六年開始，兩國簽署了「戰略夥伴關係」協議，而後又在二〇〇一年通過了睦鄰友好合作條約，現在更把雙方說成是「全面戰略協作夥伴關係」，地位僅次於更正式的結盟關係。其實中俄兩國都有些分析師希望他們能把夥伴關係升級成正式的結盟，但不管這個夥伴關係要用什麼詞彙或說法來稱呼，要想建立同盟確實還要先突破某些現狀，包括對於對方體制的不信任。不管怎麼說，這兩個國家在冷戰結束後確實是一直在往和解互助的發展道路走去，而且他們各自都在往強國之路發展，這個身分對於雙方的關係而言一直是一個重要的黏合劑，從二〇〇〇年代以來，雙方大致上可以說消解了許多過去的仇怨，邊界方面也沒有什麼爭議，不過兩國仍然不無發生摩擦的機會，或者說彼此也有分歧，例如在越南或東亞其他地方就有利益衝突。儘管如此，兩國這些年在大方向上的關係，不論是地緣經濟或地緣戰略上來看，都依然變得更加穩固，更有甚者，就如同普林斯頓大學的社會學家吉爾伯特．羅茲曼（Gilbert Rozman）在書中所言，「二〇一三年習近平提出了『中國夢』，而普丁則一心想著對付西方國家的威脅，一起強化了對西方的批判。對這兩國來說，尤其是中國，結論已經在眼前明擺著了，後冷戰時代就是兩種文明之間的鬥爭：一頭是中俄這邊，一頭是西方國家，這就是對此時代最好的描繪方式。」此外也有其他人認為，美國在川普執政時的外交政策，包括對俄制裁與對中貿易戰，也把這兩個國家更進一步給湊成了一對。[66]

在經濟和軍事上，中國仍然是俄羅斯在東亞的主要合作夥伴，而且隨著這兩個經濟體的逐漸交融，這個夥伴關係只會越來越穩固。兩國在陸上與海上的連結都增加了，像是進行了更多聯合海軍演習，除了可以展示武力，也有助於促進雙方海軍的相互協調，這些都讓俄羅斯受益不少。可是當俄羅斯試圖進一步在東亞的海上扎根時，不僅會打亂各方勢力之間的平衡局面，也將歐亞海域激起更大的競爭浪潮。例如俄羅斯一直希望可以擴編艦隊，但這會助長歐亞地區的海軍至上主義，更何況他還想把遠東地區當成主力跳板，進一步發展自己在東亞與高北地區的力量。[67]

## 中俄地緣經濟關係逐漸加深

二〇〇八年的全球金融危機對俄羅斯和中國產生了不同程度的影響，但是過去這十多年因為一些內部與外部的因素，兩國在地緣經濟上的雙邊關係也在加速發展。雖然我們的主題並不是放在陸地這邊，不過一帶一路確實建立了一些貫穿歐亞腹地的陸上廊道，而俄羅斯也提議要組成歐亞經濟聯盟（Eurasian Economic Union），於是雙方的利益有了交集，而且這個共同利益還變得相當龐大，就像中國的海上絲路也是跟其他國家結成共同利益。兩國最近針對這些陸上交通路線及邊境的銜接方面做了很多改進，包括一條正在興建的二點二公里長的阿穆爾大橋（譯註：Amur bridge 即「中俄黑龍江大橋」，已於二〇二一年八月完工），可以形成一條十九點九公里的公路通道，連結中俄兩國，並大幅提升跨境貿易與雙邊聯結的效率，某些地方之間的運輸距離甚至可以縮短七百多公里。兩國關係就像前俄羅斯駐華大使謝爾蓋・拉佐夫（Sergei Razov）所說過的：「客觀來說，中國是我們國家所擁有的少數幾個真正的戰略夥伴之一。」[68]有一位中國學者也說過類似的話：「當中美關係漸漸產生波折與變數，中國放眼自己對外交往的對象，自然會讓中俄關係在整體外交中的重要性不斷上升。」[69]然而俄羅斯這邊也有一個越來越深的顧慮，由於俄羅斯在國際上受到大量的審查與制裁，因而擔心自己漸漸變得非依賴中國的地緣經濟實力不可。話雖如此，中俄關係還是讓俄羅斯獲益甚多，尤其是他還想在東亞海域建立自己的地盤，更需要中方幫忙。

近年來中俄之間的經濟逐漸形成交叉互補之勢，由俄方提供中國許多原物料與自然資源，而中方則把製作出來的成品及其他廉價商品傾銷到俄羅斯市場。二〇〇九年時，中國同意提供兩百五十億美元的貸款給俄羅斯石油公司及俄羅斯石油管道運輸公司，而且還幫這兩家公司興建新的管線，以換取俄羅斯在二十年內提供中方一億一千萬桶石油。到了二〇一六年，俄羅斯已經變成了中國石油進口的最大來源國，大多數的石油都是從管線或海路輸送的；而中國也成了俄羅斯最重要的雙邊貿易夥伴，但在中國這邊，俄羅斯也就只能排進前十名而已。在二〇一四到二〇一六年間，兩國在金融、交通、科技、能源、礦業等領域簽署了一百多項協議，其中最大的一筆是在二〇一四年，當時宣布了一個為期三十年、總額四千億美元的天然氣合約，俄羅斯不僅要從遠東地區及西伯利亞東部提供天然氣，還要把俄羅斯油田及其他天然氣開發計畫的股權賣給中國。有了這些新合約，加上俄羅斯逐漸東顧，讓他與中國的雙邊貿易忽然大幅提升，到二〇一八年底時，貿易量已經達到一千億美元，而二〇一七年時也才八百四十億美元，估計二〇二〇時的雙邊貿易會來到兩千億美元之譜。[70]

儘管如此，俄羅斯依然期望能善用這個夥伴的地緣經濟力量，希望他能多把合作的重點放在對俄羅斯遠東地區的金援與開發上面。俄羅斯的遠東是他開發最低、人口最少的地區之一，只有大約六百萬人，才占他總人口數的百分之四而已，然而卻有兩萬公里長的海岸線，讓俄羅斯有很大的地緣經濟與地緣戰略潛力，可以用來打入東亞地區蓬勃發展的經濟環境（對比一下，中國跟俄方遠東地區相鄰的幾個省分，總人口數就有一億兩千萬）。俄羅斯的遠東與海上貿易密切相關，這裡有八成以上的商品供應都是走海路，而俄羅斯全國的六十四個港口中，這裡也占了二十八個，本身不僅是一個重要的節點，也是重要的物流轉運點，商品可以從這裡用鐵路往西運送，或是往東進出海路。而遠東地區最有戰略價值的海港之一，同時也是俄羅斯在太平洋上唯一的溫水港，就是海參崴，其俄文名稱 Vladivostok 的意思是「掌控東方」，不只擁有大約六十萬的人口，而且地理位置也很重要，座落在日本海的範圍內，相當靠近韓國半島及日本，而且北方不遠處就是白令海峽的出口。然而，遠東地區的各個港口大多破舊又低效，無法處理更多的貨物，在東亞地區往來的貨櫃運輸中只占了區區百分之零點六的吞吐量而已，海參崴身為俄羅斯在這裡最大的港口，貨物吞吐量也只有八十四萬個二十呎標準貨櫃，按照最近的統計數字來看，這大概占了俄羅斯所有貨櫃運輸中的百分之十八點二一，而且來往於遠東地區的貨物大多都是煤炭，這樣的情況大概還會一直保持下去。因此俄羅斯如果還想要提高港口的運力或吞吐量，從而讓自己更能融入東亞，成為這個經濟引擎的一分子，那他就亟需將港口進行大幅升級與擴建。雖然有一些最近的研究數字顯示，俄羅斯遠東地區的港口在貨櫃運量上出現了二位數字的顯著成長，這主要是因為對中貿易大幅增長，而且其他國家所批准的貿易量或援助量都有增加，不過這樣的成長還是需要有更多政府或私人方面的投資來予以進一步推動，此外還需要簡化海關的管控，以加快海路貨運的轉運時間，如此一來才能確保俄羅斯在海洋方面的經濟成長可長可久，繼而幫助俄羅斯達成更遠大的目標，成為一個亞洲強國。[71]

俄羅斯遠東地區的港口及其他交通運輸的發展也許不會在短期內有明顯的進展，不過最近出現的成長跡象也可能是個好兆頭，代表這裡依然大有可為，但前提是中國要更大力參與才行，其實這對中國也有好處，因為俄羅斯擁有豐富的自然資源，而且還不只有石油與天然氣，這些資源可以幫中國的經濟提供動能。有一份報告顯示，遠東地區所生產的鑽石占了俄羅斯總生產量的百分之百，銀占了百分之六十四，金占了百分之五十九，此外還有其他礦物，此外，遠東地區的煤炭蘊藏量也是俄羅斯的第一名，碳氫化合物儲量則為第五名。在二〇一七年，俄羅斯的遠東發展部部長亞歷山大．加盧什卡（Alexander Galushka）與中國的國家發展和改革委員會主任何立峰共同簽署一份合作備忘錄，內容總值五十一點一億美元（三千億盧布），要執行一個開發計畫案，蓋兩條連接中俄的國際運輸走廊，名為濱海一號與濱海二號，這件事代表了中俄關係正處於一個上升期。雖然運輸走廊目前還處於最初期的開發階段，但計畫裡頭已經包含了許多海洋與港口聯通方面的重要項目，未來將可以把中俄兩國的港口更緊密地結合在一起；按照一份報告的內容來看，「濱海一號沿途會經過哈爾濱、牡丹江、綏芬河（以上均在中國境內）、波格拉尼奇內區（包含鄧寧、波爾塔夫卡）、烏蘇里斯克（Ussuriysk，中文又名雙城子），以及海參崴、東方港（Vostochny）、納霍德卡（Nakhodka）諸港；濱海二號則會串起中國的吉林省（包含長春、吉林、琿春）及濱海邊疆區的各港口，包括斯拉夫揚卡（Slavyanka）、扎魯比諾（Zarubino）和波塞特（Posyet）。」[72]

關於中俄兩國的聯手發展，在二〇一八年的東方經濟論壇（Eastern Economic Forum）上還透露出了更多的正面跡象。討論會在海參崴舉辦，習主席也成為第一位出席該年會的中國領導人，而且還和普丁一起用魚子醬製作俄式煎餅，然後又喝了一杯伏特加，這些都有拍下照片，以示兩國關係美好可期。論壇所發布的新聞稿中公布了雙方的一百七十五項協議內容，價值約有四百二十億美元，多數都由中國公司代表簽署——只是還不確定最後能有多少真的成事。這些方案都隸屬於一帶一路的倡議內容，而某些消息來源指出，俄羅斯已經從一帶一路的部分相關計畫中獲得了四百六十億美元的投資。[73]

雖然俄羅斯遠東地區有了多一點開發案，增強了一些發展動能，不過看起來中國想要的其實是進一步的區域經濟整合。在二〇一四年春天的聖彼得堡經濟論壇之中，中國國家副主席李源潮針對俄羅斯遠東地區在中俄經濟關係中的重要性發表了一篇值得關注的談話：「中國政府鼓勵中國企業積極參與遠東開發，使『開發遠東』和『振興東北』連為一體，促進俄羅斯遠東地區和中國東北地區的人力、物力、財力有效結合……逐步形成東亞地區的一個新興經濟板塊。」[74]中國最近這些熱切的言語，表現出了對俄羅斯遠東地區的青睞，卻也可能讓莫斯科那邊的人進一步產生了某些擔憂，覺得中國想要向北推進到俄羅斯的領土之中，而且有可能會試圖收回在一八六〇年時因北京條約而被俄國占據的土地。直到最近，俄羅斯一直想辦法在限制中國企業的設立，不讓他們有機會在經濟上占領遠東地區，繼而再奪走俄羅斯的管轄權，不過目前俄羅斯也沒有多少選擇，而且因為中俄兩國都在大肆鼓勵，所以雙方的地緣經濟關係似乎正在加速發展。以遠東地區的首府伯力（Khabarovsk）為例，該城市有百分之四十五的海外直接投資來自於中國；往南到海參崴，中國不只想把這裡發展成歐亞貿易的集散中心，也在砸大錢要把這個城市開發成觀光景點，而且海參崴（或者說濱海邊疆區）已經有百分之五十二的對外貿易都是跟中國來往。有些觀察家還推測，中國招商局集團在找機會投資開發俄羅斯遠東的波塞特港貨櫃碼頭，只是計畫尚未真正展開。此外，二〇一四年時還有俄羅斯及中國的公司一起宣布，他們打算合資開發位在三一灣（Trinity bay）的扎魯比諾（Zarubino）港口，這裡地處俄羅斯、北韓與中國三方的國境交界，按照提案的計畫，要讓港口的吞吐能力達到每年一億噸，不過到目前為止只有零星的海運貨物送到這裡，而整個計畫案也似乎並沒有產生很顯著的吸引力。[75]

說到底，總之俄羅斯手上有自然資源，而中國想要。有一位學者把遠東地區看成是一個風向球，由此可以看出俄羅斯未來在東亞的發展：「從未來十到十五年遠東的發展路線，就可以看出莫斯科方面的成功（又或者失敗）原因，他們在前進亞洲的路上還有一些關鍵的問題要克服，像是他們工具主義的心態，因為從歷史上來看，遠東地區對於俄羅斯的作用不過就是個跳板，讓俄羅斯可以說自己是個橫跨歐亞的帝國，稱自己是太平洋國家中的一員。」[76]不過我們也應該要注意到一點，北京方面有許多人都非常擔心未來爆發危機時中國有可能會遭到海上封鎖，這也部分解釋了為什麼中國會想要跟俄羅斯建立更強的地緣經濟關係，畢竟中國變得越來越依賴海上貿易，須得仰仗歐亞地區的海上交通要道，尤其是南海，所以這種擔心並非全然沒有道理。因此，分散自己的貿易路線，納入遠東地區及其他北方海路，對中國而言才是聰明之舉。[77]

## 俄羅斯的海軍競逐與中俄的未來合作

雖然俄羅斯太平洋艦隊的水準無法與其北方艦隊或在西方的艦隊相比，不過他後來確實比較有花心思來好好打造培養。太平洋艦隊目前距離發展完備還有很多難關得要克服，不過它現在跟中國海軍已經漸有合作關係，包括一起進行更頻繁也更進階的聯合海軍演習，而這種發展只會助長海軍至上主義，帶來更多的海上競爭。俄羅斯不久前對越南出手，想要強化自己跟越南的關係，但越南跟中國目前在南海上又還有爭端未解，因此中俄兩國之間並不是沒有摩擦存在，不過一般的預判認為，只要美國還是他們在東亞的主要對手，兩國就應該會比較想聯手對付美國，然而這同樣會加劇海上競爭，攪亂平衡局面，讓日本、印度，以及像是南韓、臺灣及澳洲等東亞鄰近國家的安全議題又生變數。[78]

俄羅斯也許想把海軍的發展重心東移，但是他的太平洋艦隊還是需要更多的資金與資產設備才能好好進行升級與現代化工作，俄羅斯確實已經開始在東亞加強海軍現代化，包括艦隊的戰力以及某些重要設備都有改善，然而跟中國海軍艦隊相比還是差了老大一截。目前俄羅斯太平洋艦隊的規模要小於北方艦隊，只有五十二艘水面艦艇、二十三艘潛水艇，其中還有很多的使用壽命已經快要告終，不過根據俄羅斯官方發言人的說法，不久後可能就會有兩到四艘船艦加入陣容。此外，也有人懷疑俄羅斯是否會把他的駐軍範圍推到遠東地區的海岸線之外，包括有沒有可能在千島群島島鏈上設立基地，尤其是擇捉島（Iturup）或松輪島（Matua），這些地方在二戰時本來就都曾有日軍戍守。日本宣稱擁有千島群島島鏈中許多島嶼的主權，對於俄羅斯設立基地的提案也曾表示不安，因為這會給俄羅斯海軍另一個作業據點，繼而以軍事力量來干預與監控東北亞的海上交通要道。[79]

儘管有一些跡象顯示俄羅斯海軍的現代化工作一直進展遲緩，但是他看起來並沒有放慢前進東亞的腳步，依然在往海上推進，甚至有許多專業的分析師與觀察家都認為俄羅斯的海上武力已經逐漸成為一大威脅。二〇一六年，時任太平洋司令部司令的美國海軍上將小哈里．哈里斯曾於美國眾議院軍事委員會的聽證會上透露，「俄羅斯太平洋艦隊的船艦與潛艦，還有他們的遠程戰機不時都會有些動作，這是在向外界釋放一項訊息：俄羅斯是一個太平洋大國。」哈里斯還進一步表示，「俄羅斯的核動力彈道飛彈潛艦及攻擊型核潛艦一直都在這個地區的海域裡特別活躍……二〇一五年底，還有最新級別的（核動力彈道飛彈潛艦）加入俄羅斯在東亞的陣容，這不只是俄羅斯太平洋艦隊現代化進程的一部分，也代表了莫斯科方面看待東亞的認真態度。」美國海軍作戰部長約翰．理查森（John Richardson）也曾表示過有類似的感想：「（俄羅斯的）亞太軍力是他大戰略工作中的一環，目的還是要把俄羅斯的海軍帶回到世界舞台上。」[80]

既然現代化的程度不夠，俄羅斯只能多從其他地方下手補其不足，方法之一就是把他目前的艦隊一直往東亞裡頭派遣，就像前面提過的，俄羅斯跟中國進行聯合海軍演習所象徵的是他要更加擁抱海洋，這也包括要讓他的遠洋海軍更積極出動。二〇一四年在G20峰會前不久，俄羅斯的海軍派了一支特遣隊到澳洲北部附近，由太平洋艦隊的旗艦型巡洋艦瓦良格號帶頭，向外界展示自己的戰略性武力（瓦良格號也曾遠赴敘利亞參與任務）。二〇一六年五月，俄羅斯的太平洋艦隊派出了一艘無畏級（Udaloy-class）驅逐艦維諾葛瑞多夫海軍上將號（Admiral Vinogradov），令其加入一支海軍隊伍，一起前往南海參加由東協國防部長會議所舉行的海上軍演，這算是俄方所釋放的另一次重要訊號。此外，媒體在二〇一六年也曾報導另一起事件，據聞俄羅斯船艦進入了爭端不斷的釣魚台列嶼水域，而當時還有另一艘中國海軍的巡防艦也穿越這片海域，而這一切都剛好發生在印、美、日三方的馬拉巴爾軍演前夕，那一年就選在菲律賓海附近舉辦。此外之前也提過，在二〇一九年還有一艘俄羅斯軍艦航行到了海參崴母港外的一千九百公里處，差點就在菲律賓海跟美國軍艦撞在一起，從這件事的跡象來看，今後俄羅斯海軍大概還會有更多這樣的舉動。[81]

俄羅斯在東亞海域涉入漸深，他也得小心斟酌跟中國之間的關係，在對中關係與自己的東亞利益間取得平衡。不過因為俄羅斯逐漸貼近中國的軍事路線，使得他也開始更加支持中國的其他一般政策，不僅在對臺灣與西藏方面採行了「一中」的政策，在南海事務上的立場也漸漸往中方靠攏，兩國還首度於二〇一六年九月在南海上舉行聯合海上演習，在八天的軍演過程中，雙方海軍進行了島礁爭奪戰的演練，然而兩國的政府發言人都否認這些演習有針對任何特定的第三國。在這場演習之前的二〇一六年七月，海牙的常設仲裁法院才剛對菲律賓指控中國侵占南沙做出了有利於菲國的裁決；而在演習之後，G20峰會也接著在秋季展開，普丁總統在峰會上就宣告俄羅斯「堅定支持中國立場，不承認該法院的裁決，並反對第三方勢力介入南海爭端」。這是一次重要的表態，因為之前俄羅斯對於南海衝突方面都試圖要保持中立，就連在那次G20峰會前，他的發言也還是擇其中道，沒想偏向哪一方。[82]

俄羅斯跟中國進行聯合海軍演習，但他新近也在修復一些東南亞的夥伴關係，像是想跟越南重建以往的同盟，卻又使得形勢變得更加複雜。一九九〇年代是俄羅斯跟東南亞之間接觸最少的時期，不過在過去十多年裡情況已經有了改變，俄羅斯逐漸在這裡累積了一些勢力，近來俄方與越南的雙邊貿易量已經達到大約三十五億美元，這數字是十年前的五倍以上，而且俄羅斯也大力投資了好幾個越南的經濟開發計畫。越南不僅是第一個跟俄羅斯推動的歐亞經濟聯盟簽下自由貿易協議的亞洲國家，而且俄羅斯天然氣公司還跟越南公司合作，一起執行了好幾個近海的石油探勘計畫，範圍還含蓋了南海上中國聲稱擁有主權的地區。除了經濟投資與貿易外，俄羅斯與越南在近年來也在強化他們的國防合作關係，俄羅斯目前已是越南最大的武器供應國，最近還把他製造的潛水艇、巡防艦、快速攻擊艇賣給了越南。早在二〇〇九年，俄羅斯就曾經賣給越南六艘基洛級潛水艇，而且合約裡還包括了一條兩億美元的項目，要升級金蘭灣的軍事設備，而這裡也是印度一直在盯著看的地方，因此現在俄羅斯的海空軍都可以進入金蘭灣，距離美國在關島的基地又更靠近了一些。[83]至於這兩國之間的關係在未來會有什麼樣的演變，這對中俄聯手的大局來說也許是一個重要的訊號，可以看出兩國關係會如何發展，此外還有可能會影響到俄羅斯與印度的關係，這也是一個有意思的關注重點，不過目前為止似乎還不成氣候。

整體而言，俄羅斯現在看起來還有辦法拿捏好跟各國之間的等距關係，但是有朝一日也許他會被迫更靠往中國的位置站過去，而且只要美國還是中俄兩國的主要對手，或者說是還對他們存在著威脅，那麼這兩者應該就還會繼續同心協力，共保強國地位不墜。吉爾伯特．羅茲曼曾經對兩國關係的複雜與微妙之處做出了如是的總結：「中俄關係或許是外表火熱、內在微溫，檯面下冷淡。雙方都有共識，不但醜事不要外揚，而且要顯得肝膽相照，同心同德。」還有人對這段關係做了類似的比喻，說成是「政治聯姻」。然而就算私底下對於許多事務都缺乏互信，中俄兩國似乎還是會繼續這樣攜手走下去，因為他們都希望看到一個更多極化的世界出現，也許是想像北約、歐盟、東協等等都變成一盤散沙，無法集結力量。[84]另一方面，俄羅斯也一直小心不去觸犯中國核心政策的利益，像是臺灣、西藏及新疆等議題，這樣他們才能在世界舞台上顯得更為同心，然而如果他漸漸感到中國中心主義（Sinocentrism）開始興起，俄羅斯可能也會不落人後，起而效尤，畢竟他可不想被中國比下去，屈居小老弟的地位。[85]

## 中國仍處於上風

採取東進政策後，印度或許更加打進了東亞的圈子裡，不過中國依然保持著競爭優勢，而且這優勢往後應該還會變得更加穩固，如果各國看到美國在亞太地區的領導地位還在繼續減弱的話，那情況就更難有轉圜，對此羅伯・卡普蘭曾寫過一段犀利的文字：「假設中國本身沒有因為內部經濟危機而產生內爆，或者至少局部內爆，而美國的空中與海上戰力——包括對東亞的穩定作用——又面臨著嚴重衰退，結果就是讓各國之間，像是中印、中俄，變得對彼此更加肆無忌憚。」[86]現在東亞的局勢已經開始往中國那邊傾倒，這也表示還有更多麻煩會在後頭。

東亞還要面臨另一個更大的挑戰，而且這個情況會比前一個問題更加普遍出現，那就是海軍競逐的態勢會大幅提升。當中、俄、印三國繼續在謀取更大的國際威望，他們就會仰賴遠洋海軍，將之視為強國地位的重要象徵，而這也意味著東亞地區，尤其是南海，將會產生更密切的軍事互動，安全情勢也會大大升高，在敵對的雙方甚至多方之間，海軍因擦槍走火爆發衝突的可能性也隨之增加。根據美國太平洋艦隊發言人的報告，二〇一六年以來「跟中俄兩國有十九次不安全（unsafe）而且／抑或不專業

（unprofessional）的互動……（其中十八次是跟中國，一次是跟俄羅斯）」。而隨著有越來越多的海軍部隊與船艦在東亞海上穿梭，不難想像會出現多少近距離的針鋒相對事件，而這又會讓局勢變得何等紛亂。[87]

東亞已經開始出現兩個主要的海上集團：一邊是俄羅斯和中國，一邊是印度、日本和美國。在後者這邊，印日兩國似乎正在打基礎、作準備，以防美國日後會不太願意積極參與東亞事務，屆時兩國才比較有辦法自立更生，不用那麼依賴美國，就像很多人所擔心的，印日兩國也許得要更加自立自強，這樣才能夠確保自己在海洋方面的地緣經濟及地緣戰略之利益無虞。即便如此，真正會在這場海上競爭中稱霸的，終究都一直會是中國，因為他不只有龐大的地緣經濟勢力，海軍的規模也在迅速增長，而且他還有許多人工島及其他的海軍前哨基地或後勤中心，形成一張越來越強大穩固的網絡，藉此便能把勢力擴張到東亞以外。而隨著中俄關係的日益穩固，加上彼此的經濟也更加緊密交織，俄羅斯很可能會緊跟在中國的後面打自己的算盤，做了這一切，都是為了兩國所尋求的同一個目標，就是要打破美國所領導的世界秩序，甚至加以重塑。

# 第八章

# 北極：歐亞海域的未來前線

一九四四年，地理學家尼古拉斯．斯皮克曼寫道：「因為海權，所以我們才可能將歐亞大陸視為一個整體；而宰制新舊大陸之間關係的，也一樣是海權。」但是在寫到北極的時候，斯皮克曼接著說的是：「在承平時期，跨極圈的交通也不太可能會有任何可觀程度上的增長。」然而，他所說的態勢已經出現了根本性的變化，北極在這幾十年來正以前所未有的速度在融化，它本來被視為是俄羅斯的「第四道牆」，從前是被當成限制俄羅斯擴張的重要條件，現在卻逐漸開啟了大門，而俄羅斯也趁機提高投資，除了進行科學調研，也大舉探勘那裡的天然資源，同時也在北極興建新基地、升級舊基地，並且增大駐軍的範圍。另一方面，俄羅斯也開始加強跟中國的合作，一起利用這個逐漸成形的海上運輸路線來調度資源與軍力，於是乎，不只是俄羅斯，現在還多加了一個中國，都在利用北極融冰的機會來促成他們的目標，推翻美國所領導的世界秩序，他們還想要利用北極來讓自己能更穩坐強國地位，例如在二〇一四年的一場演說裡，習近平主席就曾用過「極地強國」的字眼，並表示中國很快就會成為這樣的角色：「極地在海洋強國戰略中具有獨特作用，極地強國建設是海洋強國建設的重要組成部分。」中國推動極地強國建設，正好貼合了他的整體的海洋戰略，也呼應了馬漢的思維方式。[1]

雖然投入北極的資金與活動已經開始增多，不過北極其實在短期間裡還不會完全無冰，況且也還有其他的重大難關沒有克服——四處漂浮的冰山、極端的天氣條件、保險費用高昂、基礎設施不良、破冰船隊所費不貲——對於中俄及其他國家都是挑戰。不過由於北極的融冰速度加快，最近的新預測表示，根據某些氣候模型來推估，在未來的數十年內北極在夏季的那幾個月裡頭就有可能達到完全無冰的狀態，這對中俄兩國而言都是地緣經濟的大利多，因為北極擁有重要的天然資源、漁場與稀土，而且還能提供較短的運輸航路。要前往同樣的目的地，船隻如果走北方海路（Northern Sea Route）的話只要二十三天就能到，選擇穿越蘇伊士運河的話要三十四天，繞過好望角的話更需要四十六天。最近這些年，北極的海面增溫速度是世界其他地區的兩倍，導致夏季有大量的冰塊融化，就連冬季的冰也在漸漸變少，根據美國的國家冰雪資料中心（National Snow and Ice Data Center）的數據，從過去三十年左右的觀測數字來看，北極的夏冰每過十年就會減退大約百分之十三點三。[2]北極漸漸冰消，讓更多人認為，只要照目前的模式繼續發展下去，歐亞海域的海道將會逐漸連成一氣，從北到南、從東到西都相互連通。

隨著中俄兩國提高了對北極的關注，北極區域的安全形勢也在開始拉高，因為兩國或許有心也或許無意，總之都在加強保護他們漸漸可以看到的地緣經濟利益，而且他們也把北極當成一個重要的跳板，讓他們可以把兵力往更遠的地方投放，進軍歐亞大陸的另一端，尤其是俄羅斯，如果他可以加強對北極船道的控制力或影響力的話，就可以在大西洋與太平洋之間暢行無阻，這會促進世界秩序的改變速度，削弱西方國家在歐亞海域上的勢力。為了達成這樣的目標，俄羅斯已經開始採取相應的措施，砸下更大的重本來打造北方艦隊與北極基地，還有進行更多軍演；至於中國這邊，他也開始花大錢來探勘北極的天然資源、進行科學調研，並成立破冰船隊。中國希望可以減少他目前對歐亞大陸南方的海路及海上戰略咽喉的過度依賴，不僅如此，雖然他在北極理事會中只是一個正式觀察員國，但還希望能夠扮演更積極的角色，以獲取更大的國際威望。雖然印度也是北極理事會的正式觀察員國，但是他的利害關係比較是跟氣候變遷的（負面）影響有關，因為那會影響季風、增加海面溫度，並且升高海平面，而這些都會牽扯到印度的未來發展及其商業、農業的型態。相較於中俄兩國，印度並沒有多少重大的北極計畫，不過開發北極會讓他更易於得到俄羅斯在北極的能源資源，算是間接獲益，而且他也可以藉著在國際層級為北極事務大力發聲的機會，提升自己的地位。[3]

先不去談印度，北極目前已經存在著一個迫切的危機，由於俄羅斯增加投資力道，一方面進行軍事現代化工作，同時也設置更多基地據點，北極的安全情勢亦隨之漸漸升高，俄羅斯的國防部長蕭伊古（Sergei Shoigu）便曾在二〇一八年秋季時發出警示：「北極已經淪為數個國家爭逐領土、資源及軍事戰略利益的目標，這有可能會導致這裡發生衝突的可能性增高。」[4]而由於相關的說法甚囂塵上，加上俄羅斯在高北地區動作頻頻，其他的北極鄰近國家，尤其是一些北約成員國，也紛紛拿出了同樣的說帖或動作來回應。一位中國的海事專家史春林曾寫道：「北極航道是戰略性軍事航路；誰控制了北極，誰就能比其他對手更占上風。」另一位中國學者也提出了同樣的意見：「不論是誰控制了北冰洋，誰就控制了世界經濟的新走廊。」[5]這種種情況加在一起，導致了典型的安全困境又再出現，而且隨著北極的冰融化得越多，這個困境就會更加難解，就如同喬治華盛頓大學研究俄羅斯和北極問題的學者馬蘭．拉洛爾（Marlene Laruelle）所寫到的：「北極不是地緣政治的新支點，但是它可以扳動全球的勢力均衡格局，改變原本的平衡狀態，它不能改變根本的秩序，但是可以幫不同的國家多加點力量。此外，它也會造成某些地緣政治的軸心發生改變，例如跨大西洋共同體（譯註：「transatlantic commitments」指的是大西洋兩岸的國家之間有一種合作默契，也就是一般常說的「西方國家」的結合）、北歐與俄羅斯的夥伴關係，或是亞洲與俄羅斯的關係，還有影響最大的一個，就是中俄的合作關係。」[6]不論哪方最後勝出，總之現在占上風的是中俄兩國，他們比美國及其他北極諸國更能對北極產生持久的重大影響。

## 從歷史與地緣戰略的角度看

就像二十世紀中葉的太平洋一樣，北極（Arctic）也是個各方活動情況大幅增加的地區，而且重要性年年都在增加。英文「Arctic」一詞源自希臘文的「arktos」，意思就是大熊。時至今日，我們看到地圖上的海冰漸漸在消失，也聽到北極原住民及其他相關團體發出了更多憤怒與失望的聲音，他們都在擔心北極圈所發生的氣候快速變遷問題；我們還可以讀到很多相爭的論述，各個鄰近北極的國家不只在爭搶通行權，還各自主張擁有近海的那些寶貴的天然資源——包括兩百四十個不同種類的魚，以及可能多達全世界三成蘊藏量的天然氣，還有全球百分之十三的石油。北極，尤其主要在俄羅斯這邊，可謂是名符其實的金礦，還外加豐富的多種稀土礦物，像是鈀、鑽石、鉑、鈷、鎳、鎢等其他金屬。[7]說了這許多，我的目的就是：讓大家理解北極問題的種種背景脈絡，包括地緣經濟、地緣戰略，以及其歷史意義。

北極常被拿來跟地中海相比，因為他比較像是內海，而不像是個大洋。北極的面積只有印度洋的五分之一，或是說也差不多等於一點五個美國的大小，海面區域約有一千四百萬平方公里，平均深度在一千兩百公尺左右，已知的最深處約為四千五百七十公尺。用歐亞大陸的角度來看，北極的範圍西起自格陵蘭的北部，東邊則是太平洋，在俄羅斯與美國之間還有一個重要的開口，就是白令海峽。在常去高北地區的人眼裡，這個地區的最大特色不外乎就是氣候惡劣、地處偏遠，而且有三個月的永夜及三個月的永晝，套一句冰島那裡的老話，這裡的夏天如此明亮，什麼都看得清清楚楚，足以讓你「挑出上衣裡頭的蝨子」。北極的海岸上不只缺乏樹木或灌木，連個葉片都不好找，曾有一位觀察家就說：「這裡的水就是冰，地面就是大石頭，海面像個冰凍的屍體，大地像是個一無所有、咧開嘴巴的骷髏，你到哪裡看到的都是這個，就好像用他那幾把骨頭抱住了你，不肯放你走，那是個死氣沉沉的骷髏世界。」[8]

儘管氣候惡劣，多少世紀以來，探險家們還是一直試圖揭開這個自然奇觀的面紗，找出北極可能蘊藏的財富。另一方面，北極圈各地一直都有原住民耐著嚴寒在此居住，他們捕獵海豹、魚類、熊與鯨魚，但北極圈的人口還是大多集中在南方，住在像是莫斯科、斯德哥爾摩及奧斯陸等城市，絕少人真的去過北極，雖然它確實對於他們的經濟與文化有這麼直接的影響。儘管如此，幾個世紀以來國際探險家還是一次次航向北極，然後利用方法一步步畫出了北極的地貌，簡直就像是一絲不苟的冰雕師。巴里・

洛佩茲（Barry Lopez）在他的《北極夢》（*Arctic Dreams*）中說得好，我們的心裡嚮往著一個沒有確定邊界的悠悠天地，想像力也因之意往神馳。

北極海岸的水道相當複雜，多數的冒險探勘都只能沿著俄羅斯的海岸線前進，只有少數的成功例外，船隻得要沿著各式各樣的海邊，面對許許多多的險阻，順著淺水處的通道航行，而且大部分的航程還得視冰況來決定，例如西起新地島（Novaya Zemlya）、東至白令海峽的北方海路，上頭就有五十八個海峽，外加三處群島。北極的海岸地勢低而平坦，就算用現在的雷達都很難探測，不過海冰倒是一直很顯眼，尤其常在夏季時四處飄盪；到了冬季，淺水處的海面會先結冰，也就是說靠近海岸的水域通常會先結冰，而且也結得最厚，往往都無法通行。西北水道（Northwest Passage）的情況也差不多一樣複雜，雖然有五條主要路線，但是其中只有兩條適合深水航行。[9]

在過去五百年的歷史上，北岸對於俄羅斯的意義幾經演變，如今則顯得相當重要，因為俄羅斯一直都想要進一步融入海洋的文化思維與生活方式。他的海岸線繞著北極盆地的曲線，彎成了一個巨大的弧形，也含蓋了將近一半的北極圈面積。白海（White Sea）和巴倫支海（Barents Sea）是俄羅斯海岸線的最前端，直到一六〇〇年代初期探索到了太平洋，然後又於一七〇〇年代初期在波羅的海畔建立了聖彼得堡，不然早期的俄羅斯都是靠這兩個海域在討生活的，當時俄羅斯的冒險家和商人可以說穿越了歐亞大陸北部的所有海岸線，除了進行毛皮買賣，也在尋找西伯利亞幾條大河的出口。這些人之所以會對北極感興趣，只是想利用它來借道，以更深入到西伯利亞內部，但卻因為探勘了西伯利亞沿岸的水域，連帶也激起了開採陸上資源的期望。時至今日，俄羅斯仍然是北極地區最大的聲索國（聲明索取某地區領土主權的國家），主張自己在總面積達一百二十萬公里、範圍直達北極點的海域上擁有管轄權。此外，俄羅斯的大陸棚也很廣大，含蓋了海床三分之一左右的面積，而且一直向北延伸到超出俄羅斯兩百海里經濟海域之外，若從寬度來看，其大陸棚左右也延伸了一千兩百公里。[10]

在過去很長的一段時間裡，北極一直是個未知的領域，不過因為全球氣候變遷，局部海域開通的時間變長了，而全球航路又正興旺，所以北極如今成了熱議的焦點。全球暖化對於北極交通產生了巨大影響，而這也引起了人們對於以後的「美麗新世界」發出了許多有趣的問題。二〇一五年八月，靠近格陵蘭西部的喀拉海（Kara Sea）其海面溫度比一九八二至二〇一〇年同一地區的八月平均值高了攝氏四度左右。北極海冰厚度從一九七〇年代到一九九〇年代的二十五年間減少了大約百分之四十三，這些現象呼應了一個越來越普遍的共識，就是這個星球正在暖化，而北極的冰正在加速融化。此外，海平面上升、沿海城市出現更多水患，這些都和融冰有關，而有很多專家認為，俄羅斯受害最大的地方會是白海、波羅的海和芬蘭灣一帶，到了二〇三〇年，聖彼得堡可能會遭遇更頻繁的水患，這些現象所嚴重衝擊到的不只是國際關係，還有北極沿海各國，包括當地的居民，影響到他們賴以維生的食物及其他天然資源。此外，北極融冰也會導致環北極國家之間的緊張關係加劇，像是俄羅斯與加拿大就在吵國家主權問題。冰變少了，意味著海上交通更順暢了，但想到船隻的通行安全，以及自由航行這些問題，卻反而令人更加憂心。[11]

在氣候發生變遷的這個年代，北極的安全成了一大問題，因為全世界有八成的工業生產都是在北緯三十度以上的地方進行的，還有七成的大都市位於北回歸線以上，換句話說，對歐洲及亞洲這兩個世界重要的工業中心來說，北極的運輸可以為他們的彼此往來提供最短的路線。自從一九一四年巴拿馬運河開通之後，北極的開通，不論稱之為跨洲或洲際交通，都可以說是在航路方面所發生的最巨大改變，省下來的時間會相當可觀，大型的貨運船走一趟北極就可以省下大約五十萬美元的燃油費用，加上大家擔心運河地區（還有麻六甲海峽）有可能爆發些什麼危機，這讓北極這條通道變得更加具有吸引力，可以避開歐亞大陸南方陸緣（rimland）上任何的局勢起伏、紛紛擾擾。北極即將就要無冰、就會開通，而中俄兩國也已經著手對此準備，投資的項目包括破冰船、研發工作，以及近海探勘；至於印度方面也已經表示過，對未來北極的能源資源與新的航路都會有興趣。[12]北極的融冰已經開始在幾個重要方面改變歐亞地區的政治情勢，而隨著歐亞幾個主要國家轉往海上發展，海洋對歐亞地區的重要性也只會繼續提高。

## 俄羅斯的地緣經濟利益

在二〇一七年的年終記者會上，俄羅斯的總統普丁被問到了一個關於北極的問題，而他的回答是高談俄羅斯有多麼重視這個地方：「今天，俄羅斯的財富會隨著我們在北極的開發進展而成長，其原因在於，這裡蘊藏了最大量的礦物資源。」而當被問及中國會怎麼參與這個開發計畫時，他答道：「我希望我們很快就可以利用北方海路，相較於其他替代航路，這裡可以讓往來於歐亞之間的商品運輸變得更有經濟效益許多……我們也會盡全力鼓勵中國來利用這項好處。」[13]很多學者都有提到，俄羅斯今日的北極政策其實就是沙皇與蘇聯時代的北極政策與心態的自然延續，從二〇〇〇年代開始，普丁一直相信北方海路就是整個俄羅斯經濟發展策略的核心要點，俄羅斯的民族主義團體也把北極的開發利用當成了重建俄羅斯強權地位的重要環節，有些極右派的俄羅斯民主主義分子，例如亞歷山大．杜金，一直都在強力為北極的重要性辯護，他們尤其鍾愛一種說法，認為俄羅斯就是直接由雅利安人建立的國家，因此血統最為純正（譯註：這個說法的邏輯在於，許多種族主義者認為「雅利安人」原本是北極圈的居民，後來南遷形成了數個分支，而西方民族主義者爭搶「正統雅利安人」地位也有悠久歷史，最有名的就是納粹）。歐亞主義（Eurasianism）青年運動前領導人博杜諾夫（Alexander Bobdunov），曾深受杜金著作的啟發，他還曾經高喊：「北方不只是個經濟資源的生產基地，在物質層面上許給我們未來，這塊土地上更具有著民族精神、英雄心魂，以及克服萬難的過去，它也是我們精神意念上的資源，對我們國家的未來具有最核心的重要性。」[14]

雖然俄羅斯對北極地區並沒有清楚的定義，不過說到這個地區時總是跟地緣經濟利益有很大關係。在二〇〇八年九月，當時擔任俄羅斯總統的是麥維德夫（Dmitry Medvedev），該政府頒布了一個「俄羅斯聯邦至二〇二〇年及其後之國家北極事務政策基礎」，裡頭明白指出俄羅斯的中心目標是要開發北極資源，並將北方海路轉變為「統一的國家運輸廊道」，此外還有其他許多戰略要點。之後又在二〇〇九年頒布了「俄羅斯聯邦至二〇二〇年之國家安全戰略」，內容主要聚焦在北極、西伯利亞及裏海的能源安全要務上。到了二〇一三年，俄羅斯發布了另一個北極戰略，內容中再次強調對北方海路的重視，使之在俄羅斯的統轄下提供國內外的航運用途。俄羅斯重視北極是理所當然的，因為他有兩成的國內生產毛額來自於極區，外加四分之一的出口收入也由此而來，俄羅斯的北極地區占了該國天然氣產量的百分之九十五左右，石油則約占七成，總計有將近兩百個油礦及氣礦，而且在大陸棚上也有發現其他油氣礦藏。此外，北極所出產的鑽石也占了俄羅斯產量的百分之九十九，鉑占了百分之九十六，鎳和鈷占了百分之九十，其他也還有很多稀土礦物。

一直以來，俄羅斯在北極的地緣經濟利益都大致是這樣：一、利用與保護北極的天然資源，例如石油、天然氣、魚類等；二、操控逐漸開通的航道，並強化在北極的港口機能，包括發展及維護一支強大的破冰船隊，使之為俄羅斯的經濟與發展提供幫助。當北極的融冰越來越快，俄羅斯已經準備好要靠這裡豐富的天然資源來大賺一筆，以此來支持他建立國際威望的大戰略目標。當然，這其中還是有一些結構性的問題得要克服，像是人口減少、勞工短缺，尤其是西伯利亞北部的偏遠地區，這裡的人口本來就稀少，在一九九三到二〇〇九年間還流失了百分之十五左右。[15]俄羅斯要想為他在北極蒸蒸日上的地緣經濟利益提供合適的支持與保護，肯定會需要有配套的基礎建設及物流網絡，而由於中俄兩國在地緣經濟上越來越水乳交融，加上中國也越來越涉入北極事務，看到俄羅斯在北極的開發，他肯定也不想袖手旁觀。

## 取用北極的天然資源

由於能源資源占俄羅斯政府收入的很大一部分，因而石油和天然氣價格的波動就會左右俄羅斯的發展，不過克里姆林宮方面還是把俄羅斯的未來發展寄託在開採北極龐大的天然資源上頭。然而由於受到國際上巨大的制裁壓力，俄羅斯漸漸轉而求助中國及其銀行，請他們資助自己的能源探勘工作，而中國也欣然應允，於是讓俄羅斯又可以繼續進行計畫，想辦法從北極挖出更多的石油、天然氣及其他的稀土礦物。

在俄羅斯北極地區中，油礦與氣礦蘊藏量最豐富的地方就屬喀拉海、伯朝拉海（Pechora Sea）和巴倫支海，日益暖化的溫度將會讓俄羅斯得以擴大抽取這些天然資源，以更穩定的產量來供應給國際市場。雖然北極所探勘到的某些天然資源在低油價或低氣價的時候會無利可圖，不過俄羅斯還是決定擴大開採，讓一些合資公司及其他許多跨國公司在幾個地點動工，像是巴倫支海的施托克曼（Shtokman）氣田、伯朝拉海的普里拉茲洛姆內（Prirazlomnoye）油田等等。[16]

最值得關注的地區之一是亞馬爾半島外的喀拉海近海地帶，這是俄羅斯最賺錢的石油與天然氣產地之一，共有三十二處油田與氣田，還找來了許多跨國企業合作，包括法國與中國的公司，以增加更多的鑽井與專家數量。根據俄羅斯國營的全球性能源企業俄羅斯天然氣公司所提供的數據來看，亞馬爾應該有大約十六點七兆立方公尺的天然氣，以及三億公噸的石油蘊藏量。從亞馬爾往外接出去的第一條管線是從波瓦倫科沃（Bovanenkovo）連到烏赫塔（Ukhta）的天然氣管，於二〇一二年時啟用，第二條管線也在二〇一七年初時啟動，在這一年，亞馬爾半島所生產的天然氣多達八百二十八億立方公尺。除了管線以外，俄羅斯也開始設立液態天然氣工廠，還在亞馬爾半島東側的奧布灣（Ob Bay）建造了一個薩貝塔（Sabetta）港，不久後就可以開始用大型的船運方式來出口液態天然氣到國際市場，而這個液態天然氣工廠更預計要耗資兩百七十億美元，其所有權歸屬於一家合資公司，合資方包括俄羅斯的諾瓦泰克（Novatek）、法國的能源公司道達爾（Total），以及中國石油天然氣集團有限公司。薩貝塔港預計要花費二十億三千萬美元，目前已經有部分開始營運，在二〇一六年時有一百二十艘船隻曾在此停靠，數字比二〇一五年翻了一倍，而那些船隻所運送的貨物總計有五十萬五千噸左右，價值大約五十二億美元。[17]

薩貝塔港的業務量在不斷上升，而俄羅斯也加碼支援，成立了一支由十五艘俄羅斯及其他國家合組的液態天然氣破冰船隊，這些運輸船可以容納十七萬立方公尺的液態天然氣（船隻的資金方面主要是由中國的航運公司中遠海運集團以及招商局集團提供，他們在俄羅斯遭到更嚴格的制裁後便開始加入）。成立了北極運輸船隊後，俄羅斯希望可以增加一些商務運量，以幫忙支付高昂的破冰工程費用，後來由韓國大宇造船海洋株式會社拿到了合約，並著手組建船隊。二〇一七年時克里斯多福・德・馬哲睿號（Christophe de Margerie）開始進行海試，這是該級別的第一艘液態天然氣運輸船，它在八月時成功從挪威穿越北方海路到達了南韓，歷時一共十九天，而且不需要其他破冰船的協助。許多觀察家對此都感到很樂觀，覺得如果馬哲睿號從薩貝塔港出發走北方海路的話，整年都可以往西航行，七到十二月的時候也可以往東航行，如果條件理想的話，船隻從薩貝塔港行駛到歐洲的港口大概每趟只要花十天左右，而從薩貝塔港航行到中國江蘇如東縣的港口大概也只要十九天。這幾條運輸路線都很有象徵意義，可以顯示出北極航運的巨大前景，不過也顯現出了俄羅斯的如意算盤，準備要掌控北極地區大部分的海路交通。在石油出口方面，亞馬爾的諾沃波特洛夫斯基（Novoportovskoye）油田以及北極門（Arctic Gate）離岸輸油碼頭也已經在二〇一六年進入商業營運狀態，北極門碼頭每年的吞吐量最高可到八百五十萬噸，不過這些相較於薩貝塔港的開發案，都比較不受各方重視。[18]

除了石油與天然氣的探勘，俄羅斯也很重視北極的漁場，除了因為近年來全球人均魚類消費量呈現了顯著的增長，而且還有另一個重要的現象，就是世界各地的海洋都面臨水溫上升的情況，有很多種類的魚紛紛往北遷徙，以尋求更低的水溫環境。北極的魚群相當豐富，像是狹鱈、比目魚、蝦子、鯡魚，以及北極鱈、太平洋鱈和大西洋鱈。二〇一五年時，北極五國（俄羅斯、加拿大、丹麥、挪威及美國）簽署了一份叫做「預防北冰洋中部公海無序捕魚宣言」的協議，約定暫停在北極海的中部捕魚，之後又在二〇一七年接著簽署了一份國際協議，成員有中國、俄羅斯、美國、日本等，在之後的十六年把北極海中部列為禁漁區，不准商業捕魚船進入，並在這段期間進行更多相關研究，內容包括氣候變遷、當地的海洋生態，以及魚群的種類及大小，而且除非已經明訂出漁業的配額與相關規則，否則這項協議還會自動延長五年，希望的就是能藉由這份協議來幫忙緩和未來在漁權及其他地緣經濟問題上可能會出現的緊張關係。北極諸國，包括俄羅斯在內，確實在很大程度上試圖透過多邊對話來解決大部分跟北極相關的問題，但是如果北極進一步融冰解封，屆時又會招來更多想染指的人，尤其是漁業公司，原本的均勢狀態就可能遭到破壞。[19]

## 航運、港口與破冰船

北方海路及北極的其他航道仍處於起步階段，不足以跟陸路或其他跨越傳統印太海路的航線相爭，從以下的數字就可看出南北兩方航路的強烈對比：在二〇一六年，一共有一萬六千八百艘船穿過蘇伊士運河，載運的貨物約達九億七千四百萬公噸；而當年穿越整個北方海路的船隻只有十九艘，載運的貨物量為二十一萬四千五百一十三公噸。其實不論在任何時候，北極各處海域的海上交通都相當可觀，只不過有的只是短程的航線，有的是全部都在俄羅斯境內，根據美國海岸防衛隊的數據，二〇一六年有四百八十五艘船隻通過白令海峽，相較之下，二〇〇八年時只有兩百二十次而已。[20]

俄羅斯身為最大的北極國家，一向很積極在預作準備，等著北極每年解封的時間變得更長一些，另一方面，俄羅斯也繼續進行自己對聯合國海洋法公約的詮釋，一看到覺得有哪個地方適用就會對外宣傳。在北方海路上有一些北極的群島，俄羅斯常常會宣稱那些是他自己的領海或內水（internal waters），但其他國家卻照聯合國海洋法公約的說法，把那些地方定義為「公海」，所以懸掛外國旗幟的船隻有無害通過（innocent passage）的權利。未來隨著北極逐漸融冰、「冰封水域」減少，對於法規的不同詮釋很可能會造成各國之間的摩擦。「冰封水域」的相關內容可以見於聯合國海洋法公約的第兩百三十四條，常常被俄羅斯引用來幫他掌控自己經濟海域裡的水上交通。[21]

除了強解聯合國海洋法公約外，俄羅斯政府近年來也通過了很多法規，確保自己對北極的航運擴張可以有更大的掌控與監督力量，二〇一二年時他通過了「北方海路聯邦法」，隔年其交通部又頒布了「北方海路航行規則」，如果把兩份法規放在一起看，會發現「航行於北方海路的船隻必須對以下事項負責；環境汙染、關稅、提供責任和保險證明。俄羅斯還進一步要求外國船隻支付以下項目的費用：氣象與冰況報告、俄方的領航員，以及破冰船的服務。」到了二〇一七年底及二〇一八年春天，俄羅斯又再通過了更進一步的法規，宣布在北方海路上的所有石油及天然氣運輸都將由俄羅斯國籍的船隻進行，把那兩個法案放在一起看的話，意思就是運送北極的石油與天然氣的船隻一定都要由俄羅斯製造，並懸掛俄羅斯旗幟。法案在二〇一九年開始施行，不過俄羅斯政府也宣布會容許一些例外情況，畢竟看看現在那些幫俄羅斯進行出口貿易的船隻，有很多都既沒有掛著俄方旗幟，也不是由他建造的。[22]

俄羅斯政府不只是立法，在二〇一四年他還發布了一項交通計畫，從中可以大致看出北方海路在地緣戰略上的重要價值在於「商務運輸活動、開發北極海棚資源及發展北極地區的土地，以及為俄羅斯北方的偏遠地區提供交通服務。」在這個俄羅斯交通計畫的文字內容中，還提到了要協助俄羅斯破冰船隊的組建與現代化工作，甚至還特別呼籲要「建造三艘LK－60核動力破冰船、三艘LK－25柴油引擎破冰船，以及多艘小型破冰船及破冰支援船。」最後，該計畫還幫俄羅斯找好了理由，說建造更多港口和轉運的基礎設施是為了要支援高北地區逐漸增加的海上活動，這裡所說的包括了好幾個港口的擴建與升級提案，像是喀拉海的迪克森（Dikson）港、東西伯利亞海的佩偉克（Pevek）港、拉普捷夫海（Laptev

Sea）的提克西（Tiksi）港和巴倫支海的莫曼斯克（Murmansk）港。此外，俄羅斯也在跟中國公司商議，包括中遠海運集團，打算要開發和運營位於俄羅斯西北部白海的阿干折斯克（Arkhangelsk）深水港。俄羅斯在北方海路上總計有大約十六個深水港，而普丁希望俄羅斯可以拿出更多的投資來擴建這裡的港口，然後再藉此在北極打造一個更強大的航運與物流網絡。而且他還有一個更大的目標，就是要把這些俄羅斯港口連結到北極以外的地方，跟其他更成熟的航運樞紐與航線連成一氣。[23]

為了達成控制北極的願望，俄羅斯會繼續大力仰仗他的破冰船隊，這可是舉世最大規模的破冰船隊，雖然各船隻的年紀與功能頗不相同，但加總起來還是有四十艘之多，而且另外還有十一艘正在製作。這些破冰船裡有四艘是核動力的，第五艘北極號（Arktika）也已經在進行海試（相較之下，美國海岸防衛隊只有一艘破冰船在服役，就是北極星號〔Polar Star〕，另外一艘破冰船已經不再使用）。然而，想要吸引更多的國際航運，俄羅斯也必須降低部分破冰船的護航服務費，並簡化國際公司必須進行的官方程序，這些事情並非都很容易就能做到，因為外界傳出了一些未經證實的數據，說俄羅斯破冰船公司的收入有三成左右都是來自於政府補貼。[24]

## 高北地區整軍經武

中俄兩國之所以會擁抱北極，原因就跟在歐亞地區的其他地方一樣，主要都是由地緣經濟利益所驅使的。不過等到投資金額和經濟利益增加了，跟著也就得想辦法保障這些資產，而且這裡的天氣狀況既極端又無法預測，萬一有人因此受困，兩國也需要有能力進行搜救任務。俄羅斯大致上一直都支持用多邊主義來解決眾多北極的地緣經濟問題，從漁業到能源探勘皆然，而且他大部分的開發都集中在能源資源與航運方面；但在另一方面，俄羅斯也已著手加強在北極的軍事和海軍部署，從基地到飛彈設備也是一應俱全。在二〇一四年入侵烏克蘭之後，俄羅斯開始不斷尋找話語來強調北極的重要性，以及他對北極的相關主權主張，然而這對於北約及其他跟北極有關係的對象而言，都是難以接受的。歐洲有些人漸漸對俄羅斯增兵北極的行為感到不安，而且部署軍力的範圍還在漸漸往南延伸，因而進一步使得北極的安全情勢更加難解。在二〇一〇年，當時的俄羅斯總統麥維德夫說過，「對於北約在北極的活動增加一事，俄羅斯正予以『密切而略帶憂心』的關注。」[25]為了讓大家看到俄羅斯是怎麼著手加強北極的軍事安全，我會先仔細講述俄羅斯近期的北極戰略，接著再分析俄羅斯對北方艦隊進行的現代化改造，以及他如何擴建基地，然後再提出一些近期的觀察，看看俄羅斯海軍的活動與軍演為何會增加。俄羅斯跟中國一樣，都接受了馬漢的思想指導中的許多戰略要點，把控制海上交通要道視為成就強權地位的關鍵因素，當然，分派更多軍事戰力、強化海軍的向外投放能力，也都是個中要訣所在。

## 俄羅斯的北極戰略

雖然俄羅斯迄今從未公布過一份針對北極安全事務的官方報告，但是從他在過去這十多年來的各種北極戰略、軍方及海軍的指導方略中，還是可以窺見其安全政策。二〇〇八年時，俄羅斯頒布了「北極政策基礎要點」，接著又在二〇一三年提出了北極戰略報告，這些官方文件都還可以跟其他提到北極根本政策的相應報告一起看，包括二〇〇九年和二〇一五年的國家安全戰略報告、二〇一四年的軍事指導方略，以及二〇一五年的海事指導方略。把這些總和來看，我們就可以察覺俄羅斯對北極或其他地區與事務所採取的官方態度，以及他打算如何對抗某些已知的威脅。在上述報告裡，二〇一四年的方略特別值得一提，因為這是俄羅斯首次表示想要保護他「在北極的國家利益」。二〇一七年夏天，普丁發布了新版的海軍指導方略，並在其中強調了北極的重要性，認為那是俄羅斯最優先事務之一，該方略中還明確指出了最大的明顯威脅所在，有一項就是「諸多國家的野心，尤以美國及其盟邦為最，意圖要掌控包括北極在內的公海，並以其具有壓倒性優勢的海軍武力來施壓。」此外，俄羅斯還認為「強大的海軍是戰略阻遏的重要利器，並有助於俄羅斯進軍到全球海洋的幾乎任何一個地區，以提升莫斯科在多極化世界秩序中的地位。」[26]

俄羅斯整體的北極戰略可以概述如下：「首先要展現出俄羅斯聯邦對於北極地區的主權……再者，要保護他在高北地區的經濟利益；其三，要顯示出俄羅斯仍是世界強國，擁有世界級的軍事力量。」[27]俄羅斯眼見世界其他大國逐漸開始相爭，繼而也想確保自己可以掌控幾個地區，例如北極，而且當他看到北約也在加強經營北極，亦不免感到擔心，俄羅斯聯邦會議主席謝爾蓋．納雷什金（Sergey Naryshkin）甚至直接稱呼北約為「歐洲心臟裡的腫瘤」。相比之下，俄羅斯則把中國視為「戰略夥伴」，不只是支持，更希望促成更多的共同合作，不過北極的守護者還是要由他自己來繼續擔任。

看著世界各國相爭漸趨激烈，俄羅斯也越來越感到焦慮，這也部分解釋了為什麼他會想方設法打造軍事戰力、四處派駐軍隊，就是想要因應歐亞地區的勢力變局（二〇一七年時，俄羅斯聯邦會議副主席阿圖爾・奇林加洛夫（Artur Chilingarov）親自率領一支北極探險隊，穿越冰層潛至四公里深的海床處插上一面俄羅斯國旗，此舉後來轟動世界，他還宣稱「北極是我們的，我們應該要彰顯自己掌控這裡的事實」）。不過從二〇〇七年開始，俄羅斯便試圖在跟北極相關的言語及行動上採取比較審慎的方式，強調要保持和平的合作關係，要在北極一起共存，連帶還在二〇〇八年跟其他五個北極沿海國家簽署了伊魯利薩特宣言（Ilulissat Declaration），重申在與北極有關的議題上要共同致力於維護國際法律架構。此外俄羅斯也簽署了北極理事會在二〇一一年提出的努克宣言（Nuuk Declaration），該宣言著重的是非北極國家如何在北極開展相關事務，同時也提倡環境保護與永續發展。其實支持多邊架構對於俄羅斯是有好處的，他之所以會投票贊成北極理事會增設正式觀察員國，原因之一就是想確保自己可以尋求外援，看是要一起進行更大的開發案，或是幫忙保護他在北極的海洋地緣經濟利益，包括與聯合國海洋法公約相關的航行方面的議題。[28]不過在俄羅斯的民族心魂裡頭，始終還是念念不忘，想要再次參與強國爭霸。

## 俄羅斯的北方艦隊

看著人家強國相爭，一定程度上也幫忙推動了俄羅斯北方艦隊的現代化與補強的進程，包括花大錢升級基地的基礎設備。俄羅斯的國防部長謝爾蓋・紹伊古在二〇一五年時曾表示，「北極地區正在形成一股力量，可能會對我們的國家安全造成各式各樣的挑戰與威脅，所以國防部的首要任務之一，就是發展此地的軍事基礎設施。」依照一位研究俄羅斯北極地區的學者凱特琳・安特里（Caitlyn Antrim）的看法，俄方的軍隊必須特別注意，「要保護彈道飛彈潛艦艦隊，要保護北極裡頭及從北極前往世界其他地方的貿易航路，還要守護海岸、港口與航運，以及戰艦在大西洋及太平洋之間的動線。」俄羅斯的二〇一五年海事指導方略還提出了另外的要點，指出要補強戰力來強化北方艦隊，減少威脅出現在北極的機會，並認為這絕對是最優先該進行的項目。[29]

北方艦隊是俄羅斯海軍最強大的戰力之一，自一九三三年成軍以來其駐地一直都在北極西部的科拉半島（Kola Peninsula），該半島的地勢向南突出，分開了巴倫支海和白海，這個據點讓它可以向大西洋調派兵力，或是向下轉進歐洲海域。科拉半島還有一個特點相當理想，就是俄羅斯的潛水艇艦隊出航時會比較不容易被發現，因為極地的冰帽在移動時會發出巨大聲響來幫忙遮掩，相較之下，像是白令海峽，或是格陵蘭、冰島及英國之間的那些海峽，就都會受到嚴密的監控。科拉半島對俄羅斯來說具有地緣戰略上的重要性，這點光從一件事上就看得出來，因為俄羅斯有高達百分之八十一點五的海基（sea-based）戰略性核子武器都部署在這裡。[30]

北方艦隊在過去十年左右才漸漸回復元氣，在一九九〇年代時因為遭逢蘇聯解體，而俄羅斯的財政又隨即陷入困局，因此讓該艦隊規模大幅縮水，到了二〇〇〇年代中期開始，俄羅斯政府才終於著手予以重新組建，除了加強其軍事現代化的改造，也加大了其他跟北極有關的投資。在蘇聯海軍的全盛時期，北方艦隊曾擁有一百八十艘核子潛艇，後來卻縮減到四十二艘，而且還有不少都已年久失修。二〇一八年時，還在北方艦隊手上而且有在運作的潛水艇共有四十一艘，水面戰艦則有三十八艘，這裡頭包括了八艘核動力彈道飛彈潛艦，以及俄羅斯目前唯一的一艘航空母艦庫茲涅佐夫號，此外還有六艘驅逐艦、一艘核動力巡洋艦，以及其他許多近來增補的水面戰艦。此外，北方艦隊配有精良的新式電子作戰系統，現已證實在偵測雷達訊號方面相當有用，並且還裝設了一套特別的軟體，可以修改敵方系統的設定路線，使之無法攻擊某些特定目標，可在未來有戰事時派上用場。最後要提的是無人機戰力，俄羅斯政府有可能已經開始應用新的無人機科技，再不然至少也已經到了最後的測試階段，準備要將無人水下載具應用在北極等地。俄羅斯的媒體曾經報導過一場揭幕儀式，介紹了三款跟水下裝置有關的新設備：一架重達一點五噸的空中無人機，飛行距離可達四千公里，並執行反潛任務；一艘小型的潛水裝置，可用於水下監控；還有一個具有核打擊能力的自主魚雷，可以搭載一個兩百萬噸級的核彈頭，取名為波賽頓（Poseidon），據說可以釋放出傷害力極大的海嘯震波，一枚就足以摧毀掉一個海軍基地、一艘航母，或一座濱海城市。[31]

除了重建北方艦隊，普丁總統在二〇一三年初還宣布要著手重新啟用前蘇聯時代的北極基地，「以確保北方海路能安全而有效地發揮功用」。到了二〇一四年，蘇聯軍方成立了北極聯合戰略司令部（Arctic Joint Strategic Command），並劃為第五軍區，總部設立於莫曼斯克附近的北莫爾斯克（Severomorsk），並將散駐於莫曼斯克地區各主要基地的北方艦隊，連同其他聯合戰略資產都交給該司令部掌管，其目標是要保護俄羅斯在北方海路各處上的利益。不只創設了新軍區，俄羅斯還連帶宣布要好好花功夫打點舊有的港口與基地，以及其附屬的跑道設施，並且對俄羅斯北極地區的導彈防禦網絡進行現代化改造，包括要導入先進的S－400地對空飛彈系統。俄羅斯政府還打算要開設新的基地，地點包括納古爾斯科（Nagurskoye，位於法蘭士約瑟夫地群島）、施密特岬（Mys Shmidta）、羅格切沃（Rogachevo）、施密特角（Cape Schmidt）、蘭格爾島（Wrangel），以及斯雷德尼（Sredniy），並計畫要升級其他地方的基地設施，例如阿里克爾（Alykel）、安德瑪（Amderma）、阿納德爾（Anadyr）、納裡揚瑪律（Naryan-Mar）、羅格切沃、北莫爾斯克一號、田普（Temp），以及提克西等基地，這些新的設施及海上停泊區有很多都位在俄羅斯北極地區的幾處島嶼或群島上。二〇一五年時，普丁宣布要重新開放北莫爾斯克西方的小鎮羅斯萊亞科沃（Roslyakovo），這裡原本不開放非軍事人員進入，已經歷時好幾個世代，小鎮上有八千名居民，大多數都是俄羅斯的海軍人員、軍方承包商，或是其他跟造艦工作相關的人士。這個舉動本身又一次代表了一個跡象，就是俄羅斯已經下定決心，要在北極擴大發展。[32]

與其他的北極沿岸國家相比，俄羅斯現在的基地規模最大，而俄羅斯國防部長紹伊古還說：「在北極長期駐軍，並以軍事手段來保護國家利益，已經被我們定為一般政策的共同目標，以保障國家安全……本部的優先事項之一，就是要發展北極地區的軍事基礎設施。」按照紹伊古所言，過去五年俄羅斯一共已經興建了四百二十五棟建物，建地總面積多達七十萬平方公尺，其範圍遍及北極的多處島嶼，包括科捷利內（Kotelny，位於遙遠的新西伯利亞群島之中）、亞歷山大地島（Alexandra Land，位於法蘭士約瑟夫地群島中），以及蘭格爾島（位於楚科奇海），另外在施密特角也都有建物。國防部方面希望等再過一段時間後，在北極各地超過一百個軍事基地設施中的建築工事都可以宣告完成。[33]

過去十年俄羅斯在重建北方艦隊及其基地的基礎設施上算是相對成功，加上他還有破冰船隊，而北極的冰層也在消退，所以他很有機會可以保護好他北極資產的安全無虞。話雖如此，他還是有一些結構性的缺點得要克服才行，像是北極的基礎建設年久失修，而國內的造船產業與船隻維護工業又欲振乏力。有一件事可以讓我們看出俄羅斯這些年一直面臨的難處，二〇一八年秋天時他的航空母艦庫茲涅佐夫號停在莫曼斯克附近的一個（PD－50號）乾塢上，原本是要在那裡進行現代化改造工作，然而乾塢卻逐漸傾斜移位，乾塢上頭的一個大型起重機因此脫落砸了下來，在航母吃水線以上的船身上砸出了一個三點五乘四點五公尺的大洞，隨後乾塢就漸漸沉入了水底，但庫茲涅佐夫號還浮在水上。至於事故的原因方面，官方說法是船塢的抽水幫浦停電，不過有些人懷疑是船廠方面之前裁撤了電力維修人員與柴油發動機，而這些人力及設備都可以避免這樣的災情發生。到了二〇一九年底，庫茲涅佐夫號尚在維修之中，卻又發生了致命的火災，造成兩人死亡、十四人受傷，許多人將此事和二〇一八年的乾塢事件放在一起看，再加上PD－50號乾塢之前也發生過其他意外，這些都被當成一種象徵，從中可以看出俄羅斯在整體的現代化與維護工作方面是多麼難有進展。而因為這幾起事故，庫茲涅佐夫號要想回到第一線服役，大概還得再多等等了。[34]

## 海軍活動與軍演增加

雖然難以在近期內完成現代化改造，不過要把海軍派往北極各地，甚至派出北極，俄羅斯還是辦得到的。俄羅斯已經開始強化自己的反介入／區域拒止能力，如果到時候真要執行北極海域的拒止作戰，成效會相當良好。很多觀察家在二〇一〇年代都曾見證過這樣的現象：俄羅斯的海軍行動增加，包括海軍在內的各種聯合軍演也遍地開花，儘管俄羅斯現在還是一直表示，他在北極的軍隊只是想要保護北方海路以及俄羅斯的其他地緣經濟利益的安全，不過很多北極國家看到俄羅斯在高北地區的軍事行動越來越有侵略性，而且戰力也一直在提升，都還是不免感到擔憂不已。而這樣的情況只會進一步助長歐亞地區的海軍比拚與海上競爭風潮，而且隨著北極極地冰帽逐漸融化，情況一定會變得更棘手，而這也會讓北極的安全困境又再惡化，何況現在北約也不願坐視，開始有所反應了。

俄羅斯近年來潛艇出海次數較以往增加，從這個現象就可以多少知道俄羅斯海軍擴大了活動範圍，遠航海軍的行動也變多了。與一九九〇年代的低谷相比，俄方北極海軍的巡邏與演習次數在二〇一〇年代增加到了最高峰，北海艦隊的核動力潛艇在二〇一五年的總出海時間長達一千五百天，這個數字比起前一年多出了五成。到了二〇一六年，俄羅斯海軍宣布要開始加強進行戰鬥巡邏、訓練戰鬥任務，而俄羅斯的海巡隊也已經開始增加在北方海陸上巡邏的次數。此外，政府也斥資打造了幾艘冰級（ice-class）船艦，像是22100型巡邏艦（名為 Polyarnaya Zvezda，意即「北極星號」），並且還出資在北極多處增建了搜救中心。

此外，俄羅斯的海軍也開始計畫進行更多的海軍和軍事演習，以幫助他控制北極的各條海路，並掌握北極更大範圍的海域。俄羅斯從二〇一二年開始在北極的群島區進行兩棲登陸演習，首次地點選在新西伯利亞群島，這次演習出動了北方艦隊的二十艘船和七千名人員。然後接著又在二〇一四年展開代號為「東方」（Vostok）的演習，這也是俄羅斯自蘇聯解體後在遠東地區進行的最大規模聯合軍演之一，動用了十萬名士兵、一千五百輛坦克、一百二十架飛機，以及七十艘船艦，「這次在北極的演習內容包括保護海岸線、避免遭受海上攻擊，還有反潛艦與反破壞訓練、布雷行動，以及蘭格爾島登陸作戰。演習還有另一部分由海軍陸戰隊及傘兵進行，他們都在北極圈內進行了野地生存的測試訓練。」[35]

二〇一五年初，俄羅斯海軍為其核子潛艇舉行了更多演習，深潛到北極海下，並表示這麼做是為了要預作準備，以防有他人危害到俄羅斯在北極的利益，有些分析師認為俄羅斯此舉是要提醒北約，告訴他們自己還有核子戰力。同年俄羅斯軍方分別又再另外組織了兩次演習，第一次在三月，是個「突發」演習，由普丁總統忽然下令進行，因為當時北約正在俄羅斯邊境附近進行他們的演習，普丁要求整個北方艦隊都進行警備狀態測試，包括其中的三萬八千名士兵，以及所有的海軍船艦、戰機與載具，然而這個演習的背後其實藏了個潛台詞，就是要做好準備，可能會跟北約發生大規模的衝突。第二次的演習在八月，出動的只有一千名士兵，地點選在拉普捷夫海（Leptev Sea）和喀拉海之間的泰梅爾（Taymyr）半島，這次演習的主要重點在於練習適應北極未知的地理環境，並且促進部隊的聯合戰備與協調能力。[36]

二〇一七年，俄羅斯又進行了一系列大動作的演習，再次將自己的軍事與海軍戰力展示於人。在這一年六月，他試射了一枚洲際彈道飛彈（ＩＣＢＭ），發射地點是巴倫支海的核動力潛艇尤里．多爾戈魯基號（Yuri Dolgorsky）；到了那年秋天，俄羅斯又舉辦了更多的北極作戰演習，包括讓他在巴倫支海和鄂霍次克海進行演習的潛艇艦隊進行更多的飛彈試射，而這次演習就成為後蘇維埃歷史上最大規模的一次核彈演習，俄羅斯的西北極海港口管理局為了配合試射，還關閉了巴倫支海、喀拉海等地一大部分的地區。[37]二〇一七這一整年下來，根據媒體報導，俄羅斯國防部自己就宣布：「去年俄羅斯海軍在北方進行了兩百多次飛彈和火箭彈的試射，所有軍種則一共進行了三百多次。」在二〇一八年初，俄羅斯在巴倫支海進行了反飛彈作戰演習，隨後又在六月進行了一次北極的演習，被俄方國防部稱為是北方艦隊十年來最大規模的一次，出動了三十六艘戰鬥船艦，包括核動力與柴油動力的潛艇，此外俄羅斯軍方還結合地面武力一起執行了七十次戰術演練與十九次實彈演習。有些分析師認為這次的演習應該算是直接回應了多方的挑戰，包括美國重建第二艦隊、北約代號為「強獴」的反制演習，而且美國海軍陸戰隊最近還在挪威多派駐了一倍的兵力。[38]

舉行了這麼多演習，而且又加大海軍的行動，結果就是讓北極變得更加危險、更加軍事化，而俄羅斯則不斷提高他的軍隊與武力的投放範圍。北約議會的指揮官伊森．柯本（Ethan Corbin）不久前就觀察到，「船艦在各水域的巡邏速度加快了，而俄羅斯對北極的指揮控制能力也有了大幅度的提升，主因是他再度斥資修整基地及其武裝設備，像是配備了Ｓ－300及Ｓ－400飛彈，而空中防禦系統也大有改進，幾乎可以阻擋以任何方式來襲的敵人進入此地。」柯本還進一步補充，憑藉著上述的條件，俄羅斯正快速在北極建立自己的反介入／區域拒止戰力，有朝一日如果他想控制北極的某些通行點或航路的話，這戰力應該很快就能派上大用場。[39]目前看來，俄羅斯的地緣經濟利益還是大於他多數的安全利益，但是他的軍方已經開始布置一套強大的安全防衛網絡，逐漸積聚俄羅斯的實力，日後就可以極快速切換狀態，甚至馬上控制高北地區的大部分地方。

## 中國也要向北望

看了中國在其他地方的種種行動，自然也不會訝異他在過去十多年來一直想在北極的政局裡扮演更重要的角色，他甚至還宣稱自己是個「近北極國家」。二〇一三年，北極理事會接受了包括中國在內的幾個國家成為其正式永久觀察員，進一步實現了中國那逐漸膨脹的願望，準備讓自己在高北地區發揮更大的影響力。之前說過，中國想要成為一個極地強國，而這個期盼已被化整為零，融入了他的整個海洋戰略之中，不久前還有些中國極地專家乾脆用了「大躍進」一詞來描述中國目前在北極的飛速發展狀態，雖然用詞不算太準確，不過他們指的當然是毛澤東在一九五八到一九六二年所推行的大躍進運動，彼時中國以硬逼的手段來加快經濟發展，卻招來了毀滅性的後果。中國近來在北極還有許多值得寫的地方，不過我在此只針對他的北極願景來談，介紹他在北極的海洋地緣戰略方面最看重的三項核心利益，也就是海洋安全、地緣經濟，以及科學調研。[40]

在二〇一五年的北極圈論壇大會（Arctic Circle Assembly）上，中國外交部副部長張明宣告中國是

「北極的重要利益攸關方」；到了二〇一八年，中國提出了他的北極發展方略，也就是所謂的「極地絲綢之路」，由此可以看出他對北極的願景，以及他在北極不斷增加的各種利益。北極不只可以讓中國分散投資，更可以提供他替代性的航道，以防歐亞地區南方海域上的海上交通要道發生問題，當然還有一點，就是他看上了蘇聯龐大的天然資源，所以才選擇跟蘇聯在這方面攜手合作。雖然中國軍隊不會定期在北極活動，不過他們也已經開始前往進行水域測試，像是二〇一五年就派了一小批艦隊到阿拉斯加附近的北極海域。一般來說，中國都把北極海視為開放的「國際水域」，著名的中國海軍軍官尹卓在幾年前也說過類似的話：「北極是人類的共同遺產，是人類都可以去的地方，並不是由沿岸國可以壟斷的。」有些報導誤譯了他的說法，他的主張其實是「沒有國家可以主張擁有北極」（譯註：尹卓的原話是「沿岸國除了畫出領海外，其他地方應該都屬於國際水域，也是人類的共同遺產，以前就有這樣的法律基礎。」）。中國也已經開始投資一些比較大型的北極科研計畫，像是一些有助於改良航海系統的項目，或是研究會對中國產生影響的天氣模式，與此同時還加大力度投資發展破冰船隊，將來不只可以協助中國海軍，如果有其他中國航運公司對開發北極航路也覺得很感興趣的話，也可以獲得幫助。中國在北極的起步雖晚，現在卻已經認為自己「順理成章應該參與北極事務」，而在氣候變遷的時代裡，他在北極的勢力也只可能會繼續增大。[41]中國正在強化與蘇聯之間的關係，這意味著兩國在短期內還是會傾向於聯手，為共同的世界願景而合作，並且利用北極所帶給他們的地緣戰略及地緣經濟優勢，繼續分進合擊。

## 中國的極地絲路

過去這幾年，中國在推動海上絲綢之路之餘，也更致力把極地絲綢之路納入其中一併推行。二〇一七年時習主席首次提出了極地絲路這個想法，並將之納入一帶一路與海上絲路之中，到了隔年，中國又在二〇一八年一月發布了第一份官方的北極政策白皮書，裡頭詳細擘劃了對北極的願景。這份白皮書把很大一部分的重點放在保護航道、參與更多的科學調研、環保，還強調了要取用重要的天然資源，包括當地的能源儲備和漁場，裡頭也公開表示「中國願與有關各方一道，抓住北極發展的歷史性機遇，積極應對北極變化帶來的挑戰。」此外，該份白皮書還強調「中國鼓勵企業參與北極航道基礎設施建設，依法開展商業試航，穩步推進北極航道的商業化利用和常態化運行。中國重視北極航道的航行安全，積極開展北極航道研究，不斷加強航運水文調查，提高北極航行、安全和後勤保障能力。」[42]這些做法非但不令人意外，而且也呼應了我之前的分析，中國確實在不斷補強他的全球海上供應及物流網絡，而北極就是他在歐亞海域中的最後一塊拼圖。

如果分析中國這份白皮書，可以看到他們把其中一大塊重點放在傳統與非傳統的安全問題上。安妮馬里．布雷迪（Ann-Marie Brady）是國際上研究中國的極地強國政策的一位大家，她列舉出了中國幾項核心的極地安全利益：「維護通行自由，尤其是海上交通要道；投放全球性的海上戰力；還有就是強化國防。」至於非傳統安全利益方面，中國也需要北極維持和平穩定，這樣才能獲取其經濟與科研方面的利益。雖然我這裡主要都是針對北極在談，不過中國的目光也同樣投到了南極那邊，未來那裡也會是一個值得追蹤後續發展的重要海域。其實不管他有多少計畫，其根本方向都是一樣的：中國想要成為強國，而北京方面越來越看重北極，希望用它來幫助中國站上世界舞台的中心。[43]

## 中國的北極地緣經濟暨戰略利益

中國把目光焦點轉向北極，有一部分是為了幫他的航運公司保護極地的海上交通要道，讓他們能夠努力搶得公海上的主導權，還有能源安全，這是另一個關鍵的要素與動力。不過一切之中最重要的，是中俄要強化彼此在北極的合作關係，其後才是能源探勘與航運問題。說起來中俄兩國真是天作之合，尤其是在北極這邊，中國有金融資源與相關的市場需求，而俄羅斯則擁有天然資源，可以滿足中國對於能源的渴求。此外，中國還投資了更多的科研項目，希望這可以有益於他的全球戰略布局。

北極有幾條主要的海路，包括東北水道（Northeast Passage）、西北水道（Northwest Passage）、北方水路、北極洋橋（Arctic Bridge），以及跨極水路（Transpolar Sea Route），雖然不論是哪一條開通中國都能受益，不過長遠來看的話，中國還是會比較希望選擇距離俄羅斯海岸線比較近的北方水路，因為在他看來，走這條水道就只是在穿越國際水域而已，所以中國的船隻大可以主張自己有無害通過的權利。如前所述，俄羅斯方面一直想要引用聯合國海洋法公約第兩百三十四條的「冰封水域」條款，以此來反駁中方那種國際水域的詮釋，這種說法目前還行得通，可是隨著北極冰帽逐漸溶解，北極也逐漸開通，這件事有可能會造成兩國之間的摩擦。不過也有些中國的官方觀察家預測，就算俄方的立場不變，總有一天中國在全球的海上貿易還是會有百分之五到十五的比例得要取道於北方海路，而由於北極的航路距離較短、速度較快，所以中國專家也預估一年可以省下五百七十億到一千兩百七十億美元的國際海上貿易成本，該數字多寡取決於屆時那些水道一年中的無冰期能有多長，而且也得要靠到時候破冰船的作業收費能夠下降才行，否則像現在這樣真的太昂貴了，[44]不過這些都不會妨礙中國進一步投身北極開發的決定，即使短期之內沒有經濟效益也沒關係。此外，中國現在也開始找其他北極國家合作，像是冰島與格陵蘭，看看能不能建立更穩固的夥伴關係，或至少更穩固的立足點，二〇一六年時中國還發布了一份多達三百五十六頁的西北水道航行指南，幫忙指引中國的商船行走這條路線。對此現象，安妮馬里．布雷迪進一步指出，「北京方面對於北極海路一直表現得很積極，這一點大家都知道，而且是個高招，這樣中國在北極就會順理成章擁有自己的利益，如此一來就能確保未來任何關於北極的協商裡頭都會有中國的一席之地。雖然中國的航運公司也得要賺錢，不過身為國營企業，他們在北極這件事上不得不照著國家的政策方向去做，畢竟地緣戰略的需求還是比商業利益要來得更為優先。」[45]

想要打造出在北極的航運實力，包括建造派得上用場的船隻與破冰船，中國還有很長的路要走。二〇一二年時，中遠集團針對北極的航運課題進行了研究，並於二〇一三年發表結果。二〇一三年時，它首度派出了海船永盛輪由東向西跨越北方海路；在二〇一五到二〇一六年間，共有六艘中遠集團的船隻挑戰跨越北極的航程（一艘在二〇一五年，五艘是在二〇一六年）；到了二〇一七至二〇一八年時，每一年都已經有大約十幾艘船隻穿過了北方海路。雖然這些成功經驗很了不起，不過中方還是一直得要極度仰賴俄羅斯的幫助，包括提供航海專家、天氣預報、有經驗的破冰船隊，這才帶著中方的船隻安全通過北極。必須注意的是，俄羅斯政府強制規定船隻在穿越北方水路時只能使用俄羅斯破冰船，這使得該航程原本就已經高昂的通行費用變得更高了，像是俄羅斯的海運公司SCF（Sovcomflot）之前就曾與中國的能源公司中國石油天然氣集團簽下了在北極的長期航行合作協議，合約中還包括了一些特殊的條款，要求對於俄羅斯在北方航路上各處領海的主權主張，中方承諾不得提出異議。[46]

中國不只對北極的航運表現得愈發積極，他也開始大肆添購可以執行重大科研任務的破冰船艦。此外，由於有些北歐國家想要跟中國合作，一起在中國、挪威，或乾脆在北極的某個地方建立北極研究中心，因此中國也趁勢推展了科學外交及其他相關的周邊工作。中國目前在北極設有兩個永久性的研究站，另外還有一些臨時性的研究基地，他在北極的研究設備與團隊主要都是在過去這十五年裡頭建立的，其第一個北極研究站叫黃河站，位於挪威斯瓦爾巴（Svalbard）群島上的新奧爾松（Ny-Alesund），如今該站在夏天有三十七位工作人員，冬季則只有四位，跟其他各國營運的研究站相比，這裡一直是最大的外國研究據點。中國在北極進行的大部分研究都是在探查冰與大氣之間的交互關係，以及這對氣候變遷造成了什麼樣的影響，不過中國的研究單位也另外繪製了北極的航海路線，還標示出了各地可以接收衛星資料的氣象站，這些地方不只可以追蹤氣候變遷的情況，也可以觀察一些短期的天氣變化，或是海冰的流動模式。[47]

從一九九四年開始，中國從烏克蘭購買了第一艘冰級達五級的破冰船，命名為雪龍號，一直以來都在南北極各地進行各項獨立研究。目前中國編給南極的預算比較高，因為在那裡比較容易作業，也比較容易建立基地，至於在北極這邊，中國從一九九九年開始也領軍進行了八次以上的科學考察，在二〇一七年時，雪龍號還成為了中國第一艘成功穿越西北水道的船隻。不只商業，中遠集團在北極的科學考察方面也一樣扮演了重要角色，因為該公司為來回往返的破冰船提供了後勤補給等多項服務。中國不久前還建造了雪龍二號，並於二〇一九年正式啟用，而它也是中國第一艘自主建造的極地破冰船，而且中國不只有雪龍號，中國海軍在渤海也有三艘破冰船可用，其中兩艘是在二〇一六年上線啟用的。據其他國家的推測，中國應該已經開始設計打造新級別的核動力破冰船，其建造任務大概就是交給了中核海洋核動力發展有限公司，這是一家合資企業，其控股股東為中核集團及江南造船等公司。只要這項計畫順利達成的話，中國就會擁有更強大的國際公信力與聲望，往極地強國的目標快速躍進。[48]

跟在歐亞海域的其他地方一樣，中俄關係在北極也是迅速發展，尤其是在能源這方面。二〇一八年中國公布了官方的北極戰略報告，媒體報導俄方是表達歡迎的態度，因為俄羅斯正想設法實現自己的北極大夢，而中方的這份計畫有可能會幫他很大的忙。二〇一八年六月，習主席與普丁發表了一份聯合聲明，表示兩國願意「加強中俄北極可持續發展合作……聯合實施交通基礎設施和能源項目」，中國前前後後在俄羅斯的北極能源探勘計畫裡頭投資了許多資金，二〇一八年的這份聯合聲明可以說是集其大成的成果。舉個中方投資的例子，二〇一三年中國石油天然氣集團有限公司簽下了一筆價值約兩百億美元的合約，買下了俄羅斯諾瓦泰克公司在亞馬爾半島的液態天然氣投資計畫的兩成股權；到了二〇一六年，中國的絲路基金又買下了諾瓦泰克公司在亞馬爾的天然氣開發計畫的百分之九點九的股份，價值一百二十億美元。[49]

自從二〇一四年以來，俄羅斯的國際形勢越來越受到孤立，而他運往中國的能源數量也跟著出現了可觀的增長，而先前雙方簽訂的能源協議也開始陸續生效。二〇二〇年時，俄羅斯的油輪首次來到中國；到了二〇一八年七月十九日，中國又迎來了諾瓦泰克公司首次從亞馬爾半島新氣廠走北方海路送來的液態天然氣，中國在北極的投資總算開始有回報了。這一趟的海上航程一共花了十九天，比以往走蘇伊士運河少了六天，而從二〇一九年開始，原本每年總共要固定提供中國石油集團的一千六百五十萬噸液態天然氣之中，預定會有三百萬噸都是用這種方式運送。[50]

中俄兩國未來應該會進一步討論更多的北極能源開發與探勘計畫。就在二〇一七年，諾瓦泰克公司又跟中國石油集團及中國開發銀行簽了另一份協議，要合作進行另一個在北極的液態天然氣開發計畫。[51]美國看起來對北極似乎不怎麼在意，這也意味著中俄的聯手沒有其他顧忌，兩國可以儘管放開手腳擴大與強化自己在北極的勢力，俄羅斯依然會繼續在北極擔任最主要的角色，不過中國也已經打下了堅實的基礎，可以順理成章分一杯羹。

## 北極危局已然可見

為了發展海洋地緣經濟，中國和俄羅斯近來動作不少，而且大概在短期內不會縮手，俄羅斯有天然資源，而中國需要這些來延續自己的經濟發展，不過也跟其他地方的情況一樣，照顧完經濟之後馬上就得跟著考慮安全問題，而俄羅斯在這方面可以說已經展開了準備，既增派駐軍範圍，又強化基地戰力。此外，中俄兩國也都把北極視為鞏固自己國際強權地位的工具，俄羅斯這邊自不待言，他本身的地理條件就已經讓他在北極居於領先地位，可以輕易掌控或影響高北地區的海路；至於中國方面，則會繼續發展自己在北極立足的地盤，也繼續把心思放在北極上頭。中國已經開始研究要怎麼在中國與芬蘭之間鋪設北極海底電纜，還提議要拉一條長達一萬零五百公里長的光纖纜線，雖然目前似乎還只停留在協商階段，不過隨著北極繼續融冰，這條纜線很快就不再只是空口說白話的想像而已，而且從這個計畫也可以看出中國的殷殷期望，不斷想著要把北極當成資訊流的另一條替代路徑，這樣就可以讓他的資訊流常保獨立，不受其他的資訊網路所左右。[52]由於中俄兩國看來會更進一步聯手來對抗美國所領導的世界秩序，他們的北極外交政策也應該會繼續相互唱和，繼續尋找其他方式來守住與控制北極。

然而現在更大的問題，也是更令人擔憂的地方在於，北極是否會變成一個更加競爭激烈、安全局勢緊張的地方呢？雖然俄羅斯已經尋求北方理事會及其他多邊架構組織的管道，大致上解決了北極的各項爭議與統治權問題，但從各種初步的跡象來看，似乎並不能讓人真正放心。麻煩的地方在於他不僅廣設基地，還擴大監控那些通過自己領海或內水的海路，就算俄羅斯聲稱他建基地、派兵力都是為了要進一步保障北極的和平與合作，但是在整軍經武的過程裡，俄羅斯也在一步步陷入典型的安全困境之中。舉個例子，人家會怎麼看俄羅斯打造北方艦隊這件事呢？他背後的想法到底是要防衛還是想侵略？眼看著俄羅斯在海上增強戰力，行動也越來越大膽，北約逐漸感到憂心，因而也舉行更多軍演，並在歐洲北岸各處擴建北約軍隊，以同樣的舉動來予以回應。

不論從哪個層面來看，中國都不能算是北極的軍事大國，但即便如此他依然開始向北推進，不只派出海軍部隊，另一方面也派出科學考察隊，前往支援地圖繪製及其他的航海工作。說起中國海軍前往北極，近年來最值得提的分別是二〇一五年與二〇一七年這兩次，二〇一五年有五艘中國海軍軍艦駛入北極，還首度航行到了阿拉斯加的海岸線附近，當時歐巴馬總統正首度參訪北極周邊的國家，按照媒體的說法，中國這樣做是想要給他一個警告。之後在那年秋天，中國又派了一支更小規模的海軍艦隊去幾個北歐國家參訪，算是他再一次告訴大家，他跟北極的利害關係已經越來越多了。到了二〇一七年，他又再展開了一次類似的北極航程，也是到了阿拉斯加附近，不過媒體認為他這次是去觀察與蒐集情報的，因為美國正在那裡進行薩德反飛彈系統（Terminal High Altitude Area Defense）的飛彈軍事試驗。[53]隨著中國在北極的地緣經濟與地緣戰略利益越來越多，他應該會繼續努力想辦法來為他的利益提供最佳保障，當然，由於他跟俄羅斯在北極的合作關係正在快速發展，所以他也可以占到一些便宜。目前中國還在慢慢打造自己的極圈艦隊，他可以放心仰仗蘇聯的協助就好，不過雙方的關係是否能夠一直持續下去，也需要中國好好斟酌。

說了這麼多，也許最讓人不安的是美國相對上對北極並不熱衷。在過去近二十年，美國大多數的心思都花在陸地的衝突上，尤其是在中東與中亞，在這個過程中，他或多或少忽略了一些像北極這樣的戰略要地，而中俄兩國卻趁著冰帽融化、海路移轉的好時機大方前進。曾擔任美國海岸防衛隊司令的保羅．佐孔夫特（Paul Zukunft）上將，在最近就為美國的北極政策敲響了警鐘，說道：「他們的棋子現在都已經在棋盤上擺好位置了，而我們呢，現在才擺上了一支兵，或許還有一支車，如果你把這當成是一次北極象棋大賽，他們從一開始出手就可以馬上將死我們。」[54]很多盟國還擔心另一件事，北極若是擦槍走火或爆發衝突，即使事件的局勢越來越升高，美國卻可能不願意挺身而出，派兵解決衝突。北極已經是歐亞海域的最後一道前線了，但美國至今仍不願帶頭，也不想好好經營這個戰略要地，反倒讓俄羅斯與中國又鑽了一回空子。中俄兩國已經做好準備，要聯手控制環繞整個歐亞大陸的海上交通戰略要道，包圍這個很多人口中的「世界島」，而且對中國而言，北極不過才只是起個頭而已，他現在的目光已經盯上了南極的發展，而這也可以進一步讓我們了解到，這位海上對手已經成了多麼厲害的角色。

# 第九章

# 競爭加劇，時勢挪移

大的海軍，方能展現睥睨海上的力量，只是現在（在公海上）效果不比當年，那時打出中立的旗號，也不能保你無虞。」

——阿爾弗雷德．馬漢，《海權對歷史的影響：一六六〇－一七八三年》

自冷戰結束以來，美國一直主宰著海洋，並因而主宰了國際秩序。縱然美國的軍力及海軍戰力依舊獨步天下，但外界的觀感卻是美國在走下坡，而歐亞大陸上卻群雄並起，等著要填補世界老大的位子，最不濟的話，中國和俄羅斯也希望能削弱或改寫美國所領導的世界秩序。本書探討了歐亞大陸上的三個國家——中國、俄羅斯與印度，他們都一心想要成就強國大業，並左右或影響世界政局，而且他們每一個也都體認到，海上戰力與遠洋海軍，是讓他們達成目標的兩大關鍵。

當自由主義的全球秩序式微，中、俄、印等新興諸國登上世界舞台，大聲疾呼他們各自的主張，我們已經進入了一個處於轉變期的新世界。學過歷史的人都知道，各個強國的興衰不過是國際關係裡的自然現象，可是我們今天所目睹的是一個全球性的勢力變局，多個矢志圖強的國家在角力拉扯，只能等待塵埃落定，而屆時的局勢又將影響到未來的世界經濟、國際政治，以及全球公地的安全與穩定。

這三個歐亞大陸強國之所以會大力擁抱海洋，背後的主要動力乃是海洋地緣經濟。印度與中國都是快速成長的經濟體，須得有重要的天然資源來維持經濟成長；而俄羅斯則手握這些不可或缺的天然資源，也把它們賣到了國際市場，而且未來這些資源有多數都會取道於北極的海上，然而俄羅斯面對國際制裁禁令逐漸收緊，他也需要有中國這個戰略市場兼地緣戰略夥伴。由於他們每一個都有強國夢，海上競逐自然也漸趨激烈，因為大多數的商品與資源都是由海路運送，所以這三國都意識到除了必須保住歐亞地區的海上交通要道，還得打造遠洋海軍，方能向外投放戰力，保護國家在海外的投資與資產。然而如此一來的結果，就是海軍至上主義再度興起，從東亞、南海到印度洋、歐洲乃至北極，到處都可以看到越來越激烈的政治言辭交鋒，以及越來越升高的區域緊張局勢。本書中所分析的這些歐亞大國，一個個都跨出了自家鄰近的海域，往更遠的海洋發展，除了要彰顯自己的海洋實力以外，也是為了確保自己的海洋地緣經濟不受侵犯。

對於原本就競爭激烈的地方，或是各方海軍已經漸漸會主動挑釁的情況而言，海軍至上主義抬頭是一件特別危險的事，就像我們在南海看到的情況那樣，美國、日本等國家跟中國船艦屢屢面臨近距離相持的險境。我的意思並不是說印度、日本與美國應該要停止支援在南海的自由航行任務行動，但是美國應該也要有所自覺，現在有越來越多人都覺得美國在採取緊縮政策，在世界舞台上的領導地位也逐漸下滑，當美國似乎想從世界警察或執法者的角色中抽身時，許多美國的盟友面對這樣的情況，也紛紛開始商討新的辦法，希望能在沒有美國領導，或是沒有美軍帶頭的情況下，依然守住自己本國的利益。

如果現實就是這樣無奈，接著來的大哉問就是：還能怎麼辦？在此我不揣冒昧，要提出一份初步的建議清單，列舉出值得另行深入探討與論辯的議題。如果你站在自由世界秩序的立場，雖然還不至於說自己這邊已經一敗塗地，畢竟世界有著那麼多的面向與變數，不過美國和他在歐洲、亞洲的夥伴與盟友們確實不能再浪費任何時間，已經沒有功夫再去細細籌劃，想著該怎麼因應這個快速變化的歐亞海上勢力新局才是最好的辦法，因為中國靠著他在地緣經濟與地緣戰略方面的投資，已經蹦蹦跳跳地躍到了前頭。在過去十八年以上的時間裡，不只美國，連同他的許多盟邦，都過度將注意力放在伊拉克及阿富汗的陸上戰爭衝突，反恐與反叛亂（counterinsurgency）作戰成了國防部的主要工作，結果導致美國軍方的思考能力反而退化了，無法再像從前那樣進行戰略思考與分析，探討一些較為傳統的課題，例如所謂的「大國競爭」（不過二〇一七和二〇一八年的國家安全戰略報告，倒是有改變了上述那種思考方式與目光焦點）。對我們自己也說說實話吧，現在歐亞海域上發生的狀況，已經不是美軍或美國海軍所能獨立解決的了，就算你在世界各地有五百一十四個頗具規模的作戰基地也一樣。美國只能擔任部分角色，我們現在一定要鋪排的是一個比從前大上很多的戰略格局，美國與他的夥伴、盟友都要擔負起責任。除了美國以外，中、俄、印各國也可以幫忙舒緩某些國際上最緊繃的癥結點，像是一帶一路、海上絲路、中國海上民兵，以及北極安全問題等，這些都已經積累成解不開的戰略問題了，這三國對此能做的事，遠遠比現在看到的要多很多。重要的是，每個國家都要好好應對目前興起的海上競爭，這樣才不會讓局面升高到更無可救藥的地步。

## 挑動中俄關係

儘管俄羅斯與中國有共同的利益與盼望，都想重塑西方所領導的世界秩序，因而選擇更緊密合作，不過兩個國家還是對很多議題的看法有分歧，這也許就讓他國有機會從戰略層面上離間他們，這也不失為一種解方，可以為一觸即發的競爭態勢帶來某種平衡的局面。以東南亞為例，俄羅斯對南海所採取的官方立場並沒有符合中國方面的主張，表面上雙方心照不宣，俄羅斯不會對中國的勢力範圍公開說三道四，反之中國也是一樣，不會挑戰俄羅斯在北極或東歐的核心利益。雖然雙方都有了默契，可是俄羅斯依然積極跟許多東南亞國家接觸，販賣軍火和彈藥，他也跟越南、寮國、柬埔寨及緬甸等國合作，為的就是進行能源探勘或銷售，以及反恐與人員訓練等方面的利益；此外，俄羅斯的眼光現在也投向了菲律賓，想試試看是否能把他納入自己在軍工勢力方面的地盤。等到賣了更多武器或技術系統給這許多東南亞國家後，俄羅斯將無可避免地與中國發生競爭，因為中方也想壟斷這裡的軍火與軍用設備的銷售市場。此外，俄羅斯積極與越南往來，這也會讓他跟中國在南海的海域爭議方面直接產生矛盾，雖然現在中國表現得很大度，但說不準什麼時候中國就會要求俄羅斯要更積極進行正式表態支持中國，又或者中國也可能要求俄羅斯縮減對某些國家的軍售規模，因為他們堅決反對中國在海上或其他領土方面的主權主張。

在歐亞大陸的最西方這邊，中國也一樣不開口議論跟俄羅斯有關的戰略議題，也就是他在波羅的海與黑海地區的地緣經戰略及地緣經濟利益，包括烏克蘭與喬治亞。然而因為一帶一路，中國在這兩地的投資都在增加，因而開始有人擔心俄羅斯的步步進逼有可能會危害到中國對兩國的投資與夥伴關係。不過到目前為止，中俄兩國似乎都想繼續掩蓋彼此的分歧，以成就雙方更大的共同利益，但如果中國覺得自己有需要強化在地中海的前線軍事戰力，以此保護他在地中海各處越來越龐大的海洋地緣經濟利益的話，局勢還是有發生變化的可能。

除此之外，印度或許也可以在整個大局中發揮一定作用，也許能夠讓中俄兩國在某些情況下分道揚鑣。印度跟俄羅斯一直都保持著軍事合作關係，雖然規模相比於冷戰時期要小上許多，不過俄羅斯在印度的潛艇作戰計畫中依然扮演著關鍵角色，而且他也提供印度其他的作戰科技系統。如果印度可以繼續平衡自己跟俄羅斯、美國及歐洲各國的關係，不偏廢軍火與科技的採購來源的話，就有可能拉攏到俄羅斯，讓他更站在自己這邊一些。當然這樣做也有風險，尤其是俄羅斯現在越來越受到美國及歐洲諸國的排斥，但目前來看也許還是值得一試的辦法。很多分析師都做出了相似的推斷，認為俄羅斯之所以會幫印度說話，讓他成為上海合作組織的一員，是覺得印度也許可以成為制衡中國的關鍵盟友。雖然上海合作組織所設定的關注重點是在陸地，不過裡頭最近出現的這個新局面，包括印度（以及巴基斯坦）的加入，表現出了中俄之間還是存在著一定程度上的不信任。俄羅斯一定已經體認到，某種程度上來說他需要中國多過於中國需要他，然後他就必須接著思考，未來有哪些情況可能會讓他們原本的共同利益產生分歧，屆時如果要制衡中國，他又該怎麼做才是最好的呢？未來在戰略上要怎麼平衡中俄兩國的形勢，這是一個應該繼續研究的重要課題。

## 對海上絲路與一帶一路多要求一些透明度，監管與標準

對於海上絲路與一帶一路倡議有一個常見的批評，就是其內容缺乏透明度與標準的規則、程序，而且還會從財務上侵略他國。也有越來越多人擔心，這些港口開發案都會被當成軍民兩用的基礎建設計畫，未來可以讓解放軍或解放軍海軍輕易利用，尤其是很多港口還附帶了數十年的租約。北京方面也清楚外界的批評，這也就是為什麼他現在會想讓這個全球性倡議在公眾眼前改頭換面一下，做出一些重新適應與重新調整。二〇一九年四月在北京舉辦了一帶一路國際合作高峰論壇，期間中國政府試圖向外界傳達一個訊息，表示他已經準備好要改變一些先前在國際上飽受批評的做法，習近平主席還在演講中表示：「堅持一切合作都在陽光下運作，共同以零容忍態度打擊腐敗……同時確保商業和財政上的可持續性，做到善始善終、善作善成。」此外，北京方面也試圖要告訴大家，他正在推動更友善環境的方案，將會有助於促進公平勞動，以及建立更標準化的作業流程。之所以要推動公平勞動，有部分是為了因應各方的不滿聲浪，某些中國的港口開發案實際上極少使用當地的人力，甚至還傳出了硬逼中國工人簽約

當苦力的事情，許多觀察家都曾對此發聲，然而有一位中國學者向我指出，中國共產黨的高層對於海上絲路與一帶一路開發案的監管其實相對有限，許多中國公司在中共內部擁有巨大的政治關係和影響力，你想約束他們還真是不容易。

因此，中國需要努力彌補海外投資的某些漏洞，因為目前中國政府對這些跨國公司和其他國有企業的監督幾乎不存在，甚或完全不監督，如果他們在國外鬧出了什麼事，或是開發案根本就執行不力，本國這邊大致上也不會問責。在新加坡拉惹勒南國際研究學院教書的中國學者李明江認為，「如果一帶一路可以訂出更好的標準與規則，會讓世界其他主要國家更願意參與一帶一路；而如果多方國家可以在一帶一路的架構下一同合作，則會大大有助於緩和中國與其他大國之間的地緣政治競爭。」[1]除非中國修補大量的漏洞，並且讓海上絲路與一帶一路的投資機制更加透明，否則他就會繼續面對許多難題，包括財政貸款與投資的高度風險，或是被某些項目搞壞了自家名聲。中國上次舉辦的一帶一路峰會算是走對了路子，以推動更高標準與「財政上的可持續性」為目標，但要想重獲已經失去的信賴，確實還有很長的路要走，畢竟有些開發計畫因為種種因素已經被地主國給擱置甚至取消了。雖然有上述挫折，但海上絲路與一帶一路在許多方面依然表現出傲人的成績，而且現在也不太有可能改弦易轍，可是只要習近平還想繼續維持他宏大的願景，那中國就得把大家對海上絲路與一帶一路有關的千般顧慮放在心上，不論那些顧慮是來自本國或外國的都一樣。[2]

## 以經濟發展來抗衡經濟發展

近年來美國國際開發署（USAID）及國務院的資金水平一直只能算是在勉力支撐，多少分析師與政府官員都在不時嗟嘆，說國務院的權力不如以往了，又說那影響到了他們在海外的運作情況。經援一直是美國經略天下的重要工具，現在也該要補充一些銀彈，這才符合美國在海外的需求與利益。以二〇一九年的會計年度為例，國務院提出的預算數字減少了百分之二十九，約等於一百六十二億美元，雖然後來美國國會反過頭來補回了許多削減的項目，但是此舉仍然等於是在對外界大聲宣告，國務院在現在的政府裡頭越來越不重要了。更麻煩的是，中國藉著一帶一路與海上絲路，一躍而成了全世界的經濟大財主，他在窮國與開發中國家所灑下的金額之多令人咋舌，美國要多想點辦法來提醒大家，接受這種低利貸款是多麼危險，對開發中國家來說可能會變成一個財政陷阱，如斯里蘭卡、馬爾地夫、吉布地、馬來西亞等國就是明證。此外，商務部及其他美國政府單位也可以多做一些努力，好好鼓勵美國企業往海外發展，前去協助進行關鍵的基礎建設及開發計畫。據估計到二〇四〇年以前，全世界在基礎建設方面會花上九十四兆美元左右，這就是美國政府可以輕鬆上手的好機會。[3]最近有媒體報導，美國要把以前的海外私人投資公司（OPIC）改組成國際開發金融公司（International Development Finance Corporation），以此來跟中國的一帶一路計畫抗衡，這一步確實是走對了方向，可是也不免會有人懷疑，人家中國都已經在那麼多地方占領了地緣經濟的穩固地盤，現在想逼他的國際發展之路改道，這談何容易，而且國際開發金融公司就算承接了海外私人投資公司原本的六十億預算，然而如果他們想要大展身手的話，這筆錢還是遠遠不足。[4]我在本書中曾經對此進行過許多分析，其結果也支持了這樣的立論。

想幫忙促進各國可持續性的經濟發展，美國確實是一個要角，但是印度、日本、澳洲及歐洲諸國等各個國家也都應該共同參與才行，大家都要拿出自己的地緣經濟與開發策略，跟中國的一帶一路拚一拚。莫迪總理對於推動「區域共同安全與成長」相當積極，此外還提出了許多其他倡議，然而現在對印度政府來說，真正的關鍵處在於執行層面，必須要及時而且有效才行。印度因為有地利之便，加上與鄰國有共同的歷史文化背景，因此在印度洋這邊比起中國及其他國家都要更有優勢，但是他自己也必須多加努力，以確保印度企業在印度洋各地進行投資與營運時能夠更加容易。想要促進印度在各地的投資，首先可以做的其中一件事就是擴大外交部門的規模，以及外交官隊伍的人數，目前印度外交部門每年只招收大約八到十五位外交官，總體來看，他只有大約六百名外交官員，可是要任事的國家卻有大約一百六十二個，對於一個十三億人口的國家來說，這個數字實在是低到無法讓人接受。如果未來印度想要別人認真看待他提出的各項倡議，那他一開始就必須先增加外交事務部門的人手，以及外交官團隊的人數，這樣他們才能行有餘力，以更有效的方式來促進印度在鄰近地區乃至全球的利益發展。[5]

## 加派美國與歐洲的駐外財政人員

在進行本書的實地研究過程裡，我看到美國採取了一些行動來協助那些積欠對中債務的夥伴，其中最有創見的方式就是指派美國的財政部官員進駐地主國的央行。像是有個很特別的例子，美國財政部向斯里蘭卡中央銀行派駐了官員，幫他們管理資產負債表，以及其他對中國的繳息約定事宜。面對這種財務困境，其實從來都沒有什麼一蹴可幾的解決辦法，但是這個方案卻似乎產生了相當不錯的成效，如果地主國願意接納這種方案，美國財政部與國務院，外加英、法等歐洲其他已開發國家的盟友，都應該好好考慮擴大這種方案的合作規模與適用範圍。而且這樣還可以不斷提醒這些已開發國家，要他們多多從戰略層面來思考經濟手段或地緣經濟的重要性，中國已經用鉅額貸款來坑害了許多開發中國家，而且類似的手法應該還會繼續沿用下去，所以這種新方案也不失為一種聰明的應對辦法，可以幫助一些國家從未來的財政難關中脫出困境。

## 支持合作夥伴和盟友

如果美國不打算去碰某些外交上的燙手山芋，不願站出來領導大家，那他也一定要允許盟友能夠多冒一點風險，也多擔當一點領導角色。美國確實跟南韓、臺灣、澳洲及其他東協國家一直都保持著穩固的關係，但是美國也應該多加努力，跟他那些關鍵的盟友們加強彼此的同步合作，包括進行更多的多邊聯合演習，提供更多軍售，轉移更多先進科技，而且也要分享更多情報，因為促進了大家的同步，不論是跟歐洲或亞洲的盟友，才能讓他們有更好的準備來應對重大衝突。此外，美國也應該開始多從戰略層面來考慮，是不是要擴大美、日、印、澳的四邊安全對話的規模與範圍，有些官員就建議，四邊安全對話應該要增加成員，納入英、法等在印太地區有巨大利益的國家。的確，現在應該要採取更多動作，把四邊安全對話從原本的安全對話組織轉型，讓它可以有更強的能力來應付與全球公域相關的集體安全問題。

在美國應該鼓勵與支持的對象名單上，除了四邊安全對話裡頭的諸國，日本這個名字更是反覆出現，外界希望他能比現在參與更多國際事務。舉個例子，美國應該要幫忙推動日本的經濟發展倡議，支持日本擴大參與亞太地區的軍事活動，而且從吉布地到印度與斯里蘭卡，日本的勢力都在快速增長，而這也對中國不斷擴張的勢力形成了重要的制衡。自從冷戰以來，日本過往的帝國遺風就對其海上自衛隊的面貌與特質有很大的影響，也限制了他的現代化進程。時至今日，海上自衛隊仍以東亞安全事務為其主要的優先項目，尤其是保護日本群島及有爭議的海上疆域，不過海上自衛隊也漸漸開始重視對海上交通要道的保護，以保障全球共域的海上秩序，而且隨著日本的勢力漸漸深入印度洋，現在他也比從前的帝國海軍更積極參與國際海上安全事務。有些人認為海上自衛隊之所以一直沒有進一步發展與擴張，是因為受到日本憲法第九條的制約，不過也有其他人認為日本所採取的海洋戰略路線原本就一直都是如此，他們講求的是海軍本身要靈活而多變，以此來掌控周邊海域，這才是他們的核心競爭力，不過就算真是如此，日本還是得靠美國來填補自己在海軍戰力上的某些不足。可是問題還在後面，美日兩國終究都要面對一個難題，就是他們認為日本在海上應該要表現出怎樣的面貌，又該不該把軍事勢力往整個印太地區發展。

在過去歷史上，日本的軍力從未真正跨過麻六甲海峽，要說有的話，頂多也只在二戰最高峰的短暫時期裡，而他在東亞所留下的歷史形象，更進一步讓他的整個外交形勢變得更加微妙。況且，美日之間的海軍關係浸淫日久，也越來越成為一種固定的體制，就算日本真想對印太地區的海上安全採取較為獨立的戰略路線，恐怕也會很難辦到（這只要大體看一件事就知道：根據官方報告，美國目前在日本擁有一百二十一個軍事基地）。不過話說回來，曾有一位日本的高階軍官向我強調，日本、印度與美國都有強烈的意願維繫「自由開放印太」戰略，因為三國不僅共享民主價值，也有共同利益，而且還都逐漸把中國視為可怕的潛在對手。日本並不像中國看起來的那樣，想藉由一帶一路與海上絲路來打造一個壟斷性的供應鏈與物流網絡，他想要的反而是一個開放、透明，而且符合其他自由世界的價值與準則的海洋體系。此外，日本也需要維護自己的利益，包括能源安全、海上交通要道的安全、保障漁業、發展北極利益、守護爭議海域與島嶼、制衡中俄等較具威脅的強鄰，還有就是要因應目前美國看起來打算逐漸要從東亞縮手的局勢。所以即使雙方海軍的夥伴關係面臨著複雜而又充滿各種羈絆的難解問題，美國還是應該要繼續支持日本，讓他慢慢開始在印太地區的海域扮演更多角色。[6]

最後，不論是在歐美的任何一項戰略中，北約及其聯合海上司令部都是最後的定海神針。就北約而言，以往他們比較抱持陸地視角，特別看重陸上的邊界問題，現在也一定要跨出框架，進到歐洲各處關鍵海域，尤其是俄羅斯正在加大力道，一心想要往北大西洋與地中海推進。此外，北約也必須開始從戰略層面來考慮，把自己的任務範圍擴張到太西洋上，包括要多想想有沒有什麼辦法可以進一步保護跨大西洋的海上交通要道。就算這些都做到了，大家也依然不能忘記一件事，中國所採取的許多戰略都大致上屬於地緣經濟性質，所以他並不需要用純軍事的手段或戰略來達成他的目的。

## 讓印度做好準備，從海上保衛家園

一直以來，印度都習慣把國家安全的優先重點放在內陸，尤其是在喀什米爾一帶的喜馬拉雅邊境，這裡跟中國及巴基斯坦交界，而且屢有爭端。可是就像前面已經探討過的，印度現在也一定要更注重自己未來的海上安全與海岸防衛，中國雖然在兩國所相爭的陸上國界那邊布下重兵，不過近年也開始更多加重視印度洋上的實力——不論是實際投放海軍戰力，或是利用地緣經濟投資發展出來的勢力，就像在馬爾地夫與巴基斯坦的情況那樣。換句話說就是印度畫地自限，在很大程度上只想著他能在兩國相爭的邊境那裡給中國施加多少壓力，就算這點不要變好了，那麼海上豈不也是一個很好的地緣戰略角力場，印度可以由此發展出新的辦法來對中國施壓，或是至少讓中國擔心這裡會出現壓力也行，反正他總歸是鞭長莫及。反過來看，印度其實也跟中國或其他國家一樣，都得靠海上交通要道來維持國家生計，所以他也一定要想好因應方略，以防未來跟中國在公海上發生齟齬。然而，如果印度還想好好因應跟中國在海上競爭越演越烈的問題，他一定得要認真打造自己的海上國防力量、聯合戰備能力，並且建立其他區域性或全球性的夥伴關係，包括利用環印度洋聯盟（Indian Ocean Rim Association）這樣的區域性組織。不只如此，印度還應該做好最壞的打算，準備面對兩面夾擊（陸上與海上），甚至也有人推測中國可能有辦法從西藏發射飛彈來攻擊經過孟加拉灣的印度戰艦，這就是為什麼發展海陸空聯合反制戰力對印度那麼重要；而且情況還有可能更糟，中國也可能利用巴基斯坦來進一步威脅印度，有些印度人就公開推斷，中國可能在計畫要幫助巴基斯坦發展自己的反介入／區域拒止戰力，以便在未來發生衝突時在海上嚇阻印度。雖然印度花更多錢來發展海軍的話，也一定會更加助長印度洋的海軍競逐風潮，不過對於中國在海上崛起，以及他可能會怎麼利用巴基斯坦來對付印度，多小心注意還是沒錯的。中國在一帶一路與海上絲路的投資已經有了豐碩的成果，逐漸發展成一個強大的開發與貿易網絡，而為了保護這些投資與利益，不論是解放軍，還是官方在背後支持的民企私人武裝力量，行動應該都會越來越大。

為了要因應在海上的需求，印度必須為自己的未來建構海上戰力，然而在這方面印度也得務必小心，不要只是猛在傳統船艦及其他相關的技術系統上花錢，這樣會完全落入一種思維上的陷阱；而且印度的官僚系統一定也要有能力幫上忙，好好支持印度未來的海軍現代化改造工作。雖然投資傳統戰艦可以對中國或其他國家傳達比較強烈的宣示意味，但是印度海軍還是應該下更多重本投資海軍陸戰隊的兩棲戰力，以及水下或海底的資產及科技系統，像是印度的潛水艇部隊，如果可以投入更多資源在此的話，規模就可以更大，繼而也會比較能發揮效果。印度確實已經有在投資發展反潛作戰戰力，不過他一樣也可以在安達曼－尼科巴群島投資多加投資反介入／區域拒止科技，以為未來在公海上的挑戰做些準備。此外，印度現在應該也要加強投資海軍戰力結構的現代化改造工作，把重點放在水下及其他多方面的戰力，像是水下無人機，這種設備不僅可以保護領海與海岸線的安全，也能蒐集更有用的情報，並且對海域提供更好的警戒。如果印度無法持續支持這種改造、增強戰力結構的適應性與創新形式的話，在戰力效果方面，他就可能無法跟中國在公海上競爭。

除了在戰力結構上進行戰略投資，印度也必須多跟夥伴國家合作，不只要多多進行聯合軍演，也要多加強建構與夥伴之間的協同戰力（partner capacity），美、印、日每年舉行的聯合海上演習就是重要的操練機會。此外，印度也用了很聰明的方式來強化自己跟印尼的文化連結，莫迪在二〇一八年五月第一次正式造訪雅加達時的表現就是一例，當時兩國元首一起發表了對印太地區的海上願景，而且還宣布要把雙邊關係提升為「全面戰略夥伴關係」，並且簽署了國防合作協議。除了印尼，印度也應該要繼續在東南亞的外交版圖上開疆拓土，像是也要跟越南及菲律賓加強建構夥伴協同戰力，而且印度還可以充當日本在東南亞的外交媒妁，畢竟日本在東亞的歷史形象不佳，必須要用一些比較精微曲折的方法才能進行外交接觸，強化與東南亞的往來。[7]

最後，印度國內正面臨兩派不同立場的爭辯，吵著要在印度洋廣設軍事前哨站還是軍事基地才對，印度必須從戰略層面的思考來決定這個問題。印度跟許多戰略夥伴都有簽下基地的准入協定，像是美國、法國、阿曼，這是相當明智的做法，莫迪及其內閣一直都很精明，懂得要加強打造印度軍方與海軍的戰力，使其可以在安達曼－尼科巴群島執行任務，他們分撥了更多資源進行基礎建設計畫，而且還在附近進行軍事演習。雖然事實證明，在短期內想要在安達曼－尼科巴群島建立完整的基地，並且駐紮較長期性的部隊，不僅困難而且也很花錢——以布萊爾港為例，根本沒有地方可以掩護船隻，而且有一些最基本的基礎建設也付諸闕如——但即便如此，印度還是可以強化很多其他方面的基地戰力，包括建立海域警戒及訊號情報這些方面的前哨基地，這也相當重要。印度也經開始跟美國展開更密切的合作，互通彼此的在通訊與安全方面的情報，並且還進行了其他基礎性的資訊合作。不論是對印度或美國，乃至於印度洋的其他國家來說，資訊的蒐集與共享都是關鍵要務，因此類似的合作計畫不但必須給予經費支持，也要擴展到其他印度洋的夥伴國家才對。[8]

## 保護海底纜線

全世界大部分的全球通訊與網域的連結，其實都得仰仗兩百條左右的海底光纖纜線，所以也該多想想要怎麼確保它們的安全了。不論身處於陸地或海上，這個世界都逐漸被網路連結在一起，這對我們接收與保護資訊的方式造成了深遠的影響。那些海事產業，尤其是航運業與世界各地的主要大港，都不約而同開始認真思考一個問題；那些重要的網路資料串流及其他關鍵的海洋基礎建設，是否都有必要加以保護？中國率先起頭，已經慢慢建立起了一套全球海底纜線系統，不僅比較不會受到其他纜線影響，而且日後也許還能夠當成備用線路，那個名為「PEACE」的海底纜線網絡就是如此。眼見於此，其他國家也該審視一下，自己的資訊在進行保全、儲存，還有異地傳送共享時在怎麼處理的。要想保障國家的海上網路安全，其規模與範圍之廣，並不是民間公司本身可以應付得了的，值此二十一世紀，全球知識經濟當道，而且還在不斷持續發展之際，印度和其他的國家也得要更審慎且詳細地思考，他們要怎麼保護那幾條對知識經濟最重要的光纖纜線。中國已經砸下大筆資金進行與此直接相關的研發工作，想找方法來保護與擴張自己那些價值不凡的海底網絡，而且這樣做還可以幫到自家的企業，因為他們已經逐漸壟斷了世界各地的海底電纜鋪設工程。在全球海底的光纖線路網絡裡，有許多重要的資訊流在來回穿梭，如何掌握這些資訊流，將會是未來許多衝突場景中獲得戰略勝利的關鍵。

## 從戰略層面打造美國海軍

不管是印度或美國，不論是現在與未來，海軍方面都必須不斷思考，以後的戰爭會呈現為什麼模樣，又會用什麼方式來對敵人造成威脅，而且海上有主權狀況爭議不明的灰色地帶，在這些地方裡頭，戰爭與和平的界限大多數的時候都不是涇渭分明的。而且如果美國之後還是不太願意在世界的政局裡擔任全球的執法角色，或者也不太想站出來保護全球共域，那麼未來各國的海戰戰力又會演變成什麼模樣與型態呢？又或者美國打算多幫幫像是北約這一類的戰略盟友，多擔起一些責任，那他還有必要維持這種柯白式的「存在艦隊」嗎？時至今日，航空母艦群雖然還是很重要，可以用於調兵遣將、展現傳統武力，可是因為中俄兩國已經各自建立了反介入／區域拒止戰力，所以我們一樣得要問，航母群在這些地方能有多大用處，又或者它們需不需要準備好在這些地方執行任務。此外，美國海軍也必須好好想想，要怎麼提供那些海底的纜線及網路基礎設施最好的維修與保護，因為它們掌控著資訊流，而資訊流就是現今全球的政治與經濟的命脈。

如本書所述，中俄兩國都在發展科技戰力，而這種戰力並不必然要跟高船大砲綁在一起，也不見得需要傳統的海軍作戰技術系統，它的內容更著重在資訊戰方面，包括去操縱對方船艦的數據資料，或是攻擊海上的網路基礎設施。此外，中俄兩國現在也都在建造戰略性的軍事前哨基地，並且建置了飛機跑道、完善的區域警示設備、海底絆網（trip wires）、飛彈發射台，而且還有各種其他先進的科技系統，可以讓美軍或其盟軍的多種戰艦在某些戰局中全無用武之地。而這還只是一小部分，其他還有很多地方，美國得要更認真、更從戰略層面來思考，看看戰爭的特性在發生什麼樣的變化，以後不一定得要跟人家比艦隊規模才能成事。美國也必須先做好準備，不論你提出的是請求或指示，日後盟友未必都會完全照你的話做，尤其等到這些盟友開始在公海上成為比較大號的人物以後，情況更會如此。

## 向北極靠攏，建立全球性的美國海岸防衛隊

美國現在已經出現了一股聲浪，要求美國對北極要表現出更積極的態度，然而即使眾聲滔滔，美國政府看來在短期內依然不會採取任何動作。就像在前一章中提到的，中俄兩國都在那裡開疆拓土，搶占天然資源與高北地區逐漸開通的航道，如果未來讓這兩國慢慢掌控住了海上交通要道，情況就可能對美國相當不利，因為美方的地緣經濟與地緣戰略利益也可能會漸漸跟北極產生關連，像是可以利用北極比較短的航道來出入歐洲，或是使用那裡豐富的天然資源，而且當美國想要保護自己的海底纜線及其他的戰略水道時，沒了北極的話也等於喪失了一個備用選項。中國已經開始在科研工作方面趕上美國，包括提出了要鋪設一條直接橫跨北極、連通中國與歐洲的海底光纖纜線，此外中國也比美國擁有更多能用的

破冰船，而且還有更多艘在準備加入行列，這件事也同樣令人無法接受。雖然海岸防衛隊在北極能做的事不多，但是也很重要，因為他們不僅可以執行搜救任務，而且北極有許多進行科研工作的破冰船，專門談討氣候變遷對全世界的海洋及天氣型態會造成什麼影響，海岸防衛隊也可以照看他們。北極已經逐漸向世人開啟了大門，而美國身為一個北極國家，也應該多做一點什麼事，以彰顯自己在北極的領導地位。

在北極之外，美國海岸防衛隊應該肩負起一個重大的責任，就是前往世界各地執行要務，以此來支援美國及其他盟國的利益。如果細看美國海岸防衛隊的要務內容，裡頭可謂五花八門，像是有攔截行動、隨船觀察員協議（shiprider agreement），還要支援開發中國家，幫忙他們建立海岸巡防能力、指導訓練工作等等。大多數的國家並沒有那麼多的金錢與能力來監控自己的經濟海域，但是如果簽署國際合作協議的話，美國的海岸防衛隊就可以幫他們填補這個重要的能力空缺，也可以幫忙進行巡防訓練。在海岸防衛隊的相關計畫方案裡，國際事務與造艦方面都應該要加強進行，這樣才可以調遣更多軍官與船艦前往歐亞海域上各個擁有重要戰略位置的偏遠小國。目前大多數的海軍士官都只會以分成小批派駐各地大使館，但如果是在那些一直沒有跟美國海軍合作的國家，原本的做法就應該要擴大規模才對。美國海岸防衛隊本來就最適合提供海岸的防衛與監控方面的協助，同時也可以協助執行港口安全方面的合作計畫，這對那些以港口為主要財政收入來源的國家來說尤其有幫助。此外，海岸防衛隊也應該繼續加強幫助國際上的夥伴建立海巡能力，包括海域警戒、人道救援與防災救災、打擊非法捕魚，以及反恐任務等等。多多投資在海岸防衛隊身上，幫他們執行任務、發展實力，這不論對美國或其盟國、夥伴國而言都是一種保障，讓大家可以好好面對或因應跟中俄兩國之間的海上強權之爭，因為不管是目前發生的海上競爭，或是未來可能出現的緊張局勢，都會圍繞著那些有爭議的海上區域展開，在這種情況下，從前那種一定要派出海軍船艦出馬的做法也許已經不太合宜，有很多情況都不太能這樣處理，還不如讓小國們做好準備，以更有彈性的方法來因應不可避免的雙方衝突，這點是非常重要的。[9]

## 打擊中國的準海軍團體

要想進一步做好準備，對付海上灰色地帶裡越來越常見的衝突，或者用中國的話說，他們那叫「海上維權」，國際社會與各地政府都必須繼續加強巡邏、監控，並且派出可以幫忙嚇阻中國海上民兵的船艦，這種做法也合乎美、印、日的一貫訴求，是在維護「自由與開放的印太地區」（為了要讓這個政策立場有更大的合法性，美國也該要簽署並承認聯合國海洋法公約）。此外，東協也通過並採行了南海行為守則，試圖藉此來處理跟中國之間逐漸升高的緊張關係。然而中國的人民武裝海上民兵依然無視於此，他們不顧海域邊界爭議裡頭有沒有更大的地緣政治分歧，也不管大家呼籲要遵守一套已被承認的公海行為守則，依然繼續在這些海域裡執行任務，他們湧入了爭議海域或是其他未受規範的捕魚區裡，還會嚇跑其他國家的小型拖網漁船，卻沒多少人有辦法對他們問責。二〇一五年時解放軍開始進行軍事改革與重新編組，此後中國海軍、中國海岸警衛隊，以及中國海上民兵就逐漸發展出分工合作的模式，一方面大家各管各的，卻又彼此協調，分進合擊，大概就是因為這樣，讓北京方面得以借助這個準海軍的威嚇力量，以更有效、更隱密的方式形成海上的第一道防線。幸好美國已經正式意識到這個問題，在正式的官方報告裡頭點出了中國海上民兵所造成的各種日益嚴峻的挑戰，並打算積極採取行動。而以目前來看，第一件該做的要事就是拉高這個問題的處理層級，整合全國性或是區域性的力量，一起建立一套因應的機制。[10]

中國已經將目光投向了歐亞大陸之外，並以重要的方式進軍南極洲。然後，中國可以更輕鬆地從南極洲進入拉丁美洲，在那裡他已著眼於巴拿馬運河等地緣戰略位置的戰略地緣經濟立足點。非洲也已經充斥著中國的海上投資和港口項目資金。地緣經濟是中國近期向海推進的主要驅動力，但投資越多，風險也越大。為了降低這種風險，中國必須保護自己的資產，主要途徑之一是建立獨立的供應和物流網絡，建立友好港口或接入點，建設藍水海軍。這是馬漢戰略書中的一個關鍵劇本，並且已經在進行中。俄羅斯和印度採取了類似的海上戰略，這些戰略正在推動當前統治歐亞大陸的競賽。隨著美國似乎在削弱其全球領導地位，中國、俄羅斯和印度已經開始認真地填補空白，這意味著前方的大海會洶湧澎湃。

## 接下來會怎麼樣？

眼見中、印、俄在歐亞各地海域的競爭愈趨白熱化，如果美國肯再出來帶頭解決相關的競爭熱潮，那當然是很好的事。然而由於其目前國內的局勢動盪，對世界諸多議題也出現了明顯的孤立主義傾向，近期內美國很可能在國際事務方面會時進時停，然而這卻會對未來的世界秩序造成巨大的影響，因為目前它正從原本偏向單極的狀態逐漸走向多極，中、俄、印等國分立並起，各領風騷。這些強國之間的海上競逐大概很難在短時間內降溫，其實應該說，局面大概只會變得越來越吵吵嚷嚷、難以收拾，因為這些相爭的國家都越來越重視遠洋海軍，大家紛紛跨出了鄰近的海域爭搶地盤。中國的眼光還不只是盯著歐亞大陸，他已經往南極進發，也有了不小的成績。走進南極以後，中國接著就可以更輕易連通拉丁美洲，在這裡他以戰略角度著眼，也看中了很多地緣戰略要地，像是巴拿馬運河，準備好好發展他的地緣經濟勢力。[11]非洲也一樣，早就已經被中國的海洋投資與港口開發資金所吞沒，地緣經濟一直是中國近年往海上發展的主要動力，然而投資越多，風險也越大，而為了降低這些風險，中國一定要保護好他的資產，而其中一個主要的保護方法就是建構一套獨立的供應與物流網絡，尋求對中國友善的合作港口與通行地點，並且打造一支遠洋海軍，這些都是馬漢在他的戰略著作中寫好的重要套路，中國也確實都辦到了。至於俄羅斯與印度，他們也採取了類似的海洋戰略，這也等於是火上澆油，讓大家都拚搶著要征服歐亞地區的大海汪洋。那美國呢？看起來好像打算要從領導全球的角色上退位了，而中國、俄羅斯與印度，已經在一旁磨拳擦掌，等著要填補這個老大位子的空缺，而這也意味著，海上的大亂鬥即將到來。

# 致謝

本書撰寫多年，我從地中海的岸邊出發，航向了印度洋與太平洋，我深深感謝所有在這趟「航程」中幫助我的人。在本書蒐集資料的過程中，我常常想起朗費羅（Henry Wadsworth Longfellow）的話：「我的靈魂充滿了企盼，欲一探海洋之祕，連向了大海的心，我也跟著他的脈搏一起震動。」每個我造訪的港口與國度，都帶給了我許多未知的驚喜、迷人的洞見，讓我更加了解本書中所述的海上強權爭霸是怎麼一回事。然而在我一開始進行這個撰寫計畫時，並沒有想到這個競爭的進展如此神速，其速度與幅度都超出了我的預期，而且還會繼續為未來許多年的世界秩序帶來不一樣的面貌。

我在此首先要感謝 Andrew C. Hess 和 John Curtis Perry，他們與我有終生的師友之誼，而且也都與我切磋意見，使我能用更有意義、更跨學門，也更複雜的方式來思考歐亞地區與海洋事務。其次，我要感謝我在國防大學（NDU）及國際安全事務學院（CISA）的多位同僚，他們在我研究資料與撰寫此書的期間，都曾在許多不同方面協助過我：Hassan Abbas、Rameez Abbas、Arabinda Acharya、Todd Blekicki、Sue Bremner、Russell P. Burgos、Craig A. Deare、Matt Dearing、Marco Di Capua、

Peter Eltsov、Erica Marat、Thomas A. Marks、Sean McFate、Andrew R. Novo、David Oakley、Jay M. Parker、Jeffrey Payne、Elena Pokalova、Phillip C. Saunders、Faith Ssebikindu、Peter Thompson、David Ucko、Joel Wuthnow；此外，我也要感謝國際安全事務學院目前與之前的領導團隊，他們同樣也對我的研究計畫給予了支持：Michael S. Bell、Robert E. Burnett、Charles B. Cushman、Atul Keshap 大使、Erica Barks-Ruggles 大使、Greta Holtz 大使。我還要謝謝幾位國際安全事務學院的實習生，包括 Srijoni Banerjee、Ellen K. Ehrnrooth、Cole Lambo 和 Anna Liu，他們幫我進行了許多不同的研究，而且在撰寫階段時也幫忙處理手稿。除了國防大學的夥伴，我也深深感謝許多人提供我支持、洞見與協助，包括 Amitav Acharya、Metin Aslantas、James Bergeron、John Bradford 中校、Matan Chorev、Ethan Corbin、Alexis Dudden、Sean Foley、Joseph P. Gagliano 上校、Kaihara Kentaro、Michael Kofman、BG Leonard J. Kosinski、Sung-Yoon Lee、Jeffrey Mankoff、Lenore Martin、Galen Murton、Toshihiro Nakayama、Jonathan Reiber、Nilanthi Samaranayake、Torrey Taussig 以及 Sea Sovereign Thomas 上校。另外我還要感謝美國外交關係協會美印工作小組的共同主席 Ashley J. Tellis 與 Robert D. Blackwill，他們在二〇一八到二〇一九學年邀我參與了一系列關於美印關係的討論會，成果相當豐碩。我同樣也要謝謝 Palgrave Macmillan 出版公司，他們幫我出版了之前一本著作的修訂版，裡頭包含了我早期對於歐亞海域的思索要素。最後我想要感謝的是我在耶魯大學出版社的編輯 Jaya Chatterjee 以及她的助理 Eva Skewes，還有編輯團隊的其他成員，他們所有人在這個撰稿計畫成立之初就給了我盛情支持與鼎力協助。同樣

地，我也要感謝本書的盲審員（blind reviewer），謝謝他們的直率的洞見與意見。另外我還要謝謝 Bill Nelson，感謝他繪製了精彩的海圖。

為了進行本書的研究工作，我去了九個以上的國家，包括希臘、土耳其、以色列、吉布地、阿曼、印度、斯里蘭卡、新加坡和中國。儘管因為事涉敏感，許多外國和美國政府官員不願刊載姓名，我還是要深深感謝那些美國、歐洲、日本、中國及其他地主國或外國的官員，謝謝他們在每個國家對我直言相告，講述他們如何看待歐亞海上爭霸的大勢。在印度方面，我要致謝的有 R. K. Dhowan 上將（已退役）、Ashok Kantha 大使（已退休）、Pradeep Chauhan 中將（已退休）、Shekhar Sinha 中將（已退休）、Somen Banerjee 准將、Anil Chopra 少將（已退役）、Alok Deb 少將（已退役）、Abhay Singh 准將（已退役）、Gurpreet S. Khurana 上校、Abhijit Singh 中校（已退役）、Muddassir Quamar、Arvind Gupta、Jaganath P. Panda、Dhruva Jaishankar 以及 Akshay Patil。在中國方面，我要謝謝 Ivan Rasmussen、Andrea Ghiselli、Yiyi Chen、Zhiyong Hu 和 Degang Sun。在斯里蘭卡方面，我最感謝的是 Ravindra Wijegunaratne 上將、Jayanath Colombage 上將（已退役）、Asanga Abeyagoonesekera、Nirmalan Wigneswaran、Ayesh Ariyasinghe、Anusha Jayatilake、Dushni Weerakoon、Ganeshan Wignaraja、Adam Collins、Upul Yuraj Nanayakkara、Ganidhu Dias Weerasinha 以及 Yuraj Nanayakkara，此外還有其他在可倫坡港與漢班托塔港的官員們。在吉布地這邊，我最感謝的有 Mohammad Farah 中校（已退役）、Ali Miganeh、Aboubaker Omar Hadi、Kijaria Mechini 和 Mowlid Amin，謝謝他們與我討論、給我支持。

在新加坡方面，我要感謝的有 C. Raja Mohan、Anit Mukherjee、Collin Koh、Ian Storey、Kei Koga、Li Mingjiang、Kwa Chong Guan、Nancy Gleason、Alex T. H. Tan 和 James Dorsey。至於以色列這邊，我同樣也要感謝 Yigal Maor 和 Meir Litvak 的協助。

最後，我永遠感謝我的父母、兄弟姐妹和其他親近的家人和朋友，他們給了我充滿關愛的支持，在我多次出國期間尤其如此。不過最重要的，我要感謝我的幾個女兒，Audrey、Joan 和 Gloria，以及我親愛的妻子 Leigh Nolan。Leigh，她是我最棒的啦啦隊長兼編輯，在我研究的過程裡，她會用很多厲害的方式來挑戰我，讓我的假設更周延、論據更有力。在我寫作的過程裡，每每成為家中缺席的那個成員，往往苦戰到半夜，我也要深深感謝她的鼓勵、耐心與體諒。然而我最後也要說，本書若有任何錯誤，責任當然也都在我。

Government Money," *Washington Post,* December 10, 2018; Jason Scott, "U.S.-Led Infrastructure Aid to Counter China in Indo-Pacific," *Bloomberg,* July 30, 2018.

5. "Indian Foreign Service: A Backgrounder," Ministry of External Affairs, Government of India, accessed July 8, 2019.
6. Alessio Patalano, *Post-war Japan as a Seapower* (New York: Bloombsbury, 2015), 6; Alessio Patalano, "Japan as a Maritime Power," in *Routledge Handbook of Japanese Foreign Policy,* ed. Mary M. McCarthy (New York: Routledge, 2018), 155–172; Mary Elizabeth Guran, "The Dynamics and Institutionalisation of the Japan-U.S. Naval Relationship (1976–2001)" (PhD diss., King's College, University of London, 2008).
7. C. Raja Mohan and Ankush Ajay Wagle, "India and Indonesia: Constructing a Maritime Partnership," *ISAS Insights,* no. 495 (June 14, 2018).
8. Yogesh Joshi and Anit Mukherjee, "The Security Dilemma and India's Naval Strategy," in *India-China Maritime Competition: Security Dilemma at Sea,* ed. Rajesh Basrur, Anit Mukherjee, and T. V. Paul (New York: Routledge, 2019), 64–87.
9. U.S. Department of Defense, "Indo-Pacific Strategy Report: Preparedness, Partnerships, and Promoting a Networked Region," June 1, 2019.
10. U.S. Department of Defense, "Annual Report to Congress: Military and Security Developments Involving the People's Republic of China, 2019," May 2, 2019; Andrew S. Erickson, "The Pentagon Reports: China's Military Power," *National Interest,* May 8, 2019; Prashanth Parameswaran, "Andrew Erickson and Ryan Martinson on China and the Maritime Gray Zone," *Diplomat,* May 14, 2019.
11. Mat Youkee, "Panama the New Flashpoint in China's Growing Presence in Latin America," *Guardian,* November 28, 2018.

of Asian Research, 2017), 80–81; Meade, "China Faces"; Lee and Lukin, *Russia's Far East,* 143.

50. Olga V. Alexeeva and Frederic Lasserre, "The Snow Dragon: China's Strategies in the Arctic," *China Perspectives,* no. 2012–2013 (2012): 67; Cichen Shen, "First Yamal LNG Cargo Arrives in China via Arctic," *Lloyd's List,* July 20, 2018; "Trade War May Push China to Russian Energy," *Oilprice.com,* August 16, 2018; Oksana Kobzeva and Natalia Chumakova, "Update 1—Russia's Novatek Starts Yamal's Second LNG Train, Sends Condensate to Middle East," *CNBC.com,* August 9, 2018; Booth and Rotman, "Russia's Suez Canal"; Arild Moe, "China's Exaggerated Arctic Interests," in Hillman, *Is Asia Reconnecting,* 36.
51. Yang Dingdu, "Belt and Road Initiative Reaches the Arctic," *Xinhua,* November 3, 2017.
52. "Telecoms Cable Project Could Give China an Arctic Entry Point," *National,* December 14, 2017.
53. Jeremy Page and Gordon Lubold, "Chinese Navy Ships Came Within 12 Nautical Miles of U.S. Coast," *Wall Street Journal,* September 4, 2015; Shannon Tiezzi, "China's Navy Makes First-Ever Tour of Europe's Arctic States," *Diplomat,* October 2, 2015; Helene Cooper, "In a First, Chinese Navy Sails off Alaska," *New York Times,* September 2, 2015.
54. Quoted in Sherri Goodman, "Changing Climates for Arctic Security," *Wilson Quarterly,* Summer–Fall 2017

### 第九章

1. Li Mingjiang, "The Belt and Road Initiative: Geo-economics and Indo-Pacific Security Competition," draft paper for ISA Asia-Pacific Conference, Singapore, July 4–6, 2019; "Xi Jinping Vows Transparency over Belt and Road," *BBC News,* April 26, 2019.
2. Nadege Rolland, "Beijing's Response to the Belt and Road Initiative's 'Pushback': A Story of Assessment and Adaptation," *Asian Affairs* 50, no. 2 (2019): 216–235.
3. "What Trump Proposed Cutting in His 2019 Budget," *Washington Post,* February 16, 2018; "World Needs $94 Trillion Spent on Infrastructure by 2040: Report," *Reuters,* July 25, 2017.
4. Brandon Kirk Williams, "The New Arms Race: American Businesses vs. China's

Conference; Meade, "China Faces"; "The Arctic of the Future," May 15, 2018; Brady, *Polar Great Power,* 189, 194–195.

42. "China's Arctic Policy," State Council Information Office of the People's Republic of China, January 2018; Wei Zhe Tan, "China to Build 'Polar Silk Road' Across Arctic," *Lloyd's List,* January 26, 2018; "A Global Network," *Beijing Review,* no. 38, September 20, 2018.
43. Brady, *Polar Great Power,* 60.
44. Meade, "China Faces."
45. Brady, *Polar Great Power,* 63–64, 67–68, 194; Lasserre, Huang, and Alexeeva, "China's Strategy," 35, 37–38; Meade, "China Faces"; "Greenland Plans Office in Beijing to Boost Trade Ties with China," *Reuters,* July 18, 2018; "China Wants Ships to Use Faster Arctic Route Opened by Global Warming," *Reuters,* April 19, 2016; "China Sets Its Sights on the Northwest Passage as a Potential Trade Boon," *Guardian,* April 20, 2016.
46. Ed Struzik, "Shipping Plans Grow as Arctic Ice Fades," *Yale Environment 360,* November 17, 2016; Lasserre, Huang, and Alexeeva, "China's Strategy," 31, 37–38; Devyatkin, "Russia's Arctic Strategy"; Malte Humpert, "Record Traffic on Northern Sea Route as COSCO Completes Five Transits," *High North News,* September 3, 2018; Craig Eason, "Russia Pushes the Arctic Door Open for China," *Lloyd's List,* August 12, 2013; Tom Mitchell and Richard Milne, "First Chinese Cargo Ship Nears End of Northeast Passage Transit," *Financial Times,* September 26, 2013; Max Ting Yao Lin, "Cosco Seeks to Study Arctic Shipping with Iceland," *Lloyd's List,* September 17, 2012.
47. Pan and Huntington, "Precautionary Approach," 156; "China-Nordic Arctic Research Center Inaugurated," University of the Arctic, December 13, 2013; Brady, *Polar Great Power,* 149, 151–152.
48. "China Launches Icebreaker Xuelong 2," *Maritime Executive,* September 10, 2018; Adam Taylor, "China Sent a Ship to the Arctic for Science. Then State Media Announced a New Trade Route," *Washington Post,* September 13, 2017; Lin, "Cosco"; Lasserre, Huang, and Alexeeva, "China's Strategy," 33; Trym Aleksander Eiterjord, "China's Planned Nuclear Icebreaker," *Diplomat,* July 17, 2018.
49. Sukhankin, "Polar Silk Road"; Pan and Huntington, "Precautionary Approach," 155–156; Nadege Rolland, *China's Eurasian Century? Political and Strategic Implications of the Belt and Road Initiative* (Washington, D.C.: National Bureau

Federation—Navy"; Corbin, "Security Competition," 244–245.
33. Atle Staalesen, "New Arctic Military Base Is Declared Ready for Operation," *Barents Observer,* December 14, 2016; Alte Staalesen, "Defense Minister Shoigu Sums Up a Year of Arctic Buildup," *Barents Observer,* January 3, 2018; Poulin, "Five Ways"; Pavel Devyatkin, "Russia's Arctic Strategy: Military and Security (Part II)," Arctic Institute Center for Circumpolar Security Studies, February 13, 2018.
34. "Death Toll Rises to Two After Fire on Russia's Only Aircraft Carrier," *Radio Free Europe/ Radio Liberty,* December 13, 2019; Sebastien Roblin, "A Huge Floating Drydock Sank and Nearly Took Russia's Only Aircraft Carrier with It," *National Interest,* November 3, 2018.
35. Klimenko, "Russia's Arctic Security"; "Russian Federation—Navy."
36. Damien Sharkov, "Russian Navy Launches Arctic Missile Defense Drill," *Newsweek,* February 6, 2015; Eliott McLaughlin, "Amid NATO Exercises, Russia Puts Northern Fleet on 'Full Alert,'" *CNN.com,* March 17, 2015; "Russia Targets NATO with Military Exercises," *Stratfor,* March 19, 2015; "Russia Expands Military Exercises to 80,000 Troops," *Defence News,* March 19, 2015; Corbin, "Security Competition," 247; Klimenko, "Russia's Arctic Security."
37. Bruce Jones, "Russia Closes Arctic Seas for Missile Tests, Berates Norway's Arctic Policies," *Jane's Defence Weekly,* October 24, 2017.
38. Damien Sharkov, "Russia Fires Ballistic Missile in Arctic Military Tests," *Newsweek,* June 26, 2017; Damien Sharkov, "Russian Navy Has Fired Hundreds of Rockets in Northern Fleet's Arctic Drills," *Newsweek,* January 4, 2018; Damien Sharkov, "Russian Navy Launches Arctic Missile Defense Drill," *Newsweek,* February 1, 2018; Jorgen Elfving, "The June Exercise in the Northern Fleet—a Show of Force?" *Eurasia Daily Monitor* 15, no. 101 (July 9, 2018); Staalesen, "Russian Legislators"; Jones, "Russia Closes Arctic."
39. Corbin, "Security Competition," 247–248.
40. David Curtis Wright, "The Dragon Eyes the Top of the World: Arctic Policy Debates and Discussion in China," *CMSI Red Books,* China Maritime Studies Institute, U.S. Naval War College, no. 8, 2011; "The Arctic of the Future: Strategic Pursuit or Great Power Miscalculation? Panel II," Center for Strategic and International Studies, May 15, 2018; "China Defines Itself as a 'Near-Arctic State,' Says SIPRI," SIPRI, May 10, 2012; Brady, *Polar Great Power,* 55.
41. "The Arctic: Tempers Rising?" Munich Security Report 2017, Munich Security

Philip Burgess, *Arcticportal.org,* December 1, 2010; "The Strategy for the Development of the Arctic Zone of the Russian Federation and National Security Efforts for the Period Up to 2020," Government of the Russian Federation, February 20, 2013; "Maritime Doctrine of the Russian Federation 2015," trans. Anna Davis, Russia Maritime Studies Institute, U.S. Naval War College; Dmitry Gorenburg, "Russia's New and Unrealistic Naval Doctrine," *War on the Rocks,* July 26, 2017; Klimenko, "Russia's Arctic Security"; Poulin, "Five Ways."

27. Sergunin, "Is Russia Going."
28. "Nuuk Declaration," Arctic Council, Seventh Ministerial Meeting, May 12, 2011, Nuuk, Greenland; Tom Roseth, "Russia's China Policy in the Arctic," *Strategic Analysis* 38, no. 6 (2014): 841; Sergey Sukhankin, "China's 'Polar Silk Road' Versus Russia's Arctic Dilemmas," *Eurasia Daily Monitor* 15, no. 159 (November 7, 2018); Ariel Cohen, "Russia's Race for the Arctic," Heritage Foundation, August 6, 2007; "Scramble for the Arctic," *Financial Times,* August 19, 2007; Corentin, "Russia in the Arctic"; Flake, "Contextualizing and Disarming," 22–23; Antrim, "Russian Arctic," 120–121; Conley and Melino, "Economically Connecting," 33.
29. "Maritime Doctrine of the Russian Federation 2015"; Jeremy Bender, "Russian Defense Minister Explains Why the Kremlin Is Militarizing the Arctic," *Business Insider,* February 26, 2015; Antrim, "Russian Arctic," 121.
30. Klimenko, "Russia's Arctic Security"; Antrim, "Russian Arctic," 111–112, 121–122.
31. "Russian Federation—Navy," *Jane's World Navies,* October 18, 2018; Franz-Stefan Gady, "Russia Begins Sea Trials of Nuclear-Capable 'Poseidon' Underwater Drone," *Diplomat,* July 21, 2018; "'Doomsday Weapon': How Could the West Respond to Russia's Nuclear Underwater Drone?" *Russia Today,* July 31, 2018; "Russian Navy Plans on Commissioning Undersea Reconnaissance Drone in 2 Years—Newspaper," *Russia Today,* June 26, 2014; "Russia to Create Large Drone for Scouting Arctic," *Russia Today,* September 9, 2015; Corbin, "Security Competition," 244–245.
32. Mary Louise Kelly, "A Once-Closed Russian Military Town in the Arctic Opens to the World," *National Public Radio,* August 3, 2016; "Russia's New Arctic Trefoil Military Base Unveiled with Virtual Tour," *BBC,* April 18, 2017; Flake, "Forecasting Conflict," 93; Bruce Jones, "Russia Activates New Arctic Joint Strategic Command," *Jane's Defence Weekly,* December 2, 2014; "Russian

Meade, "China Faces a Challenge Proving Polar Strategy is Viable and Safe," *Lloyd's List,* January 26, 2018.

19. Timothy Gardner, "Global Powers Strike Deal to Research Before Fishing Arctic Seas," *Reuters,* November 30, 2017; Hannah Hoag, "Nations Agree to Ban Fishing in Arctic Ocean for at Least 16 Years," *Science,* December 1, 2017; "Nine Countries and EU Set to Sign 'Historic' Agreement to Protect Central Arctic Ocean," *Barents Observer,* October 3, 2018; Min Pan and Henry P. Huntington, "A Precautionary Approach to Fisheries in the Central Arctic Ocean: Policy, Science, and China," *Marine Policy* 63 (2016): 153; Lincoln E. Flake, "Contextualizing and Disarming Russia's Arctic Security Posture," *Journal of Slavic Military Studies* 30, no. 1 (2017): 18; Corbin, "Security Competition," 237–238, and Elliot Creem, "Arctic Fisheries Management in the 21st Century," 217, in Gresh, *Eurasia's Maritime Rise.*
20. Rachael Gosnell, "The Complexities of Arctic Maritime Traffic," Arctic Institute, January 30, 2018.
21. Flake, "Forecasting Conflict," 74–75; Moe, "Northern Sea Route," 785–786; Brigham, "Arctic Maritime Connections," 31–32.
22. Devyatkin, "Russia's Arctic Strategy"; Atle Staalesen, "Russian Legislators Ban Foreign Shipments of Oil, Natural Gas and Coal Along Northern Sea Route," *Barents Observer,* December 26, 2017; Atle Staalesen, "New Restrictions Coming Up in Russian Arctic Shipping," *Barents Observer,* March 28, 2018.
23. Paul Stronski and Nicole Ng, "Cooperation and Competition: Russia and China in Central Asia, the Russian Far East, and the Arctic," Carnegie Endowment for International Peace, February 28, 2018; Poulin, "Five Ways"; Conley and Melino, "Economically Connecting," 33–34; Klimenko, "Russia's Arctic Security."
24. Craig Eason, "Russia Bids to Strengthen Arctic Presence," *Lloyd's List,* September 2, 2011; Moe, "Northern Sea Route," 794; Robbie Gramer, "Here's What Russia's Military Build-Up in the Arctic Looks Like," *Foreign Policy,* January 25, 2017; "Russia's Baltic Shipyard Started Dock Trials of 33,000-Ton Icebreaker Arktika," *Navy Recognition,* May 4, 2018.
25. Klimenko, "Russia's Arctic Security."
26. Rajorshi Roy, "Decoding Russia's 2017 Naval Doctrine," Institute for Defence Studies and Analyses, August 24, 2017; "Foundations of the Russian Federation's State Policy in the Arctic Until 2020 and Beyond," trans.

*Understanding Sovereignty Disputes in the North* (Berkeley, Calif.: Douglas and McIntyre, 2009); Laruelle, *Russia's Arctic,* 59–60.

12. Hooman Peimani, *Energy Security and Geopolitics in the Arctic: Challenges and Opportunities in the 21st Century* (Singapore: World Scientific Publishing, 2012), 258–259; Jonathan Masters, "The Thawing Arctic: Risks and Opportunities," CFR Backgrounder, December 16, 2013; Jonathan Amos, "Arctic Ocean Shipping Routes 'to Open for Months,'" *BBC,* September 6, 2016; Ostreng et al., *Shipping in Arctic Waters,* 48; Flake, "Forecasting Conflict," 75.
13. Alte Staalesen, "The Arctic Will Make Us Richer, Says Putin," *Barents Observer,* December 16, 2017.
14. Flake, "Forecasting Conflict," 76–78; Laguerre Corentin, "Russia in the Arctic: Aggressive or Cooperative?" Center for International Maritime Security, November 27, 2015; Antrim, "Russian Arctic," 114; Laruelle, *Russia's Arctic,* Kindle locations 1398–1423, 1436–1439.
15. Laruelle, *Russia's Arctic,* Kindle locations 356–363, 654–662, 1166–1173, 1818–1824, 1845–1848; Corentin, "Russia in the Arctic," Klimenko, "Russia's Arctic Security"; Sergunin, "Is Russia Going."
16. Corbin, "Security Competition," 241–242, 246.
17. Andrew Poulin, "Five Ways Russia Is Positioning to Dominate the Arctic," *International Policy Digest,* January 24, 2016; "Bovanenkovskoye Field," Gazprom.com, accessed December 11, 2018; "Yamal," Gazprom.com, accessed December 11, 2018; Julia Louppova, "Russian Port Capacity Grows with New Projects," *Port Today,* February 23, 2017; Heather A. Conley and Matthew Melino, "Economically Connecting the Arctic: A Belt, a Road, and a Circle," 33–34, and Brigham, "Arctic Maritime Connections," 31–32, in Hillman, *Is Asia Reconnecting;* Klimenko, "Russia's Arctic Security."
18. Rob Smith, "This Tanker is the First to Sail Across the Melted Arctic in Winter," World Economic Forum, February 16, 2018; Sergunin, "Is Russia Going"; Klimenko, "Russia's Arctic Security"; Brigham, "Arctic Maritime Connections," 31–32; Arild Moe, "The Northern Sea Route: Smooth Sailing Ahead?" *Strategic Analysis* 38, no. 6 (2014): 791–792; Russell Goldman, "Russian Tanker Completes Arctic Passage Without Aid of Icebreakers," *New York Times,* August 25, 2017; Malte Humpert, "Record Traffic on Northern Sea Route as COSCO Completes Five Transits," *High North News,* September 3, 2018; Richard

Linyan Huang, and Olga V. Alexeeva, "China's Strategy in the Arctic: Threatening or Opportunistic?" *Polar Record* 53, no. 1 (2017): 31; Kitty Mecklenburg and Tony Mecklenburg, "Fishes," *Arctic Ocean Diversity,* January 20, 2009; "Arctic Oil and Natural Gas Potential," U.S. Energy Information Administration, October 19, 2009.

8. Lawrence Millman, *Last Places: A Journey in the North* (New York: Mariner Books, 2000), 75; Januarius Aloysius MacGahan, *Under the Northern Lights* (London: Gilbert and Rivington Printers, 1876), 226; William E. Westermeyer, "United States Arctic Interests: Background for Policy," in *United States Arctic Interests: The 1980s and 1990s,* ed. William E. Westermeyer and Kurt M. Shusterich (New York: Springer, 1984), chap. 1; Jen Green, *Arctic Ocean* (Milwaukee, Wis.: World Almanac Library, 2006), 4–10; Lincoln E. Flake, "Forecasting Conflict in the Arctic: The Historical Context of Russia's Security Intentions," *Journal of Slavic Military Studies* 28, no. 1 (2015): 74.
9. Barry Lopez, *Arctic Dreams: Imagination and Desire in a Northern Landscape* (New York: Vintage Books, 1986), 282; W. Ostreng et al., *Shipping in Arctic Waters: A Comparison of the Northeast, Northwest, and Trans Polar Passages* (New York: Springer, 2013), 13; James Kraska, "The New Arctic Geography and U.S. Strategy," in Kraska, *Arctic Security,* 260.
10. Ethan Corbin, "Security Competition Rising: Renewed Militarization of the High North," in *Eurasia's Maritime Rise and Global Security,* ed. Geoffrey F. Gresh (New York: Palgrave Macmillan, 2018), 241–242; Laruelle, *Russia's Arctic,* Kindle locations 161–168; Alexander Sergunin, "Is Russia Going Hard or Soft in the Arctic?" *Wilson Quarterly,* Summer–Fall 2017; John F. Richards, *The Unending Frontier: An Environmental History of the Early Modern Period* (Berkeley: University of California Press, 2003), chap. 14; Valerie Hansen and Kenneth R. Curtis, *Voyages in World History* (Boston: Wadsworth,2014), 560–562; Paul Keenan, *St. Petersburg and the Russian Court, 1703–1761* (New York: Palgrave Macmillan, 2013), 1–11.
11. M. L. Timmermans and A. Proshutinsky, "Sea Surface Temperature," *Arctic Report Card: Updated for 2015,* November, 25, 2015; Peter Wadhams, "Diminishing Sea-Ice Extent and Thickness in the Arctic Ocean," in *Environmental Security in the Arctic Ocean,* ed. Paul Arthur Berkman and Alexander N. Vylegzhanin (Berlin: Springer, 2013), chap. 4; "National Strategy for the Arctic Region," White House, May 2013; *Who Owns the Arctic?*

## 第八章

1. Nicholas J. Spykman, *The Geography of the Peace* (New York: Archon Books, 1944), 35, 57; Caitlyn L. Antrim, "The Russian Arctic in the Twenty-First Century," in *Arctic Security in an Age of Climate Change,* ed. James Kraska (New York: Cambridge University Press, 2011), 110; Anne-Marie Brady, *China as a Polar Great Power* (New York: Cambridge University Press, 2017), 3–4, 7.
2. Ekaterina Klimenko, "Russia's Arctic Security: Policy Still Quiet in the High North?" SIPRI Policy Paper, no. 45, February 2016; Lawson W. Brigham, "Arctic Maritime Connections," in *Is Asia Reconnecting? Essays on Asia's Infrastructure,* ed. Jonathan E. Hillman (Washington, D.C.: Center for Strategic and International Studies, October 2017), 30; Pavel Devyatkin, "Russia's Arctic Strategy: Maritime Shipping (Part IV)," Arctic Institute, February 27, 2018; Mark C. Serreze, *Brave New Arctic: The Untold Story of the Melting North* (Princeton, N.J.: Princeton University Press, 2018), 24–25, 35–36; William Booth and Amie Ferris-Rotman, "Russia's Suez Canal? Ships Start Plying a Less-Icy Arctic, Thanks to Climate Change," *Washington Post,* September 8, 2018.
3. 俄羅斯已經開始把北極的液態天然氣賣給印度，二〇一七年，俄羅斯石油公司還買下了印度埃薩石油公司（Essar Oil Ltd.）百分之四十九的股份。參見：Marlene Laruelle, *Russia's Arctic Strategies and the Future of the Far North* (New York: Taylor and Francis, 2014), Kindle locations 233–242; Brady, *Polar Great Power,* 64–65; Stephen Blank, "India Invests in Russia's Arctic Offshore Oil and Gas Industry," *Maritime Executive,* October 24, 2018; Peter Wadhams, *A Farewell to Ice: A Report from the Arctic* (New York: Oxford University Press, 2017), 171, 192; Uttam Kumar Sinha and Arvind Gupta, "The Arctic and India: Strategic Awareness and Scientific Engagement," *Strategic Analysis* 38, no. 6 (2014): 872–885; Kalyani Prasher, "Why We Should Worry About Melting Arctic Ice," *Weather Channel* (India), September 10, 2018.
4. Booth and Ferris-Rotman, "Russia's Suez Canal."
5. Brady, *Polar Great Power,* 64.
6. Kristian Atland, "Interstate Relations in the Arctic: An Emerging Security Dilemma?" *Comparative Strategy* 33, no. 2 (2014): 146; Laruelle, *Russia's Arctic,* Kindle locations 295–305.
7. Scott G. Borgerson, "The Coming Arctic Boom: As the Ice Melts, the Region Heats Up," *Foreign Affairs* 92, no. 4 (July–August 2013); Frederic Lasserre,

and Vasilieva, *Russia and East Asia,* 99–100.

79. "Russian Federation—Navy," *Jane's World Navies,* October 18, 2018; Roper, "New OSINT."
80. Roper, "New OSINT"; Ridzwan Rahmat, "Pacific Power: Naval Activity Underpins Russia's Increasing Asia-Pacific Focus," *Jane's Navy International,* July 18, 2016.
81. Robin Harding, "Japan Spooked by Naval Mystery in East China Sea," *Financial Times,* June 22, 2016; "Chinese, Russian Navies Sail into Contested Japanese East China Sea Waters," *ABC News* (Australia), June 9, 2016; "Japan Protests After Chinese Warship Sails Near Disputed East China Sea Islands," *Reuters,* June 6, 2018; Roper, "New OSINT"; Rahmat, "Pacific Power."
82. Lo, *Russia and the New World Disorder,* 144; Elizabeth Wishnick, "Russia Wants to Be a Contender: The New Problem in the South China Sea," *Foreign Affairs,* September 19, 2016.
83. Alexandre Sheldon-Duplaix, "Russia's Military Strategy: China's Partner, Model, or Competitor?" *China Analysis,* European Council on Foreign Relations, November 2016, 6–7; Rozman, Togo, and Ferguson, *Russian Strategic Thought Toward Asia,* 31; Robert Guttman, "Russian Submarines Shoring Up Vietnam's Navy," *Vietnam* 27, no. 6 (June 2015): 8; Wishnick, "Russia Wants"; Robert D. Kaplan, *Asia's Cauldron: The South China Sea and the End of a Stable Pacific* (New York: Random House, 2014), Kindle locations 1099–1129; David Brunnstrom, "U.S. Asks Vietnam to Stop Helping Russian Bomber Flights," *Reuters,* March 11, 2015; Lo, *Russia and the New World Disorder,* 157–158; Nga Pham, "Vietnam Orders Submarines and Warplanes from Russia," *BBC,* December 16, 2009.
84. Sutter, "China-Russia Relations."
85. Rozman, *Sino-Russian Challenge,* 253, 257, 267–268; James B. Steinberg, "China Russia Cooperation: How Should the United States Respond?" in Ellings and Sutter, *Axis of Authoritarians,* 145–170; Trenin, "Challenges and Opportunities," 249; Sutter, "China-Russia Relations."
86. Kaplan, *Asia's Cauldron,* Kindle locations 2939–2970.
87. Ryan Browne, "US Navy Has Had 18 Unsafe or Unprofessional Encounters with China Since 2016," *CNN.com,* November 3, 2018.

Lee and Lukin, *Russia's Far East,* 2–3; Henry Foy, "Why China's Investment Play into Russia May Endure," *Financial Times,* September 12, 2018; Mathieu Duchatel, "China and Russia: Towards an Alliance Treaty?" *China Analysis,* European Council on Foreign Relations, no. 195, November 2016, 3; Stokes, "Enduring Alliance."

71. Gabuev, "Why Russia"; "Enemy Ahoy: China and Russia Strive for Naval Supremacy," *Newsweek Global,* July 11, 2014; Ivan Zuenko, "The Chimera of Chinese Investment in Russia's Far East Ports," Carnegie Moscow Center, July 5, 2017; Eugene Gerden, "Russian Container Shippers: Far East Port Work Too Focused on Bulk," *Journal of Commerce,* March 22, 2018; Eugene Gerden, "Inland Chinese Shippers Turn to Russian Far East Ports," *Journal of Commerce,* September 7, 2017; Julia Louppova, "Russian Container Ports Grow 15.5% in 2017," *Port Today,* January 23, 2018; Lee and Lukin, *Russia's Far East,* 8–10.
72. Lee and Lukin, *Russia's Far East,* 7–8; Pepe Escobar, "Marco Polo in Reverse: How Italy Fits in the New Silk Roads," *Asia Times,* March 12, 2018; "Cover Story: Investment Agreements Top Putin-Xi Talks," *Interfax: Russia and CIS Business and Investment Weekly,* July 7, 2017.
73. Escobar, "Marco Polo in Reverse"; "Joint Interests Against the U.S. Deepen the Sino-Russian Embrace," *Stratfor,* November 5, 2018; Kynge, "Bridge Building."
74. Quoted in Lee and Lukin, *Russia's Far East,* 179–180.
75. Lo, *Russia and the New World Disorder,* 160–161; Sophia Lian, "China and Russia: Collaborators or Competitors?" Council on Foreign Relations, Energy Realpolitik and Energy Security and Climate Change Program, November 1, 2018; Andrew Higgins, "Vladivostok Lures Chinese Tourists (Many Think It's Theirs)," *New York Times,* July 23, 2016; Gerden, "Russian Container Shippers"; Gerden, "Inland Chinese Shippers"; Zuenko, "Chimera of Chinese Investment"; Lee and Lukin, *Russia's Far East,* 192.
76. Lo, *Russia and the New World Disorder,* 160–161.
77. Kenji Joriuchi, "Russia and Energy Cooperation in East Asia," in *Russia and East Asia: Informal and Gradual Integration,* ed. Tsuneo Akaha and Anna Vasilieva (New York: Routledge, 2014), 165; Andrew Erickson and Gabriel Collins, "China's Oil Security Pipe Dream," *Naval War College Review* 63, no. 2, article 8 (Spring 2010): 89–111.
78. Natasha Kuhrt, "Strategic Partnership or Asymmetrical Dependence?" in Akaha

五億美元的軍事費用，相當於他（二〇一七年的）百分之四點三的國內生產毛額，比起二〇一六年的百分之五點五要下降不少。」Quoted in Katrhin Hille, "Russian Military Spending Falls as Sanctions Bite," *Financial Times,* May 2, 2018; Rensselaer Lee and Artyom Lukin, *Russia's Far East: New Dynamics in Asia Pacific and Beyond* (Boulder, Colo.: Lynne Rienner, 2016), 138.

66. Charles E. Ziegler, "China-Russia Relations in Energy, Trade, and Finance: Strategic Implications and Opportunities for U.S. Policy," in *Axis of Authoritarians: Implications of China-Russia Cooperation,* ed. Richard J. Ellings and Robert Sutter (Washington, D.C.: National Bureau of Asian Research, 2018), 75; Rozman, *Sino-Russian Challenge,* 12, 21; Tsuneo Akaha and Anna Vasilieva, eds., *Russia and East Asia: Informal and Gradual Integration* (New York: Routledge, 2014), 4–5; Stephen Kotkin, "The Unbalanced Triangle," *Foreign Affairs* 88, no. 5 (September–October 2009): 130–138; Jacob Stokes, "Russia and China's Enduring Alliance: A Reverse 'Nixon Strategy' Won't Work for Trump," *Foreign Affairs,* February 22, 2017; Lee and Lukin, *Russia's Far East,* 120; Dmitri Trenin, "Challenges and Opportunities: Russia and the Rise of China and India," in *Asia Responds to Its Rising Powers: China and India,* ed. Ashley J. Tellis, Travis Tanner and Jessica Keough (Washington, D.C.: National Bureau of Asian Research, 2011), 234.
67. Gilbert Rozman, Kazuhiko Togo, and Joseph P. Ferguson, eds., *Russian Strategic Thought Toward Asia* (New York: Palgrave Macmillan, 2006), 1.
68. Ankur Shah, "China, Russia, and the Case of the Missing Bridge," *Diplomat,* November 20, 2018, James Kynge, "Bridge-Building a Pillar of Sino-Russian Detente," *Financial Times,* September 25, 2018; Trenin, "Challenges and Opportunities," 243.
69. Michal Makocki, "The Silk Road Goes North: Sino-Russian Economic Cooperation and Competition," *China Analysis,* European Council on Foreign Relations, no. 195, November 2016, 7–8.
70. Anton Troianovski, Anna Fifield, and Paul Sonne, "War Games and Business Deals: Russia, China Send a Signal to Washington," *Washington Post,* September 11, 2018; "Russia-China Trade," Russia-China Investment Fund, accessed December 2, 2018; Alex Longley and Bill Lehane, "Russia Sends Oil to China at Europe's Expense as Trades Upended," *Bloomberg,* April 30, 2018; Edward C. Chow, "Russia-China Gas Deal and Redeal," CSIS Commentary, May 11, 2015;

56. Hawksley, *Asian Waters,* 775–789; Bill Hayton, *The South China Sea: The Struggle for Power in Asia* (New Haven, Conn.: Yale University Press, 2014), 64, 87, 115–117; Fravel, *Strong Borders,* 269–270; Fisher, "China's Global Military."
57. Gagliano, "Blurred Lines," 115–116; Hawksley, *Asian Waters,* Kindle locations 730–775; Abraham M. Denmark, "The China Challenge: Military and Security Developments,"prepared testimony before the Senate Foreign Relations Committee Subcommittee on East Asia, the Pacific, and International Cybersecurity Policy, September 5, 2018; Roncevert Ganan Almond, "Trade, War, and the South China Sea," *Diplomat,* September 1, 2018; Derek Watkins, "What China Has Been Building in the South China Sea," *New York Times,* October 27, 2015; Gavin Fernando, "Satellite Images Prove We Can No Longer Ignore China's Military Advances," *News.com.au,* May 13, 2018; Fisher, "China's Global Military."
58. Alexander Gabuev, "Why Russia and China Are Strengthening Security Ties: Is the U.S. Driving Them Closer Together?" *Foreign Affairs,* September 24, 2018; James Holmes, "Visualize Chinese Sea Power," *U.S. Naval Institute Proceedings* 144, no. 6 (2018): 26–31; Fernando, "Satellite Images"; Amanda Macias, "China Quietly Installed Defensive Missile Systems on Strategic Spratly Islands in Hotly Contested South China Sea," *CNBC.com,* May 2, 2018; Fisher, "China's Global Military."
59. Beech, "China's Sea Control."
60. T. V. Paul, "Soft Balancing vs. Hard Clashes: The Risks of War over the South China Sea," *Global Asia,* September 21, 2018; "How Uninhabited Islands Soured China-Japan Ties," *BBC,* November 10, 2014; Fanell, "Pathway to Hegemony."
61. Eric A. McVadon, "The PLA Navy as an Instrument of Statecraft," in Saunders et al., *The Chinese Navy,* 234; Christopher Woody, "Weeks After a Showdown in the South China Sea, the Navy's Top Officer Says the US and China Will 'Meet More and More on High Seas,'" *Reuters,* October 30, 2018.
62. Fanell, "Pathway to Hegemony."
63. David Scott, "Russia-China Naval Cooperation in an Era of Great Power Competition," Center for International Maritime Security, June 12, 2018.
64. Cronin, "Power and Order"; Yoon, "Decoding China's Maritime Aspirations."
65. 根據斯德哥爾摩國際和平研究所的資料，「莫斯科花了六百六十三點

Ships and Missiles, China Is Ready to Challenge U.S. Navy in Pacific," *New York Times,* April 29, 2018; Fanell, "Pathway to Hegemony."

46. Saunders et al., *The Chinese Navy,* 287; Tony Roper, "New OSINT Tools Track Russian Pacific Fleet," *Jane's Intelligence Review,* December 22, 2017.
47. Richard D. Fisher Jr., "China's Global Military Power Projection Challenge to the United States," testimony, May 17, 2018, Permanent Select Committee on Intelligence, U.S. House of Representatives; China Power Team, "Tracking the Type 002—China's Third Aircraft Carrier," China Power, May 6, 2019 (updated May 7, 2019), https://chinapower.csis.org, accessed June 15, 2019; China Power Team, "What Do We Know (So Far) About China's Second Aircraft Carrier?" China Power, April 22, 2017 (updated December 17, 2019), accessed January 15, 2020; Robert S. Ross, "Nationalism, Geopolitics, and Naval Expansionism: From the Nineteenth Century to the Rise of China," *Naval War College Review* 71, no. 4 (2018): 38; "China—Navy," *Jane's World Navies,* June 5, 2018.
48. Quoted in Fisher, "China's Global Military"; Holmes and Yoshihara, "Taking Stock," 269–270, 276–278, 281.
49. Liu Rongzi et al., *China's Maritime Economy and Maritime Science and Technology* (Beijing: China Intercontinental Press, 2014), Kindle locations 1416–1424; "China—Navy," *Jane's World Navies,* June 5, 2018; Fisher, "China's Global Military."
50. Holmes and Yoshihara, "Taking Stock," 284.
51. Fisher, "China's Global Military"; Munmun Majumdar, "The Belt and Road Initiative and Southeast Asia," in Panda and Basu, *China-India-Japan,* 378–379.
52. "A 'Great Wall of Sand' in the South China Sea," *Washington Post,* April 8, 2015.
53. Fravel, *Strong Borders,* 267.
54. Hannah Beech, "China's Sea Control Is a Done Deal, 'Short of War with the U.S.,'" *New York Times,* September 20, 2018; Hawksley, *Asian Waters,* Kindle locations 3464–3466.
55. Hawksley, *Asian Waters,* Kindle locations 147–158; Fravel, *Strong Borders,* 333–334; Jeffrey Bader, Kenneth Lieberthal, and Michael McDevitt, "Keeping the South China Sea in Perspective," *Foreign Policy Brief,* Brookings Institution, August 2014; Joseph A. Gagliano, "Blurred Lines: Twenty-First Century Maritime Security in the South China Sea," in Gresh, *Eurasia's Maritime Rise,* 113–127.

Chinese People's Liberation Army Navy," in Saunders et al., *The Chinese Navy,* 247; M. Taylor Fravel and Alexander Liebman, "Beyond the Moat: The PLAN's Evolving Interests and Potential Influence," in Saunders et al., *The Chinese Navy,* 42.

41. Quoted in Fravel and Liebman, "Beyond the Moat," 76; Robert S. Ross, "Nationalism, Geopolitics, and Naval Expansionism: From the Nineteenth Century to the Rise of China," *Naval War College Review* 71, no. 4 (2018): 16–50; James Fanell (USN, ret.), "China's Global Naval Strategy and Expanding Force Structure: Pathway to Hegemony," testimony, May 17, 2018, Permanent Select Committee on Intelligence, U.S. House of Representatives; Erickson and Chase, "Informatization," 248, 278–279.
42. For full report, see Eric Heginbotham et al., *The U.S.-China Military Scorecard: Forces, Geography, and the Evolving Balance of Power, 1996–2017* (Santa Monica, Calif.: RAND Corporation, 2015). Quoted in Shibani Mahtani, "In South China Sea, a Display of U.S. Navy Strength—and a Message to Beijing," *Washington Post,* November 25, 2018; Hawksley, *Asian Waters,* Kindle locations 370–373; "U.S. National Defense Strategy 2018," U.S. Department of Defense, 2018; Office of the Secretary of Defense, U.S. Department of Defense, "Annual Report to Congress: Military and Security Developments Involving the People's Republic of China 2017," May 15, 2017; James R. Holmes and Toshi Yoshihara, "Taking Stock of China's Growing Navy: The Death and Life of Surface Fleets," *Orbis* 61, no. 2 (2017): 269–285.
43. Patrick M. Cronin, "Power and Order in the South China Sea: A Strategic Framework," Center for a New American Security, November 2016; Sukjoon Yoon, "Decoding China's Maritime Aspirations," *Proceedings* 143, no. 3 (March 2017).
44. For more on PLA reforms, see Phillip C. Saunders et al., eds., *Chairman Xi Remakes the PLA: Assessing Chinese Military Reforms* (Washington, D.C.: National Defense University Press, 2018); Bernard D. Cole, *Asia's Maritime Strategies* (Annapolis, Md.: Naval Institute Press, 2013), 65, 81; Saunders et al., *The Chinese Navy,* 289; Fanell, "Pathway to Hegemony"; Patricia M. Kim, "Understanding China's Military Expansion and Implications for U.S. Policy," testimony, May 17, 2018, House Permanent Select Committee on Intelligence, United States House of Representatives.
45. "China—Navy," *Jane's World Navies,* June 5, 2018; Steven Lee Meyers, "With

31. Calder, *Singapore,* 18–19, 22, 134–135; "Singapore Economy: Challenges Ahead for Port of Singapore," *Economist Intelligence Unit Views Wire,* July 29, 2016.
32. Grare, *India Turns East,* 78–80; Bhogal, "India-ASEAN"; Calder, *Singapore,* 157–158.
33. "India-Singapore Relations," Ministry of External Affairs, Government of India, January 2018.
34. Prashanth Parameswaran, "Why the New India-Singapore Naval Pact Matters," *Diplomat,* November 30, 2017; "India-Singapore Relations," Ministry of External Affairs, Government of India, January 2018; Grare, *India Turns East,* 78–80; Tarun Shukla, "India, Singapore Sign Deal to Boost Cooperation in Maritime Security," *Mint,* November 30, 2017; Fu, "Balancing Act."
35. Narendra Aggarwal, "S'pore Is China's Largest Investor," *Business Times* (Singapore), November 6, 2018; Fu, "Balancing Act"; "Singapore and the New Silk Road," *Bloomberg Businessweek,* no. 4487 (August 22, 2016); Lye Liang Fook, "Singapore-China Relations: Building Substantive Ties Amidst Challenges," *Southeast Asian Affairs,* 2018, 326.
36. Amy Qin, "Worries Grow in Singapore over China's Calls to Help 'Motherland,'" *New York Times,* August 5, 2018; Hawksley, *Asian Waters,* Kindle locations 870–878; "India-Singapore Relations," January 2018.
37. 一九九七年，新加坡港務局轉型為商業公司，叫做新加坡港務集團有限公司。參見：Cichen Shen and Wei Zhe Tan, "Alliance Reshuffle Felt Most at Port Klang and Singapore," *Lloyd's List,* March 27, 2017; Christopher R. O'Dea, "China Has Landed," *National Review,* October 31, 2018; "China Merchants Buys 49% Stake in CMA CGM's Ports Arm," *Seatrade Maritime News,* January 25, 2013.
38. Wei Zhe Tan, "Cosco Singapore Completes Takeover of Cogent Holdings," *Lloyd's List,* March 6, 2018; "About Us," COSCO Shipping International (Singapore) Co. Ltd., accessed September 26, 2018; Wei Zhe Tan, "COSCO Singapore to Acquire Stakes in Two Asia Logistics Firms Worth $369m," *Lloyd's List,* November 3, 2017; Wei Zhe Tan, "Cosco Singapore Secures Loan Facilities to Fund Cogent Acquisition," *Lloyd's List,* December 26, 2017.
39. Divya Ryan, "Singapore: The Belt and Road's Gateway to India," *Diplomat,* September 27, 2018.
40. Quoted in Andrew S. Erickson and Michael S. Chase, "Informatization and the

How China's Neighbors Can Check Chinese Naval Expansion," *International Security* 42, no. 2 (Fall 2017): 78–119.

22. Manjeet S. Pardesi, "Evolution of India—Japan Ties: Prospects and Limitations," in Basrur and Kutty, *India and Japan,* Kindle locations 692–781.
23. Pardesi, "Evolution," Kindle locations 692–781; Lynch and Przystup, "India-Japan," 10–11.
24. Ishida, "China's OBOR," 175.
25. Quoted in Ishida, "China's OBOR," 174–175; Ryohei Kasai, "Infrastructure Development in Asia: Japan's New Initiatives and Its Cooperation with India," in Basrur and Kutty, *India and Japan,* 211; Lynch and Przystup, "India-Japan," 11–12.
26. Rajesh Basrur and Sumitha Narayanan Kutty, "Conceptualizing Strategic Partnerships," in Basrur and Kutty, *India and Japan,* Kindle locations 120–139; Hawksley, *Asian Waters,* Kindle locations 2355–2360; Sea S. Thomas, "The Rise of an Indo-Japanese Maritime Partnership," in *Eurasia's Maritime Rise and Global Security,* ed. Geoffrey F. Gresh (New York: Palgrave Macmillan, 2018), 68–69, 73; Grare, *India Turns East,* 152–153; Dhruva Jaishankar, "A Confluence of Two Strategies: The Japan-India Security Partnership in the Indo-Pacific," in Basrur and Kutty, *India and Japan,* Kindle locations 1483–1500; Lynch and Przystup, "India-Japan," 20–22; Pant, "Rising China," 373–374; Kasai,"Infrastructure Development in Asia," 205–206.
27. Takuya Shimodaira, "Asia's Democratic Security Diamond in the Indo-Pacific Region: A Maritime Perspective," in Panda and Basu, *China-India-Japan,* 238; Thomas, "Mari time Partnership," 73; Jaishankar, "A Confluence of Two Strategies," Kindle locations 1348–1367, 1483–1500.
28. Takuya Shimodaira, "Asia's Democratic Security Diamond in the Indo-Pacific Region: A Maritime Perspective," in Panda and Basu, *China-India-Japan,* 238; Thomas, "Maritime Partnership," 73; Jaishankar, "A Confluence of Two Strategies," Kindle locations 1348–1367, 1483–1500, 1592–1596.
29. Chris Cheang, "Russia's Pivot to the East: Putin's Broadening Move," *RSIS Commentary,* no. 190 (November 15, 2018); Yu Fu, "Singapore's China-India Balancing Act," *Diplomat,* January 11, 2018.
30. John Curtis Perry, *Singapore: Unlikely Power* (New York: Oxford University Press, 2017), 15; Kent E. Calder, *Singapore: Smart City, Smart State* (Washington, D.C.: Brookings Institution Press, 2016), 3.

on South China Sea," *New York Times,* July 22, 2016.

16. Abhijit Singh, "India's 'Act-East' Must Satisfy ASEAN Expectations," Raisina Debates, Observer Research Foundation, January 24, 2018; Bhogal, "India-ASEAN"; Pant, "ASEAN"; Joshy M. Paul, "India's Maritime Pivot to the East," *Diplomat,* March 8, 2018; Raju Gopalakrishnan, "With Ports, Ships and Promises, India Asserts Role in South East Asia," *Reuters,* June 1, 2018.
17. Ajai Shukla, "In Swift Follow-Up Action, Indian Warship Visits Indonesia's Sabang Port," *Business Standard,* July 11, 2018; Dinakar Peri, "Rise in India-ASEAN Naval Games," *Hindu,* June 11, 2018; Paul, "India's Maritime Pivot"; Gopalakrishnan, "South East Asia"; Shukla, "Sabang Port."
18. Humphrey Hawksley, *Asian Waters: The Struggle over the South China Sea and the Strategy of Chinese Expansion* (New York: Overlook Press, 2018), Kindle locations 1702–1712; Grare, *India Turns East,* 80–82; Mai Nguyen, Nidhi Verma, and Sanjeev Miglani, "Vietnam Renews India Oil Deal in Tense South China Sea," *Reuters,* July 6, 2017; Devirupa Mitra, "India and Vietnam Upgrade to Comprehensive Strategic Partnership," *Wire,* September 4, 2016; Gopalakrishnan, "South East Asia."
19. Harsh V. Pant, "Rising China in India's Vicinity: A Rivalry Takes Shape in Asia," *Cambridge Review of International Affairs* 29, no. 2 (2016): 373; Abhishek Mohanty, "India-Vietnam Defense Ties in Spotlight with Joint Naval Exercise," *Asia Times,* May 29, 2018; Guha, "Post ASEAN"; Grare, *India Turns East,* 80–82.
20. Quoted in Rajesh Basrur and Sumitha Narayanan Kutty, "Conceptualizing Strategic Partnerships," in *India and Japan: Assessing the Strategic Partnership,* ed. Rajesh Basrur and Sumitha Narayanan Kutty (New York: Palgrave Macmillan, 2018), Kindle locations 120–139; Pant, "Rising China," 372; James R. Holmes and Toshi Yoshihara, *Chinese Naval Strategy in the 21st Century: The Turn to Mahan* (New York: Routledge, 2008), 56.
21. Andrew L. Oros, *Japan's Security Renaissance: New Policies and Politics for the Twenty-First Century* (New York: Columbia University Press, 2017), 78–79; Yasuyuki Ishida, "China's OBOR Initiative and Japan's Response: The Abe Doctrine, Free and Open Indo-Pacific Strategy and Japan-India Strategic Partnership," in Panda and Basu, *China-India- Japan,* 159–160; Lynch and Przystup, "India-Japan," 31; Grare, *India Turns East,* 143–144; Pant, "Rising China," 372; Michael Beckley, "The Emerging Military Balance in East Asia:

Security," *Daily News and Analysis* (India), July 24, 2018; Preety Bhogal, "India-ASEAN Economic Relations: Examining Future Possibilities," *ORF Issue Brief,* January 5, 2018; Surojit Gupta, "Indo-Asean Trade Rise 10% to $72bn in FY17, but Is Long Way of Potential," *Times of India,* January 26, 2018.

10. Grare, *India Turns East,* 9; Bhogal, "India-ASEAN"; Kiran Sharma, "India Urges ASEAN to Strengthen Indo-Pacific Maritime Cooperation," *Nikkei Asian Review,* July 20, 2018; Aubrey Hruby, "New Agency Will Boost US Investment in Emerging Markets," *Financial Times,* August 8, 2018; David Pilling, "US to Set Up $60bn Agency to Counter China in Developing World," *Financial Times,* September 23, 2018.
11. Grare, *India Turns East,* 12–13, 75.
12. C. Raja Mohan, "An Uncertain Trumpet? India's Role in Southeast Asian Security," *Indian Review* 12, no. 3 (2013): 134–150; Grare, *India Turns East,* 12–13, 36–37, 43–44; Seema Guha, "Post ASEAN Summit, India Is Ready to Project Its Naval Presence in the Asia-Pacific Region," *Firstpost,* September 11, 2016; Bhaskar, "Boosting Maritime Security."
13. Iskander Rehman, "India's Fitful Quest for Seapower," *India Review* 16, no. 2 (2017): 236; Rajeswari Pillai Rajagopalan, "India's Maritime Strategy," in *India's Naval Strategy and Asian Security,* ed. Anit Mukherjee and C. Raja Mohan (New York: Routledge, 2016), 29; "Prime Minister's Keynote Address at Shangri La Dialogue (June 01, 2018)," Government of India, Ministry of External Affairs, June 1, 2018.
14. Prashanth Parameswaran, "India Navy Chief to Boost Defense Cooperation on Southeast Asia Voyage," *Diplomat,* July 20, 2015; "India Pivots to Southeast Asia"; Guha, "Post ASEAN"; Dinakar Peri, "Rise in India-ASEAN naval games," *Hindu,* June 11, 2018.
15. Panda and Basu, "Introduction," 17, and Susanne Kamerling, "China's Security Governance Conception for Asia: Perspectives from India," 53, in Panda and Basu, *China- India-Japan;* Timothy W. Crawford, "Preventing Enemy Coalitions: How Wedge Strategies Shape Power Politics," *International Security* 35, no. 4 (Spring 2011): 155–189; Grare, *India Turns East,* 87, 195; Kei Koga, "ASEAN's Evolving Institutional Strategy: Managing Great Power Politics in South China Sea Disputes," *Chinese Journal of International Politics* 11, no. 1 (2018): 49–80; Sanjeev Miglani, "India Plans Closer Southeast Asia Maritime Ties to Counter China," *Reuters,* January 24, 2018; "Hague Announces Decision

*Identities, Bilateral Relations, and East Versus West in the 2010s* (Washington, D.C.: Woodrow Wilson Center Press, 2014), 267–268.

3. Peter M. Swartz, "Rising Powers and Naval Power," in Saunders et al., *The Chinese Navy,* 14.
4. Eric Edelman et al., "Providing for Common Defense: The Assessments and Recommendations of the National Defense Strategy Commission," November 13, 2018, accessed at USIP.org; Paul Sonne and Shane Harris, "U.S. Military Edge Has Eroded to 'a Dangerous Degree,' Study for Congress Finds," *Washington Post,* November 14, 2018; David Tweed, Dong Lyu, and Daniel Flatley, "Warships' Near-Collision at Sea Shows Rising U.S.-China Tensions," *Bloomberg,* October 2, 2018.
5. Andrew Higgins, Megan Specia, and Thomas Gibbons-Neff, "Russian and U.S. Navy Ships Narrowly Avoid Collision in Philippine Sea," *New York Times,* June 7, 2019; Clark Mindock, "Chinese Ship Comes 'Within 45 Yards' of US Destroyer in South China Sea," *Independent,* October 2, 2018.
6. Jagannath P. Panda and Titli Basu, "Introduction," in *China-India-Japan in the Indo-Pacific,* ed. Jagannath P. Panda and Titli Basu (New Delhi: Pentagon Press, 2018), 15–16; Thomas F. Lynch III and James J. Przystup, "India-Japan Strategic Cooperation and Implications for U.S. Strategy in the Indo-Asia-Pacific Region," *Institute for National Strategic Studies Strategic Perspectives,* no. 24 (March 2017): 8; Frederic Grare, *India Turns East: International Engagement and US-China Rivalry* (London: Hurst, 2017), 6–7, 11; "India Pivots to Southeast Asia to Counter China's Growing Clout," *Nikkei Asian Review,* March 13, 2018; C. Raja Mohan, *Samudra Manthan: Sino-Indian Rivalry in the Indo-Pacific* (Washington, D.C.: Carnegie Endowment for International Peace, 2012), 66.
7. Harsh V. Pant, "The Future of India's Ties with ASEAN," *Diplomat,* January 26, 2018; "India Pivots to Southeast Asia."
8. 東協由十個東南亞國家所組成：汶萊、柬埔寨、印尼、寮國、馬來西亞、緬甸、菲律賓、新加坡、泰國及越南。
9. 中國在東南亞的海外直接投資也讓印度相形失色，在二〇一六年，印度在印尼、馬來西亞、菲律賓、泰國與越南所核准的投資總額才不過區區的一億五千七百七十萬美元，而同年中國核准的金額是五十七億美元，以馬來西亞和印尼拿到最多，分別獲得十八億與十四億美元。參見："India Pivots to Southeast Asia"; C. Uday Bhaskar, "Boosting Maritime

63. Rahimi Yunus and Muhd Amin Naharul, "How Will China-Linked Projects Be Impacted?" *Malaysian Reserve,* May 15, 2018.
64. Dennis Ignatius, "Malaysia's China Conundrum," *Free Malaysia Today,* January 13, 2017.
65. Hawksley, *Asian Waters,* Kindle locations 921–931; "New China-Indonesia Industrial Zone to Be Inaugurated in Cikarang," *Jakarta Globe,* May 20, 2013; Thorne and Spevack, "Harbored Ambitions," 27; James Kynge, "Chinese Purchases of Overseas Ports Top $20bn in Past Year," *Financial Times,* July 16, 2017; Mike King, "Expansion in the Works at Indonesia's Tanjung Priok," *Journal of Commerce,* March 15, 2012; Julia Louppova, "Indonesia Plans to Become a Transshipment Hub, Seeks Investors," *Port Today,* June 18, 2018; "Tale of Two Ports in Indonesia," *Daily the Pak Banker,* June 4, 2015; "Indonesia's Maritime Infrastructure: Key Challenges Remain," *Global Business Guide Indonesia—2018,* accessed July 11, 2019.

## 第七章

1. Dennis J. Blasko, "Steady as She Goes: China's New Defense White Paper," *War on the Rocks,* August 12, 2019; Richard A. Bitzinger, "Recent Developments in Naval and Mar itime Modernization in the Asia-Pacific: Implications for Regional Security," in *The Chinese Navy: Expanding Capabilities, Evolving Roles,* ed. Phillip C. Saunders et al. (Washington, D.C.: National Defense University Press, 2012), 26, 37; M. Taylor Fravel, *Strong Borders, Secure Nation: Cooperation and Conflict in China's Territorial Disputes* (Princeton, N.J.: Princeton University Press, 2008), 1–2; "China's Military Strategy," State Council Information Office of the People's Republic of China, May 2015; Toshi Yoshihara and James R. Holmes, *Red Star over the Pacific: China's Rise and the Challenge to U.S. Maritime Strategy* (Annapolis, Md.: Naval Institute Press, 2018); Thomas J. Christensen, *The China Challenge: Shaping the Choices of a Rising Power* (New York: W. W. Norton, 2015); Gabriel B. Collins et al., eds., *China's Energy Strategy: The Impact on Beijing's Maritime Policies* (Annapolis, Md.: Naval Institute Press, 2012).
2. Robert Sutter, "China-Russia Relations: Strategic Implications and U.S. Policy Options," *NBR Special Report,* no. 73, September 2018; Bobo Lo, *Russia and the New World Order* (Washington, D.C.: Brookings Institution Press, 2015), xv–xvi; Gilbert Rozman, *The Sino-Russian Challenge to World Order: National

23, 2016; Rachel Lau, "Samalaju Port Proof of Effective Collaboration," *Borneo Post,* June 20, 2017; "Joint Venture Partners Win Samalaju Port Deal Worth RM311.1mil," *Star* (Malaysia), December 19, 2013.

56. See Kuantan Port, New Deepwater Terminal, accessed July 14, 2019, http://www.kuantanport.com.my/en_GB/port-development/ndwt; Bhavan Jaipragas, "Eleven Projects That Show China's Influence over Malaysia—and Could Influence Its Election," *South China Morning Post,* August 5, 2017; Shannon Teoh, "Malacca Harbour Plan Raises Questions About China's Strategic Aims," *Straits Times* (Singapore), November 14, 2016; Ace Long, "A Look Behind the Development of Kuantan Port: Collaboration Between Malaysia and China Under BRI," *Business Times,* November 3, 2018; Beech, "China's Vision."
57. John Curtis Perry, *Singapore: Unlikely Power* (New York: Oxford University Press, 2017), 12–15; Cichen Shen and Wei Zhe Tan, "Alliance Reshuffle Felt Most at Port Klang and Singapore," *Lloyd's List,* March 27, 2017; Beech, "China's Vision"; Teoh, "Malacca Harbour Plan."
58. Shannon Teoh, "Chinese Firms Harbour Doubts over Malaysian Port Projects," *Straits Times* (Singapore), May 8, 2017; Shaheera Aznam Shah, "Malaysia Seeks to Boost Ports Capacity to Rival Singapore," *Malaysian Reserve,* December 22, 2017.
59. Kelly Koh, "China Help for RM40b Malacca Project," *New Straits Times* (Malaysia), November 8, 2015; Nazvi Careem, "Melaka Gateway Heralds New Era," *South China Morning Post,* March 21, 2014; "Our Development" and "Island Three: Melaka Gateway Port," Melaka Gateway, http://melakagateway.com/our-development; R. S. N. Murali, "Controversial Melaka Gateway Mega Project to Continue Confirms CM Adly," *Star* (Malaysia), September 20, 2018.
60. Francis E. Hutchinson, "The Melaka Gateway Project: High Expectations but Lost Momentum?" *Perspective* (ISEAS Yusof Ishak Institute), no. 78 (September 30, 2019); "Melaka International Cruise Terminal ready by September 2020," *Star* (Malaysia), June 11, 2019; Murali, "Controversial Melaka Gateway."
61. Fara Aisyah, "Cloudy Future for RM40b Melaka Gateway," *Malaysian Reserve,* September 12, 2018.
62. Intan Farhana Zainul, "There's Money to Be Made in Land Reclamation," *Star* (Malaysia), September 1, 2018; "Introduction," Seri Tanjung Pinang, Penang, Malaysia; "Straits Quay: Seri Tanjung Pinang," Eastern & Oriental Property Development, brochure, n.d.; Jaipragas, "Eleven Projects."

Exhibit A for Countering China's Influence," *Nikkei Asian Review,* July 24, 2018.

49. "China Global Investment Tracker," AEI and Heritage Foundation, accessed July 10, 2019; "East and Southeast Asia: Cambodia," *CIA World Factbook,* accessed October 20, 2018; Daniel C. O'Neill, *Dividing ASEAN and Conquering the South China Sea* (Hong Kong: Hong Kong University Press, 2018), chap. 6; Chien-Peng Chung and Thomas J. Voon, "China's Maritime Silk Road Initiative," *Asian Survey* 57, no. 3 (2017): 423; Henry Tillman, "Exporting the Chinese Model to BRI Countries: Cambodia as a Case Study," *Private Equity Review,* no. 4 (March 26, 2018); Dominic Faulder and Kenji Kawase, "Cambodians Wary as Chinese Investment Transforms Their Country," *Nikkei Asian Review,* July 18, 2018; Jonathan Hillman, "China's Belt and Road Is Full of Holes," *CSIS Briefs,* September 4, 2018.
50. 從十七世紀以來，克拉運河就時不時會成熱議話題。參見：Rhea Menon, "Thailand's Kra Canal: China's Way Around the Malacca Strait," *Diplomat,* April 6, 2018; Devin Thorne and Devin Spevack, "Harbored Ambitions: How China's Port Investments Are Strategically Reshaping the Indo-Pacific," C4ADS, April 17, 2018, 56, 59, 61–62; Kenji Kawase, "Cambodia's Biggest Port Sees China Coveting Japan's Dominant Role," *Nikkei Asian Review,* August 3, 2018; Faulder and Kawase, "Cambodians Wary"; Tom O'Connell, "China's Ambitious Belt and Road Initiative Meets Resistance in Southeast Asia," *Southeast Asia Globe,* September 11, 2018; Andrew Nachemson, "A Chinese Colony Takes Shape in Cambodia," *Asia Times,* June 5, 2018.
51. Thorne and Spevack, "Harbored Ambitions," 55; "Koh Kong International Airport," *Centre for Aviation,* accessed November 1, 2018; Tillman, "Exporting the Chinese Model"; Kawase, "Cambodia's Biggest Port."
52. Kawase, "Cambodia's Biggest Port."
53. Jeremy Page, Gordon Lubold, and Rob Taylor, "Deal for Naval Outpost in Cambodia Furthers China's Quest for Military Network," *Wall Street Journal,* July 22, 2019; Hawksley, *Asian Waters,* Kindle locations 890–897.
54. Hannah Beech, "'We Cannot Afford This': Malaysia Pushes Back Against China's Vision," *New York Times,* August 20, 2018; Ali Salman, "Chinese FDI in Malaysia: A Blessing, Curse or Opportunity?" *Malaysian Reserve,* April 25th, 2018.
55. Kim Darrah, "China Invests $3bn in Malaysian Port," *New Economy,* November

42. Li and Coleman, "Taiwan Quietly Lets Chinese"; "China's State-Owned Cosco Takes Over Port of Kaohsiung: Report," *Hellenic Shipping News,* September 19, 2018; Mitsana, "Takeover of 'Perfect Bride'"; Wang, "Chinese Port Operators"; Oei, "China Stake in Local Port."
43. Jiang Chenglong, "Cargo Ships from Chinese Mainland Give Taiwan's Biggest Port a Boost," *China Daily,* July 31, 2018.
44. "Australia Records Bumper Trade Surplus in 2018," Minister for Trade, Tourism and Investment, media release, February 5, 2019; Gregory O'Brien, "Australia's Trade in Figures," Parliament of Australia, 2016; Cecile Lefort and Byron Kaye, "Australian Port Sold for $7.3 Billion to Consortium: China Fund Among Backers," *Reuters,* September 18, 2016; Jamie Smyth, "Australia Port Project Highlights Schism over Chinese Investment," *Financial Times,* July 18, 2017; Jamie Smyth, "Australia to Tighten Foreign Investment Rules amid China Concerns," *Financial Times,* January 31, 2018; "Demystifying Chinese Investment in Australia," KPMG and the University of Sydney, May 2017; "Chinese Investment in Australia Declining: New Report," *University of Sydney News,* June 14, 2018; "China Global Investment Tracker."
45. Smyth, "Australia to Tighten."
46. 嵐僑集團最近也用九億美元買下了一個巴拿馬的港口。參見：Smyth, "Australia to Tighten"; Smyth, "Australia Port Project"; Clive Hamilton, *Silent Invasion: China's Influence in Australia* (London: Hardie Grant, 2018), Kindle locations 2354–2358; "Chapter 2: Lease of the Port of Darwin to the Landbridge Group," Parliament of Australia, n.d.; Sara Everingham, "Darwin Port 20pc Stake to Remain in Northern Territory Government Hands," *ABC News* (Australia), July 4, 2017; Tom Westbrook, "China Has Become a Looming Presence in the US's Military Hub in Australia," *Reuters,* May 9, 2017; Helen Davidson, "Refinancing of Port of Darwin Raises Fresh Concerns over Chinese Lease," *Guardian,* June 9, 2017; Lisa Murray, "Chinese-Owned Darwin Port Struggling to Pay Back Debts," *Australian Financial Review,* June 17, 2018; "Total Trade," Landbridge Darwin Port, Australia, accessed October 19, 2018.
47. Shen, "China Merchants"; "CMPort to Acquire 50 Pct Share of Newcastle Port," *Xinhuanet,* March 20, 2018; "Demystifying Chinese Investment in Australia."
48. "SA Government Denies Chinese Company Landbridge Has Interest in Flinders Ports," *ABC News* (Australia), January 18, 2018; "Chinese Now Eye Adelaide Port," *News Mail,* January 22, 2018; Fumi Matsumoto, "Australia Becomes

Kindle locations 3093–3131.

37. "Tensions Rise in South China Sea as Vietnamese Boats Come Under Attack," *Guardian,* May 7, 2014; Simon Denyer, "China Withdraws Oil Rig from Waters Disputed with Vietnam, but Warns It Could Return," *Washington Post,* July 16, 2014; Hawksley, *Asian Waters,* Kindle locations 775–789, 3093–3131.
38. Weiwei Huoa, Wei Zhangb, and Peggy Shu-Ling Chen, "Recent Development of Chinese Port Cooperation Strategies," *Research in Transportation Business and Management* 26 (2018): 67–75; Turloch Mooney, "China's 'Big Three' Port Operators Continue Rapid Overseas Expansion," *Fairplay IHS Markit Maritime Portal,* September 20, 2017.
39. "Country Report: Brunei," *Economist Intelligence Unit,* September 17, 2018, 11; Nile Bowie, "China Throws Sinking Brunei a Lifeline," *Asia Times,* March 18, 2018; Huoa, Zhangb, and Chenb, "Cooperation Strategies," 67–75; Pushpa Thambipillai, "Brunci Darussalam: The 'Feel-Good Year' Despite Economic Woes," *Southeast Asian Affairs,* 2018, 77–94; "Achieve Win-Win Development from Guangxi Beibu Gulf to Kuantan Port in Malaysia," *China International Economic Cooperation Association,* Ministry of Commerce of the People's Republic of China, June 27, 2017; Sam Parker and Gabrielle Chefitz, "Debtbook Diplomacy: China's Strategic Leveraging of Its Newfound Economic Influence and the Consequences for U.S. Foreign Policy," Harvard Kennedy School, May 2018; Chung and Voon, "Maritime Silk Road."
40. William J. Norris, *Chinese Economic Statecraft: Commercial Actors, Grand Strategy, and State Control* (Ithaca, N.Y.: Cornell University Press, 2016), Kindle locations 2267– 2269; Eleanor Albert, "China-Taiwan Relations," Council on Foreign Relations, June 15, 2018; John Pomfret, "Can China Really Take Over Taiwan?" *Washington Post,* January 5, 2018; Ralph Jennings, "Why Are China and Taiwan Starting an International Tug-of-War over Economic Incentives?" *Forbes,* March 21, 2018.
41. Antonio Mitsana, "Takeover of 'Perfect Bride' OOCL Takes Container Industry One Step Closer to Liner Paradise," *Drewry,* July 10, 2017; Lauly Li and Zach Coleman, "Taiwan Quietly Lets Chinese State Company Take Over Port Area," *Nikkei Asian Review,* September 17, 2018; Jasmine Wang, "Chinese Port Operators Buy $135m Stake in Taiwanese Container Terminal," *gCaptain,* December 19, 2012; Martin Oei, "China Stake in Local Port Presents a Major Risk," *Taipei Times,* September 1, 2018.

Throughput Set to Grow Up to 8% in 2018," *Lloyd's List,* March 29, 2018; "About Us," China Merchants Group; "Our Business: Shipping" and "Company Profile," Sinotrans & CSC Holdings Co.

31. Jim Wilson, "Six Percent Increase in Global Box Throughput for Port Operator China Merchants," *Freight Waves,* April 2, 2019; "CMPort Smashes 100 Million TEU in 2017," *Port Technology,* January 17, 2018; Sinotrans & CSC Holdings Co. website.
32. FAO, *The State of World Fisheries and Aquaculture: Meeting the Sustainable Development Goals 2018* (Rome: FAO, 2018); Rongzi et al., *China's Maritime Economy,* Kindle locations 537–540; Rodger Baker, "Fish: The Overlooked Destabilizer in the South China Sea," *Stratfor,* February 12, 2016; Teng Jing Xuan, "Chinese Trawlers Dominate World Fishing Industry," *Caixin,* February 23, 2018; Gerry Doyle, "Chinese Trawlers Travel Farthest and Fish the Most: Study," *Reuters,* February 22, 2018.
33. FAO, *The State of World Fisheries* (2018); "Sector Trends Analysis: Fish Trends in China," Market Access Secretariat Global Analysis Report, Agriculture and Agri-Food Canada, October 2017; Kim Iskyan, "China's Middle Class Is Exploding," *Business Insider,* August 27, 2016; Andrew Jacobs, "China's Appetite Pushes Fisheries to the Brink," *New York Times,* April 30, 2017; Baker, "Fish."
34. FAO, *The State of World Fisheries* (2018); Xuan, "Chinese Trawlers Dominate"; Baker, "Fish"; Jacobs, "China's Appetite."
35. Quoted in Andrew S. Erickson and Conor M. Kennedy, "China's Maritime Militia," Center for Naval Analyses, March 7, 2016, 2; Erickson, quoted in Humphrey Hawksley, *Asian Waters: The Struggle over the South China Sea and the Strategy of Chinese Expansion* (New York: Overlook Press, 2018), Kindle locations 3093–3131; Doyle, "Chinese Trawlers"; Jacobs, "China's Appetite."
36. For more, see Conor M. Kennedy and Andrew S. Erickson, "China Maritime Report No. 1: China's Third Sea Force, the People's Armed Forces Maritime Militia: Tethered to the PLA," *CMSI China Maritime Reports,* no. 1 (March 2017); Conor M. Kennedy and Andrew S. Erickson, "Model Maritime Militia: Tanmen's Leading Role in the April 2012 Scarborough Shoal Incident," Center for International Maritime Security, April 21, 2016; Andrew S. Erickson, "Understanding China's Third Sea Force: The Maritime Militia," Fairbank Center Blog, Harvard University, September 8, 2017; Hawksley, *Asian Waters,*

*Shipping News,* August 8, 2017.

22. *Review of Maritime Transport,* 2018; Cichen Shen, "Orders Drop 33% at Chinese Shipbuilders in 2016," *Lloyd's List,* January 23, 2017; Cichen Shen, "Chinese Shipbuilders Outrun Korean Yards in July New Orders," *Lloyd's List,* August 20, 2015; Costas Paris, "Chinese Shipyards See Surge in Orders, Margins Remain Thin; Growing Demand Across Bulk, Energy and Container Shipping Sectors Has Carriers Expanding, Upgrading Cargo Fleets," *Wall Street Journal,* March 19, 2018; "China Leads in Global Shipbuilding Industry in 2017," *Hellenic Shipping News,* January 12, 2018; "China Plans Merger of Shipbuilders to Create Behemoth," *Bloomberg,* March 29, 2018.
23. "'Great Intelligence': First China-Made 'Smart Ship' Debuts in Shanghai," *Daily News and Analysis* (India), December 16, 2017.
24. Blake Schmidt, "A Maritime Revolution Is Coming, and No One's in the Wheelhouse," *Bloomberg,* May 28, 2018; Ren Xiaojin, "China Leads in Shipbuilding," *China Daily,* December 12, 2017.
25. Richard Scott, "China-Owned Ships: Fleet Expansion Accelerates," *Hellenic Shipping News,* March 3, 2016; Scott, "Vigorous Expansion."
26. Quoted in Alessandro Pasetti, "Analysis: COSCO and OOCL—a Big, Well-Managed World Leader in the Making," *Load Star,* July 13, 2018; "Cosco Takeover of OOCL Cleared for Completion," *Seatrade Maritime News,* June 30, 2018; Greg Knowler, "Beijing Sponsors Cosco Shipping's Rapid Expansion," *Journal of Commerce,* November 1, 2017; Scott, "China-Owned Ships"; Christopher R. O'Dea, "China's Commercial Maritime Expansion Raises Security Concerns," *National Review,* May 8, 2018; "Top 10 Biggest Shipping Companies in the World," *Maritime Post,* March 12, 2018; "Shipping Companies Spring to Hope, Expand Fleets," *China Daily,* March 19, 2018.
27. Brenda Goh, "COSCO Shipping's Takeover of OOCL to Complete by End-June: Vice Chairman," *Reuters,* April 3, 2018; Helen Kelly, "China Consolidates Its Dominance,"*Lloyd's List,* December 14, 2017; Scott, "Vigorous Expansion."
28. Virginia Marantidou, "Shipping Finance: China's New Tool in Becoming a Global Maritime Power," *Jamestown Foundation China Brief* 18, no. 2 (February 13, 2018).
29. Kelly, "China Consolidates"; Goh, "COSCO Shipping's Takeover."
30. Cichen Shen, "China Merchants Group Acquires Sinotrans and CSC en Bloc," *Lloyd's List,* December 29, 2015; Cichen Shen, "China Merchants Port

Maritime Economy Becomes New Growth Engine," *China Daily,* October 5, 2012; "China's Maritime Economy Expand by 7.5 Pct in Recent Five Years," *Xinhuanet,* January 21, 2018.

18. Keith Wallis, "China Looks to Restructure Pearl River Delta Ports," *Journal of Commerce,* May 28, 2019; Zac White, "Sea Level Rise in the Pearl River Delta," in *Eurasia's Maritime Rise and Global Security: From the Indian Ocean to Pacific Asia and the Arctic,* ed. Geoffrey F. Gresh (New York: Palgrave Macmillan, 2018), 132–133; Rongzi et al., *China's Maritime Economy,* Kindle locations 493–499, 560–564; Turloch Mooney, "China's Biggest Terminals Report Strong Growth, Expand Reach," *Journal of Commerce,* January 23, 2018; "Top 50 World Container Ports," *World Shipping Council,* 2018; Mark Preen, "China's Mega City Clusters: Jing-Jin-Ji, Yangzte River Delta, Pearl River Delta," *China Briefing,* October 25, 2018; "China Container Port Throughput, 2008–2017," CEIC Data, accessed July 7, 2019.
19. Lin, "Seaborne Silk Road."
20. "Full Text: Vision and Actions on Jointly Building Belt and Road (3)," Belt and Road Forum for International Cooperation, April 10, 2017; Joel Wuthnow, "Chinese Perspectives on the Belt and Road Initiative: Strategic Rationales, Risks, and Implications," *China Strategic Perspectives,* no. 12 (October 2017): 3; Rongzi et al., *China's Maritime Economy,* Kindle locations 1043–1052; China Power Team, "How Much Trade Transits the South China Sea?" China Power, August 2, 2017 (updated October 10, 2019), https://chinapower.csis.org, accessed January 20, 2020; Rolland, *China's Eurasian Century,* 89; "Southeast Asia: A Notch in China's Belt"; Munmun Majumdar, "The Belt and Road Initiative and Southeast Asia," in *China-India-Japan in the Indo-Pacific,* ed. Jagannath P. Panda and Titli Basu (New Delhi: Pentagon Press, 2018), 374–375; Lin, "Seaborne Silk Road."
21. 中國的載重噸位排在第三，分別輸給於希臘與日本，不過差距在逐漸縮小，例如在二〇〇九年到二〇一五年間，中國商隊每年的平均成長幅度是百分之十三，到了二〇一七年成長率放緩為年增百分之九。參見：Richard Scott, "China-Owned Fleet Becomes World's Second Largest," *Hellenic Shipping News,* September 13, 2018; UNCTAD, *Review of Maritime Transport,* 2018; Magnus Nordenman, "The Naval Alliance Preparing NATO for a Maritime Century," Atlantic Council, June 2015; Lin, "Seaborne Silk Road"; Richard Scott, "Vigorous Expansion in the China-Owned Fleet," *Hellenic*

Va.: Potomac, 2005), 1–6; Perry, *Facing West,* 80.

11. George Raudzens, *Empires: Europe and Globalization, 1492–1788* (Gloucestershire: Sutton Publishing, 1999), 67–68; Margaret Sarkissian, "Being Portuguese in Malacca: The Politics of Folk Culture in Malaysia," *Etnográfica* 9, no. 1 (2005): 149–170.
12. Perry, *Facing West,* 10; Mairin Mitchell, *The Maritime History of Russia, 848–1948* (London: Sidgwick and Jackson, 1949), 315–318; James Cracraft, *The Revolution of Peter the Great* (Cambridge, Mass.: Harvard University Press, 2006), chap. 2; Marlene.

    Laruelle, *Russian Eurasianism: An Ideology of Empire* (Baltimore, Md.: Johns Hopkins University Press, 2008); Alexander Dugin, *Last War of the World-Island: The Geopolitics of Contemporary Russia* (London: Arktos, 2015).
13. David Wolff et al., eds., *The Russo Japanese War in Global Perspective: World War Zero* (Leiden: Brill, 2007), 318–324; Frank Coffee, *Forty Years on the Pacific: The Lure of the Great Ocean* (San Francisco: Oceanic Publishing, 1920), 65–67.
14. Julian S. Corbett, *Maritime Operations in the Russo-Japanese War, 1904–1905,* vol. 2 (Annapolis, Md.: Naval Institute Press, 1994), 134–140, 170–173; Mark Stille, *The Imperial Japanese Navy of the Russo-Japanese War* (New York: Osprey Publishing, 2016), 1–7; Jeff Kingston, "Dangerous Rocks: Can Both Sides Back Off Peacefully?" *CNN. com,* September 20, 2012.
15. David Vine, *Base Nation: How U.S. Military Bases Abroad Harm America and the World* (New York: Metropolitan Books, 2015), 6–7; "About USINDOPACOM," U.S. Indo-Pacific Command, accessed January 10, 2020; Jordan Valinsky, "Here's the Entire U.S. Navy Fleet in One Chart," *Popular Mechanics,* April 30, 2015.
16. See, for example, "China's Belt and Road at Five," Center for Strategic and International Studies, Washington, D.C., October 1, 2018.
17. "China's Belt and Road at Five"; Jingdong Yuan, "China and the Indian Ocean: New Departures in Regional Balancing," in *Deep Currents and Rising Tides: The Indian Ocean and International Security,* ed. John Garafano and Andrea J. Dew (Washington, D.C.: Georgetown University Press, 2013), 158; Erickson and Strange, "Blue Soft Power," 74–75; M. Taylor Fravel, *Strong Borders, Secure Nation: Cooperation and Conflict in China's Territorial Disputes* (Princeton, N.J.: Princeton University Press, 2008), 269– 270; "China

5. Bill Hayton, *The South China Sea: The Struggle for Power in Asia* (New Haven, Conn.: Yale University Press, 2014), 122–126, 148.
6. Hayton, *South China Sea,* 122–126, 148; "China Surpasses U.S. as Largest Crude Oil Importer," *Maritime Executive,* February 3, 2018; "China Going Global Investment Index," *Economist Intelligence Unit,* 2013; Lim, "Malacca Dilemma," 87; Andrew S. Erickson and Austin M. Strange, "China's Blue Soft Power: Antipiracy, Engagement, and Image Enhancement," *Naval War College Review* 68, no. 1 (Winter 2015): 74–75; Liu Rongzi et al., *China's Maritime Economy and Maritime Science and Technology* (Beijing: China Intercontinental Press, 2014), Kindle locations 572–574; China Power Team, "How Is China's Energy Footprint Changing?" China Power, February 15, 2016 (updated August 13, 2018), https://chinapower.csis.org, accessed June 15, 2019; Tim Daiss, "China Looks to Double Its LNG Terminals," *Oilprice.com,* April 3, 2018.
7. "Southeast Asia: A Notch in China's Belt and Road Initiative," *Stratfor Worldview,* May 18, 2017.
8. Dirk Anthony Ballendorf, "Western Pacific," in *The Oxford Encyclopedia of Maritime History,* vol. 3, ed. John B. Hattendorf (New York: Oxford University Press, 2007), 214–215; John Curtis Perry, *Facing West: Americans and the Opening of the Pacific* (Westport, Conn.: Praeger 1994), 3–4; Bruce Cummings, *Dominion from Sea to Sea: Pacific Ascendancy and American Power* (New Haven, Conn.: Yale University Press, 2009), 43–44; Roy Kamphausen, "Asia as a Warfighting Environment," in *Strategy in Asia: The Past, Present, and Future of Regional Security,* ed. Thomas G. Mahnken and Dan Blumenthal (Stanford, Calif.: Stanford University Press, 2014), 16.
9. C. P. Chang and George T. J. Chen, "Tropical Circulations Associate with Southwest Monsoon Onset and Westerly Surges over the South China Sea," *Monthly Weather Review* 123 (November 1995): 3254–3257; Ding Yihui, *Monsoons over China* (Boston: Kluwer Academic Publishers, 1991), chap. 1.
10. Edward L. Dreyer, *Zheng He: China and the Oceans in the Early Ming Dynasty, 1405–1433* (New York: Pearson Longman, 2007), chap. 8; Chee-Beng Tan, *Routledge Handbook of the Chinese Diaspora* (New York: Routledge, 2013), 460–463; John Curtis Perry, "Imperial China and the Sea," in *Asia Looks Seaward: Power and Maritime Strategy,* ed. Toshi Yoshihara and James R. Holmes (Westport, Conn.: Praeger, 2007), 25–28; Peter J. Woolley, *Geography and Japan's Strategic Choices: From Seclusion to Internationalization* (Dulles,

## 第六章

1. Quoted in Rear Admiral Michael McDevitt (ret.), "Becoming a Great 'Maritime Power': A Chinese Dream," Center for Naval Analyses, June 2016, 10.
2. "Full Text of Xi Jinping's Report at 19th CPC National Congress," *China Daily,* October 18, 2017; Marvin Ott, "The South China Sea in Strategic Terms," *Asia Dispatches,* Wilson Center, May 14, 2019; Katherine Morton, "China's Ambition in the South China Sea: Is a Legitimate Maritime Order Possible?" *International Affairs* 92, no. 4 (2016): 914; Anthony H. Cordesman, *Chinese Strategy and Military Modernization in 2015: A Comparative Analysis* (Washington, D.C.: Center for Strategic and International Studies, 2015), 129–130; Liza Tobin, "Underway—Beijing's Strategy to Build China into a Maritime Great Power," *Naval War College Review* 71, no. 2 (Spring 2018): 2; Andrew S. Erickson, "China's Naval Modernization, Strategies, and Capabilities," in *International Order at Sea: How It Is Challenged, How It Is Maintained,* ed. Jo Inge Bekkevold and Geoffrey Till (New York: Palgrave Macmillan, 2016), 80; Nadege Rolland, *China's Eurasian Century? Political and Strategic Implications of the Belt and Road Initiative* (Washington, D.C.: National Bureau of Asian Research, 2017), 48–50.
3. *Review of Maritime Transport 2018,* UNCTAD, 2018, 29; Bernard D. Cole, *The Great Wall at Sea: China's Navy Enters the Twenty-First Century* (Annapolis, Md.: Naval Institute Press, 2001), 63; Jane Perlez, "Tribunal Rejects Beijing's Claims in South China Sea," *New York Times,* July 12, 2016; "Trade (% of GDP)," World Bank National Accounts Data and OECD National Accounts Data Files, accessed September 16, 2016; "China's Maritime Limitations," *Stratfor,* June 25, 2015; Guanie Lim, "Resolving the Malacca Dilemma: Malaysia's Role in the Belt and Road Initiative," in *Securing the Belt and Road Initiative,* ed. Alessandro Arduino and Xue Gong (New York: Palgrave Macmillan, 2018), 87; Max Ting Yao Lin, "Seaborne Silk Road Leads to the Chinese Dream," *Lloyd's List,* November 5, 2014; Andrew S. Erickson, "Steaming Ahead, Course Uncertain: China's Military Shipbuilding Industry," *National Interest,* May 19, 2016.
4. "The China Global Investment Tracker, 2005–2018," AEI and Heritage Foundation, accessed July 7, 2019; Chen Aizhu, "UPDATE 1—China Dec Crude Imports at 2nd Highest, Gas Imports at Record," *Reuters,* January 13, 2019.

93. Abhishek Mishra, "Has India's Plan to Build a Military Base in Seychelles Stalled?" *Diplomat,* March 29, 2018; George Thande, "Seychelles National Assembly Blocks Planned Indian Naval Base on Remote Island," *Reuters,* June 22, 2018; Devirupa Mitra, "As Protests Continue, Seychelles President Endorses Assumption Island Deal with India," *Wire,* March 7, 2018; "Opposition to Indian Military Base."
94. Dipanjan Roy Chaudhury, "India and Seychelles Agree on Naval Base at Assumption Island," *Economic Times,* July 13, 2018; "India's Plan to Build Military Base in Seychelles' Assumption Island Stirs Controversy," *Firstpost,* March 3, 2018; Mishra, "Has India's Plan."
95. 中國到塞席爾的觀光客人數並不像到馬爾地夫的那麼多，中國旅客人數近來不過才占該國總數的百分之三點三五而已，至於印度方面則占了百分之三點八六。參見：Salifa Karapetyan, "Visitor Arrivals to Seychelles Sets New Record in 2017," *Seychelles News Agency,* January 5, 2018; Jane D'Cruz, "India Is 7th Top Market for Seychelles Tourism," *Udaipur Times,* February 1, 2018; Zeenat Saberin, "Seychelles Is of Strategic Importance to Asian Powers India and China," *Al Jazeera,* March 21, 2018; "Seychelles Signs New Economic and Technical Accord with China," *Seychelles Nation,* August 3, 2016; Betymie Bonnelame, "Chinese Grant to Help Seychelles Broadcasting Corp Build New Premises, Purchase Equipment," *Seychelles News Agency,* August 4, 2016; Salifa Karapetyan, "China Gives Seychelles $7.3 Million Grant for Educational Facility," *Seychelles News Agency,* October 31, 2017; "Budget Strategy and Outlook 2018," Ministry of Finance, Trade and Economic Planning, Seychelles, October, 2017, 51.
96. Pant, "India's Indian Ocean Challenge"; "Seychelles Optimistic on Finding Way Out of India's Assumption Island Project Impasse," *Wire,* April 10, 2018; "India Extends US $8.36 Million Help to Civilian Projects in Seychelles," *Seychelles Nation,* March 28, 2018.
97. Nilanthi Samaranayake, "Asian Basing in Africa: India's Setback in Seychelles Could Be Worse," *India in Transition,* University of Pennsylvania Center for the Advanced Study of India, September 24, 2018; Indrani Bagchi, "India Announces $100m Line of Credit for Defence Procurement by Mauritius," *Times of India,* March 14, 2018; Pranab Dhal Samanta, "Trailing China, a New Defence Deal with France Gives India a Foothold in Indian Ocean," *Print* (India), January 31, 2018.

Republic of China, December 8, 2017; Ibrahim Athif Shakoor, "The China-Maldives Free Trade Agreement," *Daily FT,* January, 2018; S. Chandrasekharan, "Maldives: Regional Impact of Free Trade Agreement with China—Analysis," *Maldives Times,* January 4, 2018; Kuronuma, "China Has India Surrounded"; "Maldives President Lifts 45-Day State of Emergency," *Al Jazeera,* March 22, 2018; Sunaina Kumar and Angela Stanzel, "The Maldives Crisis and the China-India Chess Match," *Diplomat,* March 15, 2018.

87. Sanjeev Miglani and Shihar Aneez, "Asian Giants China and India Flex Muscles over Tiny Maldives," *Reuters,* March 7, 2018.
88. "Maldives Seeks Scaling Back of Indian Presence as It Woos China," *Maldives Times,* August 11, 2018; Beckhusen, "China Is Muscling India."
89. Amit Ranjan, "Modi's Forthcoming Visit to Maldives and Sri Lanka," *ISAS Brief,* no. 668 (June 7, 2019); Sanjeev Miglani and Mohamed Junayd, "After Building Spree, Just How Much Does the Maldives Owe China?" *Reuters,* November 23, 2018; Shashank Bengali, "How an Island Nation's New Leaders Are Trying to Unravel a Web of Secret Deals with China," *Los Angeles Times,* November 6, 2018; Sanjeev Miglani and Mohamed Junayd, "Exclusive: Maldives Set to Pull Out of China Free Trade Deal, Says Senior Lawmaker," *Reuters,* November 19, 2018; Kuronuma, "Maldives Feels the Weight."
90. "Agalega," Ministry of Local Government and Outer Islands, Republic of Mauritius, accessed September 10, 2018; Nasseem Ackbarally, "India's Strategic Interests Pinned on Agalega Islands in Mauritius," *Indian Ocean Observatory,* January 20, 2016.
91. 加入回報資料的還有斯里蘭卡、塞席爾及馬爾地夫，不過外界並不清楚目前合作模式是怎麼運作的。參見：Ackbarally, "India's Strategic Interests"; Mukherjee and Mohan, "India's Naval Moment," 243–244; "Mauritius to Further Develop Economic Potentials of Agalega with Indian Assistance," Government Information Service, Prime Minister's Office, Republic of Mauritius, May 30, 2017; P. C. Katoch, "Small Islands—Strategically Important," *SP's Land Forces,* April 30, 2015; "Modi's Maritime Diplomacy," *Assam Tribune* (India), March 16, 2015.
92. Devirupa Mitra, "Exclusive: Details of Top Secret India-Seychelles Military Agreement Leaked Online," *Wire,* March 8, 2018; "Opposition to Indian Military Base Plan on Seychelles Island," *BBC Monitoring South Asia,* March 6, 2018.

Billion," *Raajje Television Pvt Ltd,* April 28, 2018; "Small Island Nation Embarks on Big Development Plans: Maldives Make Waves," *FDI Magazine,* April–May 2017, 52.

84. Interview by author, Colombo, Sri Lanka, June 18, 2018; Amit Bhandari and Chandni Jindal, "The Maldives: Investments Undermine Democracy," *Gateway House,* February 7, 2018; Matt Schrader, "In a Fortnight: In Maldives Standoff, China Looks to Safeguard Growing Interests," *Foreign Affairs,* February 26, 2018; Mason Hinsdale, "Despite Political Crisis, Chinese Tourism to Maldives Remains Strong," *Jing Travel,* July 5, 2018; Wiral Gyan, "Ten Reasons Why Maldives Is Important for India," *Times of India,* February 7, 2018; "Maldives's Constitution of 2008," *Constitute Project,* January 17, 2018, 64; "Maldivian Land Act," Attorney General's Office of the Republic of Maldives, 2015; "Constitutional Amendment on Foreign Land Ownership Up for Debate Tonight," *Maldives Independent,* July 21, 2015; "Maldives Foreign Land Ownership Reform Bill Is Approved," *BBC,* July 23, 2015; "Government Authorised to Lease Islands Without Bidding," *Maldives Independent,* June 29, 2016.
85. Sachin Parashar, "China May Build Port in Southern Maldives," *Times of India,* April 11, 2016; Yuji Kuronuma, "Maldives Feels the Weight of China's Regional Ambitions," *Nikkei Asian Review,* January 28, 2018; Yuji Kuronuma, "China Has India Surrounded"; Beckhusen, "China Is Muscling India"; Shan Anees, "Pearl Atoll Begins Practical Aspect of Feydhoo Finolhu Development," *Raajji Television Private Limited,* December 27, 2017; "Pearl Atoll Ptd Ltd," *Connected Investors,* March 9, 2017; "Ahmed Latheef," LinkedIn, accessed September 10, 2018; N. Manoharan Prin Shasiharan, "India-Maldives Relations: A Tale of Two Concerns—Analysis," *Eurasia Review,* June 29, 2017; "Monsoon over the Maldives: The Latest Chapter of the India-China Saga," *International Policy Digest,* April 3, 2018; "Kelaa," *Guesthouses Maldives,* 2018; "Feydhoo Finolhu eased to Chinese Company for US$4m," *Maldives Independent,* December 26, 2016; "Travel and Tourism: Economic Impact 2018 Maldives," World Travel and Tourism Council, Maldives, 2018; interview with VADM Shekhwar Sinha (ret.), New Delhi, June 15, 2018.
86. Robert A. Manning and Bharath Gopalaswamy, "Is Abdulla Yameen Handing Over the Maldives to China?" *Foreign Policy,* March 21, 2018; "China and Maldives Sign the Free Trade Agreement," Ministry of Commerce, People's

Container Terminal, 2018; interviews by author, Hambantota, Sri Lanka, June 22, 2018; Jonathan E. Hillman, "China's Belt and Road Is Full of Holes," *CSIS Briefs,* September 4, 2018; Shamindra Kulamannage, "The Hambantota Port Deal Is Disadvantageous for Sri Lanka. But Was a Better One possible?" *Echelon,* January 17, 2018.

78. Interviews by author, Colombo, June 18–20, 2018.
79. 漢班托塔國際港口服務有限公司負責監管航運、安全與保全事宜，是招商局集團、漢班托塔國際港口集團與斯里蘭卡港務局（SLPA）的合資公司。儘管如此，這間合資公司的股權拆分方式卻有完全不同的說法，這件事很重要，因為漢班托塔國際港口服務有限公司有權控制戰艦的出入。我目前看到該合資公司的兩種不同股權拆分方式為：（一）斯里蘭卡港務局占百分之四十二，招商局集團占百分之四十九點三，漢班托塔國際港口集團（其多數股份〔百分之八十五〕亦為招商局集團所持有）則占百分之八點七。（二）斯里蘭卡港務局占百分之六十五，招商局集團占百分之三十五。雖然該國政府不斷對外表示斯里蘭卡港務局擁有百分之五十點七的股權，但是其中有百分之八點七其實是在漢班托塔國際港口集團手上。參考資料來源：(1) Abhijit Singh, "Sri Lanka's Hambantota Gambit," *Live Mint,* August 16, 2017; (2) P. K. Balachandran, "Confusion over Lankan Port Deals May Stymie FDI in Maritime Sector," *Lanka Business Report,* August 3, 2017; (3) interviews by author, Colombo and Hambantota, Sri Lanka, June 18–22, 2018.
80. Robert Beckhusen, "China Is Muscling India Out of the Maldives," *War Is Boring,* June 20, 2018; Mohan Guruswamy, "India, China and What Gives in the Maldives...,"*Deccan Chronicle,* February 26, 2018.
81. C. Raja Mohan, *Samudra Manthan: Sino-Indian Rivalry in the Indo-Pacific* (Washington, D.C.: Carnegie Endowment for International Peace, 2012), 142–146; Bruce Riedel, "Maldives: A Crisis in Paradise," *Order from Chaos,* Brookings Institution blog, August 13, 2018.
82. Daniel Kostecka, "Hambantota, Chittagong, and the Maldives—Unlikely Pearls for the Chinese Navy," *Jamestown Foundation China Brief* 10, no. 23 (November 19, 2010); Gurpreet S. Khurana, "China's 'String of Pearls' in the Indian Ocean and Its Security Implications," *Strategic Analysis* 32, no. 1 (January 2008).
83. Robert A. Manning and Bharath Gopalaswamy, "Is Abdulla Yameen Handing Over the Maldives to China?" *Foreign Policy,* March 21, 2018; Aishath Shaany, "Velana International Airport Development Expenditure Reaches USD 1.2

Holding Company Limited; "RPT–Sri Lanka in $500 Mln Port Deal with China Merchants," *Reuters,* August 16, 2011.

73. Interview by author, Sri Lanka, June 18, 2018; "Twenty-Five Colombo (Sri Lanka)," *Lloyd's List,* August 2, 2017; "Colombo Port Ranked 13th Best Connectivity Port in the World," *Daily Mirror* (Sri Lanka), March 26, 2018; Zacki Jabbar, "Colombo Port Ter minal: India Losing Interest as Investment Bids Gather Dust," *Statesman,* September 10, 2017.
74. Interviews by author, Colombo and Hambantota, Sri Lanka, June, 18–23, 2018; "Lotus Tower Blossoming on Schedule, Say Local and Chinese Officials," *Sunday Times* (Sri Lanka), September 10, 2017; "Feature: Chinese Project Manager in Sri Lanka Follows Father's TV-Tower-Building Footsteps," *Xinhuanet,* April 6, 2018.
75. "India–Sri Lanka Economic and Trade Engagement," High Commission of India, Colombo, Sri Lanka, accessed July 14, 2019; interview with Rear Admiral Ravindra Wijegunaratne, Chief of Defence Staff of Sri Lankan Armed Forces, Colombo, June 20, 2018; "Why Sri Lanka Sought Chinese Investments in Ports? China Focus," *Daily News* (Sri Lanka), August 16, 2017; Rabi Sankar Bosu, "Hambantota Port Deal Opens Up a New Era for China–Sri Lanka Cooperation," *China Daily,* August 10, 2017; Fizel Jabir, "China–Sri Lanka Bilateral Trade Tops US$ 4.4 Bn in 2017," *Daily News* (Sri Lanka), May 15, 2018; Kithmina Hewage, "Sri Lanka's New Regionalism: Looking Beyond South Asia," *Talking Economics Digest,* no. 2 (July 4, 2017); Wade Shepard, "India Tells Sri Lanka: You Can Take Your Port and Shove It," *Forbes,* January 21, 2017; Saman Kelegama, "India–Sri Lanka Free Trade Agreement: Sri Lanka Reaping the Benefits from Preferential Trade," *Talking Economics Digest,* no. 2 (August 8, 2017).
76. 根據二〇一七年的官方數字，中國有十一萬名外派人員住在斯里蘭卡，而根據二〇一〇年的人口普查，有七千八百四十四名在斯里蘭卡的中國工人持有的是一年期的工作簽證。參見："People of Sri Lanka," Ministry of National Coexistence, Dialogue and Official Languages, Government of Sri Lanka, March 2017, 215. Additional analysis based on interviews by author and visits in Colombo and Hambantota, June 18–23, 2018; Smith, "China's Investments."
77. "Colombo Port," Sri Lanka Ports Authority, 2018; "Our Facility," South Asia Gateway Terminals Pvt. Ltd., 2018; "Facilities," Colombo International

*Analysis,* January 10, 2018; Jesse Barker Gale, "The Quadrilateral Security Dialogue and the Maritime Silk Road Initiative," *CSIS Briefs,* April 2, 2018; Miglani, "Insight."

67. "Infrastructure Development on Andaman and Nicobar Islands Presages Increased Indian and Chinese Naval Surveillance Around Strait of Malacca," *Jane's Country Risk Daily Report,* February 8, 2017; Bertil Lintner, "Myanmar as China's Corridor to the Sea," *Asia Times,* June 16, 2017; Raman, "Strategic Importance"; Watson, "Acting East"; Brahma Chellaney, "Geostrategic Maritime Environment," in Chauhan and Khurana, *National Maritime Power,* 38.
68. Interview with Vice Admiral Shekhwar Sinha (ret.), New Delhi, June 15, 2018; "India Gains a New Naval Foothold in the Seychelles to Counter China's Ambitions," *World Politics Review,* February 15, 2018.
69. See CHEC Port City Colombo, http://www.portcitycolombo.lk.
70. Interview by author, Colombo, Sri Lanka, June 20, 2018; Annie Gowen, "Can Sri Lanka's New Government Break Free from China?" *Washington Post,* August 16, 2015; Kithmina Hewage, "Sri Lanka's New Regionalism: Looking Beyond South Asia," *Talking Economics Digest,* no. 2 (July 4, 2017); Anjelina Patrick, "China–Sri Lanka Strategic Hambantota Port Deal," in *Maritime Perspectives 2017,* 63–64.
71. 根據某些單位估計，斯里蘭卡在二〇一九到二〇二二年間的外債償還資金需求量一定會達到最高點，約需一百五十億美元，美國政府近來有嘗試幫斯里蘭卡重新規劃貸款與債務的分配，例如美國財政部現在就派了一群貸款專家去跟斯里蘭卡的央行合作，幫忙重整債務，以避免拖欠款項的情況發生。這種做法雖然有用，但很大程度上還是得看是誰在當斯里蘭卡總統。參見：Kithmina Hewage and Harini Weerasekera, "Sri Lanka Budget 2018: Will Clarity in the Thought Translate to Clarity in Action?" *Talking Economics Digest,* no. 2 (November 13, 2017); Dushni Weerakoon, "Sri Lanka's Debt Overhang: Getting Better or Worse?" *Talking Economics Digest,* no. 1 (May 2, 2017); Jonathan Hillman, "The Hazards of China's Global Ambitions," *Washington Post,* February 5, 2018; Jeff M. Smith, "China's Investments in Sri Lanka: Why Beijing's Bonds Come at a Price," *Foreign Affairs,* May 23, 2016; Yuan, "Managing Maritime Competition," Kindle locations 822–829; "Why Sri Lanka Sought Chinese Investments in Ports? China Focus," *Daily News* (Sri Lanka), August 16, 2017.
72. "Sri Lanka: Colombo International Container Terminal," China Merchants Ports

*Jane's Defence Weekly,* August 1, 2012.

60. 相較之下，美國海軍在軍事海運司令部只有三十一艘海上預置船艦。參見：Gurpreet S. Khurana, "China as an Indian Ocean Power: Trends and Implications," *Maritime Affairs: Journal of the National Maritime Foundation of India* 12, no. 1 (2016): 19; Mukherjee, "The Unsinkable Aircraft Carrier," 88; Jeff M. Smith, "How India Is Playing Its Indian Ocean Ace Card," *Diplomat,* July 7, 2017; Brewster, "A Contest of Status," Kindle locations 446–455; Sunil Raman, "The Strategic Importance of Andaman and Nicobar Islands," *Diplomat,* January 3, 2016; Bei Guo Fang Wu, "PLA Navy Ends Era of 'Supply-Ship Troika' in Its Escort Mission," *China Military Online,* August 9, 2018.
61. Mukherjee, "The Unsinkable Aircraft Carrier," 89–90.
62. Rahul Bedi, "India Aims to Upgrade Its Tri-service Andaman and Nicobar Command," *Jane's Defence Weekly,* January 28, 2019; Rajat Pandit, "To Fight China's Andaman and Nicobar Forays, India Deploys Submarine Hunters," *Times of India,* January 19, 2016; Rajat Arora, "Modi Government's Rs 10,000 Crore Plan to Transform Andaman and Nicobar Islands," *Economic Times,* September 26, 2015; Sanjeev Miglani, "Insight: From Remote Outpost, India Looks to Check China's Indian Ocean Thrust," *Reuters,* July 15, 2015.
63. C. Raja Mohan and Ankush Ajay Wagle, "Prime Minister Narendra Modi in the Andamans: India Ends the Neglect of the Strategic Island China," *ISAS Insights,* no. 540 (March 8, 2019); Watson, "Acting East"; Jyotika Sood and Utpal Bhaskar, "Eye on China, India Plans Infrastructure Boost in Andaman and Nicobar Islands," *Live Mint,* June 26, 2017; Miglani, "Insight"; Bedi, "Nicobar Islands."
64. Stampoulis, "Master Defense Plan"; Rahul Bedi, "India Aims to Base IAF Fighters on Andaman and Nicobar Archipelago," *Jane's Defence Weekly,* May 9, 2018.
65. 馬拉巴爾演習的成員原本只有美國與印度，在二〇一五年時加入了日本，又在二〇一七年時加入了澳大利亞。參見：Gopal Suri, *China's Expanding Military Maritime Footprint in the Indian Ocean Region: India's Response* (New Delhi: Pentagon Press, 2017), 34–35; Prashanth Parameswaran, "The Real Significance of India's MILAN Navy Exercise," *Diplomat,* February 28, 2018; Rehman, "India's Fitful Quest for Seapower," 233; Brewster, *India as an Asia Pacific Power,* 12.
66. William Choong, "The Revived 'Quad'—and an Opportunity for the US," *IISS*

*Economic Times,* July 14, 2018; Rajat Pandit, "India Will Be a 'Force to Reckon With' in Indo-Pacific, but Fund Crunch a Huge Problem," *Times of India,* May 9, 2018; Stampoulis, "Master Defense Plan"; Christopher Woody, "These Are the 10 Biggest Navies in the World," *Business Insider,* April 12, 2018; "India—Navy," *Jane's World Navies,* July 24, 2018.

55. Dhowan, "Foreword," xxiii; Chaudhuri, "China Factor," Kindle locations 1168–1171; Rajagopalan, "India's Maritime Strategy," 24, 31.
56. Ankit Panda, "A Manufactured India-Russia Submarine Controversy?" *Diplomat,* November 13, 2017; Franz-Stefan Gady, "India Quietly Commissions Deadliest Sub," *Diplomat,* October 19, 2016; Ajeet Mahale, "INS Karanj Boosts Navy's Firepower," *Hindu,* January 31, 2018; Iskander Rehman, "The Subsurface Dimension of Sino-Indian Maritime Rivalry," in Brewster, *India and China at Sea,* Kindle locations 2130–2143; Pant, "Rising China in India's vicinity," 370; Bernard D. Cole, *Asian Maritime Strategies: Navigating Troubled Waters* (Annapolis, Md.: Naval Institute Press, 2013), 137; Stampoulis, "Master Defense Plan."
57. Henry Boyd and Tom Waldwyn, "China's Submarine Force: An Overview," *IISS Military Balance Blog,* October 4, 2017; Rehman, "The Subsurface Dimension," Kindle locations 2169–2175, 2212–2214; Abhijit Singh, "How India, Too, Is on a Quest for Undersea Dominance, to Counter the Chinese Navy's Growing Presence," *South China Morning Post,* September 6, 2018.
58. Nick Childs, "Propelling India's Aircraft-Carrier Ambitions," *IISS Military Balance Blog,* November 14, 2019; Zachary Keck, "India's Navy Has a Problem: An Aircraft Carrier Shortage," *National Interest,* July 11, 2018; Franz-Stefan Gady, "India's First Homegrown Carrier to Be Ready by 2020," *Diplomat,* January 24, 2018; Rajagopalan, "India's Maritime Strategy," 25–26.
59. Jeff M. Smith, *Cold Peace: China-India Rivalry in the Twenty-First Century* (New York: Lexington Books, 2014), 165–166; David Scott, "India's Aspirations and Strategy for the Indian Ocean—Securing the Waves?" *Journal of Strategic Studies* 36, no. 4 (2013): 493; Sarah Watson, "Will India Truly Start 'Acting East' in Andaman and Nicobar?" CSIS Asia Maritime Transparency Initiative, November 16, 2015; Anit Mukherjee, "The Unsinkable Aircraft Carrier: The Andaman and Nicobar Command," in *India's Naval Strategy,* 87–89; Jo Caird, "Lakshadweep: All Quiet on India's Secret Islands," *Independent,* February 1, 2012; Rahul Bedi, "India Commissions Naval Air Station on Nicobar Islands,"

44. Panikkar, quoted in David Scott, "India's 'Grand Strategy' for the Indian Ocean: Mahanian Visions," *Asia-Pacific Review* 13, no. 2 (2006): 100; James Holmes, "A 5-Step Plan for a New Indian Maritime Strategy," *National Interest,* July 23, 2015; RADM Rakesh Chopra (ret.), "The Rise of the Indian Navy: Internal Vulnerabilities, External Challenges," *Journal of Defence Studies* 7, no. 4 (October—December 2013): 101–106; Mukherjee and Mohan, "India's Naval Moment," 237; Pant, *Rise of the Indian Navy,* 3–4.
45. Scott, "India's 'Grand Strategy,'" 100, 112–113.
46. Corbett, quoted in Bhaskar, "Expanding Maritime Interests," 12; Periklis Stampoulis, "The Indian Navy's Master Defense Plan," Center for International Maritime Security, November 21, 2017; Admiral Arun Prakash (ret.), "The Final Word," in Chauhan and Khurana, *National Maritime Power,* 197.
47. 相關例子可以參見：George K. Tanhman, "Indian Strategic Thought: An Interpretive Essay" (Santa Monica, Calif.: RAND, 1992); Stephen P. Cohen and Sunil Dasgupta, *Arming without Aiming: India's Military Modernization* (Washington, D.C.: Brookings Institution Press, 2010).
48. Indian Navy, *Ensuring Secure Seas: Indian Maritime Security Strategy,* Naval Strategic Publication 1.2, October 2015; Chopra, "India," 8.
49. Indian Navy, *Ensuring Secure Seas,* 9, 34–35; Dhowan, "Foreword," xxiv; Ayres, *Our Time Has Come,* 104–105; Khurana, "India's Maritime Strategy."
50. Commodore Ranjit Rai (ret.), "India's Future Navy," *Naval Forces,* special issue, 2016, 20.
51. Chaudhuri, "China Factor," Kindle locations 1191–1193; Dhowan, "Foreword," xxv; Ayres, *Our Time Has Come,* 102–103.
52. Rehman, "India's Fitful Quest for Seapower," 244–245, 248–249; "India—Navy," *Jane's World Navies,* July 24, 2018.
53. Ayres, *Our Time Has Come,* 17–18; Laxman K. Behera, "India's Defence Budget 2017–18: An Analysis," *IDSA Issue Briefs,* February 3, 2017; Rajagopalan, "India's Maritime Strategy," 23; Aude Fleurant et al., "Trends in World Military Expenditure, 2017," SIPRI, May 2, 2018; Scott, "India's 'Grand Strategy,'" 103.
54. Neil Harvey and Ranjit B. Rai, *The Modern and Future Indian Navy: Navy Yearbook-Diary 2017* (New Delhi: Modern and Future Indian Navy, 2017), 25; Rehman, "India's Fitful Quest for Seapower," 244; Rai, "India's Future Navy," 22; "Navy to Double Aircraft Fleet to 500 in Next Decade: Sunil Lanba,"

Accommodation,"149; Brewster, "A Contest of Status," Kindle locations 501–502; Mohan, "Transitions," 115–116.

34. Quoted in Gardiner Harris, "Trump's Rougher Edge Complicates Trip by Pompeo and Mattis to India," *New York Times,* September 2, 2018.
35. Franz-Stefan Gady, "India: First S-400 Air Defense System Delivery by October 2020," *Diplomat,* January 3, 2019; Ashley J. Tellis, "How Can U.S.-India Relations Survive the S-400 Deal?" Carnegie Endowment for International Peace, August 29, 2018.
36. Jan Hornat, "The Power Triangle in the Indian Ocean: China, India and the United States," *Cambridge Review of International Affairs* 29, no. 2 (2016): 433; Ayres, *Our Time Has Come,* 43, 61.
37. Ayres, *Our Time Has Come,* 7.
38. Sunil Khilnani et al., *Nonalignment 2.0: A Foreign and Strategic Policy for India in the Twenty-First Century* (London: Penguin Books, 2013), 50–57, 76–79; Ayres, *Our Time Has Come,* 8.
39. Pant, "Rising China in India's Vicinity," 364; Ivan Lidarev, "Is a China-India 'Reset' in the Cards?" *Diplomat,* June 8, 2018.
40. Yogesh Joshi and Anit Mukherjee, "The Security Dilemma and India's Naval Strategy," in *India-China Maritime Competition: Security Dilemma at Sea,* ed. Rajesh Basrur, Anit Mukherjee, and T. V. Paul (New York: Routledge, 2019), 64–87; Yogesh Joshi and Anit Mukherjee, "From Denial to Punishment: The Security Dilemma and Changes in India's Military Strategy Towards China," *Asian Security* 15, no. 1 (2019): 25–43; Koh Swee Lean Collin, "China-India Rivalry at Sea: Capability, Trends and Challenges," *Asian Security* 15, no. 1 (2019): 5–24.
41. Rear Admiral (ret.) Rakesh Chopra, "India: The Emerging Eastern Pivot in the Indian Ocean," *Naval Forces,* special issue, 2016, 10; Anit Mukherjee and C. Raja Mohan, "India's Naval Moment," in *India's Naval Strategy,* 239; Joshi and Mukherjee, "India's Naval Strategy," 75; Rehman, "India's Fitful Quest for Seapower," 250.
42. Quoted in Rajagopalan, "India's Maritime Strategy," 13.
43. 按照印度的定義，「淨安全」的意思是「評估當前最主要的威脅、風險與挑戰，而我們有更強的能力對抗這一切，以此維持某個海域的真正安全狀態」。參見：Gurpreet S. Khurana, "India's Maritime Strategy: What 'The West' Should Know," *IAPS Dialogue,* April 3, 2017; Mohan, "Transitions," 118.

May 10, 2018; Sudha Ramachandran, "India to Invest in Iran's Chabahar Port," *Central Asia-Caucasus Analyst,* November 26, 2014; "India to Get Control of Key Port in Iran for 18 Months," *Gulf News,* February 18, 2018; Iain Marlow and Ismail Dilawar, "India's Grip on Vital Chabahar Port Loosens as Iran Looks Towards China," *Business Standard,* April 11, 2018; "India to Invest $500m in Iranian Port of Chabahar," *Guardian,* May 25, 2016; "Chabahar Port Will Boost India's Connectivity," *SME Times,* May 23, 2016; Christophe Jaffrelot, "A Tale of Two Ports," *YaleGlobal Online,* January 7, 2011.

27. 雖然印度在恰巴哈爾有開設公司，但二〇一八年秋天，美國國會取消了對此的禁令，前提是要以支持阿富汗的發展與重建為經營的目標與動機。Tweet quoted in Pant and Mehta, "Chabahar," 660; "Chabahar: A Counter to Pakistan's Gwadar," *Sunday Guardian* (India), December 5, 2016; Shareef MP, "Chabahar Port: A Boon to Trade in Central Asia," *Maritime Gateway,* July 1, 2016; "US Exempts India from Certain Sanctions for Development of Chabahar Port in Iran," *Times of India,* November 7, 2018.
28. Adarsh Vijay, "Blue Economy: A Catalyst for India's 'Neighborhood First Policy," in *Maritime Perspectives 2017,* ed. VADM Pradeep Chauhan (ret.) and Captain Gurpreet S. Khurana (New Delhi: National Maritime Foundation, 2018), 31–32; Pant, "India's Indian Ocean Challenge"; Parmesh, "Blue Economy," 133; "Keynote Address by Admiral Sunil Lanba," in Chauhan and Khurana, *National Maritime Power,* xxxii; Lanba, "Opening Address," xviii.
29. Pranab Mukherjee, "Speech for the Admiral A. K. Chatterjee Memorial Lecture," Kolkata, June 30, 2007; Rajagopalan, "India's Maritime Strategy," 13–14.
30. Dhowan, "Foreword," xxii; Chaudhuri, "China Factor," Kindle locations 1140–1143; G. Padmaja, "IMO's Views on Shipping and India's Sagarmala: Examining the Convergences," in *Maritime Perspectives 2017,* 20; Lanba, "Opening Address," xviii; Megha Manchanda, "Sagarmala Drives in Slow Lane; Only 1/5 Projects Completed Since FY16," *Business Standard,* September 18, 2018.
31. Quoted in Commodore C. Uday Bhaskar (ret.), "Expanding Maritime Interests and the Changing Nature of Maritime Power," in Chauhan and Khurana, *National Maritime Power,* 11–12.
32. Quoted in Ayres, *Our Time Has Come,* 8–9, 95, 97.
33. "Keynote Address by Admiral Sunil Lanba," xxx; Pu, "Ambivalent

*New US Strategy and Force Posture,* ed. Zalmay Khalilzad et al. (Santa Monica, Calif.: RAND Corporation, 2001), 203–240; Mohan, "Transitions," 120.

18. Sokinda, "India's Strategy"; Yuji Kuronuma, "China Has India Surrounded in Their New Great Game," *Nikkei Asian Review,* December 21, 2017.
19. Pramit Pal Chaudhuri, "The China Factor in India Ocean Policy of the Modi and Singh Governments," in Brewster, *India and China at Sea,* Kindle locations 941–952, 1054– 1058, 1062–1070; Mukherjee and Mohan, *India's Naval Strategy,* 3.
20. Pu, "Ambivalent Accommodation," 155, 163; John Garver, *Protracted Contest: China-India Rivalry in the Twentieth Century* (Seattle: University of Washington Press, 2002), 5–7; Admiral Arun Prakash, "China and the Indian Ocean Region," *Indian Defence Review,* December 15, 2010; Brewster, *India as an Asia Pacific Power,* 41; Harsh V. Pant, "Rising China in India's Vicinity: A Rivalry Takes Shape in Asia," *Cambridge Review of International Affairs* 29, no. 2 (2016): 379.
21. "Impact of Chinese Goods on Indian Industry," no. 145, Department Related Parliamentary Standing Committee on Commerce, Rajya Sabha, Parliament of India, July 26, 2018; "India-China Bilateral Trade Hits Historic High of $84.44 Billion," *Times of India,* March 7, 2018; Brewster, *India as an Asia Pacific Power,* 36.
22. Quoted in Banerjee, *Maritime Power,* 15.
23. Admiral Sunil Lanba, "Opening Address," in *The Blue Economy,* xviii; Banerjee, *Maritime Power,* 8–9, 28; Dhowan, "Foreword," xxii.
24. VADM Pradeep Chauhan (ret.), "Takeaways and Policy Recommendations," in Chauhan and Khurana, *National Maritime Power,* xxxvii.
25. G. Padmaja, "India's Neighborhood Maritime Diplomacy: Towards Strategic Maturity," in Chauhan and Khurana, *National Maritime Power,* 178; interview with Jagannath P. Panda, research fellow and center coordinator for East Asia, Institute for Defence Studies and Analyses, New Delhi, June 13, 2018. See also Jagannath P. Panda and Titli Basu, eds., *China-India-Japan in the Indo-Pacific* (New Delhi: Pentagon Press, 2018).
26. Interview with Muddassir Quamar, June 12, 2018; Harsh V. Pant and Ketan Mehta, "India in Chabahar: A Regional Imperative," *Asian Survey* 58, no. 4 (2018): 666; Harsh V. Pant and Paras Ratna, "Why It Makes Sense for India and China to Cooperate on Iran's Chabahar Project," Observer Research Foundation,

13. Mukherjee and Mohan, *India's Naval Strategy,* 3; Suri, "India's Maritime Security," 240; Jingdong Yuan, "Managing Maritime Competition Between India and China," in Brewster, *India and China at Sea,* Kindle locations 723–730; Dhowan, "Foreword," xxiii– xxiv.
14. S. Parmesh, "Maritime Security as an Enabler of the Blue Economy," in *The Blue Economy,* 128; Walter C. Ladwig III, "Drivers of Indian Naval Expansion," in *The Rise of the Indian Navy: Internal Vulnerabilities, External Challenges,* ed. Harsh V. Pant (New York: Routledge, 2012), 34–36; Suri, "India's Maritime Security," 241; Pranav Kulkarni, Shubhajit Roy, and Sushant Singh, "Explained: How India Evacuated 5,000 Stranded in Yemen," *Indian Express,* April 10, 2015; "Indian Navy Sending 3 Ships to Evacuate Indians from Libya," *NDTV,* February 24, 2011.
15. 另一個要素就是印度的外移人口，目前總計有大約八百七十萬名印度勞工在海灣阿拉伯國家合作委員會的諸成員國中工作，二〇一四年時，印度從國外匯回本國的總金額約有一千億美元。既有能源流，又有大量外移人口的匯款，讓西南亞成為印度在地緣戰略上非常重視的地區。nterview with Muddassir Quamar, Institute for Defense and Strategic Affairs, New Delhi, June 12, 2018; R. S. Vasan, "India's Maritime Core Interests," *Strategic Analysis* 36, no. 3 (2012): 413–423; Iskander Rehman, "India's Fitful Quest for Seapower," *India Review* 16, no. 2 (2017): 231–232; Sanjive Sokinda, "India's Strategy for Countering China's Increased Influence in the Indian Ocean," Indo-Pacific Strategic Papers, Australian Defence College, October, 2015; Ladwig, "Drivers of Indian Naval Expansion," 34–36.
16. Vijay Sakhuja, "China's Distant Water Fishing Fleet," *South Asia Defence and Strategic Review* 10, no. 5 (November–December 2016): 37; Lucy Hornby, "A Bigger Catch: China's Fishing Fleet Hunts New Ocean Targets," *Financial Times,* March 27, 2017; Parmesh, "Blue Economy," 127; Somen Banerjee, *Maritime Power Through Blue Economy in the Indian Context* (New Delhi: Vivekananda International Foundation, 2018), 73–74.
17. Brewster, *India as an Asia Pacific Power,* 23–24; Xiaoyu Pu, "Ambivalent Accommodation: Status Signaling of a Rising India and China's Response," *International Affairs* 93, no. 1 (2017): 152; James R. Holmes, Andrew C. Winner, and Toshi Yoshihara, *Indian Naval Strategy in the Twenty-First Century* (New York: Routledge, 2009), 45; Ashley J. Tellis, "The Changing Political-Military Environment: South Asia," in *The United States and Asia: Toward a*

interviews by author, Hambantota, Sri Lanka, June 22, 2018.

6. "Inside China's $1 Billion Dollar Port in Lanka Where Ships Don't Want to Go," *Times of India,* April 18, 2018.
7. "Sri Lanka to Go Ahead with Mattala Airport Deal with India Despite Opposition Protests," *Times of India,* July 18, 2018.
8. David Brewster, "A Contest of Status and Legitimacy in the Indian Ocean," in *India and China at Sea: Competition for Naval Dominance in the Indian Ocean,* ed. David Brewster (New Delhi: Oxford University Press, 2018), Kindle locations 251–255; Admiral R. K. Dhowan, "Foreword," in *National Maritime Power: Concepts, Constituents, and Catalysts,* ed. Vice Admiral Pradeep Chauhan (ret.) and Captain Dr. Gurpreet S. Khurana (New Delhi: Pentagon Press, 2018), xxii–xxiii.
9. Prime minister's keynote address at Shangri-La Dialogue, June 1, 2018, Ministry of External Affairs, Republic of India.
10. Vice Admiral Pradeep Chauhan (ret.), "Developing and Exercising Maritime Power: Lessons for India from China's Rise as a Major Maritime Power," in Chauhan and Khurana, *National Maritime Power,* 31.
11. United Nations Department of Economic and Social Affairs, *World Population Prospects 2019* (New York: United Nations, 2019); C. Raja Mohan, "India's Naval Diplomacy: The Unfinished Transitions," in *India's Naval Strategy and Asian Security,* ed. Anit Mukherjee and C. Raja Mohan (New York: Routledge, 2016), 114; Alyssa Ayres, *Our Time Has Come: How India Is Making Its Place in the World* (New York: Oxford University Press, 2018), 12–13; David Brewster, *India as an Asia Pacific Power* (New York: Routledge, 2012), 7–8; Suresh Bhardwaj, "The Maritime Transportation Sector (Ports, Shipping, and Shipbuilding): Critical Infrastructure for Economic Growth," 54, and Dhowan, "Foreword," in Chauhan and Khurana, *National Maritime Power,* xxii; Sujay Chohan, "Marine Leisure Industry and Infrastructure," in *The Blue Economy: Concept, Constituents and Development,* ed. Vijay Sakhuja and Kapil Narula (New Delhi: Pentagon Press, 2017), 52; IMF, "Projected GDP Ranking (2018–2023)," *Statistic Times,* June 9, 2018; Gopal Suri, "India's Maritime Security Concerns and the Indian Ocean Region," *Indian Foreign Affairs Journal* 11, no. 3 (July–September 2016): 240.
12. Chauhan, "Developing and Exercising Maritime Power," 29; Rajeswari Pillai Rajagopalan, "India's Maritime Strategy," in *India's Naval Strategy,* 20–22.

84. Quoted in Small, *China-Pakistan,* 104–105; interviews by author, Djibouti, February 18–23, 2018; Faisal Javed and Ayaz Ahmed, "Gwadar Port," *Defence Journal* 19, no. 7 (2016): 13–18.
85. Usman Ansari, "Pakistan Cosies Up to Russia, but Moscow Doesn't Seem to Want to Take Sides," *Defense News*, May 2, 2018; Ashraf, "Gwadar."

## 第五章

1. Charitha Ratwatte, "History of Hambantota, Mothers Who Were Worried About Their Sons and Now," *Colombo Telegraph,* January 1, 2013.
2. Charles Haviland, "Sri Lanka Opens Its First Motorway," *BBC News,* November 29, 2011.
3. 確切的融資細節難以掌握，有些資料說第一階段的初始金額估計為三億六千萬美元，可是等到完工以後，總計花費卻在五億到六億美元之間；目前第二階段估計為七億五千萬到八億美元之間。參見："MRMR Hambantota Port," Vista Capital Ltd., accessed November 1, 2018; "Sale of Hambantota Port—a Fair Deal?" *Daily FT* (Sri Lanka), November 16, 2016; Veasna Var and Sovinda Po, "Cambodia, Sri Lanka and the China Debt Trap," *East Asia Forum,* March 18, 2017.
4. 這個島到底是誰的目前很有爭議，很多新出現的資料都說，合約最後應付的五億八千五百萬美元被中方扣住不給，直到斯里蘭卡政府肯接受這個條件為止。有些政府官員否認有這件事，但我也聽很多不願具名的官員們說，這座人工島其實本來就一直都是要給招商局集團的特許權內容的一部分。參見："Last Tranche for Hambantota Port Withheld by Chinese Firm," *Hellenic Shipping News,* June 11, 2018; "First Cut of H'tota Port Master Plan by November," *Daily Mirror,* August 22, 2018; "Chinese Firm Pays $584 Million to Secure 99-Year Lease of Sri Lanka Port," *gCaptain,* June 26, 2018; interviews by author, Colombo and Hambantota, Sri Lanka, June 18–23, 2018.
5. 招商局港口控股公司擁有 Gaimpro 這家公司的全部股權，該公司在英屬維京群島註冊，擁有漢班托塔國際港口集團百分之九十五的股權，也有漢班托塔國際港口服務有限公司百分之四十九點三的股權，而漢班托塔國際港口集團操持著港口營運，漢班托塔國際港口服務有限公司則監管了港口保全工作。參見：Devin Thorne and Devin Spevack, "Harbored Ambitions: How China's Port Investments Are Strategically Reshaping the Indo-Pacific," C4ADS, April 17, 2018, 49; "China Merchants Makes Final Hambantota Payment," *Container Management,* June 27, 2018; port visit and

71. Thomas Brinkhoff, *City Population,* accessed July 1, 2019; Jon Boone, "A New Shenzhen? Poor Pakistan Fishing Town's Horror at Chinese Plans," *Guardian,* February 3, 2016.
72. Boone, "A New Shenzhen"; "Gwadar Enclave Given to Pakistan," *New York Times,* September 8, 1958; Syed Kamal Hussain Shah, "CPEC Gwadar: Now and Then," *Financial Daily,* May 15, 2017.
73. Syed Fazl-e-Haider, "A Great Game Begins as China Takes Control of Gwadar Port," *National,* October 7, 2012; Tarique Niazi, "Gwadar: China's Naval Outpost on the Indian Ocean," *China Brief* 5, no. 4 (February 15, 2005): 6; Small, *China-Pakistan,* 101; Haider, "Baluchis," 97.
74. "China to Take Control of Gwadar Port," *Express Tribune,* May 21, 2011; Fazl-e-Haider, "Great Game"; Kanwal, "Gwadar"; "China Lavishes Aid"; "The History of CPEC Timeline," *CPECWire,* accessed May 7, 2018; Ashraf, "Gwadar"; Small, *China-Pakistan,* 100.
75. Quoted in Small, *China-Pakistan,* 97; Arif Rafiq, "China's $62 Billion Bet on Pakistan," *Foreign Affairs,* October 24, 2017.
76. Rafiq, "Pakistan"; "China Lavishes Aid."
77. "PM Inaugurates Gwadar Free Zone," *Messenger* 10, no. 30 (January 30, 2018); "Port Co-built with China Fuels Pakistan's Economic Engine," *China Daily,* April 5, 2017; "Sixty Percent of First-Phase Construction of Gwadar's Free Zone Completed," *Daily the Pak Banker,* April 8, 2017; Syed Kamal Hussain Shah, "CPEC Gwadar: Now and Then," *Financial Daily,* May 15, 2017.
78. "Campaign on London Buses Promotes Gwadar as Investment Destination," *News International* 27, no. 354 (March 4, 2018); Kanwal, "Gwadar"; "Dalian and Gwadar Termed 'Sister Cities,'" *Express Tribune,* August 20, 2018; "Gwadar Free Zone Opens for Business," *Daily Pakistan Today,* January 30, 2018; Drazen Jorgic, "China's Berth in Pakistan," *Canberra Times,* December 19, 2017.
79. Kanwal, "Gwadar"; "China Lavishes Aid."
80. Small, *China-Pakistan,* 102; Kanwal, "Gwadar"; Rafiq, "Pakistan."
81. Bill Gertz, "China Building Military Base in Pakistan," *Washington Times,* January 3, 2018; Maria Abi-Habib, "China's 'Belt and Road' Plan in Pakistan Takes a Military Turn," *New York Times,* December 19, 2018; Duchatel and Duplaix, "Blue China."
82. Patel, "Chinese 'Nuclear Submarine.'"
83. Quoted in Duchatel and Duplaix, "Blue China."

"Manipulating AIS," *Marine Electronics Journal,* November 23, 2015.

64. George Johnson, ed., *The All Red Line* (Ottawa, Ontario: Rolla L. Crain, 1903), 5; Andrew S. Erickson and Michael S. Chase, "Informatization and the Chinese People's Liberation Army Navy," in *The Chinese Navy: Expanding Capabilities, Evolving Roles,* ed. Phillip C. Saunders et al. (Washington, D.C.: National Defense University Press, 2012), 251.
65. 更多關於 PEACE 纜線系統的資訊，參見：http://www.peacecable.net. Winston Qiu, "PEACE Submarine System Is About to Complete the Desktop Study," *Submarine Cable Networks,* December 23, 2017; "Huawei Marine Starts Construction of PEACE Undersea Fiber Optic Cable," *Fiber Optic Social Network,* November 22, 2017.
66. Interviews by author, Djibouti, February 18–23, 2018; "Cable Landing Stations in Russia," *Submarine Cable Networks,* May 4, 2018; Ewen MacAskill, "Russia Could Cut Off Internet to Nato countries, British Military Chief Warns," *Guardian,* December 14, 2017.
67. Ziad Haider, "Baluchis, Beijing, and Pakistan's Gwadar Port," *Georgetown Journal of International Affairs* 6, no. 1 (Winter–Spring 2005): 97; "China Lavishes Aid on Pakistan's Gwadar," *News International* 27, no. 277 (December 17, 2017).
68. Sajjad Ashraf, "Gwadar Will Be the Economic Funnel for the Region," *Gulf News,* May 24, 2017; Zhang Lijun, "Balancing Act: While China and Pakistan Have Strengthened Economic Cooperation in Recent Years, Problems Such as a Trade Imbalance Still Loom Large," *Beijing Review,* June 8, 2006, 4.
69. Andrew Small, *The China-Pakistan Axis: Asia's New Geopolitics* (New York: Oxford University Press, 2015), 2–3, 99–100; Gurmeet Kanwal, "Pakistan's Gwadar Port: A New Naval Base in China's String of Pearls in the Indo-Pacific," in *China's Maritime Silk Road: Strategic and Economic Implications for the Indo-Pacific Region,* ed. Nicholas Szechenyi (Washington, D.C.: Center for Strategic and International Studies, 2018); Ammad Hassan, "Pakistan's Gwadar Port—Prospects of Economic Revival" (thesis, Naval Postgraduate School, June 2005), 31.
70. Small, *China-Pakistan,* 5; Urvashi Aneja, "Pakistan-China Relations: Recent Developments (Jan–May 2006)," *Institute of Peace and Conflict Studies Special Report* 26 (June 2006): 1–2; Atish Patel, "Chinese 'Nuclear Submarine' Spotted in Pakistan Port," *Times,* January 9, 2017.

"China Comes to Djibouti: Why Washington Should Be Worried," *Foreign Affairs,* April 23, 2015; Alex Martin, "First Overseas Military Base Since WWII to Open in Djibouti," *Japan Times,* July 2, 2011.

58. Sun and Zoubir, "Eagle's Nest," 119; interview by author, Djibouti, February 22, 2018; Mathieu Duchatel and Alexandre Sheldon Duplaix, "Blue China: Navigating the Maritime Silk Road to Europe," European Council on Foreign Relations Policy Brief, April 23, 2018; "China Inks Defense Deal with Djibouti, Home of U.S. Camp Lemonier," *Geo-Strategy Direct,* March 12, 2014, 8; Jeremy Binnie, "Djibouti, China Agree 'Strategic Partnership,'" *Jane's Defence Weekly,* March 6, 2014; Lee, "China Comes"; "China 'Negotiates Military Base' in Djibouti," *Al Jazeera,* May 9, 2015; Jane Perlez and Chris Buckley, "China Retools Its Military with a First Overseas Outpost in Djibouti," *New York Times,* November 26, 2015.
59. Le Miere, "Presence."
60. Neil Melvin, "The Foreign Military Presence in the Horn of Africa Region," SIPRI Background Paper, April 2019; Andrew S. Erickson and Austin M. Strange, "China's Blue Soft Power: Antipiracy, Engagement, and Image Enhancement," *Naval War College Review* 68, no. 1 (Winter 2015): 72.
61. "Djibouti," UNHCR Fact Sheet, January 2019; Anthony McAuley, "Oil's Vulnerable Trade Route," *National,* March 31, 2015; "Yemen Crisis: China Evacuates Citizens and Foreigners from Aden," *BBC News,* April 3, 2015; Nafeesa Syeed, "Women Flee a Hellscape in Yemen: Here Are Their Lives Now," *Bloomberg,* December 20, 2017; Klapper, "Kerry"; "China Inks Defense Deal with Djibouti"; "Chinese Navy Fleet Begins 5-Day Visit to Turkey," *Xinhuanet,* May 25, 2015; Le Miere, "Presence."
62. Nicole Starosielski, *The Undersea Network* (Durham, N.C.: Duke University Press, 2015), 80; Greg Miller, "Undersea Internet Cables Are Surprisingly Vulnerable," *Wired,* October 29, 2015; Stavridis, *Sea Power,* 322; Steve Weintz, "Rather Than Starting World War III, Cutting Undersea Cables Could End One," *National Interest,* December 6, 2019.
63. "Top 20 Countries with the Highest Number of Internet Users," *Internet World Stats,* May 31, 2019; Christopher Dickey, "What Were Egypt's Divers Up to With Underwater Cables?" *Daily Beast,* March 30, 2013; Starosielski, *The Undersea Network,* Kindle location 123; Douglas R. Burnett, "Cable Vision," *U.S. Naval Institute Proceedings* 137, no. 8 (August 2011): 66–71; Glenn Hayes,

48. Interview by author, Djibouti, February 22, 2018; Downs, Becker, and de Gategno, "China's Military."
49. Doraleh also has an oil terminal. Djibouti's ports combined can handle an estimated 18 million tons per year. Meseret, "Tiny Djibouti"; Hadi and Aden, "D'un comptoir," 73.
50. Nizar Manek, "Djibouti Sees China Involvement in Port as No Threat to U.S.," *Bloomberg,* March 14, 2018; China Merchants Holdings, Annual Report 2014; "New Port Construction Contracts Signed," *Economist Intelligence Unit,* September 4, 2014.
51. Interviews by author, Djibouti, February 18–23, 2018; Joe Bavier, "Djibouti Plans New Container Terminal to Bolster Transport Hub Aspirations," *Euronews,* March 27, 2018; Downs, Becker, and de Gategno, "China's Military"; Jean-Francois Rosnoblet, "French Shipper CMA CGM to Sign Two Chinese Deals as Trade Seen Booming," *Reuters,* June 30, 2015.
52. Interviews by author, Djibouti, February 18–23, 2018.
53. Idrees Ali and Phil Stewart, "'Significant' Consequences If China Takes Key Port in Djibouti: U.S. General," *Reuters,* March 6, 2018; Bavier, "Djibouti Plans."
54. Interviews by author, Djibouti, February 18–23, 2018.
55. David Vine 等人認為該數字應該將近有八百。參見：David Vine, *Base Nation: How U.S. Military Bases Abroad Harm America and the World* (New York: Metropolitan Books, 2015); U.S. Department of Defense, *Base Structure Report: Fiscal Year 2018 Baseline,* accessed July 10, 2019.
56. John Fei, "China's Overseas Military Base in Djibouti: Features, Motivations, and Policy Implications," *China Brief* 17, no. 17 (December 22, 2017); Paul Sonne, "U.S. Accuses China of Directing Blinding Lasers at American Military Aircraft in Djibouti," *Washington Post,* May 4, 2018; Courtney J. Fung, "China's Troop Contributions to UN Peacekeeping,"USIP Peace Brief, no. 212, July 2016; "UN Mission's Summary Detailed by Country," United Nations, April 30, 2017; "Chinese Peacekeepers in Tense Stand-Off with Armed Militants in South Sudan," *South China Morning Post,* January 6, 2018; Downs, Becker, and de Gategno, "China's Military."
57. Bradley Klapper, "Kerry Trip to Djibouti Highlights Importance of Small Nation," *Associated Press,* May 5, 2015; Joseph Trevithick, "This Small Airstrip Is the Future of America's Way of War," *Reuters,* January 5, 2016; John Lee,

J. Schraeder, *Djibouti* (Denver, Colo.: Clio Press, 1991), xiv–xv; Ali Miganeh Hadi and Mowlid H. Aden, "D'un comptoir Francais a un Carrefour strategique mondial," in *Challenge economique et maitrise des nouveaux risques maritimes: Quelle croissance bleue,* ed. Patrick Chaumette (Nantes, France: Gomylex Editorial, 2017), 61, 64.

38. 比較低的勞工人數估計版本，所反映的是官方的登記人數。參見：Yoon Jung Park, "One Million Chinese in Africa," *SAIS Perspectives,* May 12, 2016; "The China Global Investment Tracker, 2008–2018," American Enterprise Institute and Heritage Foundation, accessed July 1, 2019, http://www.aei.org/china-global-investment-tracker; Christopher D. Yung, "China's Expeditionary and Power Projection Capabilities Trajectory: Lessons from Recent Expeditionary Operations," testimony before the U.S.-China Economic and Security Review Commission, January 21, 2016; Christina Lin, "Middle East"; Downs, Becker, and de Gategno, "China's Military."
39. Interview by author, Djibouti, February 21, 2018.
40. Interviews by author, Djibouti, February 18–23, 2018.
41. "Djibouti," *CIA World Factbook,* April 24, 2018; "Djibouti: Africa's Singapore?" *Capital,* December 16, 2014.
42. Quoted in Downs, Becker, and de Gategno, "China's Military."
43. 還有其他人提到，中國公司也提供了大約四成的資金（十四億美元）給吉布地現在的大型投資計畫。參見：Downs, Becker, and de Gategno, "China's Military"; Elias Meseret, "Tiny Djibouti Aiming to Be Global Military, Shipping Center," *Washington Post,* April 9, 2018.
44. Interview by author, Djibouti, February 21, 2018.
45. 中國正在嘗試把這些國營企業重組為民營公司，不過有部分還是會由中共來管理，例如政府會把中共黨員安插在董事會裡頭，變成一種經營的潛規則。參見：John Hurley, Scott Morris, and Gailyn Portelance, "Examining the Debt Implications of the Belt and Road Initiative from a Policy Perspective," Center for Global Development Policy Paper 121, March 2018; interview by author, Djibouti, February 22, 2018.
46. 我碰到的多數當地人，要不是根本不知道確切的利率為何，要不然就是對實際的債務數字充滿戒心。國際貨幣基金也有發布例行報告，見於第四條款磋商（Article IV Consultation）中。interview with CEO Aboubakr Omar Hadi, Djibouti, February 22, 2018.
47. Interviews by author, Djibouti, February 18–23, 2018.

*Maritime Security;* Barbara Tasch, "'Build It and They Will Come' Is Not Enough: Egypt's $8 Billion Suez Canal Expansion Sounds Dubious," *Business Insider,* August 6, 2015; "Egypt's Suez Canal Revenues Rise to $5.3 Bln in 2017—Statement," *Reuters,* January 4, 2018; Jon Shumake, "Suez Canal Has Record-Setting 2018," *American Shipper,* February 21, 2019; Ahmed Elhamy and John Davison, Egypt's Suez Canal Reports Record High $5.585 Billion Annual Revenue," *Reuters,* June 17, 2018; Heba Saleh, "Choppy Waters for Egypt's Suez Canal Expansion," *Financial Times,* December 22, 2015.

31. 在中國眼中，埃及很像吉布地及其他非洲沿岸的國家，都是讓他進入非洲的重要跳板。舉例而言，他在一九九二年時與埃及的貿易額只有十三億美元，到了二〇一四年時已經暴漲到了一千七百四十億美元。參見：Namane, "China-Egypt Ties"; "Spotlight: Egypt's Ismailia Province Eager to Attract More Chinese Investments," *Xinhuanet,* May 1, 2018; Trickett, "Sino-Russian Shadow Competition"; Mirette Magdy, "China's $20 Billion New Egypt Capital Project Talks Fall Through," *Bloomberg,* December 16, 2018.
32. Tom Mitchell, "Egypt Courts China for Suez Special Zone," *Financial Times,* March 2, 2010; Shaimaa Al-Aees, "Egypt TEDA Expects to Attract $3bn in Suez Canal Region," *Daily News Egypt,* April 18, 2018; "Egypt Launches Largest Trade Fair for Chinese Investors," *China Daily,* October 25, 2017; Namane, "China-Egypt Ties"; "Belt and Road Initiative to Boost China-Egypt Trade," *China Daily,* May 12, 2017; Al-Masry Al-Youm, "China to Invest US$5 Billion in Egypt's Suez Canal Economic Zone," *Egypt Independent,* April 28, 2019.
33. Aude Fleurant et al., "Trends in International Arms Transfers, 2016," SIPRI, February 2017.
34. Christina Lin, "China's Strategic Shift Toward the Region of the Four Seas: The Middle Kingdom Arrives in the Middle East," *Middle East Review of International Affairs* 17, no. 1 (Spring 2013): 39.
35. "Al Furqan Brigades," *Terrorist Research and Analysis Consortium,* accessed April 27, 2018; David Barnett, "Al Furqan Brigades Claim 2 Attacks on Ships in Suez Canal, Threaten More," *Long War Journal,* September 7, 2013; Shelala, *Maritime Security,* 2014.
36. Degang Sun and Yahia H. Zoubir, "The Eagle's Nest in the Horn of Africa: US Military Strategic Deployment in Djibouti," *Africa Spectrum* 51, no. 1 (2016): 117–118.
37. 該數字在近幾年曾高達百分之九十二，不過一直有所起伏。參見：Peter

"Sino-Russian Shadow Competition Plays Out in Egypt," *Diplomat,* August 11, 2017; Salma El Wardany, Elena Mazneva, and Abdel Latif Wahba, "Putin and Sisi Finalize $30 Billion Nuclear Plant Deal," *Bloomberg,* December 10, 2017.

23. "Egypt and Russia Sign 50-Year Industrial Zone Agreement," *Reuters,* May 23, 2018; Trickett, "Sino-Russian Shadow Competition"; "Gov't Approves Agreement to Establish Russian Industrial Zone," *Egypt Today,* March 7, 2018; "Agreement on Russian Industrial Zone in Port Said to Be Finalised Within Months: Egyptian Official," *Ahram Online,* October 7, 2017; Suez Canal Economic Zone, accessed July 1, 2019; "China Now Biggest Investor in Suez," *China Daily,* March 23, 2017.
24. David D. Kirkpatrick, "In Snub to U.S., Russia and Egypt Move Toward Deal on Air Bases," *New York Times,* November 30, 2017; Igor Delanoe, "After the Crimean Crisis: Towards a Greater Russian Maritime Power in the Black Sea," *Southeast European and Black Sea Studies* 14, no. 3 (2014): 374.
25. Kreutz, *Russia in the Middle East,* 146–147.
26. Nataliya Bugayova, "The Kremlin's Campaign in Africa," Institute for the Study of War, October 18, 2018; Theodore Karasik and Giorgio Cafiero, "Why Does Vladimir Putin Care About Sudan?" *New Atlanticist,* Atlantic Council, November 27, 2017; Andrew Korybko, "Here's Why Russia Might Set Up a Red Sea Base in Sudan," *Global Research,* December 6, 2017; Samson Berhane, "No Worries If Russia Opens Base in Eritrea—U.S. Official," *Addis Fortune,* December 9, 2017.
27. Somaliland officially declared independence in 1991 but remains internationally isolated because of a lack of recognition. Ciaran McGrath, "Putin Flexes Muscles with Plans for New African Base—with Chilling Echoes of Suez," *Express,* April 18, 2018; Patrick Knox, "Putin Eyes Africa: Russia 'to Set Up Naval Base for Warships and Hunter-Killer Submarines in Somaliland' as Putin Looks to Expand Military Reach," *Sun,* April 18, 2018; "Russia to Pitch First Camp in Africa with Military Base in Somaliland," *Horn Diplomat,* April 20, 2018.
28. Trickett, "Sino-Russian Shadow Competition."
29. Walid Namane, "China-Egypt Ties in the Age of the New Maritime Silk Road," Delma Institute, July 20, 2017.
30. Romano Prodi, "A Sea of Opportunities: The EU and China in the Mediterranean," *Mediterranean Quarterly* 26, no. 1 (2015): 1–4; Shelala,

14. Quoted in Himanil Raina, "China's Military Strategy White Paper 2015: Far Seas Operations and the Indian Ocean Region," Center for International Maritime Security, July 1, 2015; M. Taylor Fravel, "China's New Military Strategy: 'Winning Informationized Local Wars,'" *China Brief* 15, no. 13 (June 23, 2015); Andrew Jacobs, "China, Updating Military Strategy, Puts Focus on Projecting Naval Power," *New York Times,* May 26, 2015; James R. Holmes and Toshi Yoshihara. "China's Navy: A Turn to Corbett?" *U.S. Naval Institute Proceedings* 136, no. 12 (December 2010): 42–46; Christian Le Miere, "Presence Through Partnership? PLAN Improves China's Middle East Links," *Jane's Navy International,* November 19, 2014; Feng, "Embracing Interdependence."
15. Quoted in Alexis Wick, *The Red Sea: In Search of Lost Space* (Berkeley: University of California Press, 2016), 21; See also Wick, 6, 19, 22; Felipe Fernandez-Armesto, *Pathfinders: A Global History of Exploration* (New York: W. W. Norton, 2006), 33, 19; Frederick J. Edwards, "Climate and Oceanography," in *Red Sea,* ed. Alasdair J. Edwards and Stephen M. Head (New York: Pergamon Press, 1987), 48–49.
16. Anoushiravan Ehteshami and Emma C. Murphy, *The International Politics of the Red Sea* (New York: Routledge, 2013), 3–4; Donald Neff, *Warriors at Suez: Eisenhower Takes America into the Middle East* (New York: Linden Press–Simon & Schuster, 1981), 15–17.
17. Keith Kyle, *Suez: Britain's End of Empire in the Middle East* (New York: I. B. Tauris, 2011), 7.
18. David Brewster, "Through Quiet Dealmaking, New Delhi Extends Its Influence in the Indian Ocean," *War on the Rocks,* February 16, 2018.
19. Bruce W. Watson, *Red Navy at Sea: Soviet Naval Operations on the High Seas, 1956– 1980* (Boulder, Colo.: Westview Press, 1982), 77, 89; Talal Nizameddin, *Putin's New Order in the Middle East* (London: Hurst, 2013), 19–31.
20. Andrej Kreutz, *Russia in the Middle East: Friend or Foe?* (Westport, Conn.: Praeger, 2007), 118–120, 123; Michael Wahid Hanna and Daniel Benaim, "Egypt First," *Foreign Affairs,* April 24, 2018.
21. "Egypt's Exports to Russia Increase 35% in 2017: Min.," *Egypt Today,* March 3, 2018.
22. Rauf Mammadov, "Russia in the Middle East: Energy Forever?" Jamestown Foundation, March 8, 2018; Holly Ellyatt, "Egypt Is Ready to Be an Energy Hub for Europe, Investment Chief Says," *CNBC,* April 23, 2018; Nicholas Trickett,

2017.

8. Ganeshan Wignaraja and Dinusha Panditaratne, “Sri Lanka’s Quest for a Rules-Based Indian Ocean,” *East Asia Forum,* January 31, 2019; Brian Wingfield, Samuel Dodge, and Cedric Sam, “OPEC+ Petro-Powers Ignored Oil Cuts Before Reset,” *Bloomberg,* December 14, 2018; Nicholas Trickett, “Why Putin’s Oil Maneuvers Will Keep Russia in the Middle East,” *Washington Post,* April 5, 2018; “Russia and Saudi Arabia Forge Alliance to Engineer Oil Prices,” *Deutsche Welle,* April 20, 2018; Inayat Kalim, “Gwadar Port: Serving Strategic Interests of Pakistan,” *South Asian Studies* 31, no. 1 (January 2016): 211; Eleanor Albert, “Competition in the Indian Ocean,” Council on Foreign Relations Backgrounder, May 19, 2016; Robert M. Shelala, *Maritime Security in the Middle East and North Africa: A Strategic Assessment* (Washington, D.C.: Center for Strategic and International Studies, 2014); “World Oil Transit Chokepoints,” EIA, July 25, 2017.
9. Lirong Wang, “Sea Lanes and Chinese National Energy Security,” *Journal of Coastal Research,* special issue, no. 73 (Winter 2015): 572–576.
10. “BP Energy Outlook: 2019 Edition,” BP, 2019, 15; Magnus Nordenman, “The Naval Alliance Preparing NATO for a Maritime Century,” Atlantic Council, June 2015.
11. Pierre Noel, “China’s Ever-Growing Dependence on Oil Imports,” International Institute for Strategic Studies, February 13, 2019; Chen Aizhu and Meng Meng, “China April Crude Oil Imports Hit Monthly Record, Refiners Stocked Up Ahead of Sanctions,” *Reuters,* May 8, 2019; Kaplan, *Monsoon,* 7; “Gov Stats,” accessed April 26, 2018, http://tankertrackers.com; “Import Volume of Liquefied Natural Gas (LNG) in India from FY 2012 to FY 2018 (in Million Metric Tons),” *Statista,* accessed April 26, 2018; Office of U.S. Secretary of Defense, *Annual Report to Congress: Military and Security Developments Involving the People’s Republic of China 2017,* May 15, 2017; Nordenman, “Naval Alliance”; “India Commissions Ennore LNG Terminal,” *Oil and Gas Journal,* March 7, 2019.
12. Chaoling Feng, “Embracing Interdependence: The Dynamics of China and the Middle East,” *Brookings Doha Center Policy Briefing,* April 28, 2015.
13. Irina Slav, “Yemen Eyes Exports of 75,000 Bpd This Year,” *OilPrice.com,* February 11, 2019; Anthony McAuley, “Oil’s Vulnerable Trade Route,” *National,* March 31, 2015.

4. Sugata Bose, *A Hundred Horizons: The Indian Ocean in the Age of Global Empire* (Cambridge, Mass.: Harvard University Press, 2006), 6, 10; Felipe Fernandez-Armesto, *Civilizations: Culture, Ambition, and the Transformation of Nature* (New York: Simon & Schuster, 2001), 402; Villiers, *Monsoon Seas,* 5–7; Hyunhee Park, *Mapping the Chinese and Islamic Worlds: Cross-Cultural Exchange in Pre-modern Asia* (New York: Cambridge University Press, 2012), 112–113; Michael Pearson, *The Indian Ocean* (New York: Routledge, 2003), 4, 13; M.W. Mouton, *The Continental Shelf* (The Hague, Netherlands: Springer-Science, 1952), 60–63; David Biello, "Fishing for Oxygen in Warming Oceans: Warm Waters Absorb Less Oxygen—Which Is Bad News for the Sea Life That Needs It," *Scientific American,* May 2, 2008; Bernt Zeitzschel, ed., *The Biology of the Indian Ocean* (New York: Springer, 1973), 451–473; Food and Agriculture Organization of the United Nations, *The State of World Fisheries and Aquaculture 2014: Opportunities and Challenges* (Rome, 2014); David Michel and Russell Sticklor, "Plenty of Fish in the Sea? Food Security in the Indian Ocean," *Diplomat,* August 24, 2012.
5. Daniel Moran and James A. Russell, eds., *Maritime Strategy and Global Order: Markets, Resources, Security* (Washington, D.C.: Georgetown University Press, 2016), 183; Edward A. Alpers, *The Indian Ocean in World History* (New York: Oxford University Press, 2014), 47–63; Pew Forum on Religion and Public Life, *Mapping the Global Muslim Population,* October 2009; Frank Trentmann, *Empire of Things: How We Became a World of Consumers, from the Fifteenth Century to the Twenty-First* (New York: HarperCollins, 2017), 120; Pearson, *The Indian Ocean,* 287; Bose, *A Hundred Horizons,* 273; Aditi Malhotra, "India Sees a New Regional Role for Its Navy," *Foreign Policy,* June 10, 2016.
6. Peter Frankopan, *The Silk Roads: A New History of the World* (New York: Alfred A. Knopf, 2016), 191, 196; Alpers, *Indian Ocean,* 63–64; Niels Steensgaard, *The Asian Trade Revolution of the Seventeenth Century: The East India Companies and the Decline of the Caravan Trade* (Chicago: University of Chicago Press, 1973), chap. 4.
7. John Keay, *The Honourable Company: A History of the English East India Company* (New York: Macmillan, 1994), 105; Pearson, *The Indian Ocean,* 17; "The Strait of Hormuz Is the World's Most Important Oil Transit Chokepoint," Energy Information Administration (EIA), June 20, 2019; "Three Important Oil Trade Chokepoints Are Located Around the Arabian Peninsula," EIA, August 4,

Israel, Russia Encounter in Mediterranean Sea?" *Daily Sabah,* March 27, 2017.

61. Quoted in Peck, "How Russia"; Jones and Binnie, "Naval Facility."
62. Office of U.S. Secretary of Defense, *Annual Report to Congress: Military and Security Developments Involving the People's Republic of China 2017,* May 15, 2017; Lin, "Middle East," 39.
63. Francois Godement et al., "China and Russia: Gaming the West?" *China Analysis,* European Council on Foreign Relations, no. 195 (November 2016).
64. Godement et al., "China and Russia."
65. 更多關於 PEACE 海底纜線系統的資料，可參見：http://www.peacecable.net/#about; Scott Shane, "Weren't Syria's Chemical Weapons Destroyed? It's Complicated," *New York Times,* April 7, 2017; Willett, "Back to Basics."
66. James Holmes, "Why Are Chinese and Russian Ships Prowling the Mediterranean?" *Foreign Policy,* May 15, 2015; Elizabeth Wishnick, "Russia and China Go Sailing," *For-eign Affairs,* May 26, 2015; D. Malysheva, "Russia in the Mediterranean," 98; Godement and Vasselier, *China at the Gates,* 30.
67. Godement and Vasselier, *China at the Gates,* 30.
68. Karagiannis, "Alliances."
69. Lin, "Middle East," 40.
70. Quoted in Lin, "Middle East," 40; Bruce Jones, "Russian Navy Focuses on Renewal of Black Sea Submarine Force," *Jane's Navy International,* July 24, 2015.

## 第四章

1. Quoted in Robert Kaplan, *Monsoon: The Indian Ocean and the Future of American Power* (New York: Random House, 2010), 13.
2. Quoted in Kaplan, *Monsoon,* 9–10; Andrew Scobell et al., *At the Dawn of Belt and Road China in the Developing World* (Washington, D.C.: RAND Corporation, 2018), xxix, 169; Joel Wuthnow, "Chinese Perspectives on the Belt and Road Initiative: Strategic Rationales, Risks, and Implications," *China Strategic Perspectives* 12 (October 2017): 11, 14; Erica Downs, Jeffrey Becker, and Patrick de Gategno, "China's Military Support Facility in Djibouti: The Economic and Security Dimensions of China's First Overseas Base," Center for Naval Analyses (CNA), July 2017.
3. Alan Villiers, *Monsoon Seas: The Story of the Indian Ocean* (New York: McGraw-Hill, 1952), 6–7.

52. Dina Malysheva, "Russia in the Mediterranean: Geopolitics and Current Interests," *International Affairs* 62, no. 1 (2016): 96–97.
53. Jenna Corderoy, "Cyprus Signs Military Deal to Let Russian Navy Use Its Ports," *Vice News,* February 26, 2015; Delanoe, "After the Crimean Crisis," 373; "Cyprus Signs Deal to Allow Russian Navy to Use Ports," *BBC News,* February 26, 2015; Johannes Riber Nordby and Matthew Dal Santo, "Russia's Naval Strategy in the Black Sea and the Mediterranean,"*Interpreter,* November 22, 2016; Coffey, "Russia's Emerging Naval Presence"; Jones, "Russia to Set Up."
54. Bodner, "Why Russia Is Expanding"; Willett, "Back to Basics"; Mark Galeotti and Samir Naser, "Russia's Middle Eastern Adventure Evolves," *Jane's Intelligence Review,* December 30, 2015.
55. Quoted in Nordby and Dal Santo, "Russia's Naval Strategy"; Willett, "Back to Basics."
56. Tim Ripley, "Russian Black Sea Fleet Fires More Cruise Missiles at Syrian Targets," *Jane's Defence Weekly,* August 25, 2016; Kyle Mizokami, "The Kilo-Class Submarine: Why Russia's Enemies Fear 'The Black Hole,'" *National Interest,* October 23, 2016; Lee Willett, "Punching Up: Russia's Smaller Surface Fleet Builds Bigger Impact," *Jane's International Defence Review,* December 1, 2017; Nordby and Dal Santo, "Russia's Naval Strategy"; Kyle Mizokami, "Russia's Dilapidated Aircraft Carrier Keeps Getting Banned from Ports en Route to Syria, the Trouble-Prone Carrier Is a Port Pariah," *Popular Mechanics,* October 27, 2016; Willett, "Filling a Void"; David Cenciotti, "Watch a Russian Su-33 Depart from Kuznetsov Aircraft Carrier in Cool 360-Degree 4K Video," *Aviationist,* November 18, 2016.
57. Nikolai Novichkov, "Russia Updates Its Maritime Doctrine to Reflect Syria Experience," *Jane's Navy International,* August 1, 2017.
58. Nan Tian et al., "Trends in World Military Expenditure, 2018," SIPRI Fact Sheet, April 2019; "Global Military Spending Remains High at $1.7 Trillion," SIPRI, May 2, 2018.
59. Ihor Kabanenko, "Russian 'Hybrid War' Tactics at Sea: Targeting Underwater Communications Cables," *Eurasia Daily Monitor* 15, no. 10 (January 23, 2018).
60. Michael Peck, "How Russia Is Turning Syria into a Major Naval Base for Nuclear Warships (and Israel Is Worried)," *National Interest,* March 18, 2017; Bruce Jones and Jeremy Binnie, "Russia Approves Expansion of Syrian Naval Facility," *Jane's Defence Weekly,* January 3, 2018; Yusuf Selman İnanc, "Can

International Political Studies, background paper, 2016; "Italian Businesses Eye Belt and Road Initiative Potential," *China Daily,* May 17, 2017; "The 12th Meeting of China-Italy Joint Commission for Economic and Trade Cooperation Held in Rome," People's Republic of China Ministry of Commerce, June 19, 2017.

43. Brinză, "Dragon Head."
44. Godement and Vasselier, *China at the Gates,* appendix "Italy"; "The Five Port Project Creates Float All Boats Scenario for the BRI in Europe," *Quartz,* October 9, 2017; "Italian Businesses Eye Belt and Road Initiative Potential," *China Daily,* May 17, 2017; Brinză, "Dragon Head"; Alberto Ghiara, "APM Terminal, First 10 Cranes Arrived in Vado Ligure," *Medi Telegraph,* January 5, 2018; "China Investment in Mediterranean Ports," *Ports Europe,* July 28, 2017.
45. Godement and Vasselier, *China at the Gates,* appendix "Italy."
46. Skordeli, "New Horizons," 73; Godement and Vasselier, *China at the Gates,* 41–42.
47. See NATO Allied Maritime Command, https://mc.nato.int; James Stavridis, *Sea Power: The History and Geopolitics of the World's Oceans* (New York: Penguin Press, 2017), 336; Willett, "Filling a Void."
48. Jonathan Altman, "Russian A2/AD in the Eastern Mediterranean," *Naval War College Review* 69, no. 1 (Winter 2016): 72, 74; Lee Willett, "Back to Basics: NATO Navies Operate Across the Spectrum in the Mediterranean," *Jane's Navy International,* May 19, 2016.
49. Sergei G. Gorshkov, *The Sea Power of the State* (New York: Pergamon Press, 1980), 79; Bruce W. Watson, *Red Navy at Sea: Soviet Naval Operations on the High Seas, 1956–1980* (Boulder, Colo.: Westview Press, 1982), 81–82; Keith Allen, "The Black Sea Fleet and Mediterranean Naval Operations," in Watson and Watson, *The Soviet Navy: Strengths and Liabilities,* 216–217.
50. Igor Delanoe, "After the Crimean Crisis: Towards a Greater Russian Maritime Power in the Black Sea," *Southeast European and Black Sea Studies* 14, no. 3 (2014): 372; Bruce Jones, "Russia to Set Up Mediterranean Task Force," *Jane's Defence Weekly,* March 21, 2013; Luke Coffey, "Russia's Emerging Naval Presence in the Mediterranean," *Al Jazeera,* May 27, 2016.
51. Watson, *Red Navy,* 224; Matthew Bodner, "Why Russia Is Expanding Its Naval Base in Syria," *Moscow Times,* September 21, 2015; Allen, "Black Sea Fleet," 219–222.

of Diplomatic Ties," *Xinhuanet,* December 21, 2017; "Algeria and China Sign $3.3 Billion Port Deal," *Nusantara Maritime News,* January 25, 2016; "Algeria to Build New Deepwater Port," *Maritime Executive,* February 10, 2017; "Algeria: $3.5bn El Hamdania Port to Compete with Tanger Med," *African Business,* February 1, 2017.

37. "CMHI and CMA CGM Complete the Terminal Link Transaction," CMA CGM–CMHI joint press release, June 11, 2013; Mercy A. Kuo, "The Power of Ports: China's Maritime March," *Diplomat,* March 8, 2017; Bilsana Bibic, "Chinese Investment Developments in the Balkans 2016: Focus on Montenegro," *Balkanalysis.com,* August 9, 2016; Escobar, "Marco Polo in Reverse"; Godement and Vasselier, *China at the Gates,* appendix "Croatia."
38. Jennifer McKevitt, "Ocean Alliance Details Service Network," *Supply Chain Dive,* November 4, 2016; Alice Woodhouse, "Cosco Shipping Buys Controlling Stake in Spanish Port for € 203m," *Financial Times,* June 12, 2017; Godement and Vasselier, *China at the Gates,* 49–50, appendix "Spain"; "China's COSCO Shipping Buys $228 Million Stake in Spain's Noatum Port," *Reuters,* June 12, 2017; Julia Louppova, "Chinese Expansion into Spanish Ports Market," *Port Today,* June 13, 2017; Angelo Scorza, "More Greece, Spain and China in Cosco's Port Agenda," *Ship 2 Shore,* June 19, 2017; "Ocean Alliance: An Unmatched Service Offering," CMA CGM, accessed July 1, 2019; "New Shipping Alliances: What You Need to Know," *iContainers,* March 21, 2017.
39. "Algeciras Bid Deadline Extended Again," *Port Strategy,* October 31, 2017.
40. Sam Chambers, "Cosco Shipping Ports Are Linked with Algericas Bid," *Splash 247,* August 26, 2016; Godement and Vasselier, *China at the Gates,* 49–50, appendix "Spain"; "China's COSCO Shipping buys $228 million stake"; Louppova, "Chinese Expansion."
41. "Spain to Boost Cooperation with China Under Belt and Road Initiative," *Xinhuanet,* June 2, 2017.
42. Valbona Zeneli, "Italy Signs on to Belt and Road Initiative: EU-China Relations at Crossroads?" *Diplomat,* April 3, 2019; "Italy: Trade Statistics," *GlobalEdge,* 2017; "Italy,"Observatory of Economic Complexity, 2016, https://atlas.media.mit.edu/en/profile /country/ita; Giovanni B. Andornino, "Sino-Italian Relations in a Turbulent Mediterranean: Trends and Opportunities," *Mediterranean Quarterly* 26, no. 1 (2015): 53; Alessia Amighini, "Economic and Trade Relations Between Italy and China: Trends and Prospects," Italian Institute for

29. Ofer Petersburg, "Chinese to Build Railway to Eilat," *Ynetnews,* October 23, 2011; Lin, "Middle East," 33; Herb Keinon, "Cabinet Approves Red-Med Rail Link," *Jerusalem Post,* February 5, 2012; Mordechai Chaziza, "The Red-Med Railway: New Opportunities for China, Israel, and the Middle East," BESA Center Perspectives Paper, no. 385, December 11, 2016; Andrew Korybko, "The Gigantic City Project Called NEOM: Saudi Arabia Might Recognize Israel Because of NEOM Project," *Global Research,* October 6, 2017; "Israel's Southern Gateway," Israel Ports and Development Assets Company, 2011; Chaziza, "Red-Med."
30. Mercy A. Kuo, "The Power of Ports: China's Maritime March," *Diplomat,* March 8, 2017; Kevjn Lim, "How Israel Can Align Its Strategy with China's Silk Road," *Asia Times,* January 21, 2017; "China Harbour Engineering Subsidiary to Build New Port at Ashdod in Israel," *Reuters,* June 23, 2014; Avi Bar-Eli, "Chinese Firm Wins Tender, Opts to Build $1b Private Port in Ashdod," *Haaretz,* July 24, 2014; Shamah, "China."
31. "SIPG Signs Haifa Port Deal with Israel," *Port Finance International,* June 3, 2015; Ofer Petersburg, "Chinese Company Wins Bid to Run New Haifa Port," *Ynetnews,* March 24, 2015.
32. "The 2nd Round of Negotiation of China-Israel Free Trade Area Held in Beijing," statement by People's Republic of China Ministry of Commerce, July 15, 2017.
33. "New Tunisia-China Shipping Line to Enhance China's Presence in Africa," *Famagusta Gazette,* December 3, 2017.
34. "Morocco Opens Africa's Largest Port," *Global Construction Review,* July 1, 2019; "World's Largest Container-Handling Cranes Arrive on Tangier Coast," *Morocco World News,* March 9, 2018; Darren Spirk, "Bigger, but Not Necessarily Better," *U.S. News and World Report,* July 5, 2016; Heba Saleh, "Morocco's Tanger-Med Container Port Provides Bridge to Europe," *Financial Times,* March 23, 2016.
35. George Omondi, "Lessons from Morocco in China-Backed Mega Project Plans in Africa," *Business Daily,* December 26, 2017; "Morocco Eyes Mutual Benefit Under Belt and Road Initiative," *Xinhuanet,* May 8, 2017; Joseph Hammond, "Morocco: China's Gateway to Africa?" *Diplomat,* March 1, 2017; "Morocco's Tangiers to Host Chinese Industrial City," *Daily Mail,* March 20, 2017.
36. "News Analysis: Sino-Algerian Relations Witness Steady Progress in 59 Years

Vasselier, *China at the Gates,* 73; Huliaras and Petropoulos, "Shipowners, Ports, and Diplomats"; "COSCO Shipping: A Name Card of China in Greece on Maritime Silk Road," *China Daily,* May 8, 2017.

22. Interviews by author, Athens and Piraeus, Greece, September 10–11, 2019; Andreea Brinză, "How a Greek Port Became a Chinese 'Dragon Head,'" *Diplomat,* April 25, 2016; Jason Horowitz and Liz Aldermanaug, "Chastised by E.U., a Resentful Greece Embraces China's Cash and Interests," *New York Times,* August, 26, 2017; "COSCO Shipping," *China Daily,* May 8, 2017; David Glass, "Greece Seeking Increased Chinese Investments at Beijing Belt and Road Forum," *Seatrade Maritime News,* May 5, 2017; "Chinese Naval Fleet Arrives in Greece for Friendly Visit," *Xinhuanet,* July 23, 2017.
23. Horowitz and Aldermanaug, "Chastised by E.U."
24. Brinză, "Dragon Head."
25. Interviews by author, Athens and Piraeus, Greece, September 10–11, 2019; "Piraeus Port: Cosco's Large Floating Ship Repair Dock Arrives," *Greek Observer,* March 12, 2018; Loic Poulain, "China's New Balkan Strategy," *CSIS Central Europe Watch* 1, no. 2 (August 2011); Xing Zhigang, "Li Charms Dock Workers"; Casarini, "Is Europe to Benefit"; Glass, "Greece Seeking"; Horowitz and Aldermanaug, "Chastised by E.U."
26. Alicja Bachulska and Richard Q. Turcsanyi, "Behind the Huawei Backlash in Poland and the Czech Republic," *Diplomat,* February 6, 2019; Godement and Vasselier, *China at the Gates,* 50–51.
27. "Port of Ambarli," World Port Source, accessed July 10, 2019; Umut Ergunsu, "Belt and Road Will Make Turkey-China Cooperation a Success," *China Daily,* June 1, 2017; "Seaports of Izmir," Izmir Development Agency; Altay Atli, "Turkey Seeking Its Place in the Maritime Silk Road," *Asia Times,* February 26, 2017; "China Plan 'Caravan' Project for Transportation on Silk Road," *Daily Sabah,* March 15, 2017.
28. "Israel's Southern Gateway," Israel Ports and Development Assets Company, Power-Point presentation, 2011, accessed July 8, 2019; Yaakov Lappin, "Rocket Fire from Gaza Renews with Two Projectiles Hitting Ashdod, Ashkelon Area," *Jerusalem Post,* March 13, 2014; David Shamah, "China Firm to Build New Ashdod 'Union Buster' Port," *Times of Israel,* September 23, 2014; "Israeli Government Set to Privatise Ashdod and Haifa," *Container Management,* October 10, 2014.

Power of Ports: China's Maritime March," *Diplomat,* March 8, 2017.

12. Bruno Macaes, "China's Belt and Road: Destination Europe," *Carnegie Europe,* November 9, 2016.
13. James Kynge et al., "How China Rules the Waves," *Financial Times,* January 12, 2017; "Italian Businesses Eye Belt and Road Initiative Potential," *China Daily,* May 17, 2017.
14. Francois Godement and Abigael Vasselier, *China at the Gates: A New Power Audit of EU-China Relations* (London: European Council on Foreign Relations, 2017), 37–38; Pepe Escobar, "Marco Polo in Reverse: How Italy Fits in the New Silk Roads," *Asia Times,* March 12, 2018.
15. Andrea Ghiselli, "China's Mediterranean Interests and Challenges," *Diplomat,* May 1, 2017.
16. Wade Shepard, "China's Seaport Shopping Spree: What China Is Winning by Buying Up the World's Ports," *Forbes,* September 6, 2017; Keith Johnson, "Why Is China Buying Up Europe's Ports?" *Foreign Policy,* February 2, 2018; Kynge et al., "How China Rules the Waves"; Godement and Vasselier, *China at the Gates,* 41–42, 73; "About Us," China Merchants Port Holdings Company Limited, www.cmport.com.hk/EN/about/Profile.aspx?from=2, accessed January 11, 2020.
17. Virginia Marantidou, "Shipping Finance: China's New Tool in Becoming a Global Maritime Power," *Jamestown Foundation China Brief* 18, no. 2 (February 13, 2018); Skordeli, "New Horizons," 73; Johnson, "Why Is China."
18. See Godement and Vasselier, *China at the Gates.*
19. Asteris Huliaras and Sotiris Petropoulos, "Shipowners, Ports, and Diplomats: The Political Economy of Greece's Relations with China," *Asia Europe Journal* 12, no. 3 (September 2014): 215–230; Skordeli, "New Horizons," 65.
20. Thorsten Benner et al., *Authoritarian Advance: Responding to China's Growing Political Influence in Europe,* February 2018, Global Public Policy Institute, 14, 16; Johnson, "Ports"; Skordeli, "New Horizons," 59–60; Godement and Vasselier, *China at the Gates,* appendix "Greece."
21. 二〇一三年時，中遠集團宣布增資兩億八千五百萬美元，以進一步擴增碼頭的吞吐量。參見：Xing Zhigang, "Li Charms Dock Workers in Greece," *China Daily,* June 20, 2015; Nicola Casarini, "Is Europe to Benefit from China's Belt and Road Initiative?" Istituto Affari Internazionali Working Papers, no. 4 (October 2015); Skordeli, "New Horizons," 60–62, 65–66; Godement and

"Naval Alliance."

## 第三章

1. Julian Borger, "Libya No-Fly Resolution Reveals Global Split in UN," *Guardian,* March 18, 2011.
2. Christina Lin, "China's Strategic Shift Toward the Region of the Four Seas: The Middle Kingdom Arrives in the Middle East," *Middle East Review of International Affairs* 17, no. 1 (Spring 2013): 33; Simone Dossi, "The EU, China, and Nontraditional Security: Prospects for Cooperation in the Mediterranean Region," *Mediterranean Quarterly* 26, no. 1 (2015): 89–90, 91–93.
3. Dossi, "EU, China," 91–92.
4. Marina Skordeli, "New Horizons in Greek-Chinese Relations: Prospects for the Eastern Mediterranean," *Mediterranean Quarterly* 26, no. 1 (2015): 72–73; Lin, "Middle East," 44–45; Dossi, "EU, China," 89–90.
5. Lin, "Middle East," 33.
6. Lee Willett, "Filling a Void: Russian Mediterranean Naval Presence Helps Moscow Seize Strategic Opportunity," *Jane's Navy International,* August 19, 2016; Lee Willett, "Back in the Black: Ukraine Crisis Typifies Russia's Forceful Return from International Security Isolation," *Jane's Navy International,* May 22, 2014.
7. Jo Becker and Eric Schmitt, "As Trump Wavers on Libya, an ISIS Haven, Russia Presses On," *New York Times,* February 7, 2018; Phil Stewart, Idrees Ali, and Lin Noueihed, "Exclusive: Russia Appears to Deploy Forces in Egypt, Eyes on Libya Role—Sources," *Reuters,* March 13, 2017.
8. Dossi, "EU, China," 81–82.
9. Peregrine Horden and Nicholas Purcell, *The Corrupting Sea: A Study of Mediterranean History* (Malden, Mass.: Blackwell Publishing, 2000), 11–12.
10. Metin Gurcan, "Eastern Mediterranean Starting to Resemble Disputed South China Sea," *Al-Monitor,* March 13, 2018; Dina Malysheva, "Russia in the Mediterranean: Geopolitics and Current Interests," *International Affairs* 62, no. 1 (2016): 92; Emmanuel Karagiannis, "Shifting Eastern Mediterranean Alliances," *Middle East Quarterly* 23,no. 2 (Spring 2016): 1–11.
11. Andrea Ghiselli, "Reflecting on China's Presence in the Mediterranean Region," *T.note,* no. 41 (September 2017), ChinaMed series no. 2; Mercy A. Kuo, "The

Normal."

74. Willett, "Strategic Arena."
75. Ridzwan Rahmat, "Chinese Navy Demonstrates Operational Reach in Baltic Sea Drills with Russia," *Jane's Navy International,* July 25, 2017; Anthony Halpin and Ott Ummelas, "Russia and China Hold First Joint Naval Exercises in Baltic Sea," *Bloomberg,* July 25, 2017; Willett, "Strategic Arena."
76. Toshi Yoshihara and James R. Holmes, *Red Star over the Pacific: China's Rise and the Challenge to U.S. Maritime Strategy* (Annapolis, Md.: Naval Institute Press, 2010), 4–5; Kristin Huang, "Chinese Navy Docks in London for First Official Visit to British Capital,"*South China Morning Post,* October 4, 2017.
77. Francois Godement and Abigael Vasselier, *China at the Gates: A New Power Audit of EU-China Relations* (London: European Council on Foreign Relations, 2017), 80; Louis Chang, "Lithuania: A Maritime Link Between East and West," Hong Kong Trade Development Council, March 21, 2016.
78. "Belgium Shows Its Confidence in Belt and Road," *China Daily,* February 13, 2018; Keith Johnson, "Why Is China Buying Up Europe's Ports?" *Foreign Policy,* February 2, 2018; "COSCO Shipping Ports Signed a Concession Agreement with Port of Zeebrugge, Reached MOU with CMA for Strategic Partnership," *China Business News,* January 22, 2018; "Chinese Cosco Now Owns Entire Container Terminal in Belgian Port of Zeebrugge," *NSNBC International,* September 12, 2017; Godement and Vasselier, *China at the Gates,* 49–50.
79. "COSCO Takes 35% Stake in Terminal of Rotterdam," *China Daily,* May 13, 2016; "COSCO Launches New Operation in the Port of Riga," Safety4Sea.com, February 8, 2018; "China Dominates Container Transport to Port of Rotterdam," Centraal Bureau voor de Statistiek, Netherlands, September 3, 2015.
80. "Fact and Figures," Port of Zeebrugge, accessed March 20, 2018; Godement and Vasselier, *China at the Gates,* appendix "Lithuania"; Chang, "Lithuania"; James Kynge, "Chinese Purchases of Overseas Ports Top $20bn in Past Year," *Financial Times,* July 16, 2017.
81. President Donald J. Trump, National Security Strategy, December 2017.
82. Elisabeth Braw, "Latvia's Push for a NATO Naval Base," *World Affairs,* June 21, 2016; statement of General Curtis M. Scaparrotti, March 28, 2017.
83. Dovile Jakniunaite, "Changes in Security Policy and Perceptions of the Baltic State, 2014–2016," *Journal of Baltic Security* 2, no. 2 (2016): 26; Nordenman,

65. Keith Johnson, "Europe's Energy Independence Drive Goes off the Rails," *Foreign Policy,* February 5, 2015; Jonathan Hoogendoorn, "Europe's Final Hope for Energy Independence from Russia," OilPrice.com, June 9, 2016; North, *The Baltic,* 319–321; Chakarova, "Baltic States"; Aslund, "Russia's Aim."
66. Quoted in Nick Snow, "Nord Stream 2 Gas Pipeline's True Purpose Debated at Atlantic Council," *Oil and Gas Journal,* March 13, 2018; North, *The Baltic,* 319–321; Vladimir Soldatkin and Maxim Nazarov, "Russia Ramps Up Fuel Exports in Fight for European Market," *Reuters,* March 12, 2018.
67. Jakub M. Godzimirski, "Soviet Legacy and Baltic Security: The Case of Kaliningrad," in *Stability and Security in the Baltic Sea Region: Russian, Nordic, and European Aspects,* ed. Olav F. Knudsen (London: Frank Cass, 1999), 30–32.
68. Paul Goble, "Moscow Now Wants Missiles Rather Than a Base in Belarus, Minsk Analyst Says," *Eurasia Daily Monitor* 15, no. 10 (January 23, 2018); Krzysztof Kuska, "Russia to Deploy Su-27 SM3s to Kaliningrad to Prepare to Receive Su-35s," *Jane's Defence Weekly,* January 16, 2018; Chakarova, "Baltic States."
69. Lee Willett, "Strategic Arena: Naval Presence Focuses International Spotlight on Baltic Sea," *Jane's Navy International,* September 25, 2017.
70. Statement of General Curtis M. Scaparrotti, commander of United States European Command, House Committee on Armed Services, March 28, 2017; Goble, "Moscow Now Wants"; Willett, "Strategic Arena"; Chakarova, "Baltic States."
71. Bruce Jones, "Russia, NATO Forces Face Off in Drills from Black Sea to the Baltic," *Jane's Defence Weekly,* March 27, 2015; Till, "Future Conditional."
72. Grace Jean and Nicholas de Larrinaga, "Russian Aircraft Buzz USN Warship Operating in Baltic Sea," *Jane's Defence Weekly,* April 14, 2016; Bugajski and Assenova, *Eurasian Disunion,* 110; Peter Walker, "Sweden Searches for Suspected Russian Submarine off Stockholm," *Guardian,* October 19, 2014; Katarzyna Zysk, "The New Normal: Russia to Increase Northern European Naval Operations," *Jane's Navy International,* July 21, 2016; Sean Fahey, "Russian Warships in Latvian Exclusive Economic Zone: Confrontational, Not Unlawful," Center for International Maritime Security, May 15, 2017; Chakarova, "Baltic States"; Nordenman, "Naval Alliance."
73. Lee Willett, "Back to Basics: NATO Navies Operate Across the Spectrum in the Mediterranean,"*Jane's Navy International,* May 19, 2016; Zysk, "The New

and NATO"; Chakarova, "Black Sea"; Vi an, "Growing Submarine Threat"; Sanders, "Maritime Security," 21–22.

57. Matti Lepparanta and Kai Myrberg, *Physical Oceanography of the Baltic Sea* (Chichester, UK: Praxis Publishing, 2009), 15; "Ice Winter in the Baltic Sea," Finnish Meteorological Institute, November 7, 2017; "Arctic and Baltic Sea Ice," European Environment Agency, 2016.
58. Michael North, *The Baltic: A History* (Cambridge, Mass.: Harvard University Press, 2015), 1–3, 7–8.
59. Robert D. Wyman, "The Baltic Fleet," in Watson and Watson, *The Soviet Navy,* 194; Gerd Tebbe, "Baltic Sea Regional Co-operation After 1989," in *What Security for Which Europe? Case Studies from the Baltic to the Black Sea,* ed. David W. P. Lewis and Gilles Lepesant (Washington, D.C.: Peter Lang, 1999), 105; Keith C. Smith, "Russia's Energy Policics: The Challenge to Baltic Security," in *Northern Security and Global Politics: Nordic-Baltic Strategic Influence in a Post-unipolar World,* ed. Ann-Sofie Dahl (New York: Routledge, 2013), 40.
60. Katri Pynnoniemi and Charly Salonius-Pasternak, "Security in the Baltic Sea Region,"Finnish Institute of International Affairs Briefing Paper, no. 196, June 2016.
61. North, *The Baltic,* 319–321.
62. See also Agnia Grigas, *The New Geopolitics of Natural Gas* (Cambridge, Mass.: Harvard University Press, 2017); Henry Foy, "Russia's Gas Exports to Europe Rise to Record High," *Financial Times,* January 3, 2018.
63. Smith, "Russia's Energy," 40; Anders Aslund, "Russia's Aim with European Gas Pipeline Is Purely Political," *The Hill,* March 13, 2018; North, *The Baltic,* 319–321; "Nord Stream 2," Gazprom.com, accessed March 16, 2018; "Germany Grants Permit for Nord Stream 2 Russian Gas Pipeline," *Reuters,* January 31, 2018.
64. Weixin Zha and Anna Shiryaevskaya, "Germany Is Addicted to Russian Gas," *Bloomberg,* July 3, 2017; Anna Shiryaevskaya, Daryna Krasnolutska, and Elena Mazneva, "Russia Will Need Ukraine's Gas Pipelines to Europe After 2019," *Bloomberg,* March 21, 2018; Smith, "Russia's Energy," 47–48; Aslund, "Russia's Aim"; "Factbox: Russian Oil and Gas Export Interruptions," *Reuters,* August 29, 2008; Monika Hanley, "Why Latvia Matters (Part I)," *Baltic Times,* August 4, 2010.

Black Sea Fleet and Mediterranean Naval Operations," in Watson and Watson, *The Soviet Navy,* 217; King, *Black Sea,* 216.

49. Paul Coyer, "The Flashpoint No One Is Talking About: The Black Sea," *Forbes,* July 23, 2016.
50. Dave Majumdar, "Why Are Russia and Turkey Holding Joint Naval Exercises in the Black Sea?" *National Interest,* April 5, 2017.
51. Lyle J. Goldstein, "Watch Out: China and Russia Are Working Together at Sea," *National Interest,* April 13, 2016; Elizabeth Wishnick, "Russia and China Go Sailing," *Foreign Affairs,* May 26, 2015; Sam LaGrone, "Largest Chinese, Russian, Joint Pacific Naval Exercise Kicks Off This Week," *USNI News,* August 17, 2015; Guy Taylor, "U.S. Navy on Alert: China, Russia to Launch Largest-Ever Joint Navy Exercise," *Washington Times,* August 18, 2015.
52. Wade Shepard, "Anaklia 'Silk Road' Port Set to Transform Georgia and Enhance China-Europe Trade," *Forbes,* September 29, 2016; Bradley Jardine, "With Port Project, Georgia Seeks Place on China's Belt and Road," *Eurasianet,* February 21, 2018; Joseph Larson,"Georgia: The Black Sea Hub for China's 'Belt and Road,'" *Diplomat,* May 3, 2017.
53. James Brooke, "With Russia on the Sidelines, China Moves Aggressively into Ukraine," *UkraineAlert,* Atlantic Council, January 5, 2018; James Brooke, "UBJ. am, Thursday March 15," *Ukraine Business Journal,* March 15, 2018; "USPA Announced Tender for Mariupol and Berdyansk Dredging," *Dredging Today,* December 27, 2017.
54. Paul D. Shinkman, "Russian Jet Flies Close to U.S. Spy Plane," *U.S. News and World Report,* September 8, 2016; Grace Jean and Nicholas de Larrinaga, "Russian Aircraft Buzz USN Warship Operating in Baltic Sea," *Jane's Defence Weekly,* April 14, 2016; John Harper, "Pentagon: Russian Fighter Flies Provocatively Close to USS Donald Cook," *Stars and Stripes,* April 14, 2014; Goşu, "The Seizure of Crimea," 39.
55. Opening Keynote, "Defense Innovation Days," delivered by Secretary of Defense Chuck Hagel, Newport, R.I., September 3, 2014; a second and separate speech was also delivered by Hagel on November 15, 2014, Ronald Reagan Presidential Library, Simi Valley, Calif.; Dimitrios Triantaphyllou, "The Uncertain Times of Black Sea Regional Security,"*Euxeinos* 6 (2012): 7.
56. David Vergun, "U.S. Soldiers in Bulgaria, Romania to Deter Aggression, Assure Allies,"*Army News Service,* September 26, 2017; Chakarova, "Russian

39. Delanoe, "After the Crimean Crisis," 375.
40. "Tension Escalates After Russia Seizes Ukraine Naval Ships," *BBC News,* November 26, 2018; Lora Chakarova and Konrad Muzyka, "NATO Responds to Russia's Black Sea Build-Up," *Jane's Intelligence Review,* October 2, 2015; Till, "Future Conditional"; Delanoe, "After the Crimean Crisis," 376, 378.
41. Reuben F. Johnson, "Russia to Modernise Sole Aircraft Carrier in 2017," *Jane's Defence Weekly,* May 26, 2016; Chakarova and Muzyka, "NATO"; John C. K. Daly, "Hot Issue: After Crimea, The Future of the Black Sea Fleet," *Jamestown Foundation,* May 22, 2014; Delanoe, "After the Crimean Crisis," 374–376; Sanders, *Maritime Power,* 19; Vladimir Socor, "Russian Black Sea Fleet Strengthens Presence in Ukraine," *Jamestown Foundation Eurasia Daily Monitor,* January 21, 2011; Eugene Gerden, "Russia's New Crimean Shipbuilding Sector," *Pacific Maritime Magazine,* June 1, 2014; "Kremlin Takes Possession of Crimean Shipyard Previously Owned by Ukrainian President," *UAWire,* February 4, 2018.
42. Lora Chakarova, "Black Sea NATO Members Call on Their Allies," *Jane's Intelligence Review,* May 6, 2016; Socor, "Russian Black Sea Fleet"; Sanders, "Maritime Security," 8–9; Delanoe, "After the Crimean Crisis," 371, 378.
43. Gorenburg, "Black Sea"; Sanders, "Maritime Security," 9–10; Willett, "Punching Up."
44. "NATO's Maritime Activities," North Atlantic Treaty Organization, June 20, 2019; Bruce Jones, "Russian Navy Focuses on Renewal of Black Sea Submarine Force," *Jane's Navy International,* July 24, 2015; Gorenburg, "Black Sea"; Sanders, "Maritime Security," 9–10; Willett, "Punching Up"; George Vi an, "Growing Submarine Threat in the Black Sea," *Eurasia Daily Monitor* 15, no. 8 (January 19, 2018); Altman, "Russian A2/AD," 72; Alberto Riva, "Why Russia's Naval Exercise off the Syrian Coast Is a Big Deal," *Vice News,* August 15, 2016.
45. Bleda Kurtdarcan and Barın Kayaoğlu, "Russia, Turkey and the Black Sea A2/AD Arms Race," *National Interest,* March 5, 2017; Sanders, "Maritime Security," 8–9; Chakarova and Muzyka, "NATO"; Goşu, "The Seizure of Crimea," 43.
46. Delanoe, "After the Crimean Crisis," 378.
47. Altman, "Russian A2/AD," 72.
48. Tim Lister and Bruce George, "Greece," in Watson and Watson, *The Soviet Naval Threat,* 276; "Montreux Convention," July 20, 1936; Keith Allen, "The

"The Fourth Style of Politics: Eurasianism as a Pro-Russian Rethinking of Turkey's Geopolitical Identity," *Turkish Studies* 16, no. 1 (2015): 59; Kokcharov, "Offensive Capabilities."

33. Deborah Sanders, *Maritime Power in the Black Sea* (New York: Routledge, 2016), 18–19; Peter Dunai and Guy Anderson, "Russia Commits to Building Black Sea Naval Shipyards,"*Jane's Defence Weekly,* January 28, 2013; Lora Chakarova, "Russian and NATO Black Sea Naval Activity Does Not Indicate Increased War Risks but Threatens Commercial Disruption," *Jane's Intelligence Weekly,* September 23, 2015; King, *Black Sea,* 233; Dmitry Gorenburg, "Black Sea Fleet Projects Power Westwards," *Russian Military Reform,* July 20, 2016, blog post.
34. Ben Werner, "Panel: Navy and Coast Guard Operating More in a Maritime 'Grey Zone,'" *USNI News,* February 9, 2018; Glenn Hayes, "Manipulating AIS," *Marine Electronics Journal,* November 23, 2015.
35. Jonathan Reiber, "The Fastest Way Across the Seas: Cyberoperations and Cybersecurity in the Indo-Pacific," in *Eurasia's Maritime Rise and Global Security,* ed. Geoffrey F. Gresh (New York: Palgrave Macmillan, 2018), 86–87.
36. Joe Uchill, "Why GPS Is More Vulnerable than Ever," *Christian Science Monitor,* January 8, 2016; "GPS Spoofing Patterns Discovered," *Maritime Executive,* September 26, 2017.
37. Janusz Bugajski and Margarita Assenova, *Eurasian Disunion: Russia's Vulnerable Flanks* (Washington, D.C.: Jamestown Foundation, 2016), 164–165; Maksym Bugriy, "The Cost to Ukraine of Crimea's Annexation," *Eurasia Daily Monitor,* April 14, 2014; Roman Olearchyk, "Ukraine Hits Russia with Another Legal Claim," *Financial Times,* September 14, 2016; Sanders, "Maritime Security," 14; Sanders, *Maritime Power,* 19; Delanoe, "After the Crimean Crisis," 376.
38. Agnia Grigas, "Commentary: How to Derail Russia's Energy War," *Reuters,* March 14, 2018; Stephen Starr, "Turkey's Massive Gas Pipeline a Double-Edged Sword for Europe," *Irish Times,* July 22, 2017; Chase Winter, "Russia's Gazprom Starts Building Turkstream Gas Pipeline Under Black Sea," *Deutsche Welle,* May 7, 2017; Jonathan Altman, "Russian A2/AD in the Eastern Mediterranean," *Naval War College Review* 69, no. 1 (Winter 2016): 72; "Erdogan Vows to Break Turkey's Dependence on Russian Oil and Gas," *Telegraph,* December 5, 2015; Akturk, "Fourth Style of Politics," 59.

Alliance."

20. Alex Kokcharov, "Russia's New Naval Doctrine Suggests Continued Intimidation in Baltics and Mediterranean but Will Not Change Offensive Capabilities," *Jane's Intelligence Weekly,* July 28, 2015.
21. Dmitry Gorenburg, "Shipbuilding May Limit Russian Navy's Future," *Maritime Executive,* November 27, 2015.
22. Schwartz, "*Admiral Gorshkov* Frigate."
23. Kathleen H. Hicks et al., *Undersea Warfare in Northern Europe* (Washington, D.C.: Center for Strategic and International Studies, 2016), vii, 2; Ihor Kabanenko, "Russian 'Hybrid War' Tactics at Sea: Targeting Underwater Communications Cables," *Eurasia Daily Monitor* 15, no. 10 (January 23, 2018); Till, "Future Conditional."
24. Kokcharov, "Offensive Capabilities"; Lee Willett, "Punching Up: Russia's Smaller Surface Fleet Builds Bigger Impact," *Jane's International Defence Review,* December 1, 2017.
25. Rick Noack, "Russian Fighter Jet Buzzes U.S. Navy Plane as Fears over Midair Collisions Mount," *Washington Post,* January 30, 2018; Kokcharov, "Offensive Capabilities"; Tom Embury-Dennis, "Four 'Unsafe and Unprofessional' Russian Warplanes Buzz US Navy ship," *Independent,* February 15, 2017.
26. Till, "Future Conditional."
27. Charles King, *The Black Sea: A History* (New York: Oxford University Press, 2004), xi–xii, 12–13, 15–16; Andrey G. Kostianoy and Aleksey N. Kosarev, eds., *The Black Sea Environment* (Berlin: Springer, 2008), 97.
28. Quoted in Armand Goșu, "The Seizure of Crimea: A Game Changer for the Black Sea Region," *Journal of Baltic Security* 1, no. 1 (2015): 39.
29. Eltsov, "Russia's Resurgent Political Identity," 113.
30. Igor Delanoe, "After the Crimean Crisis: Towards a Greater Russian Maritime Power in the Black Sea," *Southeast European and Black Sea Studies* 14, no. 3 (2014): 370.
31. Quoted in Stephen G. Brooks, "Can We Identify a Benevolent Hegemon?" *Cambridge Review of International Affairs* 25, no. 1 (March 2012): 29; Lora Chakarova, "Baltic States Join Forces to Resist Russia," *Jane's Intelligence Review,* January 9, 2015.
32. Deborah Sanders, "Maritime Security in the Black Sea: Out with the New, in with the Old," *Mediterranean Quarterly* 28, no. 2 (2017): 4–29; Şener Akturk,

*Politics* (New York: Rowman & Littlefield, 2012); Sergei Chernyavskii, "The Era of Gorshkov: Triumph and Contradictions," *Journal of Strategic Studies* 28, no. 2 (2005): 283.

7. Natalia I. Yegorova, "Stalin's Conception of Maritime Power: Revelations from the Russian Archives," *Journal of Strategic Studies* 28, no. 2 (2005): 158; Chernyavskii, "The Era of Gorshkov," 285.
8. Kevin Rowlands, ed., *21st Century Gorshkov* (Annapolis, Md.: Naval Institute Press, 2017), 2–3; Bruce W. Watson, *Red Navy at Sea: Soviet Naval Operations on the High Seas, 1956–1980* (Boulder, Colo.: Westview Press, 1982), 1; Yegorova, "Stalin's Conception," 159, 163.
9. Yegorova, "Stalin's Conception," 159; Chernyavskii, "The Era of Gorshkov," 287–288; Watson, *Red Navy,* 75.
10. Ingemar Dorfer, "Sweden," in *The Soviet Naval Threat to Europe: Military and Political Dimensions,* ed. Bruce W. Watson and Susan M. Watson (Boulder, Colo.: Westview Press, 1989), 195–196.
11. Ronald J. Kurth, "Gorshkov's Gambit," *Journal of Strategic Studies* 28, no. 2 (2005): 264, 266–267; Rowlands, *21st Century Gorshkov,* 12; Chernyavskii, "The Era of Gorshkov," 292.
12. Quoted in Rowlands, *21st Century Gorshkov,* 115; Kurth, "Gorshkov's Gambit," 267; Chernyavskii, "The Era of Gorshkov," 283.
13. Tsouras, "Soviet Naval Tradition," 21, 27.
14. Quoted in Rowlands, *21st Century Gorshkov,* 10–11.
15. Watson, *Red Navy,* 12–13, 23–24.
16. Macha Levinson, "The Threat to Southern Europe: Introduction," in Watson and Watson, *Soviet Naval Threat,* 249; Watson, *Red Navy,* 18, 93–94.
17. Katarzyna Zysk, "Russia's Naval Ambitions: Driving Forces and Constraints," in *Twenty-First Century Seapower: Cooperation and Conflict at Sea,* ed. Peter Dutton, Robert S. Ross, and Oystein Tunsjo (New York: Routledge, 2012), 112; Watson, *Red Navy,* 127; Chernyavskii, "The Era of Gorshkov," 289, 306.
18. Geoffrey Till, "Future Conditional: Naval Power Sits at Centre of Russian Strategy," *Jane's Navy International,* July 20, 2016; Geoffrey Till, "Russia's Naval Ambitions," 113.
19. Paul Schwartz, "*Admiral Gorshkov* Frigate Reveals Serious Shortcomings in Russia's Naval Modernization Program," CSIS Russian Defense and High Technology Project, March 2016; Till, "Future Conditional"; Nordenman, "Naval

*Eighth Voyage of the Dragon: A History of China's Quest for Seapower* (Annapolis, Md.: Naval Institute Press, 1982); Kennedy, *Naval Mastery,* xxxiv.

52. See also H. Rosinski, *The Development of Naval Thought* (Newport, R.I.: Naval War College Press, 1977); Bernard Brodie, *Sea Power in the Machine Age* (Princeton, N.J.: Princeton University Press, 1941), chap. 7, quoted in Harkavy, *Bases Abroad;* Robert E. Harkav, *Strategic Basing and the Great Powers, 1200–2000* (New York: Routledge, 2007), 2.
53. C. T. Sandars, *America's Overseas Garrisons: The Leasehold Empire* (New York: Oxford University Press, 2000), 5; Catherine Lutz, ed., *The Bases of Empire: The Global Struggle Against U.S. Military Posts* (New York: New York University Press, 2009), 27.
54. Neil Melvin, "The Foreign Military Presence in the Horn of Africa Region," SIPRI Background Paper, April 2019; U.S. Department of Defense, *Base Structure Report: Fiscal Year 2018 Baseline,* accessed July 10, 2019.

## 第二章

1. Michael Karpovich, *Imperial Russia, 1801–1917* (New York: Henry Holt, 1932), 65; Robert J. Kerner, *The Urge to the Sea: The Course of Russian History* (Berkeley: University of California Press, 1942).
2. Quoted in Peter Eltsov, "Russia's Resurgent Political Identity," in *Understanding Global Politics: Actors and Themes in International Affairs,* ed. Klaus Larres and Ruth Wittlinger (New York: Routledge, 2019), 109–125.
3. Mark N. Katz, "Putin and Russia's Strategic Priorities," in *Strategic Asia, 2017–2018: Power, Ideas, and Military Strategy in the Asia-Pacific,* ed. Ashley J. Tellis, Alison Szalwinski, and Michael Wills (Washington, D.C.: National Bureau of Asian Research, 2017), 45–71.
4. Magnus Nordenman, "The Naval Alliance Preparing NATO for a Maritime Century,"Atlantic Council, June 2015.
5. Peter Tsouras, "Soviet Naval Tradition," in *The Soviet Navy: Strengths and Liabilities,* ed. Bruce W. Watson and Susan M. Watson (Boulder, Colo.: Westview Press, 1986), 3–4; Nicholas V. Riasanovsky, *The Image of Peter the Great in Russian History and Thought* (New York: Oxford University Press, 1992), 92–93; John P. LeDonne, *The Grand Strategy of the Russian Empire, 1650–1831* (New York: Oxford University Press, 2004),216–218.
6. See also Jeffrey Mankoff, *Russian Foreign Policy: The Return of Great Power*

*of the Belt and Road Initiative* (Washington, D.C.: National Bureau of Asian Research, 2017), 89–91.

47. Aman Thakker, "A Rising India in the Indian Ocean Needs a Strong Navy," *CSIS New Perspectives in Foreign Policy,* no. 16 (October 17, 2018); Rajeswari Pillai Rajagopalan, "India's Maritime Strategy," in *India's Naval Strategy and Asian Security,* ed. C. Raja Mohan and Anit Mukherjee (London: Routledge, 2016), 13–36; Manjeet S. Pardesi, "Is India a Great Power? Understanding Great Power Status in Contemporary International Relations," *Asian Security* 11, no. 1 (2015): 1–30; Hu Shisheng, "India's Rise and China's Response," in Fingar, *New Great Game,* 82–83; "India—Navy," *Jane's World Navies,* September 5, 2017; Iain Marlow, "India Joins World's Top Five Defense Spenders, Surpassing France," *Bloomberg,* May 1, 2018; Aaron Mehta, "Here's How Much Global Military Spending Rose in 2018," *Defense News,* April 28, 2019; Promit Mukherjee and Aftab Ahmed, "Modest Rise in Indian Military Spending Likely, Modernization on Hold," *Reuters,* July 3, 2019.
48. Jeremy Bender, "This Graphic Shows How Tiny the Russian Navy Is Compared to the Former Soviet Fleet," *Business Insider,* March 2, 2016; Kyle Mizokami, "Tugboat Endures a Stomach-Churning Ride While Pulling a Russian Aircraft Carrier," *Popular Mechanics,* November 10, 2015; "What Really Happened to Russia's 'Unsinkable' Sub," *Guardian,* August 5, 2001; "Russian Federation—Navy," *Jane's World Navies,* April 2, 2019; Commodore C. Uday Bhaskar (ret.), "Far and Away: Russia Balances Requirements and Capacity in Indian Ocean Presence," *Jane's Navy International,* August 17, 2016; Dave Majumdar, "Why the U.S. Navy Fears Russian and Chinese Submarines," *National Interest,* May 23, 2017; David E. Sanger and Eric Schmitt, "Russian Ships Near Data Cables Are Too Close for U.S. Comfort," *New York Times,* October 25, 2015.
49. Felipe Fernandez-Armesto, *Pathfinders: A Global History of Exploration* (New York: W. W. Norton, 2006), 31.
50. Kent E. Calder, *Embattled Garrisons: Comparative Base Politics and American Globalism* (Princeton, N.J.: Princeton University Press, 2007), 1; Robert E. Harkavy, *Bases Abroad: The Global Foreign Military Presence* (New York: Oxford University Press, 1989), 7–8; Bernard Brodie, *A Layman's Guide to Naval Strategy* (Princeton, N.J.: Princeton University Press, 1944), 164, 166.
51. See Robert B. Strassler, ed., *The Landmark Thucydides: A Comprehensive Guide to the Peloponnesian War* (New York: Touchstone, 1996); Bruce Swanson,

Commission; Christopher J. Pehrson, "String of Pearls: Meeting the Challenge of China's Rising Power Across the Asian Littoral," Strategic Studies Institute, July 2006.

40. Quoted in Andrew Erickson, Lyle J. Goldstein, and Carnes Lord, eds., *China Goes to Sea: Maritime Transformation in Comparative Historical Perspective* (Annapolis, Md.: Naval Institute Press, 2009), xix–xx, xxii. See also Andrew J. Nathan and Andrew Scobell, *China's Search for Security* (New York: Columbia University Press, 2012).
41. 有其他單位估計中國的名目國防開支在二〇一八年時是兩千五百億美元。參見：China Power Team, "What Does China Really Spend on Its Military?" China Power, December 28, 2015 (updated June 13, 2019), https://chinapower.csis.org, accessed June 15, 2019; "Annual Report to Congress: Military and Security Developments Involving the People's Republic of China 2019," Office of the Secretary for Defense, May 2, 2019, 93–94; Abraham M. Denmark, "The China Challenge: Military and Security Developments," prepared testimony before the Senate Foreign Relations Committee Subcommittee on East Asia, the Pacific, and International Cybersecurity Policy, September 5, 2018.
42. David Lague and Benjamin Kang Lim, "China's Vast Fleet Is Tipping the Balance in the Pacific," *Reuters,* April 30, 2019; China Power Team, "How Is China Modernizing Its Navy?" China Power, December 17, 2018 (updated January 9, 2019), https://chinapower.csis.org, accessed June 15, 2019; Bernard D. Cole, *China's Quest for Great Power* (Annapolis, Md.: Naval Institute Press, 2016), 59; David Axe, "U.S. Navy Nightmare: The Chinese Fleet Doesn't Have 300 Ships, It Has 650," *National Interest,* January 30, 2019; "Full Text of Xi Jinping's Report at 19th CPC National Congress," *China Daily,* November 4, 2017; Chris Buckley and Keith Bradsheroct, "Xi Jinping's Marathon Speech: Five Takeaways," *New York Times,* October 18, 2017.
43. Kennedy, *Naval Mastery,* xxxvi–xxxvii.
44. Andrea Ghiselli, "The Chinese People's Liberation Army 'Post-modern' Navy," *International Spectator* 50, no. 1 (March 2015): 117–136.
45. Ralph D. Sawyer, *The Seven Military Classics of Ancient China* (New York: Basic Books, 1993), 154.
46. See also Sulmaan Wasif Khan, *Haunted by Chaos: China's Grand Strategy from Mao Zedong to Xi Jinping* (Cambridge, Mass.: Harvard University Press, 2018); Nadege Rolland, *China's Eurasian Century? Political and Strategic Implications*

May 21, 2014; Henry Meyer and Donna AbuNasr, "Putin Is Filling the Middle East Power Vacuum," *Bloomberg News,* October 3, 2017; "Officials Expect 5th China-Arab Cooperation Forum to Lay New Cornerstone for Ties," *Xinhua News,* May 30, 2012; "Country Analysis Brief: Russia," EIA, October 31, 2017; Walter C. Ladwig III, "Strengthening Partners to Keep the Peace: A Neo-Nixon Doctrine for the Indian Ocean Region," in Dombrowski and Winner, *Indian Ocean,* 28.

31. Quoted in Mark Russell Shulman, *Navalism and the Emergence of American Sea Power, 1882–1893* (Annapolis, Md.: Naval Institute Press, 1995), 2.
32. Lawrence Sondhaus, *The Naval Policy of Austria-Hungary, 1867–1918: Navalism, Industrial Development, and the Politics of Dualism* (West Lafayette, Ind.: Purdue University Press, 1994), 208; Kennedy, *Naval Mastery,* xvi–xvii; Shulman, *Navalism,* 57.
33. 社會競爭的範圍可以包括「軍備競賽、爭搶勢力地盤、展現軍力以顯得高人一等、對較弱小的國家進行軍事干預等，只要其目的是想要影響他人觀感，而不是保障安全或獲取權力，則均屬於此」。參見：Deborah Welch Larson and Alexei Shevchenko, "Status Seekers: Chinese and Russian Responses to U.S. Primacy," International Security 34, no. 4 (Spring 2010): 73. See also William C. Wohlforth, "Unipolarity, Status Competition, and Great Power War," World Politics 61, no. 1 (January 2009): 28–57.
34. Quoted in Larson and Shevchenko, "Status Seekers," 73; Olga Oliker, "Will Russia Continue to Play the Role of Spoiler?" Center for Strategic and International Studies, December 15, 2016.
35. A. P. Tsygankov, "Mastering Space in Eurasia: Russia's Geopolitical Thinking After the Soviet Break-Up," *Communist and Post-Communist Studies* 36 (2003): 108.
36. Alan M. Wachman, *Why Taiwan? Geostrategic Rationales for China's Territorial Integrity* (Stanford, Calif.: Stanford University Press, 2007), 157; David Brewster, *India as an Asia Pacific Power* (New York: Routledge, 2012), 151.
37. 關於這點最早的相關討論可參見：Langer, *Diplomacy of Imperialism,* chap. 13.
38. Kennedy, *Naval Mastery,* xv.
39. Ni Lexiong, "Sea Power and China's Development," *People's Liberation Daily,* April 17, 2005; translated for U.S.-China Economic and Security Review

Schiebinger and Claudia Swan (Philadelphia: University of Pennsylvania Press, 2005), 173; Till, *Seapower,* 11.

26. Speech by Chinese president Xi Jinping to Indonesian Parliament, ASEAN–China Centre, http://www.asean-china-center.org/english/2013-10/03/c_133062675.htm; James Kynge et al., "How China Rules the Waves," *Financial Times,* January 12, 2017.
27. Gideon Rachman, *Easternization: Asia's Rise and America's Decline from Obama to Trump and Beyond* (New York: Other Press, 2017), Kindle locations 1886–1889; Kynge et al., "Waves"; Attilio Di Battista, "India's Growth Is Outpacing China's: Here's How They Did It," World Economic Forum, September 28, 2016; James Crabtree and Victor Mallet, "India Confident of Overtaking China's Growth Rate," *Financial Times,* May 17, 2015; Rong Wang and Cuiping Zhu, *Annual Report on the Development of International Relations in the Indian Ocean Region (2014)* (Heidelberg: Springer, 2015), 54–55.
28. "Xi Jinping and Vladimir Putin Behave like the Best of Buddies," *Economist,* July 27, 2017; "Russia's Pivot to Asia," *Economist,* November 26, 2016; Robert D. Kaplan, "The Quiet Rivalry Between China and Russia," *New York Times,* November 3, 2017.
29. Peter Dombrowski and Andrew C. Winner, eds., *The Indian Ocean and U.S. Grand Strategy: Ensuring Access and Promoting Security* (Washington, D.C.: Georgetown University Press, 2014), 1; Kent E. Calder, *New Continentalism: Energy and Twenty-First-Century Eurasian Geopolitics* (New Haven, Conn.: Yale University Press, 2012), xxv; Joel Wuthnow, "Chinese Perspectives on the Belt and Road Initiative: Strategic Rationales, Risks, and Implications," *China Strategic Perspectives,* no. 12 (October 2017): 11; Jude Clemente, "How Much Energy Does Russia Have Anyways?" *Forbes,* March 25, 2015; David D. Arnold, "Six Pressing Issues in Asia and How We're Adapting Our Approach to Address Them," *Asia Foundation,* September 6, 2016; "World Oil Transit Chokepoints," U.S. Energy Information Administration (EIA), July 25, 2017; China Power Team, "How Much Trade"; Grigas, *New Geopolitics,* 134.
30. Andrew S. Erickson, "The Pentagon Reports: China's Military Power," *National Interest,* May 8, 2019; "Russia," U.S. Energy Information Administration, October 31, 2017; Jin Liangxiang, "Energy First (China and the Middle East)," *Middle East Quarterly* 12, no. 2 (Spring 2005): 3–11; William Wan and Abigail Hauslohner, "China, Russia Sign $400 Billion Gas Deal," *Washington Post,*

(New York: Random House, 2012), 112.

20. Kaplan, *The Revenge of Geography,* 111.
21. 也有不少人認為俄羅斯其實是在走下坡，因為他一直解決不了經濟不振、人口下滑等諸多問題。參見：Paul Kennedy, *The Rise and Fall of Great Powers* (New York: Random House, 2010); Mearsheimer, *Tragedy;* Thomas Fingar, ed., *Uneasy Partnerships: China's Engagement with Japan, the Koreas, and Russia in the Era of Reform* (Stanford, Calif.: Stanford University Press, 2017); "US Ship Force Levels, 1866–Present," Naval History and Heritage Command, December 6, 2016; David Lague and Benjamin Kang Lim, "Ruling the Waves: The China Challenges," *Reuters,* April 30, 2019; "Putin Is a Spoiler, Not a Strategist," *Financial Times,* December 18, 2013; Andrew S. Erickson, Lyle J. Goldstein, and Nan Li, eds., *China, the United States, and 21st-Century Sea Power: Defining a Maritime Security Partnership* (Annapolis, Md.: Naval Institute Press, 2010).
22. Julian Corbett, *The Spectre of Navalism* (London: Darling & Son, 1915), 4, 6; Lisle A. Rose, *Power at Sea: The Age of Navalism, 1890–1918,* vol. 1 (Columbia: University of Missouri Press, 2007), 24; Peter Dutton, Robert S. Ross, and Oystein Tunsjo, "Introduction," in *Twenty-First Century Seapower: Cooperation and Conflict at Sea,* ed. Peter Dutton, Robert S. Ross, and Oystein Tunsjo (New York: Routledge, 2012); William L. Langer, *The Diplomacy of Imperialism, 1890–1902* (New York: Alfred A. Knopf, 1951), chap. 13; Paul M. Kennedy, *The Rise of the Anglo-German Antagonism, 1860–1914* (Atlantic Highlands, N.J.: Ashfield Press, 1987), 293–295.
23. Robert D. Blackwill and Jennifer M. Harris, *War by Other Means: Geoeconomics and Statecraft* (Cambridge, Mass.: Harvard University Press, 2016), 4.
24. See also David A. Baldwin, *Economic Statecraft* (Princeton, N.J.: Princeton University Press, 1985); Edward N. Luttwak, "From Geopolitics to Geo-economics: Logic of Conflict, Grammar of Commerce," *National Interest,* no. 20 (Summer 1990): 17–23; Blackwill and Harris, *War by Other Means,* 5, 9; Greg Miller, "Undersea Internet Cables Are Surprisingly Vulnerable," *Wired,* October 29, 2015.
25. Julie Berger Hochstrasser, "The Conquest of Spice and the Dutch Colonial Imaginary: Seen and Unseen in the Visual Culture of Trade," in *Colonial Botany: Science, Commerce, and Politics in the Early Modern World,* ed. Londa

"America's Elegant Decline," *Atlantic Monthly,* November 2007.

13. 該書作者的意思並不一定是想參與一個更大的爭論，也就是爭論「海權」的構成要素，他比較想討論的是中、印、俄三國在海上越爭越激烈的背後原因。參見：E. B. Potter, ed., Sea Power: A Naval History (Englewood Cliffs, N.J.: Prentice Hall, 1960), vii; Thomas G. Mahnken, ed., *Competitive Strategies for the 21st Century: Theory, History, and Practice* (Stanford, Calif.: Stanford University Press, 2012), 5; Thomas G. Mahnken and Dan Blumenthal, eds., *Strategy in Asia: The Past, Present, and Future of Regional Security* (Stanford, Calif.: Stanford University Press, 2014), 6–7; Till, *Seapower,* 17; Alfred Thayer Mahan, *The Influence of Seapower upon History, 1660–1783* (1890; Gretna, La.: Pelican Publishing, 2003); Ian Speller, *Understanding Naval Warfare* (New York: Routledge, 2014), 5.
14. Walter A. McDougall, "History and Strategies: Grand, Maritime and American," *Telegram,* October 2011; Till, *Seapower,* 2. See also John Curtis Perry, "Beyond the Terracentric: Maritime Ruminations," *Fletcher Forum of World Affairs* 37, no. 3 (2013): 141–145; Mahnken and Blumenthal, *Strategy in Asia;* Toshi Yoshihara and James Holmes, *Asia Looks Seaward: Power and Maritime Strategy* (Westport, Conn.: Praeger, 2008).
15. See Paul Kennedy, *The Rise and Fall of British Naval Mastery* (New York: Penguin Books, 2017); Richard Harding, *Modern Naval History: Debates and Prospects* (New York: Bloomsbury, 2016); Karen A. Rasler and William R. Thompson, *The Great Powers and Global Struggle, 1490–1990* (Lexington: University Press of Kentucky, 1994); Colin S. Gray, *The Leverage of Sea Power: The Strategic Advantage of Navies in War* (New York: Macmillan, 1992); Modelski and Thompson, *Seapower,* 17.
16. John Mearsheimer, *The Tragedy of Great Power Politics* (New York: W. W. Norton, 2001), 41.
17. James Stavridis, *Sea Power: The History and Geopolitics of the World's Oceans* (New York: Random House, 2017), 172; Mahan, *Influence of Seapower,* 25–89; Kennedy, *Naval Mastery,* 5–6.
18. Julian Corbett, *Some Principles of Maritime Strategy* (1911; London: Project Gutenberg e-book, 2005), 102.
19. Arne Roksund, *The Jeune Ecole: The Strategy of the Weak* (Leiden, Netherlands: Brill University Press, 2007), 4; Robert D. Kaplan, *The Revenge of Geography: What the Map Tells Us About the Coming Conflicts and the Battle Against Fate*

"The Belt and Road Initiative: Geo-economics and Indo-Pacific Security Competition," draft paper for ISA Asia-Pacific Conference, Singapore, July 4–6, 2019; China Power Team, "How Much Trade Transits the South China Sea?" China Power, August 2, 2017 (updated October 27, 2017), https:// chinapower. csis.org, accessed June 15, 2018; Malte Humpert, "The Future of Arctic Shipping: A New Silk Road for China?" Arctic Institute, 2013, 8; Christopher D. Yung and Ross Rustici, "Not an Idea We Have to Shun: Chinese Overseas Basing Requirements in the 21st Century," *China Strategic Perspectives,* no. 5 (October 2014).

8. "Shipping Industry and Ports in India," India Brand Equity Foundation, March 2019; "India-China Trade Relationship: The Trade Giants of Past, Present and Future," PHD Chamber of Commerce and Industry, January 2018; Bernard D. Cole, *Asian Maritime Strategies: Navigating Troubled Waters* (Annapolis, Md.: Naval Institute Press, 2013), 133; Saman Kelegama, "China as a Balancer in South Asia: An Economic Perspective with Special Reference to Sri Lanka," 193–194, 199, and Srikanth Kondapalli, "Perception and Strategic Reality in India-China Relations," 102, in *The New Great Game: China and South and Central Asia in the Era of Reform,* ed. Thomas Fingar (Stanford, Calif.: Stanford University Press, 2016); Agnia Grigas, *The New Geopolitics of Natural Gas* (Cambridge, Mass.: Harvard University Press, 2017), 134; "China's Weight Pulls India and Japan Closer Together," *Stratfor Worldview,* June 9, 2017; "The Indo-Pacific: Defining a Region," *Stratfor Worldview,* November 15, 2017; Jonathan Masters, "The Thawing Arctic: Risks and Opportunities," Council on Foreign Relations Backgrounder, December 16, 2013.
9. Quoted in Anne-Marie Brady, *China as a Polar Great Power* (New York: Cambridge University Press, 2017), 6.
10. George Modelski and William R. Thompson, *Seapower in Global Politics, 1494–1993* (Seattle: University of Washington Press, 1988), 3.
11. Anthony Halpin and Ott Ummelas, "Russia and China Hold First Joint Naval Exercises in Baltic Sea," *Bloomberg News,* July 25, 2017; "China, Russia to Hold First Joint Mediterranean Naval Drills in May," *Reuters,* April 30, 2015; Ankit Panda, "India-Japan-US Malabar 2017 Naval Exercises Kick Off with Anti-submarine Warfare in Focus," *Diplomat,* July 10, 2017.
12. Ivo H. Daalder and James M. Lindsay, *The Empty Throne: America's Abdication of Global Leadership* (New York: PublicAffairs, 2018); Robert D. Kaplan,

# 註釋

## 第一章

1. 本章開頭引述了斯皮克曼的話，那段文字是在直接挑戰哈爾福德·麥金德（Halford J. Mackinder）爵士的歐亞大陸心臟地帶理論。在他 1904 年發表的文章〈歷史的地理樞紐〉（The Geographical Pivot of History）中，麥金德力證一個強權如果想要掌控整片大陸，乃至於整個世界的話，它必得要先掌控「心臟地帶」，而非歐亞大陸的邊陲地帶。參見：Nicholas John Spykman, *The Geography of Peace* (New York: Harcourt, Brace & World, 1969), 43.
2. Quoted in Russell Meiggs, *The Athenian Empire* (Oxford: Clarendon, 1972), 266.
3. Quoted in Geoffrey Till, *Seapower,* 3rd ed. (New York: Routledge, 2013), 12.
4. Tyler Dennett, "Mahan's 'The Problem of Asia': The Future in Retrospect," *Foreign Affairs,* April 1935.
5. 更多美日海軍關係的討論，請參見：Mary Elizabeth Guran, "The Dynamics and Institutionalisation of the Japan-U.S. Naval Relationship (1976–2001)" (PhD diss., King's College, University of London, 2008); Richard A. Bitzinger, "Recent Developments in Naval and Maritime Modernization in the Asia-Pacific: Implications for Regional Security," in *The Chinese Navy: Expanding Capabilities, Evolving Roles,* ed. Phillip C. Saunders et al. (Washington, D.C.: National Defense University Press, 2012), 29.
6. Henry Kissinger, *World Order* (New York: Penguin Books, 2014), chap. 6; "Top 50 World Container Ports," World Shipping Council, 2016; "Trade Routes," World Shipping Council, 2017; "SIPRI Military Expenditure Database," Stockholm International Peace Research Institute, www.sipri.org, accessed October 24, 2017; Till, *Seapower,* 5.
7. Andrew Scobell et al., *At the Dawn of Belt and Road: China in the Developing World* (Washington, D.C.: RAND Corporation, 2018), xv–xvi, 24–27; Bruno Macaes, *Dawn of Eurasia: On the Trail of the New World Order* (New Haven, Conn.: Yale University Press, 2018), Kindle locations 1985–2005; Li Mingjiang,

next 304

# 歐亞海上之主：群雄紛起的海上大亂鬥

**To Rule Eurasia's Waves:** The New Great Power Competition at Sea


作者　傑佛瑞．格雷許
譯者　葉文欽
主編　王育涵
責任編輯　王育涵
校對　陳炎妍
責任企畫　郭靜羽
美術設計　許晉維
內頁排版　張靜怡
總編輯　胡金倫
董事長　趙政岷
出版者　時報文化出版企業股份有限公司
108019 臺北市和平西路三段 240 號 7 樓
發行專線｜ 02-2306-6842
讀者服務專線｜ 0800-231-705 ｜ 02-2304-7103
讀者服務傳真｜ 02-2302-7844
郵撥｜ 1934-4724 時報文化出版公司
信箱｜ 10899 臺北華江橋郵政第 99 信箱
時報悅讀網　www.readingtimes.com.tw
人文科學線臉書　http://www.facebook.com/humanities.science
法律顧問　理律法律事務所｜陳長文律師、李念祖律師
印刷　紘億印刷有限公司
初版一刷　2022 年 3 月 18 日
定價　新臺幣 620 元






ISBN 978-626-335-117-2 ｜ Printed in Taiwan

時報文化出版公司成立於一九七五年，並於一九九九年股票上櫃公開發行，於二〇〇八年脫離中時集團非屬旺中，以「尊重智慧與創意的文化事業」為信念。


歐亞海上之主：群雄紛起的海上大亂鬥／傑佛瑞．格雷許著；葉文欽譯 .
-- 初版 . -- 臺北市：時報文化出版企業股份有限公司，2022.03 ｜ 496 面；14.8×21 公分 .
譯自：To rule Eurasia's waves: the new great power competition at sea
ISBN 978-626-335-117-2（平裝）｜ 1. CST: 海權 2. CST: 戰略 3. CST: 歐亞大陸｜ 592.42 ｜ 111002313